国家科学技术学术著作出版基金资助

小菜蛾的研究

尤民生　魏　辉　主编

中国农业出版社

内 容 简 介

本书深入系统地介绍了小菜蛾的研究进展与防治技术。全书共分9章，主要包括小菜蛾的研究概述、主要生物学特性，时空分布格局和生态位，环境因素与发生的关系，化学生态学，生物防治，化学防治，抗药性及其治理，综合治理技术等。

本书可供从事植物保护学、昆虫学、生态学的科研、教学及农业技术推广人员使用。

主编：尤民生　魏　辉

参加编写人员（按姓氏笔画排列）：

刘　新　　李志胜　　杨　广

吴梅香　　傅建炜　　蔡鸿娇

前　言

　　小菜蛾 ［*Plutella xylostella* （L.）］属鳞翅目菜蛾科，是为害十字花科蔬菜的一种重要害虫，在所有栽培十字花科蔬菜的国家和地区都有发生为害的记录，被认为是分布最广泛的鳞翅目昆虫。由于其发生世代多，繁殖能力强，寄主范围广，抗药性水平高，给防治工作带来极大的困难，在东南亚部分地区可造成 90％以上的蔬菜产量损失，全世界每年因小菜蛾造成的损失和防治费用达 10 亿美元。小菜蛾在我国各地均有分布，尤其在我国长江流域和南方沿海地区发生严重，给我国蔬菜生产造成严重影响。

　　害虫综合治理（IPM）是控制害虫的有效策略和途径，生物防治是 IPM 的一个重要组成部分，结合生物防治将各种控制措施有效合理地应用到整个体系中，也是 IPM 取得成功的关键。小菜蛾生长发育的各个阶段都有相应的天敌，生物因子在控制小菜蛾种群数量变化上起着极其重要的作用。管致和先生 1965 年就指出："在我国南方，气候和食物条件不是影响小菜蛾消长的主要因素，尤其值得进行天敌的调查，为防治开辟道路。"然而，20 世纪 70 年代末以来，在蔬菜生产中形成的以化学杀虫剂为主的小菜蛾防治工作没有得到根本改观。据不完全统计，小菜蛾大约已对有机氯、有机磷、氨基甲酸酯、拟除虫菊酯、昆虫生长调节剂等 50 多种杀虫剂产生了明显的抗性，包括对农用抗生素类杀虫剂刺糖菌素和苏云金芽孢杆菌（*Bacillus thuringiensis*，Bt）产生了抗药性。由于在实验室条件下选育出的小菜蛾抗性种群可在高表达 Bt 毒素 CrylC 转基因花椰菜上完成生活史，依靠转基因作物防治小菜蛾面临严峻的挑战。化学杀虫剂的大量使用也使得菜田黄曲条跳甲等其他害虫为害加重，同时，农药残留也带来了一系列生态和社会问题。随着人们对绿色食品、有机食品和健康食品的要求愈来愈高，优质洁净的蔬菜生产已成为人们生活的必然要求。因此，在蔬菜生产中，应强调合理使用化学杀虫剂，恢复由于杀虫剂滥用而破坏的菜田生态系统，充分利用自然因素的控制作用，采用持续控制的策略和技术，有效控制小菜蛾等优势害虫的猖獗为害，以确保蔬菜生产的健康、持续和稳定发展。

早在 20 世纪 80 年代初，国家已将小菜蛾列为重点研究的蔬菜害虫之一。近些年来，国家或地方加大了对小菜蛾成灾机理和防治策略等方面的基础性研究，在国家自然科学基金的面上项目、重点项目和倾斜项目中，先后立项资助小菜蛾的研究，这些为进一步阐明小菜蛾的猖獗发生原因及其种群动态机理，开展有效的防治工作奠定了坚实的基础，也使我们在防治小菜蛾的过程中，能充分利用现代高新技术手段，改变防治工作的被动局面。在这期间，许多科技工作者进行了卓有成效的研究，取得了一系列的研究成果。自 1992 年以来，我们承担了加拿大国际发展署（CIDA）项目"可持续农业的管理"、国家教委留学回国人员基金项目"菜田昆虫群落的研究"、国家自然科学基金"黑芥子酶基因在十字花科蔬菜防御小菜蛾中的作用"、教育部重点项目"蔬菜挥发性物质及对小菜蛾绒茧蜂的作用"、福建省教委科研项目"小菜蛾种群数量变动规律及其控制对策的研究"、福建省自然科学基金"小菜蛾综合治理的应用基础研究"、福建省自然科学基金重点项目"植物—小菜蛾—杀虫剂相互作用及其机制的研究"、福建省重大科技项目"菜田生物群落多样性与主要害虫持续控制"、福建省重点科技项目"小菜蛾可持续控制的研究"、福建省重点科技项目"土荆芥精油对蔬菜害虫的生物活性及其应用研究"等课题，重点对菜田节肢动物群落结构及其多样性，小菜蛾种群发生、发展规律，小菜蛾生物防治，植物次生物质对小菜蛾种群的控制作用，主要化学杀虫剂对小菜蛾种群的控制效果及其综合治理等进行较为全面系统的研究，掌握了小菜蛾发生变化机理，提出了解决小菜蛾非化学控制策略和途径，并应用小菜蛾种群持续控制的技术和措施，使小菜蛾种群的猖獗为害得到有效控制。

鉴于我国在小菜蛾基础理论和防治实践中进行了大量的研究工作，尤其是 20 世纪 80 年代以来，小菜蛾在十字花科蔬菜上猖獗发生和为害，广大科技工作者和菜农在预测和防治的理论和实践方面取得了显著的成绩，许多研究成果具有明显的创新和特色，很有必要进行总结和推广。为此，福建农林大学应用生态研究所接受中国农业出版社的邀请，由从事小菜蛾研究的工作者分工编写了这本专著，本书共分九章，其中第一章由尤民生、魏辉撰写，第二章由魏辉、李志胜撰写，第三章由李志胜、尤民生撰写，第四章由魏辉、尤民生撰写，第五章由杨广、魏辉撰写，第六章由吴梅香撰写，第七章由刘新、傅建炜撰写，第八章由傅建炜、尤民生撰写，第九章由蔡鸿娇、魏辉撰写。本书内容涉及国内外有关小菜蛾的基础理论研究及应用研究现状、进展，主要包括小菜蛾的研究概述、主要生物学特性、时空分布格局和生态位，环境因素与发生的关系，化学生态学，生物防治，化学防治，抗药性及其治理，综合治理技术。本书除编入作者近年来的最新研究成果外，还大量收集了迄今国内外小菜蛾方面的最新研究成果、研究进展，力求能全面、系统地反映国际上对小菜蛾的研究与防治工作现状，旨在使广大读者对小菜蛾的发生与防治有一个全面、系统、深入的了解。

在书稿编写过程中得到了各方面的关心、支持和帮助。华南农业大学庞雄飞院士生前对书稿构架提出宝贵意见，福建农林大学学报编辑部蒋元霖编审帮忙审阅初稿，福建农林大学生物防治研究所刘长明研究员帮助绘制小菜蛾形态图，福建省农业科学院植物保护研究所林坚研究员在描述形态特征方面给予帮助，福建省农业科学院植物保护研究所实习研究员吴玮、李建宇，中国科学院动物研究所博士研究生黄顶成，福建农林大学博士研究生孙红霞、郑云开，硕士研究生赵建伟、王海、李兵、骆兰、林棰、李文文帮忙整理部分资料和文献校对，Canadian Forest Service（Corner Brook，Newfoundland）图书馆帮忙查找和提供部分参考文献，中国农业出版社张洪光编审和编辑部的有关人员为本书的筹划和编写给予许多鼓励和帮助，并为本书的出版付出了辛勤的劳动，我们谨在此一并致以衷心的感谢。由于书中内容涉及面广，相关文献资料浩若烟海，科学研究日新月异，加上著者的水平有限，疏漏和错误之处在所难免，恳请各位专家和广大读者批评指正。

目　录

图版

彩版

第一章　小菜蛾的研究概述

小菜蛾属鳞翅目（Lepidoptera），菜蛾科（Plutellidae），学名为 *Plutella xylostella*（Linnaeus），异名为 *Plutella maculipennis* Curtis，英文名称为 Diamondback moth，中文俗名为吊丝虫，1746 年被记载（Harcourt，1962），1758 年由 Linnaeus 定种名（Moriuti，1985）。主要为害十字花科蔬菜，如甘蓝、结球甘蓝、花椰菜、青花菜、小白菜、包心白菜、芥蓝、芥菜、包心芥菜等，寄主植物种类达 40 多种（Talekar and Shelton，1993）。

一、小菜蛾的起源与分布

基于十字花科植物和小菜蛾寄生性天敌的分布情况，一些学者推测小菜蛾可能起源于欧洲或南非或中国（Kfir, 1998；Sarfraz et al., 2005）。Tsunoda（1980）认为人工栽培的十字花科植物最早起源于欧洲，由于小菜蛾的起源和进化与十字花科植物有密切的联系（Talekar and Shelton，1993），因此，Hardy（1938）首先提出小菜蛾也是起源于地中海地区，然后伴随着十字花科植物传遍世界各地（Hardy, 1938；Harcourt, 1954），这个观点曾经得到普遍认同。

然而，Kfir（1998）认为小菜蛾起源于南非。第一批十字花科植物引入南非的时间是在 17 世纪末，当初荷兰东印度公司的商人与亚洲经商过程中，货轮取道并需要停靠在好望角，为其从欧洲到印度的远途旅行补充新鲜食品，当地移民就利用从欧洲带来的种子发展蔬菜园（Kfir, 1998）。Kfir（1996，1997）从小菜蛾的幼虫和蛹中发现和记录了 22 种拟寄生蜂和重寄生蜂，其中有些是仅在南非有记录的专性寄生蜂，表明这些寄生蜂与害虫之间的联系在该地区已有很长的历史。小菜蛾在南非有丰富的寄生蜂种类及数量，还存在一些特有的种类，如此丰富的小菜蛾寄生蜂不可能在 300 年内发展起来，这说明小菜蛾是在大约 300 年前随同十字花科植物来到南非的可能性很小（Kfir, 1998）。非洲南部的地域虽小，但拥有 6 个最丰富的植物类群和有丰富的温带植物群，包括拥有大约 10% 全世界已知的显花植物（Arnold and De Wet, 1993）。在南非，已经记录的野生十字花科植物有 175 种，其中 32 种是引进的（Jordan, 1993）。因此，很可能在引入人工栽培的十字花科植物之前，非洲南部就已经有小菜蛾存在并在当地的十字花科植物上增殖扩散（Kfir,

1998)。

基于同样原理，中国学者 Liu 等（2000）推测小菜蛾可能起源于中国。主要依据有：①在中国具有丰富和多样的小菜蛾的寄生性天敌，中国内地南部在 20 世纪 90 年代早期才从马来西亚引进颈双缘姬蜂（*Diadromus collaris* Gravenhorst）和小菜蛾弯尾姬蜂（*Diadegma semiclausum* Hellen），以前从未引进小菜蛾寄生性天敌，但这两种天敌在引进之前已经广泛存在于中国中部和北部；②中国有大量本土的十字花科植物，Talekar 和 Shelton（1993）所列的小菜蛾寄主植物中，有 13 个属在中国有分布，其中 73 种多局限于中国，同时中国研究人员还在公元前 4000 至公元前 5 000 年的墓穴中发现了油菜籽，并推断中国是白菜型油菜（*Brassica campestris* L.）和芥菜型油菜（*B. juncea* L.）起源地；③杭州的颈双缘姬蜂是产雄孤雌（单性）生殖的，雌性通常占 50%～70%。

据报道，在 20 世纪 30 年代，小菜蛾已经在不少于 84 个国家和地区发生和为害（Hardy，1938；柯礼道等，1979）；至 1972 年，则至少在 120 个国家和地区有发生（Lim，1986）；80 年代后，在所有栽培十字花科蔬菜的国家和地区都有其为害的记录（Sarfraz et al.，2005；Talekar and Shelton，1993），小菜蛾被认为是分布最为广泛的鳞翅目昆虫（Shelton，2004；Sarfraz et al.，2005；Talekar and Shelton，1993）。小菜蛾在我国各省（直辖市、自治区）均有分布。

二、小菜蛾的发生与为害

在 20 世纪 30 年代前，小菜蛾并不是十字花科蔬菜的主要害虫，在很多地方仅被视为次要害虫（Lim，1986），随着 40 年代后期广谱性杀虫剂的推广使用，小菜蛾的为害日益严重，在不少国家和地区上升为主要害虫，对十字花科蔬菜或油菜生产造成毁灭性破坏，已成为世界上最难控制的害虫之一，全球每年用于防治小菜蛾的费用及其造成损失达 10 亿美元（Talekar and Shelton，1993；Sarfraz et al.，2005）。

在全球范围内，小菜蛾在热带和亚热带地区的发生为害程度明显重于温带，而寒带地区的发生较轻。在亚洲，中国、日本、马来西亚、泰国、菲律宾等国家和地区遭受小菜蛾为害最为严重，有时可造成 90% 以上的作物损失（Verkerk and Wright，1996）。在巴基斯坦信德（Sind）地区，小菜蛾发生严重时，种植者甚至放弃蔬菜生产（Abro et al.，1994）。小菜蛾在美国各地都可发生，是美国东南和太平洋西北地区的重要害虫（Harcourt，1957；Brown et al.，1999）；在美国东南部，小菜蛾是油菜籽的重要食叶性害虫，从苗期到成熟期均可为害（Ramachandran et al.，2000）。1854 年小菜蛾从欧洲传入加拿大，现在可周年为害十字花科植物（Dosdall et al.，2004）；1985 年，加拿大阿尔伯塔省（Alberta）和萨斯喀彻温省（Saskatchewan）使用杀虫剂防治小菜蛾的面积达 467 860hm²，估计花费 1 190 万加元；加拿大西部的小菜蛾是从南部地区迁移来的，2001 年，在这个地区防治小菜蛾的田园面积达 1 800 万 hm²。

小菜蛾在我国的发生为害以长江流域和东南沿海地区较为严重，部分地区小菜蛾发生为害可引起毁灭性灾害，成为影响十字花科蔬菜生产的主要因素。1978 年，我国首次报道台湾地区小菜蛾的抗药性问题（Sun，1978），1986 年，吴世昌和顾言真（1986）报道了中国内地小菜蛾的抗药性问题。目前，小菜蛾几乎对所有防治药剂产生了抗药性，对农业生产造成威胁和损失。

三、小菜蛾的研究概况

从 BA 数据库的检索结果来看（表 1-1），20 世纪 70 年代以后，全世界对小菜蛾的研究逐渐开始，到 20 世纪 90 年代，研究论文开始攀升，这反映出 20 世纪 70 年代后小菜蛾的发生和为害有逐渐加重的趋势。从研究领域看，在 20 世纪 70～80 年代，主要对小菜蛾的发生与防治进行研究，包括生物学、生态学、化学防治和生物防治，到 90 年代，抗药性、生态学、生物防治、农业防治研究论文数量逐渐增加，目前抗药性与生物防治成为研究热点；美国和加拿大有关小菜蛾的硕士、博士论文也呈类似趋势（表 1-2）。

表 1-1　全世界发表的有关小菜蛾的研究论文数量

年份	研究 领 域											合计
	生物学	生态学	抗药性	生理学与分子生物学	植物成分活性	性激素	农业防治	生物防治	化学防治	物理防治	综合治理	
1969	1	0	0	0	0	0	0	1	0	0	0	2
1970	0	0	0	0	0	0	0	0	0	0	0	0
1971	2	0	0	0	0	0	0	1	0	0	0	3
1972	0	0	0	0	0	0	0	2	0	0	0	2
1973	1	0	0	0	0	0	0	3	0	0	1	5
1974	0	0	0	0	0	0	0	1	0	0	0	2
1975	3	0	0	0	0	0	0	3	1	0	0	7
1976	1	0	0	1	0	0	0	2	1	0	0	5
1977	0	2	0	0	0	1	0	2	3	0	0	8
1978	2	0	1	0	0	0	0	2	2	0	0	7
1979	2	4	0	0	0	0	0	3	1	0	0	10
1980	0	0	0	0	0	0	0	1	1	0	0	2
1981	1	1	0	0	0	0	0	4	0	0	1	8
1982	1	1	0	3	0	0	0	0	1	0	0	6
1983	1	2	0	0	0	0	1	1	1	0	0	7
1984	1	2	0	0	1	1	0	2	3	0	0	10
1985	0	1	1	0	1	0	1	0	1	0	0	5
1986	0	1	1	0	1	0	1	2	2	0	0	8
1987	0	2	2	1	0	0	0	3	1	0	1	10
1988	0	2	2	0	1	0	3	4	0	0	0	12
1989	3	3	4	2	0	0	0	6	4	0	0	22
1990	4	2	2	1	1	1	4	5	2	0	0	22
1991	2	2	4	1	1	3	8	8	0	0	1	30
1992	2	3	7	2	3	2	1	14	6	0	1	41
1993	2	8	6	2	3	1	6	13	7	0	3	48
1994	4	11	10	0	0	4	5	13	4	2	0	53
1995	4	5	9	1	3	4	2	17	5	1	2	53
1996	6	9	9	0	6	2	11	25	2	0	4	75
1997	2	4	15	2	3	3	7	32	3	0	1	72
1998	2	7	8	3	2	3	8	36	3	0	2	74
1999	4	1	1	2	2	9	26	7	0	0	0	52
2000	3	3	2	2	9	2	10	31	2	0	0	74
2001	1	3	9	2	7	8	34	0	0	0	0	67

年份	研究领域											合计
	生物学	生态学	抗药性	生理学与分子生物学	植物成分活性	性激素	农业防治	生物防治	化学防治	物理防治	综合治理	
2002	1	5	9	2	8	2	14	36	9	0	0	86
2003	1	11	11	9	10	1	9	37	10	0	0	99
2004	2	16	14	4	12	2	16	47	9	0	2	124
2005	3	10	24	4	13	1	12	56	6	2	1	132
2006	3	9	6	6	3	1	5	23	3	0	1	60
合计	65	129	164	52	95	50	179	448	95	5	22	1 304

注：①2006年12月5日对BA数据库（1969—2006.10.）检索结果进行统计；②有关小菜蛾发生情况的报道并入生物学领域；与抗性相关的分子生物学研究并入抗药性领域；农业防治领域包含有关植物抗虫性和转基因植物方面的研究。

表1-2 美国和加拿大有关小菜蛾的硕士、博士论文数量

年份	研究领域									实际篇数
	生物学	生态学	毒理学与抗药性	生理学	农业防治	生物防治	化学防治	物理防治	综合治理	
1954	1	1	0	0	0	0	0	0	0	1
1979	1	0	0	0	0	0	0	0	1	1
1980	0	0	0	0	1	0	0	0	0	1
1981	0	0	0	0	0	0	0	0	1	1
1982	1	0	0	0	0	1	0	0	1	2
1985	0	0	0	0	0	1	0	0	0	1
1988	0	1	0	0	0	0	0	0	0	1
1990	0	1	1	0	1	0	0	0	0	3
1991	0	0	1	0	0	0	2	0	0	2
1992	0	1	0	0	0	0	0	0	1	3
1993	0	0	0	0	1	0	0	0	0	3
1994	0	0	0	0	1	1	0	0	0	2
1995	0	0	0	0	0	2	0	0	0	2
1996	1	0	1	0	0	2	0	0	0	5
1997	0	0	0	0	0	2	0	0	0	3
1998	1	2	0	0	3	3	0	0	0	8
1999	0	0	0	0	2	1	0	0	0	2
2000	0	1	0	0	1	2	0	0	0	3
2001	0	0	0	0	0	0	0	0	0	0
2002	0	1	0	0	0	0	0	0	0	1
2003	0	2	0	0	0	1	0	0	0	3
2004	0	0	0	0	2	3	0	0	0	5
2005	0	0	0	0	1	2	0	0	0	3
合计	5	12	3		14	21	2	1	8	55

注：①2006年12月5日对ProQest博士、硕士论文数据库（ProQest Digital Dissertations，PQDD）进行检索；②美国共40篇，其中博士论文39篇，硕士论文1篇，加拿大共15篇，其中博士论文10篇，硕士论文5篇；③一篇文献同时涉及多个领域时，在不同领域分别重复计数；④植物源农药、性激素归入生物防治，植物抗虫性归入农业防治，化学生态学归入生态学。

　　在我国，专题研究小菜蛾的最早报道始见于1942年，到1971年的研究文献也仅5篇，1971—1980年关于小菜蛾的研究文献为36篇，1981—1993年关于小菜蛾的研究文献为51篇（施祖华，1998）。对维普中文科技文献数据库进行检索的结果表明（表1-3、

1-4)，20 世纪 90 年代后，我国对小菜蛾的研究报道大量增加，研究重点同样是化学防治、生物防治和抗药性的研究。由于地区差异和小菜蛾发生情况不同，不同省份发表的研究论文数量不一致，其中广东、浙江、江苏、福建和湖北发表的相关论文较多。20 世纪 90 年代以后，国内有关小菜蛾的硕士、博士学位论文数量也逐渐增多，研究热点主要集中在生物防治、抗药性、植物源农药等，其中浙江大学、福建农林大学、山东农业大学、南京农业大学、西北农林科技大学研究较多（表 1-5、表 1-6）。近年来，国家自然科学基金加大了对小菜蛾研究的资助力度，研究领域主要为抗药性和生物防治（表 1-7）。

表 1-3　中国大陆发表的有关小菜蛾的研究论文数量（研究领域）

年份	生物学	生态学	毒理学与抗药性	生理学	农业防治	生物防治	化学防治	物理防治	综合治理	其他研究	实际篇数
1990	1	0	1	0	0	0	0	0	1	1	4
1991	1	0	3	3	0	1	1	0	1	0	10
1992	0	4	5	0	0	2	3	0	1	0	14
1993	1	1	6	1	0	6	2	0	0	1	18
1994	1	0	10	0	0	7	10	0	2	1	29
1995	4	7	6	0	0	7	5	0	3	3	28
1996	1	3	9	2	0	10	16	0	4	3	46
1997	0	2	7	1	0	13	20	1	3	2	49
1998	0	5	10	0	1	11	19	0	2	0	47
1999	1	2	11	1	0	22	26	0	6	1	68
2000	1	4	16	0	1	21	31	0	1	1	73
2001	1	6	18	2	0	33	33	0	2	4	92
2002	2	2	13	6	0	34	29	0	11	4	96
2003	4	13	17	5	0	38	35	1	9	2	107
2004	2	18	17	9	1	56	34	0	5	1	117
2005	9	14	19	13	3	47	41	1	17	5	139
2006	5	8	8	3	1	22	35	1	2	3	77
合计	34	89	176	46	7	330	340	4	70	32	1 014

注：①2006 年 12 月 5 日对维普中文科技文献数据库（1989—2006）检索结果进行统计；②一篇文献同时涉及多个领域时，在不同领域分别重复计数；③植物源农药、性激素归入生物防治，植物抗虫性归入农业防治，化学生态学归入生态学。

表 1-4　中国内地发表的有关小菜蛾的研究论文数量（不同省份）

年份	广东	浙江	江苏	福建	湖北	北京	山东	贵州	上海	云南	广西	安徽	海南	山西	河北
1990	0	1	1	1	0	0	0	0	0	0	0	0	0	0	0
1991	1	0	1	0	1	0	0	0	1	0	1	0	2	0	0
1992	6	2	0	0	0	0	0	0	2	0	3	0	0	0	0
1993	2	2	0	0	2	1	0	0	0	0	2	0	0	0	0
1994	7	1	1	3	3	2	1	5	1	0	2	0	0	0	0
1995	7	0	3	2	6	1	0	1	7	0	0	0	0	0	0
1996	7	3	4	6	7	2	7	1	2	1	1	0	0	3	0
1997	6	10	3	5	7	2	3	1	1	1	0	1	3	0	0
1998	6	7	8	2	1	1	2	2	0	1	0	0	1	1	1
1999	11	6	4	10	3	1	4	0	1	2	0	3	2	2	0
2000	8	7	13	8	0	4	6	3	5	0	0	0	0	0	0
2001	13	10	12	11	6	4	4	7	2	6	0	3	1	1	1

（续）

年份	广东	浙江	江苏	福建	湖北	北京	山东	贵州	上海	云南	广西	安徽	海南	山西	河北
2002	8	13	10	17	7	5	4	2	1	2	1	3	1	3	4
2003	12	18	14	8	5	7	2	4	3	6	4	1	2	1	1
2004	17	12	10	10	16	7	7	5	3	2	1	3	1	2	3
2005	13	21	18	11	9	12	5	4	3	1	8	8	1	3	3
2006	4	8	10	5	4	5	5	0	1	1	2	4	2	2	1
合计	128	121	109	99	81	58	46	42	37	27	23	24	18	18	17

年份	湖南	河南	陕西	黑龙江	吉林	天津	内蒙古	江西	甘肃	四川	辽宁	重庆	新疆	不详	合计
1990	0	0	0	0	0	0	0	0	0	0	0	0	0	0	4
1991	0	0	0	0	0	0	0	0	1	0	0	1	0	1	10
1992	0	0	0	0	0	0	0	0	0	0	0	0	0	1	14
1993	0	0	0	0	1	0	0	0	0	0	0	0	0	2	18
1994	0	0	0	0	0	0	0	0	0	0	0	0	0	3	29
1995	0	0	0	0	0	0	0	0	0	0	0	0	0	0	28
1996	0	0	0	0	1	2	0	0	0	0	0	0	0	0	46
1997	0	1	1	0	0	0	0	0	0	2	0	0	0	1	49
1998	1	1	1	2	2	0	0	1	1	0	1	0	0	0	47
1999	4	1	1	0	0	0	3	0	0	0	2	1	1	1	68
2000	4	0	0	2	0	0	0	2	0	1	0	0	1	1	73
2001	2	0	0	1	1	0	1	1	0	3	1	0	0	1	92
2002	1	2	1	3	3	0	1	0	1	0	0	1	0	4	96
2003	0	1	4	3	3	3	1	0	1	0	0	1	0	4	110
2004	1	3	0	3	1	0	1	0	0	3	0	0	2	7	122
2005	3	2	4	0	1	1	4	0	0	3	0	0	2	14	151
2006	1	3	2	0	0	1	0	0	0	3	0	0	0	11	73
合计	17	14	14	14	11	10	10	9	9	9	6	5	5	49	1 030

注：①2006年12月5日对维普中文科技文献数据库（1989—2006）检索结果进行统计；②数据库中没有检索到发表小菜蛾相关论文的省（直辖市、自治区）没列入。

表1-5 中国内地近期有关小菜蛾的硕士、博士论文数量

年份	生物学	生态学	毒理学与抗药性	生理学	植物源农药	农业防治	生物防治	化学防治	物理防治	综合治理	实际篇数
2000	0	0	1	0	1	0	1	0	0	0	3
2001	0	3	1	0	2	0	3	0	0	0	9
2002	0	0	3	0	2	0	3	0	0	0	8
2003	0	1	1	0	2	0	8	0	0	0	12
2004	1	0	6	0	4	0	8	3	0	0	22
2005	1	2	7	2	4	2	12	3	0	1	33
2006	0	0	0	0	3	0	9	2	0	0	14
合计	2	7	21	2	20	4	41	6	0	0	101

注：①2006年12月5日对CNKI中国知网的中国博士学位论文全文数据库（2000—2006）和中国优秀硕士学位论文数据库（2000—2006）检索结果进行统计；②检索结果共101篇，其中博士论文23篇，硕士论文78篇；③一篇文献同时涉及多个领域时，在不同领域分别重复计数；④植物源农药领域包含植物活性成分分离、生物测定等。

表 1-6 中国内地不同研究机构发表的有关小菜蛾的硕士、博士论文数量

年份	浙江大学	福建农林大学	山东农业大学	南京农业大学	西北农林科技大学	华中师范大学	南京师范大学	中国农业科学院	湖南农业大学	广西大学	中国农业大学	河北农业大学	华南农业大学	宁夏大学	四川师范学院	石河子大学	华南热带农业大学	扬州大学	华中农业大学	东北大学	四川农业大学	山西农业大学	合计
2000	0	1	0	0	0	0	0	0	0	0	0	0	1	0	0	0	0	0	1	0	0	0	3
2001	2	2	0	1	2	1	0	0	0	0	0	0	0	0	0	0	0	1	0	0	0	0	9
2002	1	3	1	1	0	1	0	0	0	0	0	0	0	0	0	0	0	0	1	0	0	0	8
2003	3	2	2	1	0	1	0	1	0	0	0	0	0	0	0	0	0	0	1	0	0	0	12
2004	7	1	2	1	2	0	2	0	0	0	2	1	0	0	1	0	1	0	0	0	0	2	22
2005	7	4	2	2	2	0	2	2	3	3	1	1	0	1	0	0	0	0	0	1	0	1	33
2006	4	3	1	0	0	0	0	1	1	0	0	1	0	0	0	1	0	0	0	0	0	0	14
合计	24	16	8	6	6	5	5	4	4	3	3	3	1	1	1	1	1	1	2	2	2	2	101

表 1-7 1999—2005 年国家自然科学基金资助的有关小菜蛾的研究领域

批准年度	承担单位							项目数合计
	中国农业科学院	浙江大学	贵州省农业科学院	杭州师范学院	中国农业大学	南京农业大学	浙江省农业科学院	
1999	生物防治(1)							1
2000			生物防治(1)	抗药性(1)				2
2001			生物防治(1)	抗药性(1)				2
2002								0
2003	抗药性(1)植物抗性(1)	生物防治(1)			生物防治(1)	抗药性(1)		5
2004	生物防治(1)							1
2005			抗药性(1)			抗药性(1)	生理(1)	3
项目数合计	4	3	3	1	1	1	1	14

注：①2006 年 12 月 10 日对科学基金网络信息系统检索结果进行统计；②检索词为菜蛾，在项目主题词中检索；③括号数字表示项目数。

参 考 文 献

[1] 柯礼道，方菊莲.小菜蛾生物学的研究：生活史、世代数及温度关系.昆虫学报，1979，22 (3)：310～318

[2] 吴世昌，顾言真.杀灭菊酯对小菜蛾的毒效检测.植物保护，1986，12 (3)：19～20

[3] Abro GH，Jayo AL，Syed T S. Ecology of diamondback moth, *Plutella xylostella*（L.）in Pakistan. 1. Host plant preference. Pakist. J. Zool.，1994，26：35～38

[4] Arnold T H and De Wet B C. Plants of Southern Africa: Names and Distribution. Mem. Bot. Surv. S. Afr. , 1993, 62: 1~825

[5] Brown J, McCaffrey J P, Harmon B L, et al. Effect of late season insect infestation on yield, yield components and oil quality of *Brassica napus*, *B. rapa*, *B. juncea* and *Sinapis alba* in the Pacific Northwest region of the United States. J. Agric. Sci. , 1999, 132: 281~288

[6] Dosdall L M, Mason P G, Olfert O, et al. The origins of infestations of diamondback moth, *Plutella xylostella* (L.), in canola in western Canada. In: Endersby N. M., Ridland P. M. (eds.). The management of diamondback moth and other crucifer pests. Proceedings of the Fourth International Workshop, Melbourne, Australia: Department of Natural Resources and Environment, 2004, 95~100

[7] Harcourt D G. Biology of cabbage caterpillars in eastern Ontario. Proceedings of the Entomological Society Ontario, 1962, 93: 61~75

[8] Harcourt D G. The biology and ecology of the diamondback moth, *Plutella maculipennis*, Curtis, in Eastern Ontario. PhD thesis, Cornell University, Ithaca, New York, USA, 1954, 106

[9] Hardy J E. *Plutella maculipennis* Curt. , its natural and biological control in England. B. Entomol. Res. , 1938, 29: 343~372

[10] Jordan M. Brassicaceae. In: Arnold T H and De Wet D C. (eds.). Plants of Southern Africa: Names and Distribution. Mem. Bot. Surv. S. Afr. , 1993, 62, 313~322

[11] Kfir R . Diamondback moth: natural enemies in South Africa. Plant Protection News. Plant Protec. News, 1996, 43, 20~21

[12] Kfir R. Parasitoids of diamondback moth, *Plutella xylostella* (L.) (Lepidoptera: Yponomeutidae), in South Africa: an annotated list. Entomophaga, 1997b, 42, 517~523

[13] Kfir R. The diamondback moth with special reference to its parasitoids in South Africa. In: Sivapragasam A, Loke W H, Hussan A K, et al. (eds.) Proceedings of the Third International Workshop on the Management of Diamondback Moth and Other Crucifer Pests. MARDI, Kuala Lumpur, Malaysia, 1997a, 54~60

[14] Lim G. S. Biological control of diamondback moth. In: Talekar N S and Criggs TD (eds.). Diamondback moth management. Proceeding of the First International Workshop. Taiwan China: Asia Vegetable Research and Development Center, 1986, 159~171

[15] Liu S, Wang X, Guo S, et al. Seasonal abundance of the parasitoid complex associated with the diamondback moth, *Plutella xylostella* (Lepidoptera: Plutellidae) in Hangzhou, China. B. Entomol. Res. , 2000, 90: 221~231

[16] Moriuti S. Taxonomic notes on the diamondback moth. In: Talekar N. S. and Griggs T D (eds.). Diamondback Moth Management, Proceedings of the First International Workshop. Taiwan China: The Asian Vegetable Research and Development Center, 1986, 83~88

[17] Ramachandran S, Buntin G D, All J N. Response of canola to simulated diamondback moth (Lepidoptera: Plutellidae) defoliation at different growth stages. Canadian J. Plant Sci. , 2000, 80: 639~646

[18] Sarfraz M. Keddie A E and Dosdall L M. Biological control of the diamondback moth, *Plutella xylostella*: A review. Biocontr. Sci. Tech. , 2005, 15 (8): 763~789

[19] Shelton A M. Management of the diamondback moth: de'ja' vu all over again? In: Endersby N M, Ridland P M (eds.). The management of diamondback moth and other crucifer pests. Proceedings of

the Fourth International Workshop. Melbourne, Australia: Department of Natural Resources and Environment, 2004, 3~8

[20] Sun C N, Chi H, Feng H T, et al. Diamondbck moth resistance to diazion and methomyl in Taiwan. J. Econ. Entomol. , 1978, 71 (1): 551~554

[21] Talekar N S, Shelton A M. Biology, Ecology, and Management of the Diamondback Moth. Annu. Rev. Entomol. , 1993, 38: 275~301

[22] Tsunoda S. Eco - physiology of wild and cultivated forms in *Brassica* and allied genera. In: Tsunoda S, Hinata K, Gomez - Campo C. (eds.). Brassica Crops and Wild Allies: Biology and Breeding. Japan Scientific Societies Press, Tokyo, 1980, 109~120

[23] Verkerk R H J, Wright D J. Multitrophic interactions and management of the diamondback moth: A review. B. Entomol. Res. , 1996, 86: 205~216

第二章 小菜蛾主要生物学特性

第一节 小菜蛾的形态特征

一、卵

椭圆形，一端稍倾斜。长约 0.5mm，宽 0.3mm。初产时乳白色，后变淡黄绿色，将孵化时呈黑色。

二、幼虫

初孵幼虫乳白色，后变淡绿色；高龄幼虫体长 10～12mm，身体淡绿色，纺锤形，体上着生有稀疏的长而黑的刚毛。头部淡褐色，前胸背板上有由淡褐色小点组成的两个 U 字形纹。臀足向后伸长超过腹部末端，腹足趾钩单行单序缺环形（图 2-1A）。

图 2-1 小菜蛾形态特征
A. 幼虫 B. 蛹 C. 成虫
（刘长明绘）

三、蛹

体长 5～8mm，颜色变化较大，刚化蛹时为深绿色，后变为绿色或淡黄色，将羽化时复眼变黑，翅芽上三度曲波线明显可见，触角、足、胸部颜色变深，整蛹呈褐色或黑色。有些蛹背面两侧各有 1 条黑褐色条纹，有些无此条纹。无臀棘，肛门附近有钩刺 3 对，腹末有钩状臀刺 4 对。茧呈稀疏的网状，灰白色（图 2-1B）。

四、成虫

体长约6mm，翅展12～16mm；触角柄、梗节黄白色，鞭节褐色，各亚节端部有白环；头部黄白色，下唇须黄白色，第二节密被鳞毛呈三角形，外侧褐色，第三节比第二节长而细，略向上曲；前翅缘毛较长，翅外缘处最长，后翅为银灰色，停息时两前翅覆盖于体背成屋脊状，形成4个菱形斑列，前翅缘毛翘起，有翅痣和副室，后翅翅脉 M_1 和 M_2 常共柄或靠近；雄虫体色较深，前翅灰黑色或赭褐色，翅后缘从翅基到外缘呈三度曲波状的黄褐色带，腹部末端圆钳状，抱握器微张开；雌蛾体色较雄虫淡，灰褐色，个体较雄虫小，前翅前缘淡黄或灰色，后缘波纹色浅，灰黄色，腹部末端圆筒形（图2-1C，2-

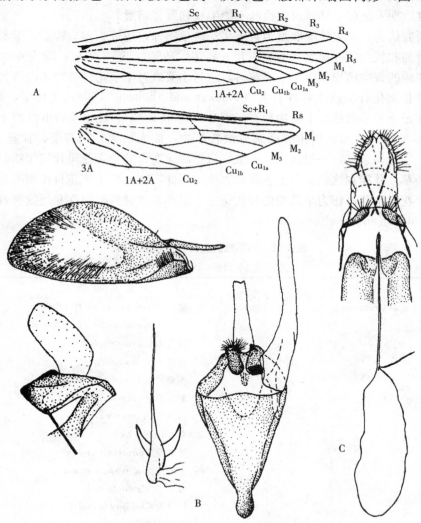

图2-2　小菜蛾成虫翅脉和生殖器形态

A. 雄虫前后翅翅脉　B. 雄性生殖器　C. 雌性生殖器

（Moriuti，1985）

2A）；雄虫生殖器如图 2-2B 所示，阳茎顶部 5/8 细长，基部呈球根状，在基部 1/4 处有明显的凸缘；雌性生殖器如图 2-2C 所示，生殖腔部细长，微弱骨化，囊导管膜状，与生殖腔同宽，但比生殖腔长。

第二节　小菜蛾的寄主范围

小菜蛾是寡食性害虫，主要以幼虫为害十字花科蔬菜的叶片。成虫产卵于寄主植物叶片或茎上，初龄幼虫潜叶为害，取食叶肉，形成潜叶痕；二龄幼虫取食叶片后留下一层表皮，成透明薄膜；三至四龄幼虫则咬食叶片，形成小型孔洞。在苗期，小菜蛾常为害心叶，使蔬菜后期不能包心结球或使植株不能生长和发育畸形。

早期研究认为，小菜蛾除取食为害十字花科植物外，还可为害马铃薯、玉米、葱、洋葱、姜、番茄和板蓝根等植物（柯礼道和方菊莲，1980）。近几年来，国内外的研究一致认为，小菜蛾的寄主植物仅限于十字花科，这与小菜蛾对十字花科植物体内所含有的芥子油和葡萄糖苷类化合物的嗜好性有关（Talekar and Shelton，1993；吴伟坚，1993）。国内外学者都记录了小菜蛾寄主植物种类（表 2-1 和表 2-2），在小菜蛾取食的十字花科植物中，40 多种是许多国家的重要蔬菜或油料作物，如大白菜、花椰菜、甘蓝、萝卜等，另一些是十字花科杂草。一般认为，小菜蛾只在缺乏适宜的十字花科栽培作物时，才取食十字花科杂草，并能在这些杂草上生存和繁殖。因此，在一些十字花科作物不连续种植的地区，十字花科杂草可作为小菜蛾的替代寄主，对小菜蛾种群的保存和延续有着极为重要的意义（Talekar and Shelton，1993）。

表 2-1　小菜蛾的主要寄主植物种类
（吴伟坚，1993）

科	中文名与学名
十字花科 Cruciferae	椰菜 *Brassica oleracea* 及其变种
	芸薹 *Brassica campestris* 及其变种
	芥蓝 *Brassica alboglabra*
	芥菜 *Brassica juncea*
	芜菁甘蓝 *Brassica napobrassica*
	萝卜 *Raphanus sativus*
	西洋菜 *Nasturtium officinale*
	荠 *Capsella bursa-pastoris*
	播娘蒿 *Descurainia sophia*
	无瓣蔊菜 *Rorippa montana*
	紫罗兰 *Matthiola incana*
	桂竹香 *Cheiranthus cheiri*
	欧洲菘蓝 *Isatis tinctoria*
	草大青 *Isatis incetigotia*
茄科 Solanaceae	马铃薯 *Solanum luberosum*
	番茄 *Lycopersicon esculentum*

（续）

科	中 文 名 与 学 名
百合科 Liliaceae	葱 *Allium fistulosum*
	洋葱 *Allium cepa*
禾本科 Gramineae	玉米 *Zea mays*
姜科 Zingiberaceae	姜 *Zingiber officinale*
苋科 Amaranthaceae	绿苋 *Amaranthus virids*
锦葵科 Malvaceae	秋葵 *Abelmoschus esculensus*

表 2 - 2　小菜蛾的主要寄主植物种类

(Talekar and Shelton，1993)

科	中 文 名 与 学 名
十字花科 Cruciferae	结球甘蓝 *Brassica oleracea* var. *capitata*
	花椰菜 *Brassica oleracea* var. *botrytis*
	青花菜 *Brassica oleracea* var. *italica*
	抱子甘蓝 *Brassica oleracea* var. *gemmifera*
	球茎甘蓝 *Brassica oleracea* var. *caulorapa*
	羽衣甘蓝 *Brassica oleracea* var. *acephala*
	芥蓝 *Brassica oleracea* var. *alboglabra*
	Brassica rapa cv. gr. *saishin*
	小白菜（青菜）*Brassica rapa* cv. gr. *pakchoi*
	油菜 *Brassica napus*
	芥菜 *Brassica juncea*
	中国大白菜 *Brassica campestris* ssp. *pekinesis*
	芜菁 *Brassica campestris* ssp. *rapifera*
	白菜 *Brassica campestris* ssp. *chinensis* var. *communis*
	菜薹或菜心 *Brassica campestris* ssp. *chinensis* var. *utilis*
	佳皮芸薹 *Brassica kaber*
	芜菁甘蓝 *Brassica napobrassica*
	萝卜 *Raphanus sativus*
	豆瓣菜（西洋菜）*Nasturtium officinale*
	光南芥 *Arabis glabra*
	洋山葵 *Armoracica lapathifolia*
	Barbarea stricta
	山芥 *Barbarea vulgaris*
	疣果匙荠 *Bunias orientalis*
	荠菜 *Capsella bursa - pastoris*
	Cardamine amara
	Cardamine cordifolia
	野碎米荠 *Cardamine pratensis*
	桂香竹 *Cheiranthus cheiri*
	Conringa orientalis

（续）

科	中 文 名 与 学 名
	播娘蒿 *Descurainia sophia*
	小花糖芥或桂竹糖芥 *Erysimum cheiranthoides*
	欧亚香花芥或紫花香花芥 *Hesperis matronalis*
	屈曲花 *Iberis amara*
	菘蓝或染大青 *Isatis tinctoria*
	抱茎独行菜 *Lepidium perfoliatum*
	北美独行菜或维州独行菜 *Lepidium virginicum*
	香雪球 *Lobularia maritime*
	紫罗兰 *Matthiola incana*
	Norta altissima
	Pringlea antiscorbutica
	野萝卜 *Raphanus raphanistrum*
	湿葶苈 *Rorippa amphibia*
	风花菜或沼生蔊菜 *Rorippa islandica*
	白芥或辣菜 *Sinapis alba*
	Sisymbrium austracum
	Sisymbrium officinale
	菥蓂（遏蓝菜或败酱草）*Thlaspi arvense*
落葵科 Basellaceae	白落葵 *Basela albar*
藜科 Chenopodiaceae	红叶甜菜（恭菜）*Beta vulgaris*
菊科 Asteraceae	粗毛牛膝菊 *Galinsoga ciliata*
	辣子草或小米菊 *Galinsoga parviflora*

第三节　小菜蛾的主要生活习性

一、小菜蛾成虫的产卵习性

小菜蛾成虫昼伏夜出。白天隐藏在寄主植株上或附近杂草中，在受惊扰时作短距离飞行，在黄昏和夜间活动，进行交尾和产卵（薛明等，1994）。成虫大多数在下午 1～4 时羽化，下午 2 时达到羽化高峰（Talekar and Shelton，1993）。成虫羽化后先静止休息几个小时，然后方可进行交尾。如在上午羽化，一般在当天下午或傍晚即可进行交尾（吴国家，1968；王纪文等，1991；Talekar and Shelton，1993）。成虫一生中可多次交尾，交尾时静止不动，每次交尾的时间为 30～90min 不等（吴国家，1968；柯礼道和方菊莲，1980；陆自强和陈丽芳，1986；王纪文等，1991）。雌虫在交尾后不久即开始产卵，其产卵前期大多在 1d 以内。据柯礼道和方菊莲（1980）对 1592 对成虫产卵前期的观察，88.8％个体产卵前期在几个小时之内，5.2％个体产卵前期为 1d，个别长达 8～9d。

（一）产卵位置与方式

小菜蛾的卵大多产于叶背凹陷处或叶脉两侧。据柯礼道和方菊莲（1980）对田间9 409粒卵的调查统计，84.52%的卵产于叶背；Talekar 和 Shelton（1993）也报道卵产在叶片正面和背面的比例为 3：2。卵以散产为主，很少堆产。据柯礼道和方菊莲（1980）对 850 粒卵的调查，其中 69.1%单产，18.4%双产，6.5%三粒成堆，3.1%四粒成堆，偶见 5～11 粒卵或更多卵堆在一起。另据 Harcourt（1957）对 2 298 粒卵的统计，单产占 54.9%，2～3 粒在一起的占 32.0%，4～8 粒成堆的占 12.1%，8 粒以上成堆的占 1.0%。

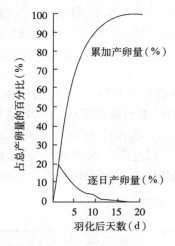

图 2-3　春季（5月份）小菜蛾产卵规律
（柯礼道和方菊莲，1980）

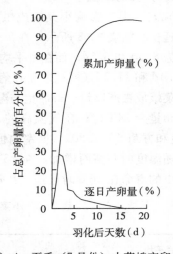

图 2-4　夏季（7月份）小菜蛾产卵规律
（柯礼道和方菊莲，1980）

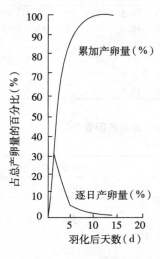

图 2-5　秋季（9月份）小菜蛾产卵规律
（柯礼道和方菊莲，1980）

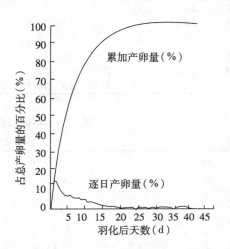

图 2-6　冬季小菜蛾产卵规律
（柯礼道和方菊莲，1980）

（二）产卵规律

小菜蛾成虫一般在交尾后不久即可产卵，产卵期平均为 4～12d。不同研究报道的平均每雌产卵量存在一定差异，但都在 100 粒以上（吴国家，1968；柯礼道和方菊莲，1980；王纪文等，1991；吕佩珂等，1992；Talekar and Shelton，1993）。小菜蛾成虫羽化后当天产卵最多，是其产卵高峰；羽化后 5d 内为主要产卵期。柯礼道和方菊莲（1980）研究发现：小菜蛾成虫在 5、7、9 月份和冬季羽化当天的产卵量分别为总产卵量的 20.0%、27.5%、32.0% 和 13.5%；羽化后 5d 内的累积产卵量分别为总产卵量的 70.5%、85.5%、90.0% 和 52.0%（图 2-3、2-4、2-5、2-6）。

（三）产卵影响因子

1. 温度 温度影响小菜蛾成虫产卵期的长短。气温高时，产卵期短；气温稍低时，产卵期延长。如表 2-3 所示，在 7、8 月份，平均气温分别为 27.7℃和 27.8℃时，产卵期分别为 8.3d 和 5.5d；而在月平均气温为 19.9℃、18.3℃的 5、10 月份，平均产卵期延长到 11.4d 和 11.7d（柯礼道和方菊莲，1980）。

小菜蛾成虫产卵量、寿命也与温度关系密切。由表 2-3 可知，5～10 月份小菜蛾平均每雌产卵量为 248 粒；在气温高的 7、8 月份，平均每雌产卵量下降到 207 粒和 198 粒（柯礼道和方菊莲，1980）。据室内恒温试验（表 2-4），当温度为 16℃、20℃、25℃时，产卵量随温度的升高而增加，在 25℃时产卵量最高，超过 29℃时产卵量反而显著减少；同时成虫的寿命在 16℃时最长，并随温度的升高而缩短（陆自强和陈丽芳，1986）。

表 2-3 小菜蛾成虫寿命、雌虫产卵期及产卵量

（柯礼道和方菊莲，1980）

月份	月平均温度（℃）	雄 虫				雌 虫									
		观察数（头）	寿命（d）			观察数（头）	寿命（d）			产卵历期（d）			产卵量（粒/头）		
			最长	最短	平均		最长	最短	平均	最长	最短	平均	最多	最少	平均
5	19.9	18	25.5	1.0	15.2	29	29.0	2.0	14.1	20	0	11.4	589	0	307
6	24.1	47	26.0	0.5	12.2	52	25.0	0.5	13.0	21	0	11.0	384	0	221
7	27.7	85	26.5	0.5	12.1	153	23.0	0.5	10.2	19	0	8.3	380	0	207
8	27.8	86	28.0	0.5	10.3	117	16.5	0.5	6.5	15	0	5.5	376	0	198
9	24.9	63	26.0	0.5	12.5	103	16.0	0.5	8.9	14	1	7.7	462	57	282
10	18.3	10	27.0	3.5	16.4	24	20.0	4.0	13.1	19	0	11.7	482	0	272

表 2-4 不同温度下小菜蛾成虫寿命与产卵量

（陆自强和陈丽芳，1986）

温度（℃）	寿 命（d）			产卵量（粒/头）		
	最长	最短	一般	最多	最少	平均
16	15	10	13	272	51	124
20	15	5	11	210	100	170
25	14.5	7	11	292	108	235
29	8	4	6	90	79	80
32	4.5	3	4	58	32	40

2. 光照 成虫主要在夜间产卵。据观察，27℃定温条件下，在 735 粒卵中，88.3%是在夜间产的，其中在晚上 8 时到凌晨 1 时之间的产卵量占全天产卵量的 61%（柯礼道和方菊莲，1980）。白天光照不足能刺激雌成虫产卵。Harcourt（1966）观察到

每年随着光照时间的缩短，小菜蛾的产卵量呈下降趋势，而当每天的光照时数从 12h 增到 16h 后，平均产卵量会相应地提高 1 倍，因而认为光周期是影响雌蛾产卵量的主导因素之一。

3. 营养条件　小菜蛾成虫羽化后可取食花蜜等作为补充营养。成虫的寿命及产卵量与补充营养质量高低有关（柯礼道和方菊莲，1980；陆自强和陈丽芳，1986；王纪文等，1991；Talekar and Shelton，1993）。喂养蜜糖水的小菜蛾成虫寿命最长，平均寿命长达 16.5~17.6d，喂以赤砂糖水的次之，不给食的成虫寿命最短，平均寿命仅 4d。喂养蜜糖水的雌虫平均产卵量高过 256 粒/头，不给食的雌虫则不产卵，4 个不同处理雌蛾平均产卵量的差异达到极显著水平（表 2-5）。

表 2-5　小菜蛾成虫寿命、产卵量与补充营养的关系

（王纪文等，1991）

处　　理	成虫寿命（d）						产卵量（粒/头）		
	雄　虫			雌　虫			最多	最少	平均
	最长	最短	平均	最长	最短	平均			
蜜糖水（50%）	28	16	17.6	24	13	16.5	428	184	256A
赤砂糖水（50%）	21	11	13.4	18	9	12.1	236	57	172B
清　　水	12	4	8.0	10	3	7.5	52	0	33.5C
不给食	5	2	4.0	4	0	0	0	0	0.0D

注：寿命为观察 20 头成虫的结果；产卵量为观察 50 头雌蛾的结果；同列数字后具不同字母者表示平均产卵量在 0.01 水平上差异显著（DMRT）。

4. 交尾　雌成虫是否经过交尾对其寿命及产卵量有较大的影响。据王纪文等（1991）报道，有交尾的雌虫寿命较未经交尾的雌虫短，平均寿命分别为 11d 和 23d；有交尾的雌虫产卵主要集中在羽化后的前 5d，其产卵量占总产卵量的 97%；而未经交尾的雌虫在刚羽化后的 2d 内不产卵，且以后只产不育卵，产卵期长达 14d 以上，每天的产卵量也较均衡。柯礼道和方菊莲（1980）的研究也得到类似的结果，未经交尾的雌虫的平均产卵量明显少于对照（38.5：272.0），表明交尾有刺激雌虫产卵的作用。

二、小菜蛾幼虫的取食习性

小菜蛾卵昼夜皆能孵化，初孵幼虫经 3~4h 后潜入叶肉、叶柄或叶脉内取食，形成细小的隧道（王纪文等，1991）；在一龄末或二龄初时，幼虫钻出隧道，在叶面取食叶肉，留下透明表皮，呈"开天窗"状；三龄后因食量增大，取食造成孔洞或缺刻，严重时仅留叶脉；在花椰菜上能取食花蕾。幼虫较为活跃，受惊扰时即扭动身体，后退或翻滚吐丝下垂；老熟幼虫在叶脉附近结薄茧化蛹（Harcourt，1957；吕佩珂等，1992）。幼虫昼夜均能取食，食量随龄期而增大。一至二龄的幼虫食量较小，约为一生总食量的 3.07%；三龄幼虫食量增大，占总食量的 13.41%；四龄幼虫进入暴食期，占总食量的 83.52%，是主要为害期（陆自强和陈丽芳，1986）。

幼虫主要在叶片背面取食，但在天气炎热或寒冷时，幼虫有钻入结球蔬菜的叶球内或菜心里避暑或御寒的行为（Harcourt，1957；柯礼道和方菊莲，1980）。在寄主的不同发育时期，不同龄期幼虫的为害部位不同，低龄幼虫主要在卵附近取食，高龄幼虫有集中在植株心部取食的趋向（周爱农等，1994；薛明等，1994）。在苗期和莲座期，一龄幼虫主

要在中、下部叶片上为害，占总虫量的 87％，二龄后向心叶转移，三、四龄在心叶为害的虫数占总虫量的 67％，受害心叶中常有丝络相连；在结球期，幼虫集中在老叶背面或叶球叶片内侧为害（薛明等，1994）。

三、小菜蛾成虫的趋光性

成虫的趋光性较强，夜间有扑灯现象。大多数成虫在半夜 1 时前扑灯，约占总扑灯蛾量的 76.7％，其中以 19～21 时最多（柯礼道和方菊莲，1980）。Harcourt（1957）在太阳下山 1.5h 后开灯诱蛾，结果发现成虫在前 2h 内扑灯最多，占总扑灯量的 40％，随后扑灯量随时间逐渐减少。同时，Harcourt（1957）还观察到在前 2h 扑灯的蛾中，雌蛾所占的比例较高，过后则雄蛾的比例较高。冬季低温影响成虫的飞翔能力，在夜间温度低于 10℃时，成虫飞不上灯；只有当夜温在 10℃以上时，成虫才能飞起扑灯。不良天气如刮风、下雨及浓雾都能影响成虫的飞翔能力（柯礼道和方菊莲，1980）。

四、小菜蛾越冬与迁移

在热带和亚热带地区，周年种植十字花科蔬菜，温度周年都能满足小菜蛾生长发育的需要，小菜蛾在这些地区没有滞育越冬的现象（Talekar and Shelton，1993）。比如，在我国南方的海南、广东、福建、台湾、云南和浙江等省十字花科蔬菜上一年四季都有小菜蛾为害，田间均可找到小菜蛾的各个虫态（吴国家，1968；柯礼道和方菊莲，1979；姚彩媚，2000；姚彩媚和陈绍平，2001；王纪文，1991）。

在温带较寒冷地区及高寒地区，小菜蛾能否越冬一直存在很大争议。在加拿大，Harcourt（1957）在安大略省（Ontario）西部对小菜蛾进行田间调查和田间笼罩饲养，卵、幼虫和蛹只能存活到 12 月中旬，而成虫存活不超过次年 1 月中旬，认为小菜蛾无法在当地越冬。Butts（1979）在安大略省剑桥地区（Cambridge）进行田间笼罩试验，同样观察到小菜蛾各虫态无法在冬季存活，但却坚持认为小菜蛾能在当地越冬（Dosdall，1994）；在同一地点，Smith 等（1982）也发现小菜蛾各虫态皆不能在冬季的田间或在室内相似条件下存活。1992 年 6 月底到 7 月初，Dosdall（1994）在阿尔伯达省（Alberta）田间设置的羽化陷阱（emergence trap）中采集到 13 头成虫，在排除了这些成虫是由外部进入陷阱的可能性后，确认这些成虫只能是来自陷阱内的土壤或植株残体，证明小菜蛾在当地能成功越冬。同时 Dosdall（1994）也指出，与其他年份相比，1991—1992 年冬季的降雪较早而且厚，气温也较高，有利于小菜蛾的存活。我国的马春森等（1991）认为小菜蛾在我国东北地区也不能顺利越冬，发生虫源是随西南风迁入的。小菜蛾在日本北部常年积雪在 2 个月以上的地区不能越冬，在这些地区为害的小菜蛾是从较温暖的西南部或亚热带的岛屿迁入的（Miyahara，1987；Honda et al.，1992）。

国外的一些研究认为小菜蛾是以成虫或蛹隐藏在寄主植物残体中越冬的（Marsh，1917；Hardy，1938；Harcourt，1957）。Hardy（1938）研究发现，在 0℃低温下小菜蛾成虫、卵和蛹可分别存活 9 个月、2 周和 6 周。而据陆自强和陈丽芳（1986）测定，小菜蛾四龄初期、末期幼虫和蛹的过冷却点分别为 -8.06℃、-15.25℃和 -17.0℃，结冰点分别为 -2.5℃、-8.25℃和 -13.25℃。因此，在温带较冷地区及高寒地区，小菜蛾是完全可能以蛹或成虫在较为隐蔽温暖的场所滞育越冬的。

小菜蛾能在菜地进行短距离的株间飞行扩散，也能通过远距离迁飞来避开不利环境和寻找有利的生存环境，这是小菜蛾在全世界普遍发生的主要原因之一（Talekar and Shelton，1993）。小菜蛾可持续飞行几天，在强风的助迁下每天可飞越1 000km以上。例如，英国在每年发生的小菜蛾成虫是从波罗的海、芬兰迁移飞来的，其迁移距离长达3 000km（Marsh，1917；Chu，1986；Talekar and Shelton，1993）。Shirai（1993a、1993b）报道了小菜蛾成虫的飞行测定，在23℃下，48h中其飞行时间累计达11h 40min（施祖华，1998）。Shirai（1995）还发现在较低温度下饲养的小菜蛾具有个体较大，前翅较长、寿命较长的特点，其飞行能力较前翅短者强，更适于长距离飞行。这些结果都表明，小菜蛾具有远距离迁飞的能力。Mackenzie（1958）报道了1958年6月小菜蛾迁入英国的事实，估计迁入的密度高达每公顷7 000万头以上。Chu（1986）报道了在太平洋离陆地500km的洋面上捕获到小菜蛾的记录。一般认为，小菜蛾在加拿大无法越冬，其每年发生的虫源是当年春季从小菜蛾能越冬的美国南部迁入的成虫（Harcourt，1957；Smith，1982；Talekar and Shelton，1993；Dosdall，1994）。此外，在美国、日本、新西兰、澳大利亚、南非及智利、阿根廷南部等国家和地区也有关于小菜蛾迁飞的报道（Talekar and Shelton，1993）。

显然，有关小菜蛾的越冬和迁飞问题仍存在许多不明确和不明了的问题。如果小菜蛾可在寒冷地区顺利越冬，这种越冬成功是否具有偶然性？又该如何评价小菜蛾的远距离迁飞的生物学意义？如果小菜蛾不能在某一寒冷地区越冬，当地发生的小菜蛾种群只能是从外地迁入的，那小菜蛾的某些天敌寄生蜂又是如何成功越冬？种群的抗药性基因是外来的还是当地保留下来的？这些问题有待进一步研究阐明（Talekar and Shelton，1993；李云寿等，1996）。

参 考 文 献

[1] 丁岩钦. 昆虫种群数学生态学原理与应用. 北京：科学出版社，1980
[2] 黄修明，李寿昆，陈绍武. 小菜蛾（*Plutella maculipennis*）生活史之研究. 广西第二区区农场三十年度工作报告书，1942，143～153
[3] 柯礼道，方菊莲. 小菜蛾生物学的研究：生活史、世代数及温度关系. 昆虫学报，1979，22（3）：310～318
[4] 柯礼道，方菊莲. 小菜蛾生物学研究：生活习性的观察. 植物保护学报，1980，7（3）：139～143
[5] 李云寿，罗万春，李云春. 蔬菜害虫小菜蛾的生物学研究. 植物医生，1996，9（3）：30～32
[6] 陆自强，陈丽芳. 扬州地区小菜蛾的研究. 江苏农业科学，1986，（2）：21～23
[7] 吕佩珂，李明远，吴钜文. 中国蔬菜病虫原色图谱. 北京：农业出版社，1992，238～239
[8] 马春森，陈瑞鹿. 菜蛾越冬与迁飞问题的研究. 首届全国青年植物保护科技工作者学术讨论会论文集. 中国科学技术出版社，1991，294～299
[9] 施祖华. 小菜蛾主要天敌菜蛾绒茧蜂的生物学生态学特性研究. 浙江农业大学博士学位论文. 浙江杭州：浙江农业大学. 1998
[10] 王纪文，伍海森，林钰. 小菜蛾在海南的生物学与防治的研究. 海南大学学报自然科学版，1991，

9 (4)：45~48

[11] 吴国家．小菜蛾之形性观察及其天敌考查．台湾农业研究，1968，17（2）：51~63

[12] 吴伟坚．关于小菜蛾的寄主范围．昆虫知识，1993，30（5）：274~275

[13] 薛明，毛永逊，李强．小菜蛾生物学特性及药剂防治研究．莱阳农学院学报，1994，11（增刊）：137~140

[14] 姚彩媚，陈绍平．广州地区小菜蛾的发生及药剂防治技术．广东农业科学，2001，5：34~36

[15] 姚彩媚．小菜蛾的发生特点及预测预报．广东农业科学，2000，5：45~46

[16] 喻国泉，吴伟坚，古德就等．小菜蛾产卵对寄主的选择性及其应用初步研究．华南农业大学学报，1998，19（1）：61~64

[17] 周爱农，马晓林，马承铸．甘蓝田四种鳞翅目幼虫的生物学特性及其田间株内分布．植物保护学报，1994，3：225~229

[18] Butts R A. Some aspects of th biology and control of *Plutella xylostella* (L.) (Lepidoptera：Plutellidae) in southern Ontario. M. Sc. thesis. University of Guelph, Ontario. 1979, p97

[19] Chu Y I. The migration of diamondback moth. In：Talekar N S and Griggs, T. G. (eds.). Diamondback moth management, Proceedings of the First International Workshop. Taiwan China Asian Research and Development Center, 1986, p77~81

[20] Dosdall L M. Evidence for successful overwintering of diamondback moth, *Plutella xylostella* (L.) Lepidoptera：(Plutellidae), in Alberta. Can. Entomol. , 1994, 126 (1)：183~185

[21] Harcourt D G. Biology of the diamondback moth, *Plutella maculipennis* (Curt.) (Lepidoptera：Plutellidae) in eastern Ontario Ⅱ：Life history, behaviour and host relationship. Can. Entomol. , 1957, 89 (12)：554~564

[22] Harcourt D G. Distribution of the immature stages of the diamondback moth, *Plutella maculipennis* (Curt.) (Lepidoptera：Plutellidae) on cabbage. Can. Ent. , 1960, 92：517~521

[23] Harcourt D G. Photoperiodism and fecundity in *Plutella maculipennis* (Curt.) Nature, 1966, 210 (5032)：217~218

[24] Honda K, Miyahara Y, Kegasawa K. Seasonal abundance and the possibility of spring immigration of the diamondback moth, *Plutella xylostella* (Linnaeus) (Lepidoptera：Yponomeutidae), in Morioka city, northern Japan. Appl. Entomol. and Zool. , 1992, 27 (4) p. 517~525

[25] Levins R. Evolution in Changing Environments. Princeton：Princeton University Press. 1968

[26] Mackenzie J M B. Invasion of diamondback moth (*Plutella maculipennis* Curt). J. Entomol. Sci. , 1958, 91：247~250

[27] Marsh O H. The life history of *Plutella maculipennis*, the diamondback moth. J. Agri. Res. , 1917, 10 (1)：1~10

[28] Miyahara Y. Simultaneous trap catches of the oriental armyworm and the diamondback moth during the early flight season at Morioka. Jap. Appl. Entomol. Zool. , 1987, 31 (2) p. 138~143

[29] Morista M. Measuring interspecific association and similarity between communities. Memoirs of the Faculty of Science of Kyushu University, Series E. Biology, 1959, 3：65~80

[30] Moriuti S. Taxonomic notes on the diamondback moth. In：Talekar N S and Griggs T D (eds.). Diamondback Moth Management, Proceedings of the First International Workshop. Taiwan China：Asian Vegetable Research and Development Center, 1986, 83~88

[31] Shirai Y. Comparison of longevity and fliht ability in wild and laboratory reared male adults of the diamondback moth, *plutella xylostella* (L.) (Lepidoptera：Yponomeutidae). Appl. Entomol. Sci. ,

1993a. 26（1）：17～26

［32］Shirai Y. Factors influencing flight ability of male adults of the diamondback moth，*Plutella xylostella*，with special reference to temperature conditions during the larval stage. Appl. Entomol. Zool. ，1993b，28：291～301

［33］Shirai Y. Longevity，flight ability and reproductive performance of the diamondback moth，*Plutella xylostella*（L. ）（Lepidoptera：Yponomeutidae），related to adult body size. Popul. Ecol. ，1995，37（2）：269～277

［34］Smith D B，Sears M K. Evidence for disperse of diamondback moth，*Plutella xylostella*（Lepidoptera：Plutellidae），into southern Ontario. Proc. Entomol. Soc. Ont. 1982，113：21～28

［35］Talekar N S，Shelton A M. Biology，ecology，and management of the diamondback moth. Annu. Rev. Entomol，1993，38：275～301

第3章

第三章　小菜蛾种群的时空分布
格局和生态位

种群的时间、空间分布格局及生态位是种群的基本特征之一。研究小菜蛾的时空分布格局及其抽样技术，时间、空间及时空生态位可为准确抽样、进行种群数量估计以及田间防治工作提供指导，是进行种群发生发展规律和成灾机理研究的基础。

第一节　小菜蛾种群的时间分布格局

小菜蛾种群的发生发展要求一定的环境条件。由于世界各地气候条件、作物栽培情况、天敌等因子的不同，小菜蛾在当地的发生世代和种群消长动态也不尽相同。

一、小菜蛾的发生世代

小菜蛾在世界各地年发生代数在 1～22 代之间，不同国家和地区间的差异很大。在英国威尔士北部，小菜蛾年发生 1～3 代（Hardy，1938），在前苏联的欧洲中部地区 2～5 代（柯礼道和方菊莲，1979），在加拿大渥太华 4～6 代（Harcourt，1957、1966），在美国科罗拉多 7 代（Marsh，1917），在印度马德拉斯 12 代（Abraham et al.，1968），在菲律宾 15 代（Poelking，1992）；在日本 5～12 代和印度尼西亚万隆约 19 代（柯礼道和方菊莲，1979）。在我国，发生代数由北向南逐渐增加，在黑龙江年发生 3～4 代（李云寿等，1996），吉林公主岭 4～6 代（马春森和陈瑞鹿，1995），新疆塔城 3～5 代（王承君，1999），河北蔚县 4 代（潘进红等，1999），江苏扬州 9～14 代（陆自强和陈丽芳，1986），湖北武汉 13 代（武汉市农业科学院植保组，1977），浙江杭州 9～14 代（柯礼道和方菊莲，1979），广西 17 代（黄修明等，1942），台湾 18～19 代（吴国家，1968），福建 17～19 代（许含冰和秦学秋，1994；苏若秋和林国宪，1999），云南弥渡 10～12 代（杨德良等，2001），广东广州 18～20 代（姚彩媚，2000；姚彩媚和陈绍平，2001），海南则在 22 代左右（王纪文，1991）。

由于小菜蛾成虫寿命较长，其产卵期可以近于或长于下一代的发育历期，世代重叠严重。例如在杭州郊区，同一对成虫产下的卵，经各世代繁殖之后，早迟之间一年相差可达5代之多。小菜蛾在当地的世代重叠情况为：3月2代重叠，4月3代重叠，5月4代重叠，6、7月6代重叠，8、10月7代重叠，9月则有8代重叠（柯礼道和方菊莲，1979）。

二、小菜蛾种群的季节消长动态

在热带、亚热带地区和温带较温暖地区，小菜蛾周年发生，通常以春季和秋季发生为害较严重，其中又以秋季最为严重，种群的周年消长常呈双峰型。图3-1是1983年江苏省扬州地区灯下小菜蛾蛾量，从中可以看出其周年种群消长具有明显的春峰和秋峰。夏季小菜蛾种群数量的下降主要与高温不利于小菜蛾生长发育、暴雨冲刷致死及寄主作物减少等有关。

在温带较寒冷地区和高寒地区，小菜蛾种群在温度较高的夏季发生，发生世代较少，通常只有一个发生高峰（图3-2）。必须指出，各地的小菜蛾种群消长并非都是双峰型或单峰型，受当地气候条件和食料等因子的影响，其消长动态也有变化。关于温度、降雨、寄主植物等环境因子对小菜蛾生长发育和种群发生发展的影响，在第四章进行讨论。

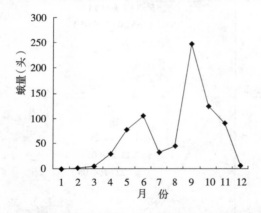

图3-1 江苏扬州地区灯下小菜蛾蛾量消长
（陆自强和陈丽芳，1986）

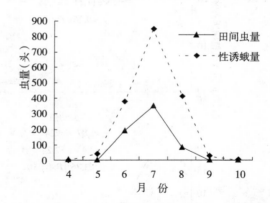

图3-2 吉林公主岭地区小菜蛾种群动态
（马春森和陈瑞鹿，1995）

第二节　小菜蛾种群的空间分布格局及抽样技术

国内外昆虫学家对多种寄主植物上小菜蛾的卵、幼虫和蛹的空间分布格局及其抽样技术、空间分布的边际效应、株内垂直分布及性诱剂作用下成虫的空间分布格局等进行了研究（Harcourt，1960；周惟敏等，1991；赵全良等，1991；吴伟坚和梁广文，1992；但建国等，1995；胡慧建等，1998；庞保平等，1999）。

一、小菜蛾卵、幼虫和蛹的空间分布格局与抽样技术

（一）卵、幼虫和蛹的空间分布格局

　　Harcourt（1960）首先采用频次分布检验法研究了小菜蛾卵、各龄幼虫和蛹在旱甘蓝上的空间分布格局。结果表明，用泊松分布（Poission distribution）拟合小菜蛾性成熟前各虫期在旱甘蓝上的分布，卡方测验表明观察值和理论值之间差异极显著；如用负二项分布拟合，卡方测验表明观察值和理论值之间差异不显著（图 3-3）。

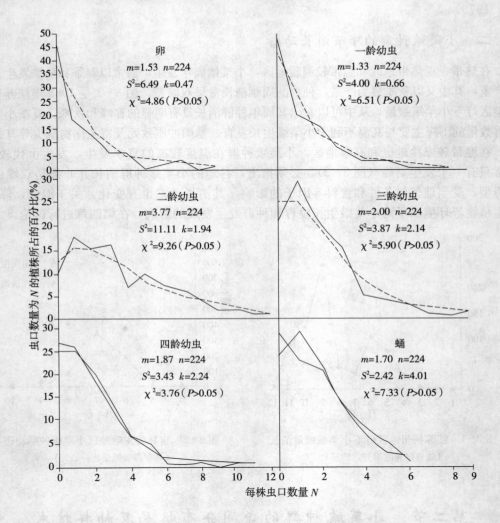

图 3-3　小菜蛾性成熟前各虫期频次分布观察值（实线）
与负二项分布理论频次（虚线）的拟合图
（Harcourt，1960）

　　根据 1958 年和 1959 年的田间调查，Harcourt（1960）求出了植株上小菜蛾卵、各龄幼虫和蛹的平均虫口密度变化范围、K 值变化范围和公共 K 值（表 3-1）。对田间获得的36 组实际分布观察值进行拟合，皆符合以相应虫期公共 K 值描述的负二项分布，其误差范围均未超过 5% 显著水平，充分表明小菜蛾卵、各龄幼虫和蛹在旱甘蓝上符合负二项分布，均呈聚集分布。

表 3-1　小菜蛾卵、各龄幼虫和蛹的平均虫口密度变化范围、K 值变化范围及公共 K 值

(Harcourt，1960)

虫　期	平均虫口密度变化范围	K 值变化范围	公共 K 值
卵	1.51～15.23	0.47～0.86	0.64
一龄幼虫	1.01～6.02	0.96～1.49	1.15
二龄幼虫	2.65～4.82	1.43～2.48	2.02
三龄幼虫	1.81～5.76	1.75～2.85	2.09
四龄幼虫	1.87～7.92	1.86～2.24	2.01
蛹	1.70～4.57	3.25～5.36	4.00

　　庞保平等（1999）采用频次分布检验法和聚集度指标法研究了小菜蛾卵、幼虫在早甘蓝上的空间分布格局。聚集度指标测定结果表明，小菜蛾的卵、幼虫在 6 块早甘蓝田的空间分布格局都是聚集分布（表 3-2）。

表 3-2　小菜蛾卵、幼虫聚集度指标测定

(庞保平等，1999)

	田号	$\bar{x}$	$\overset{*}{m}$	I	$\overset{*}{m}/x$	Ca	C	K	λ	分布格局
卵	1	0.350	1.944	1.594	5.533	4.533	2.594	0.220	0.677	聚集
	2	0.275	3.718	3.422	13.499	12.499	4.442	0.080	0.915	聚集
	3	0.319	1.851	1.531	5.794	4.794	2.531	0.209	0.634	聚集
	4	0.122	1.918	1.795	15.692	14.692	2.795	0.068	0.518	聚集
	5	0.327	1.752	1.425	5.346	4.346	2.425	0.230	0.618	聚集
	6	0.280	1.054	0.774	3.757	2.757	1.744	0.363	0.427	聚集
幼虫	1	1.769	2.728	0.958	1.542	0.542	1.958	1.847	1.847	聚集
	2	2.572	5.536	2.964	2.152	1.152	3.964	0.868	1.608	聚集
	3	7.169	15.592	8.423	2.175	1.175	9.423	0.851	4.570	聚集
	4	4.691	14.178	9.487	3.022	2.022	10.487	0.494	2.160	聚集
	5	8.120	14.972	6.852	1.844	0.844	7.852	1.185	6.016	聚集
	6	7.517	16.581	9.064	2.206	1.206	10.064	0.829	4.919	聚集

　　从表 3-2 还可知，小菜蛾卵的聚集均数 λ<2，表明其聚集是由环境条件引起的。小菜蛾幼虫的聚集均数随幼虫密度增加而增大，当幼虫密度 $\bar{x}$<4.691 时（λ<2），其聚集是由环境条件引起的；当 $\bar{x}$>4.691 时（λ>2），其聚集是由小菜蛾幼虫行为或环境条件引起的。

　　应用 Iwao 的平均拥挤度（$\overset{*}{m}$）和平均密度（$\bar{x}$）的线性关系：$\overset{*}{m}=\alpha+\beta\bar{x}$ 检验，结果表明 6 块早甘蓝田中小菜蛾幼虫的平均拥挤度（$\overset{*}{m}$）和平均密度（$\bar{x}$）呈显著的线性相关：$\overset{*}{m}=0.835\,2+2.028\,2\bar{x}$（$r=0.930\,0^{**}$）。其中，$\alpha=0.835\,2>0$，表明幼虫个体间相互吸引，田间分布的基本成分是个体群；$\beta=2.028\,2>1$，说明个体群呈聚集分布。

　　应用 Taylor 的幂法则对小菜蛾幼虫的平均密度和方差进行拟合，得 $\lg(S^2)=0.162\,5+1.959\,0\times\lg(\bar{x})$（$r=0.973\,9^{**}$）。其中，$\lg a=0.162\,5>0$，$b=1.959\,0>1$，表明小菜蛾幼虫呈聚集分布，且具有密度依赖性，即幼虫种群密度越大，聚集度越强。

　　频次分布检验结果表明，小菜蛾的卵和幼虫的空间分布格局主要符合负二项分布，个别田块也符合核心分布和复合泊松分布，总体上呈聚集分布（表 3-3）。

表 3-3　小菜蛾卵、幼虫空间分布模型拟合结果（χ^2 值）

（庞保平等，1999）

虫态	分布类型	田　号					
		1	2	3	4	5	6
卵	二项分布	771.311	150.588	166.448	245.205	944.388	263.910
	泊松分布	334.634	121.326	682.068	168.124	392.359	139.532
	负二项分布	4.622*	3.440*	7.578*	1.761*	1.875*	5.905
	核心分布	28.028	183.207	30.992	17.089	21.800	2.374*
	泊松—二项分布	480.003	432.923	172.909	166.913	131.833	15.659
	复合泊松分布	36.454	45.827	50.355	2.841*	43.853	3.838*
幼虫	二项分布	651.417	1 462.00	10 469.2	10 523.9	8 154.29	2 571.81
	泊松分布	155.504	1 158.90	7 139.12	6 627.09	4 961.82	6 670.22
	负二项分布	6.723*	9.244*	29.435*	47.260*	59.625	32.463*
	核心分布	6.371*	104.901	28.655*	9 565.60	491.594	3 028.59
	泊松—二项分布	107.813	2 776.28	21 404.0	10 079.2	19 874.6	22 018.6
	复合泊松分布	11.511 0*	174.270	3 607.65	2 724.03	1 784.67	1 367.80

Harcourt（1960）和庞保平等（1999）的研究充分表明，小菜蛾的卵、幼虫和蛹在旱甘蓝田中均呈聚集分布，皆符合负二项分布。周惟敏等（1991）、赵全良等（1991）研究了小菜蛾在花椰菜、菜心和油菜籽上的空间分布格局，得到了相似的结论。

（二）抽样技术

1. **理论抽样数**　根据庞保平等（1999）对小菜蛾幼虫的 $\overset{*}{x}-\overline{x}$ 线性回归测定的结果：$\alpha=0.835\ 2$，$\beta=2.028\ 2$，可求得幼虫理论抽样公式：

$$n=\frac{t^2}{D^2}(\frac{1.835\ 2}{m}+1.028\ 2)$$

对于上述模型，取 $t=1.96$，在给定 $D=0.1$、0.2、0.3 的情况下，求得在不同密度下小菜蛾幼虫的最适抽样数（表 3-4），可为田间调查抽样提供参考。

表 3-4　小菜蛾幼虫理论抽样数表

（庞保平等，1999）

m	0.5	1.0	1.5	2.0	2.5	3.0	4.0	5.0	6.0	7.0	8.0	9.0	10.0
$D=0.1$	1 805	1 100	865	747	677	630	571	536	512	496	483	473	465
$D=0.2$	451	275	216	187	169	157	143	134	128	124	121	118	116
$D=0.3$	201	122	96	83	75	70	63	60	57	55	54	53	52

2. **抽样方式**　周惟敏等（1991）比较了 5 种常用的抽样方式调查田间小菜蛾卵、幼虫和蛹的准确性，结果认为单对角线法的抽样误差较小，分别为 24.89、12.30 和 14.99（表 3-5）。但庞保平等（1999）的研究认为，幼虫抽样调查中不同抽样方式之间无显著差异，结果均较可靠，且以 Z 字形和棋盘式抽样的准确性较好，而以单对角线式抽样的准确性最差（表 3-6）。从表 3-5 和表 3-6 可知，二者的结论是在不同作物上，采用不同比较分析方法得出的，结果存在差异是正常的。

表 3-5　油菜籽田不同抽样方法相对误差表

（周惟敏等，1991）

虫　态	与对照相比的相对误差值（%）				
	五点	棋盘式	Z 字形	双对角线	单对角线
卵	45.98	32.96	32.86	23.38	24.89
幼虫	13.96	13.15	10.96	15.95	12.30
蛹	21.46	14.90	16.67	17.72	14.99

表3-6　甘蓝田不同抽样方法比较

（庞保平等，1999）

抽样方式	棋盘式	五点式	平行线	Z字形	单对角线式	CK（全查）
抽样株数（n）	80	80	80	80	80	360
平均数（$\bar{x}$）	1.850	1.650	2.063	1.823	1.363	1.770
变异系数（CV）	1.057 2	1.137 3	1.036 0	0.985 0	1.065 5	1.052 0

（三）资料代换

昆虫种群的研究中，田间调查的数据资料容易受到极端值的影响而影响相关统计分析，需要对其进行一定的统计代换。对于负二项分布、核心分布等非随机分布的种群，一般采用对数代换。用 Taylor 幂法则对小菜蛾各虫期的平均密度和方差线性进行拟合，表明小菜蛾各虫期的平均密度和方差呈线性相关（周惟敏等，1991；庞保平等，1999），必须进行统计代换，以获得相对独立的数据。Harcourt（1960）和周惟敏等（1991）对不同代换方法进行了比较研究，结果表明采用 $\lg (x+k/2)$ 公式代换较为适合（表3-7）。

表3-7　小菜蛾不同资料代换方法比较检验

（周惟敏等，1991）

代　换　方　法	独　立　性　检　验（r）		
	卵	幼虫	蛹
$\lg (x+1)$	0.826 0	0.745 6	0.981 7
$\lg (x+1/2)$	0.704 0	0.716 8	0.523 6
$\lg (x+k/2)$	0.211 4	0.534 9	0.325 7
$f(x)=C\int dx/\sqrt{(\alpha+1)\,x+(\beta-1)\,x^2}$	0.674 2	0.315 1	0.891 7
不代换（原始数据）	0.993 8	0.997 9	0.982 8

二、小菜蛾空间分布的边际效应及分层抽样

（一）边际效应

田间调查研究发现，小菜蛾的发生和为害存在田块四周重于田块中央的现象，这表明小菜蛾在田间的分布存在明显的空间异质性（但建国等，1995）。经典的空间格局研究方法（频次分布检验法和聚集度指标法）忽略了昆虫所处的空间位置，不能描述该现象。但建国等（1995）采用分层抽样法对小菜蛾卵空间分布的边际效应进行了研究，发现田边菜株上的平均卵密度显著高于其他植株，且随着菜株距田边距离的增大，平均卵密度呈下降趋势，但彼此间的差异不显著。这表明小菜蛾卵在田间的分布确实存在明显的边际效应。

在此基础上，但建国等（1995）提出了一个反映卵密度（De）与抽样点到寄主分布区边界最短距离（h）关系的模型：

$$De = a + be^{-ch}$$

式中：a 为边际效应为零的卵密度；

b 为边际效应最大时的卵密度增量；

c 为边际效应衰退系数。

模型中，De 随 h 的增大而减小。当 $h=0$ 时，De 达到最大值 $a+b$；当 h 增至某一值时，De 趋于平缓；当 h 足够大时，be^{-ch} 趋于 0，则 $De=a$。

采用最小二乘法迭代求得参数 a、b、c 分别为 1.412、3.589 和 1.385，拟合度高达 0.998（图 3-4），表明该模型能很好地模拟小菜蛾卵空间分布格局中的边际效应。

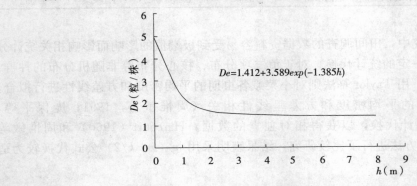

图 3-4 平均卵密度（De）与菜株至边界最短距离（h）的关系
（但建国等，1995）

若令 $S=b/a$，则 S 为单位密度下的最大边际效应强度指数。

假定允许误差为 10%，有 $be^{-ch}=10\%a$，可求得：$h=\ln(10s)/c$，此值为边际效应层宽度（W）。

按边际效应层宽度，可将卵在菜心上的分布分为两层：边际效应层和非边际效应层。

（二）分层抽样

对上述模型，可求得边际效应层宽度 W 为 2.34。对各层的数据进行频次分布检验、数据转换和层间差异性检验，表明两层间的差异极显著（表 3-8）。

表 3-8 菜心田层间差异性比较
（但建国，1995）

层　次	抽样数	$\varphi g(x+1)$ 转换		差异性检验
		x	S^2	
边际效应层	60	0.531	0.142	3.986**
非边际效应层	60	0.288	0.082	

根据丁岩钦（1980）提出的分层抽样理论抽样数的计算公式，求得比例配额分层抽样和最适配额分层抽样的理论抽样数（表 3-9）。

表 3-9 两种分层抽样的理论抽样数
（但建国，1995）

层　次	层的大小		理论抽样数（株）	
	面积（m²）	比例（%）	比例配额分层抽样	最适配额分层抽样
边际效应层	371.22	31.25	36	52
非边际效应层	816.78	68.75	80	48
总　计	1 188	100	116	100

由表 3-9 可知，如采用最适配额分层抽样，其理论抽样数比按比例配额分层抽样少，且边际效应层和非边际效应层的理论抽样数十分接近，分别为 52 株和 48 株；如采用比例配额分层抽样，两层的理论抽样数差异较大，分别为 36 株和 80 株。

但建国等（1995）提出的上述模型和分层抽样技术，较好地描述了小菜蛾卵空间格局的边际效应，可为其他具有边际效应特性昆虫的研究提供参考。

三、小菜蛾垂直分布及运动规律

小菜蛾空间分布格局的研究报道大多是关于其水平分布格局（即株间分布），对于其在株内的垂直分布的研究极少。吴伟坚和梁广文（1992）首先研究了小菜蛾的卵、幼虫和蛹在菜心、芥蓝和花椰菜上的垂直分布及其运动规律。

研究结果表明（图 3-5 至图 3-8），小菜蛾的一至二龄幼虫主要分布在心叶下的第二至四片叶，其中以第二叶上的着卵量和着虫量最大；三至四龄幼虫集中分布在心叶及心叶下第一至二叶上；蛹的分布较为均匀。

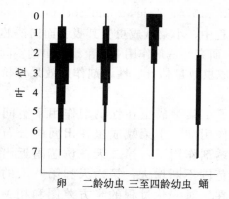

图 3-5 小菜蛾在菜心中的垂直分布
（吴伟坚和梁广文，1992）

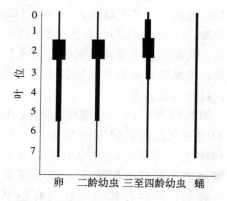

图 3-6 小菜蛾在芥蓝中的垂直分布
（吴伟坚和梁广文，1992）

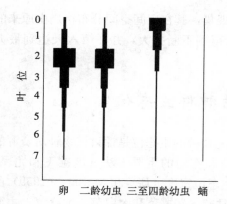

图 3-7 小菜蛾在花椰菜中的垂直分布
（吴伟坚和梁广文，1992）

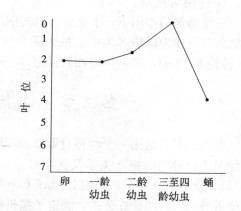

图 3-8 小菜蛾各虫期在菜心中的平均位置
（吴伟坚和梁广文，1992）

十字花科植物中含有的异硫氰酸酯化合物是小菜蛾识别寄主的指示剂（Talekar and Shelton，1993）。十字花科蔬菜的幼嫩组织的异硫氰酸酯化合物含量较高，对小菜蛾雌蛾产卵和幼虫取食有较强的吸引作用。但是，由于心叶面积小且薄，不利于雌蛾产卵和一龄幼虫潜叶，因此雌蛾在心叶附近的叶片上产卵；一龄幼虫在孵化后即潜叶，其分布位置应与卵相同；二龄从潜叶口钻出后，虽有向心叶运动的趋向，但因其扩散能力还比较弱，其分布位置变化不明显，故仍主要分布在心叶下的第二至四片叶上；三至四龄幼虫的活动能力增强，向心叶运动，并集中在心叶上取食；由于老熟幼虫要寻找较为隐蔽的场所化蛹，从心叶向植株基部运动，故蛹的分布较为均匀。从图3-8可以清楚地看到这种运动规律。

四、性诱剂作用下小菜蛾成虫的空间分布格局

利用小菜蛾性诱剂诱杀雄蛾，效果明显，方法简便，易于操作，是生产上控制小菜蛾种群的有效措施之一。国内外学者对小菜蛾性诱剂在小菜蛾种群预测预报中的作用和种群控制的效果进行了大量深入的研究（Chow et al.，1974；Talekar and Shelton，1993；侯有明等，2000、2001）。在性诱剂的田间使用过程中，小菜蛾成虫受其吸引而向诱芯附近聚集，从而引起成虫在空间分布格局上的变化。研究性诱剂作用下小菜蛾成虫的空间分布格局，关系到性诱剂在田间的实际作用范围、成虫数量估计、性诱剂作用效果评价等问题，具有重要的意义。

胡慧建等（1998）应用地理统计学研究了小菜蛾成虫在性诱剂作用下空间分布格局的变化过程，研究结果表明，在性诱剂作用前，小菜蛾成虫在田间的分布无明显规律性，为零星均匀的小聚集分布；在性诱剂作用下，第二天在诱芯附近出现一个密度较大的成虫聚集区，随后该聚集区的范围不断增大，第六天和第八天的大聚集区相似，同时在其他位置仍有小聚集区存在。对变化过程的半方差图和相关图的分析表明，性诱剂作用后第二天小菜蛾成虫在空间具明显的大聚集区，半径约为10m；第六天大聚集区半径增到最大，约为19m；第八天大聚集区的范围与第六天相似，保持相对稳定。

在性诱剂的作用下，小菜蛾成虫向诱芯位置聚集，其在田间空间分布格局由原来的小聚集分布转变为以诱芯为中心的大聚集分布，且范围不断扩大，并在第六天达到最大值（半径约为19m），然后保持相对稳定。

第三节　小菜蛾的种群生态位

生态位是群落内一个物种对资源的利用。研究物种的生态位是探讨该物种对资源的利用情况，物种间的相互关系及其在群落中的地位和作用的重要方法（庞雄飞和尤民生，1996）。徐清元（1997）采用 Levins（1968）的生态位宽度（B_i）和 Morista（1959）的生态位重叠（C_i）的计算公式，测定了福州秋冬季甘蓝、花椰菜和大白菜三种蔬菜上主要害虫及其天敌的时间、空间和时间×空间生态位宽度、生态位重叠系数（表3-10至表3-18）。

表 3-10　甘蓝主要害虫及其天敌的时间生态位宽度和重叠

（徐清元，1997）

种　名	小菜蛾	菜粉蝶	斜纹夜蛾	蚜　虫	绒茧蜂	金小蜂	瓢　虫	草　蛉
小菜蛾	0.759	0.802	0.615	0.521	0.737	0.225	0.173	0.142
菜粉蝶		0.673	0.508	0.614	0.391	0.442	0.103	0.174
斜纹夜蛾			0.329	0.325	0.187	0.192	0.145	0.153
蚜　虫				0.213	0.136	0.191	0.328	0.215
绒茧蜂					0.381	0.417	0.118	0.174
金小蜂						0.304	0.103	0.136
瓢　虫							0.198	0.121
草　蛉								0.174

注：对角线上为生态位宽度；其他为生态位重叠值，表 3-11 至表 3-18 同。

表 3-11　甘蓝主要害虫及其天敌的空间生态位宽度和重叠

（徐清元，1997）

种　名	小菜蛾	菜粉蝶	斜纹夜蛾	蚜　虫	绒茧蜂	金小蜂	瓢　虫	草　蛉
小菜蛾	0.794	0.413	0.281	0.811	0.516	0.240	0.136	0.154
菜粉蝶		0.582	0.372	0.660	0.338	0.407	0.179	0.146
斜纹夜蛾			0.315	0.439	0.176	0.142	0.101	0.127
蚜　虫				0.213	0.136	0.191	0.328	0.215
绒茧蜂					0.529	0.327	0.135	0.147
金小蜂						0.434	0.181	0.063
瓢　虫							0.217	0.203
草　蛉								0.320

表 3-12　甘蓝主要害虫及其天敌的时间×空间生态位宽度和重叠

（徐清元，1997）

种　名	小菜蛾	菜粉蝶	斜纹夜蛾	蚜　虫	绒茧蜂	金小蜂	瓢　虫	草　蛉
小菜蛾	0.603	0.331	0.173	0.423	0.380	0.054	0.024	0.022
菜粉蝶		0.392	0.189	0.405	0.132	0.180	0.018	0.025
斜纹夜蛾			0.104	0.143	0.033	0.027	0.015	0.019
蚜　虫				0.045	0.017	0.021	0.091	0.034
绒茧蜂					0.202	0.136	0.016	0.026
金小蜂						0.132	0.019	0.009
瓢　虫							0.043	0.025
草　蛉								0.056

表 3-13　花椰菜主要害虫及其天敌的时间生态位宽度和重叠

（徐清元，1997）

种　名	小菜蛾	菜粉蝶	斜纹夜蛾	蚜　虫	绒茧蜂	金小蜂	瓢　虫	草　蛉
小菜蛾	0.847	0.839	0.675	0.601	0.615	0.223	0.142	0.131
菜粉蝶		0.557	0.493	0.621	0.305	0.312	0.105	0.137
斜纹夜蛾			0.423	0.358	0.164	0.230	0.172	0.179
蚜　虫				0.325	0.142	0.135	0.204	0.115
绒茧蜂					0.338	0.341	0.158	0.199
金小蜂						0.314	0.175	0.167
瓢　虫							0.163	0.112
草　蛉								0.186

表 3-14　花椰菜主要害虫及其天敌的空间生态位宽度和重叠

（徐清元，1997）

种 名	小菜蛾	菜粉蝶	斜纹夜蛾	蚜 虫	绒茧蜂	金小蜂	瓢 虫	草 蛉
小菜蛾	0.897	0.516	0.345	0.758	0.422	0.325	0.143	0.250
菜粉蝶		0.728	0.306	0.715	0.254	0.359	0.155	0.143
斜纹夜蛾			0.572	0.370	0.205	0.194	0.154	0.166
蚜 虫				0.390	0.152	0.147	0.312	0.126
绒茧蜂					0.335	0.308	0.173	0.159
金小蜂						0.312	0.186	0.103
瓢 虫							0.113	0.182
草 蛉								0.124

表 3-15　花椰菜主要害虫及其天敌的时间×空间生态位宽度和重叠

（徐清元，1997）

种 名	小菜蛾	菜粉蝶	斜纹夜蛾	蚜 虫	绒茧蜂	金小蜂	瓢 虫	草 蛉
小菜蛾	0.760	0.433	0.233	0.456	0.260	0.072	0.020	0.033
菜粉蝶		0.411	0.151	0.444	0.077	0.112	0.016	0.020
斜纹夜蛾			0.242	0.132	0.034	0.045	0.026	0.030
蚜 虫				0.126	0.022	0.020	0.064	0.014
绒茧蜂					0.113	0.105	0.027	0.032
金小蜂						0.098	0.033	0.017
瓢 虫							0.018	0.020
草 蛉								0.023

表 3-16　大白菜主要害虫及其天敌的时间生态位宽度和重叠

（徐清元，1997）

种 名	小菜蛾	菜粉蝶	斜纹夜蛾	蚜 虫	绒茧蜂	金小蜂	瓢 虫	草 蛉
小菜蛾	0.871	0.823	0.662	0.588	0.601	0.231	0.152	0.135
菜粉蝶		0.536	0.475	0.632	0.373	0.327	0.128	0.157
斜纹夜蛾			0.461	0.364	0.172	0.219	0.180	0.192
蚜 虫				0.338	0.154	0.147	0.195	0.123
绒茧蜂					0.335	0.325	0.167	0.182
金小蜂						0.326	0.168	0.183
瓢 虫							0.155	0.115
草 蛉								0.202

表 3-17　大白菜主要害虫及其天敌的空间生态位宽度和重叠

（徐清元，1997）

种 名	小菜蛾	菜粉蝶	斜纹夜蛾	蚜 虫	绒茧蜂	金小蜂	瓢 虫	草 蛉
小菜蛾	0.842	0.857	0.666	0.769	0.577	0.301	0.146	0.140
菜粉蝶		0.509	0.432	0.593	0.381	0.312	0.133	0.156
斜纹夜蛾			0.472	0.382	0.159	0.188	0.193	0.195
蚜 虫				0.319	0.160	0.153	0.178	0.132
绒茧蜂					0.347	0.329	0.184	0.147
金小蜂						0.332	0.159	0.178
瓢 虫							0.165	0.090
草 蛉								0.187

表3-18　大白菜主要害虫及其天敌的时间×空间生态位宽度和重叠

(徐清元，1997)

种　名	小菜蛾	菜粉蝶	斜纹夜蛾	蚜　虫	绒茧蜂	金小蜂	瓢　虫	草　蛉
小菜蛾	0.733	0.705	0.441	0.452	0.347	0.070	0.022	0.019
菜粉蝶		0.273	0.205	0.375	0.142	0.102	0.017	0.024
斜纹夜蛾			0.218	0.139	0.027	0.041	0.035	0.037
蚜　虫				0.108	0.025	0.022	0.035	0.016
绒茧蜂					0.116	0.107	0.031	0.027
金小蜂						0.108	0.027	0.029
瓢　虫							0.026	0.020
草　蛉								0.018

　　从表3-10至表3-18可以看出：在三种不同蔬菜田中，小菜蛾的生态位宽度都最大，表明其利用资源序列的广度最大，因而在食料缺乏时种群较易找到食物，有利于种群保存和发展，也是其难以控制的原因之一。害虫之间生态位重叠值高，表明害虫对资源有相似的要求，存在一定的资源竞争。其中，小菜蛾与菜粉蝶、蚜虫的生态位重叠较大，在田间表现为混合发生和为害，但由于蚜虫以刺吸方式取食，其与小菜蛾间的竞争不如菜粉蝶剧烈；在天敌中，寄生性天敌的生态位宽度和重叠值比捕食性天敌高，其中以绒茧蜂和小菜蛾的重叠值最大，表明绒茧蜂对小菜蛾种群跟随现象明显，控制效应较为理想。

参 考 文 献

[1] 但建国，梁广文，庞雄飞．小菜蛾卵空间格局及分层抽样的研究．华南农业大学学报，1995，16(4)：23～26

[2] 侯有明，庞雄飞，梁广文等性诱剂对蔬菜大棚小菜蛾种群的控制效应．中国生物防治，2001，17(3)：121～125

[3] 侯有明，庞雄飞，梁广文．性诱剂对小菜蛾种群控制的应用技术研究．昆虫天敌，2000，22(3)：111～115

[4] 胡慧建，梁广文，张维球．性诱剂作用下小菜蛾成虫空间图式的初步研究．昆虫天敌，1998，20(1)：19～23

[5] 湖北省武汉市农业科学研究所植保组．小菜蛾．农业科技通讯，1977，6：28

[6] 柯礼道，方菊莲．小菜蛾生物学的研究：生活史、世代数及温度关系．昆虫学报，1979，22(3)：310～318

[7] 李云寿，罗万春，李云春．蔬菜害虫小菜蛾的生物学研究．植物医生，1996，9(3)：30～32

[8] 陆自强，陈丽芳．扬州地区小菜蛾的研究．江苏农业科学，1986，(2)：21～23

[9] 马春森，陈瑞鹿．公主岭地区小菜蛾发生动态和世代的研究．吉林农业大学学报，1995，17(2)：27～31

[10] 潘进红，罗秀枝，靳建萍．河北蔚县小菜蛾的发生与防治．植物医生，1999，12(4)：14～15

[11] 庞保平，邢莉，王振平等．小菜蛾空间分布格局及抽样技术的研究．内蒙古农业科技，1999，6：12～14

[12] 庞雄飞，尤民生．昆虫群落生态学．中国农业出版社，1996

[13] 苏若秋，林国宪．小菜蛾生物学特性的利用．福建农业科技，1999，(6)：33

[14] 王承君. 小菜蛾的发生与综合防治. 新疆农业科学, 1999, 6: 287～288

[15] 王纪文, 伍海森, 林钰. 小菜蛾在海南的生物学与防治的研究. 海南大学学报自然科学版, 1991, 9 (4): 45～48

[16] 吴国家. 小菜蛾之形性观察及其天敌考查. 台湾农业研究, 1968, 17 (2): 51～63

[17] 吴伟坚, 梁广文. 小菜蛾性成熟前期在菜株中的垂直分布. 华南农业大学学报, 1992, 13 (4): 170～173

[18] 徐清元. 十字花科蔬菜昆虫群落的研究. 福建农业大学硕士学位论文. 福建福州: 福建农业大学, 1997

[19] 许含冰, 秦学秋. 霞浦沿海小菜蛾的发生与防治研究. 蔬菜, 1994, 3: 40～42

[20] 杨德良, 郑丽萍, 何建群. 云南弥渡小菜蛾发生及防治. 昆虫知识, 2001, 38 (3): 219～221

[21] 姚彩媚, 陈绍平. 广州地区小菜蛾的发生及药剂防治技术. 广东农业科学, 2001, 5: 34～36

[22] 姚彩媚. 小菜蛾的发生特点及预测预报. 广东农业科学, 2000, 5: 45～46

[23] 赵全良, 吴伟坚, 梁广文等. 菜心和西蓝花上小菜蛾幼虫的空间分布型. 见: 生态学研究进展. 北京: 中国科学技术出版社, 1991, 54～55

[24] 周惟敏, 刘家骧, 支万元等. 菜蛾田间分布型及抽样方法的初步研究. 华北农学报, 1991, 6 (4): 73～78

[25] Abraham E V, Padamanabam M D. Bionomics and control of the diamondback moth, *Plutella maculipennis* Curtis. Indian J. Agri. Sci., 1968, 38 (3): 513～519

[26] Chow Y S, Chiu S C, Chien C C. Demonstration of a sex pheromone of the diamondback moth (Lepidoptera: Plutellidae). Ann. Entomol. Soc. Amer., 1974, 67 (3): 510～512

[27] Harcourt D G. Biology of the diamondback moth, *Plutella maculipennis* (Curt.) (Lepidoptera: Plutellidae) in eastern Ontario II: Life history, behaviour and host relationship. Can. Ent., 1957, 89 (12): 554～564

[28] Hardy J E. *Plutella maculipennis* Curt. Its natural and biological control in England. Bull. Ent. Res., 1938, 29: 342～372

[29] Marsh O H. The life history of *Plutella maculipennis*, the diamondback moth. J. Agri. Res., 1917, 10 (1): 1～10

[30] Poelking A. Daimondback moth in the Philippines and its control with *Diadegma semiclausu*. In: Talekar N S. Management of Diamondback Moth and Other Crucifer Pests: Proceedings of the Second International Workshop. Taiwan China: Asian Vegetable Research and Development Center 1992, 271～278

[31] Talekar N S, Shelton A M. Biology, Ecology, and Management of the Diamondback Moth. Annu. Rev. Entomol., 1993, 38: 275～301

第4章

第四章　环境因素与小菜蛾发生的关系

小菜蛾发生受到许多生物和非生物因素的影响。本章主要论述温度、降雨、栽培制度、寄主植物对小菜蛾的影响，不同季节小菜蛾自然种群生命表，小菜蛾不同地理种群的生物学和遗传多样性特征。天敌也是影响小菜蛾发生的重要生物因素，这部分内容详见第六章。

第一节　温度对小菜蛾生长发育的影响

一、小菜蛾的发育起点温度与有效积温

日本学者梅谷献二认为小菜蛾的发育起点温度因不同的地理条件而异，因此小菜蛾可能存在着不同的生态型（Umeya et al，1973）。陆自强等（1988）、马春森和陈瑞鹿（1993）分别在恒温条件下测定了我国江苏扬州地区、吉林公主岭地区小菜蛾的发育起点温度和有效积温（表4-1）。徐肇坤和张雄飞（1986）采用加权法和直线回归法计算长沙自然条件下小菜蛾的发育起点温度和有效积温（表4-1），并认为两种方法误差并不显著。陆自强等（1988）、马春森和陈瑞鹿（1993）对发育起点温度测定的结果较为接近，分别为13.7℃和14.55℃，但与徐肇坤和张雄飞（1986）的测定结果10.5℃（加权法）和11.4℃（直线回归法）有一定差别，因此在计算小菜蛾发生世代数时应以当地的发育起点温度和有效积温为依据。

表4-1　小菜蛾的起点温度和有效积温

	卵期	幼虫期	蛹期	产卵前期	全世代	地点	文献来源
发育起点温度（℃）	14.55	8.29	9.85	9.14	9.54	公主岭	马春森和陈瑞鹿（1993）
有效积温（日度）	32.99	171.29	66.16	24.65	298.74		

（续）

	卵期	幼虫期	蛹期	产卵前期	全世代	地点	文献来源
发育起点温度（℃）	13.7	7.4	7.7	—	—	扬州	陆自强等 (1988)
有效积温（日度）	30.22	173.00	72.10	—	—		
发育起点温度（℃）	11.4	11.4	11.4	—	11.6	长沙（直线回归法）	徐肇坤和张雄飞 (1986)
有效积温（日度）	36.7	116	62.5	—	210.8		
发育起点温度（℃）	10.5	10.8	11.1	—	10.8	长沙（加权法）	
有效积温（日度）	39.2	121.7	63.8	—	224.8		

二、小菜蛾的过冷却点温度

过冷却点是评价昆虫抗寒能力的重要指标，过冷却点温度高低可以反映出小菜蛾的耐寒性。马春生等（1993）的研究结果表明（表4-2），小菜蛾老熟幼虫的过冷却点温度为－13.5℃，预蛹为－11.3℃，蛹为－20.1℃。蛹的过冷却点温度显著低于老熟幼虫。由于过冷却点的测定受不同低温暴露时间影响较大，因此有必要明确不同低温处理对过冷却点温度的影响以及小菜蛾冬季耐寒性的变化规律（马春生等，1993）。

表4-2 小菜蛾过冷却点和结冰点
（马春生等，1993）

虫期	过冷却点（℃）			结冰点（℃）		
	最高	最低	平均±标准误	最高	最低	平均±标准误
老熟幼虫	－8.0	－18.7	－13.5±0.64	－4.5	－16.0	－8.9±0.56
预蛹	－10.5	－12.5	－11.33±0.43	－5.6	－8.0	－6.5±0.54
蛹	－11.5	－23.6	－20.1±0.43	－7.5	－20.2	－15.95±0.46

三、温度对小菜蛾发育速率的影响

陆自强等（1988）在恒温条件下研究了不同温度对小菜蛾发育历期的影响（表4-3），结果表明，在适温条件下，各虫态的发育速率随温度升高而加快，当温度低于16℃时发育速率下降，高于32℃时各虫态发育停滞，35℃下卵不能发育。

表4-3 不同温度下小菜蛾各虫态的平均发育历期
（陆自强等，1988）

温度（℃）	卵（d）	幼虫（d）				蛹（d）	成虫（d）	全世代（d）
		一龄	二龄	三龄	四龄			
16	7.5	6.5	3.5	6.5	4.5	9.5	13	51
20	4.5	3.5	2.5	3.5	3.5	5.5	11	34
25	3.5	2.7	1.5	2.3	3.3	3	11	27.3
29	2.5	1.5	1.5	2	2	3.5	6	19
32	1.5	1.5	1.5	2	2	3	4	15.5

　　柯礼道和方菊莲（1979）通过建立小菜蛾发育历期与日平均温度间的指数曲线方程，研究了杭州日平均温度与小菜蛾卵、幼虫和蛹发育历期的相互关系。在杭州，小菜蛾卵的发育历期最短为2d，最长可达51d，卵发育历期与日平均温度的关系见表4-4，它们间的指数曲线方程为式4-1；全年幼虫的发育历期为3.5～91.0d，幼虫发育历期与日平均温度间的关系见表4-5，指数曲线方程为式4-2；全年蛹的发育历期为2.5～66.5d，蛹的发育历期与日平均温度间的关系见表4-6，指数曲线方程为式4-3。

$$\hat{y}'_e = \frac{1997}{x^{12.0625}} \qquad\qquad (4-1)$$

$$\hat{y}'_l = \frac{4345}{x^{120258}} \qquad\qquad (4-2)$$

$$\hat{y}'_p = \frac{2427}{x^{120025}} \qquad\qquad (4-3)$$

表4-4　小菜蛾卵发育与日平均温度的关系

（柯礼道和方菊莲，1979）

发育期的日平均温度 x'（℃）	发育历期 y'（d）	理论发育历期 y'（d）	发育期的日平均温度 x'（℃）	发育历期 y'（d）	理论发育历期 y'（d）
29.1	2.0	1.92	13.8	9.0	8.90
25.8	2.5	2.45	13.1	10.5	9.91
24.3	3.0	2.77	11.9	11.0	12.08
22.3	3.5	3.31	11.0	12.5	14.20
20.1	4.0	4.10	10.1	15.0	16.94
17.4	5.0	5.52	9.4	24.0	19.66
15.8	6.0	6.73	6.3	46.0	44.86
14.8	8.0	7.70	6.1	51.0	47.94

表4-5　小菜蛾幼虫发育与日平均温度的关系

（柯礼道和方菊莲，1979）

发育期的日平均温度 x'（℃）	发育历期 y'（d）	理论发育历期 y'（d）	发育期的日平均温度 x'（℃）	发育历期 y'（d）	理论发育历期 y'（d）
30.5	3.5	4.28	18.8	11.5	11.39
29.5	4.5	4.58	17.9	12.0	12.59
28.4	5.0	4.94	16.8	12.5	14.32
27.2	5.5	5.39	16.1	13.0	15.61
26.7	6.0	5.60	14.5	14.5	19.29
25.6	6.5	6.15	13.4	21.5	22.63
24.1	7.0	6.89	13.3	24.0	22.98
23.6	7.5	7.19	11.8	30.5	29.26
22.4	8.0	7.99	11.0	35.0	33.76
22.2	8.5	8.14	10.1	37.0	40.16
22.1	9.0	8.21	9.1	41.0	49.58
21.8	10.0	8.44	8.1	85.5	62.75
21.1	10.5	9.02	7.0	91.0	84.34

表4-6 小菜蛾蛹发育与日平均温度的关系
(柯礼道和方菊莲，1979)

发育期的日平均温度 x'（℃）	发育历期 y'（d）	理论发育历期 y'（d）	发育期的日平均温度 x'（℃）	发育历期 y'（d）	理论发育历期 y'（d）
29.6	2.5	2.75	16.3	7.5	9.07
28.9	3.0	2.88	15.9	8.0	9.53
25.3	3.5	3.76	15.7	11.0	9.78
24.8	4.0	3.91	14.1	13.5	12.13
24.2	4.5	4.11	11.3	18.5	18.90
23.0	5.0	4.55	9.4	29.0	27.32
21.3	5.5	5.31	8.3	40.0	35.04
19.9	6.0	6.08	5.7	66.5	74.38
18.3	7.0	7.19			

四、温度对小菜蛾存活率的影响

但建国等（1995）研究了11种恒温对小菜蛾各虫态存活率的影响，结果表明（表4-7），在12～30℃的温度范围内，卵孵化率都达到90%以上；当温度为8℃时，孵化率为88.55%；温度为33℃时，卵孵化率下降为67.82%；而在35℃条件下，孵化率为0.00%。在8～30℃范围内，小菜蛾存活率大致随着温度升高而增大，但当温度超过30℃后，存活率随着温度上升而减小，特别是在35℃时，存活率急剧下降。一龄幼虫受低温的影响较大，而三至四龄幼虫受高温影响的程度大于低龄虫态，当温度为35℃时，四龄幼虫存活率为0.00%。高温35℃和低温8℃对小菜蛾蛹存活率的影响相对较大，8℃时小菜蛾蛹的存活率为35.29%，33℃条件下化蛹率为80.40%。在12～33℃范围内，蛹的存活率相对较高，为87.50%～98.56%。从整个世代来看，12～30℃温度范围内，小菜蛾世代存活率为39.70%～62.04%，其中25℃对小菜蛾世代的存活最为有利，存活率可达62.04%，低温和高温对世代存活率影响较大，8℃时世代存活率为9.53%，33℃为23.17%，而当温度为35℃时，世代存活率为0.00%。世代存活率（Y）与温度（T）之间呈明显的抛物线相关，拟合的方程为：$Y=-67.62+11.81T-0.27T^2$（拟合度 $R=0.918**$）。

表4-7 小菜蛾在不同温度条件下存活率（%）
(但建国等，1995)

温度（℃）	卵	幼　虫				蛹	世代
		一龄	二龄	三龄	四龄		
8	88.55	61.70	81.58	80.56	75.21	35.29	9.53
12	96.33	77.50	87.88	88.89	92.10	87.50	47.00
14	93.91	60.00	80.55	94.83	100.0	96.38	41.48
17	92.90	60.91	80.59	90.75	100.0	95.91	39.70
20	96.65	70.83	88.74	90.00	98.15	94.33	50.34
23	94.15	81.28	84.62	93.93	98.39	95.09	56.89
25	94.41	84.76	88.77	89.87	98.60	98.56	62.04
27	91.35	87.76	87.20	88.01	98.49	96.92	58.73
30	96.45	84.69	84.34	88.58	93.54	93.11	53.14
33	67.82	71.67	80.23	82.61	89.47	80.40	23.17
35	0.00	54.55	54.17	11.54	0.00	—	0.00

五、温度对小菜蛾繁殖的影响

温度可影响小菜蛾成虫的繁殖动态和繁殖力（但建国等，1995）。雌虫的最短产卵前期、平均产卵期以及产卵概率累计达80％时的雌虫日龄可以反映出温度对小菜蛾繁殖动态的影响。不同供试温度对小菜蛾雌虫的最短产卵前期影响不大，为0～2d。一般情况下，温度愈低，平均产卵期愈长，但在8℃条件下平均产卵期比12℃稍短，在35℃高温下，成虫不产卵。雌虫平均产卵期（Y）与湿度（T）之间呈极显著直线相关，拟合的方程为：$Y = 77.78 - 2.28T$（拟合度 $R = -0.947^{**}$）。产卵概率累计达80％时的雌虫日龄随着温度升高而缩短，其中8℃和12℃时分别为38和43d，14℃和17℃时则为21～22d，20℃和23℃分别为17和13d，25℃和27℃时均为8d，30～33℃时降至6d（但建国等，1995）。不同温度下的雌虫逐日产卵概率变化趋势用简化的Gamma分布密度函数（式4-4）拟合，用麦阻尼最小二乘法迭代法所求得参数以及拟合度见表4-8（但建国等，1995）。

表4-8 9种温度下小菜蛾逐日产卵概率模型参数及拟合度

（但建国等，1995）

温度 （℃）	模型参数		拟合度
	a	b	
8	0.126	0.062	0.721
12	−1.246	−0.036	0.947
14	0.270	0.129	0.767
17	−0.957	−0.001	0.946
20	0.497	0.175	0.790
23	0.182	0.226	0.922
25	1.823	0.693	0.898
27	2.908	1.002	0.911
30	−0.753	0.115	0.972

$$P_{fi} = \begin{cases} (i-p)^a e^{-b(i-p)}/r & i > h \\ 0 & i \leqslant h \end{cases} \qquad (4-4)$$

小菜蛾的正常雌虫概率、正常雌虫的平均卵量、雌虫的实际产卵量以及达标准卵量的概率可以反映出小菜蛾雌虫的繁殖力（表4-9）。当温度低于14℃或高于27℃时，有一定比例的雌虫虽然在很长的一段时间内能够存活，但不产卵，这一部分雌虫可当作不孕雌虫。正常雌虫指的是能够产卵的雌虫，在14～27℃温度范围正常雌虫概率都为1.000，而高温（33℃）和低温（8℃）使得部分雌虫无法产卵。8～25℃之间正常雌虫平均卵量无显著差异，正常雌虫产卵量在20℃和23℃较高，分别为266.50粒和272.43粒，并且与27℃、30℃、33℃下的正常雌虫卵量（分别为179.67、157.88、104.67粒）有显著差异。实际产卵量是用正常雌虫概率乘以正常雌虫平均产卵量求得。实际平均产卵量（Y）与温度（T）之间呈显著抛物线相关，拟合的方程为：$Y = -146.86 + 42.03T - 1.09T^2$（拟合度 $R = 0.983^{**}$）（但建国等，1995）。

表 4 - 9　在不同温度下小菜蛾的繁殖力和种群增长参数值

（但建国等，1995）

温度 （℃）	正常雌虫 概　率	正常雌虫 平均卵量（粒）	实　际 产卵量 （粒）	达标准 卵量概率	种群趋势 指数（I）	世代历期 （d）	内　禀 增长率 （rm）
8	0.700	196.43±63.06abc	137.50	0.491	6.55	145.79	0.013
12	0.778	218.43±72.28abc	169.90	0.546	39.93	77.26	0.048
14	1.000	232.75±38.36ab	232.75	0.582	48.27	54.82	0.071
17	1.000	243.29±46.63ab	243.29	0.608	48.29	37.90	0.102
20	1.000	266.50±55.65a	266.50	0.666	67.08	26.96	0.156
23	1.000	272.43±51.31a	272.43	0.681	77.49	22.19	0.196
25	1.000	234.43±91.60ab	234.43	0.586	72.72	19.97	0.215
27	1.000	179.67±40.61bc	179.67	0.449	52.76	17.19	0.231
30	0.800	157.88±53.49cd	126.30	0.395	33.56	14.69	0.239
33	0.500	104.67±33.01d	52.34	0.262	6.06	13.57	0.133

注：同列数值相同字母者表示在 0.05 水平下差异不显著；I 值的计算中设定性比为 1：1，标准产卵量为 400 粒。

六、温度对小菜蛾实验种群增长的影响

但建国（1995）的研究表明（表 4 - 9），当温度为 20～25℃时，小菜蛾种群趋势指数（I）较高，其中在 23℃时 I 值最大；而在高温（33℃）和低温（8℃）条件下 I 值较小，分别为 6.06 和 6.55，在 35℃高温下种群灭亡。种群趋势指数（I）与温度（T）之间呈抛物线相关，拟合的方程为：$I = -99.33 + 15.95T - 0.38T^2$（拟合度 $R = 0.965**$）。8～30℃范围内，内禀增长率（r）随着温度的升高而增大，当温度超过 30℃后继续升高时，rm 值明显下降，35℃时，rm 值降至零（但建国等，1995）。

第二节　降雨对小菜蛾发生的影响

在日本初夏雨季（1989.5.21～6.28），Wakisaka 等（1991）报道通过设定不同小区，组建自然种群生命表，研究了降雨、天敌等因子对小菜蛾自然种群的影响。实验结果表明，在采取防水措施的小区 C 和小区 R，小菜蛾卵和幼虫的存活率高于没有采取防雨措施的小区 G 和 A。采用人工喷淋的方法研究雨水冲刷对小菜蛾的影响，喷淋水以 60mm/min 降水量从花椰菜顶 1m 处喷淋，在第一、二、三天分别喷淋 1、2、3 次，记录喷淋前后虫量。实验结果表明（表 4 - 10），第一次喷淋可冲刷掉 29.6% 的卵，其中上表面卵受影响最大，冲刷量为 47.4%，其次是下表面，冲刷量为 25.8%，茎部受影响最小，卵被冲刷量为 4.5%。随着喷淋的次数增加，被冲刷掉的卵量百分比随之增加。喷淋 3 次后，上表面的冲刷落卵量可达到 72.4%。但即使没有采用喷淋方法，3 天后，未处理组的 19.9% 小菜蛾卵也会自然掉落，因此 Wakisaka 认为虽然雨水仅造成轻微的震动，但仍会使小菜蛾卵滑落。Wakisaka 还调查了喷淋对小菜蛾其他虫态的影响，发现一龄、二龄、三龄、四龄和蛹的冲落量分别为 24.0%、24.2%、20.7%、11.6% 和 5.60%。

然而 Muckenfuss（1991）的研究发现，实际降雨和模拟降雨对小菜蛾幼虫没有显著影响，不过他认为这可能由于供试蔬菜为羽衣甘蓝（Collard），与其他蔬菜种类相比，能

够更好地保护小菜蛾以防滑落，而且实验是在人为控制条件下进行，因此不能排除各种环境因素对小菜蛾成虫飞翔、交配或产卵等行为以及种群增长的影响。

表4-10 喷水对小菜蛾卵的冲刷作用

(Wakisaka et al.，1991)

雨水喷淋	植物部位	冲刷落卵量（%）		
		第一次	第二次	第三次
处理	上表面	47.4	67.6	72.4
	下表面	25.8	37.4	50.8
	茎	4.5	3.5	12.1
	卵量	29.6	41.0	52.0
不处理	上表面	22.6	7.9	22.7
	下表面	9.7	12.9	17.9
	茎	19.1	16.0	20.0
	卵量	16.5	11.4	19.9

第三节 栽培制度对小菜蛾发生的影响

一、蔬菜田块布局对小菜蛾种群发生的影响

吴伟坚等（1992）的研究表明，田块设置方向与小菜蛾种群消长有很大关系。以嗅觉寻找寄主的植食性昆虫都有朝着信息化合物气味来源的方向逆风搜索的特性，田块大小不同，气味的覆盖面积就不同，而长方形的田块的设置则与风向有关。所调查的菜田设置如图4-1所示。A、B为两块面积、菜龄基本一致的菜心田块，由于9月3日至9月20日的傍晚均吹2~3级的东北风，C地的小菜蛾成虫被吸引到A地产卵，而B的上风处没有虫源基地，因此B

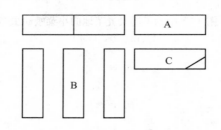

图4-1 小区的菜心设置

A. 菜心0.46hm²，9月17日播 B. 菜心0.53hm²，9月19日播 C. 菜心0.26hm²，9月6日移栽，10月11日铲

（吴伟坚等，1992）

的幼虫密度较A低得多（图4-2）。如果这段时间吹西至西南风，则情况会相反。

二、蔬菜品种布局对小菜蛾种群发生的影响

吴伟坚等（1992）的研究结果表明，小菜蛾产卵时对不同的蔬菜品种、同一品种的不同菜龄有明显的选择性，对豆瓣菜的嗜好性最大，菜心、白菜次之；在各生长期中，对4~5叶期的菜心嗜好性最大。因此品种、菜龄的不合理布局将为小菜蛾转移为害创造有利条件。如图4-3所示的布局，虫源地B上风处的地块A的菜心菜龄为27d（4~6叶）时，极易吸引B地羽化的雌蛾前往产卵，因而A地菜心上的小菜蛾种群密度剧增；而地块C位于B的下风处，又是小菜蛾不嗜产卵的菜龄，因此虫口密度较低（图4-4）。如图

4-5 的布局则相反，因为虫源地 A 周围没有易于吸引雌蛾产卵的地块，而被迫在原地产卵（图 4-6），如果在羽化高峰期前把 A 的菜铲掉，便可消灭这个虫源地。

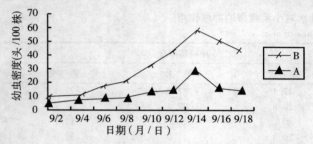

图 4-2　图 4-1 所示小区的小菜蛾幼虫消长规律
（吴伟坚等，1992）

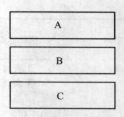

图 4-3　小区的蔬菜品种菜龄布局
A. 菜心 0.46hm²，8 月 14 日播　B. 芥蓝 0.46hm²，
7 月 18 日播　C. 菜心 0.46hm²，7 月 21 日播
（吴伟坚等，1992）

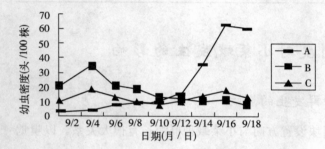

图 4-4　图 4-3 所示不同设置菜地的小菜蛾幼虫消长规律
（吴伟坚等，1992）

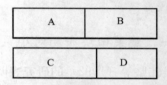

图 4-5　一个小区的蔬菜品种设置
A. 白菜 0.36hm²，9 月 5 日收完　B. 芥菜 0.36hm²，
6 月 25 日播　C. 芥蓝 0.36hm²，6 月 25 日播
D. 节瓜 0.33hm²
（吴伟坚等，1992）

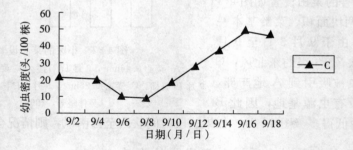

图 4-6　图 4-5 所示不同设置芥蓝上小菜蛾幼虫消长规律
（吴伟坚等，1992）

三、栽培方式对小菜蛾种群发生的影响

蔬菜的种植密度和种植方式与小菜蛾发生为害有很大的关系。

一般情况下，密度高、多样性低的植物群落较容易造成害虫猖獗为害，这不仅因为多样性高的植物群落中天敌种类较为丰富，还因为植食性昆虫与植物的相互作用，如引诱昆虫前往产卵的信息化合物气味的传播距离与信息源的气味浓度的相互关系等，因此蔬菜种植密度与小菜蛾发生为害有很大关系。决定蔬菜种植密度是一个多因素的经济决策，不能单一从植物保护角度出发。由于蔬菜生产必须保证一定的产量，故种植密度一般较大。但有一个生产环节是值得考虑的，那就是间苗定苗工作。间苗应在小菜蛾成虫峰期前完成，迟间苗的菜地受小菜蛾为害必然较重。另外，还可采取其他科的蔬菜与十字花科蔬菜套种的方法，降低十字花科蔬菜密度，以干扰小菜蛾成虫产卵（吴伟坚等，1992）。

喻国泉等（1998）研究了芥蓝和芥菜套种对小菜蛾种群数量的影响，结果表明（表4-11、表4-12），套种田芥蓝的卵密度显著低于芥蓝单种田，特别是在芥蓝生长后期和晚苗收获期。随着小菜蛾种群密度的增长，芥菜的引诱作用越来越明显，单种田的小菜蛾卵密度都急剧上升，高出套种田近10倍，套种田的芥菜上的卵密度是芥蓝的16～40倍。说明芥菜可以用来作为一种引诱作物与甘蓝类蔬菜套种，防止小菜蛾对甘蓝类蔬菜的为害。在3种套种方式之间，芥菜上卵密度差异不显著，说明每隔10m套种1行芥菜就能收到很好的诱集效果，而这种套种间隔对芥蓝的产量没有影响。

表4-11 不同套种田中芥蓝上小菜蛾的卵密度（粒/株）

（喻国泉等，1998）

| 播种天数（d） | 套种间隔（m） | | | 芥蓝单种田 | 芥 菜 |
	2.5	5.0	10		
25	0.09±0.06b	0.11±0.08b	0.06±0.03b	0.17±0.09b	1.39±0.34a
35	0.02±0.01c	0.03±0.01c	0.01±0.01c	0.32±0.13b	1.99±0.40a
45	0.00±0.00c	0.04±0.03c	0.08±0.05c	1.64±0.32b	14.30±3.24a
55	0.00±0.00b	0.00±0.00b	0.00±0.00b	0.00±0.00b	1.10±0.62a
65	0.64±0.31c	0.64±0.33c	0.65±0.29c	5.78±2.13b	31.3±5.10a

注：（1）调查时间为1993年10月；（2）同行具相同字母者表示在0.05水平上差异不显著〔DMRT〕。

表4-12 不同套种田中芥蓝上小菜蛾卵密度（粒/株）

（喻国泉等，1998）

| 播种天数（d） | 套种间隔（m） | | | 芥蓝单种田 | 芥 菜 |
	2.5	5.0	10		
25	0.06±0.02a	0.03±0.01a	0.08±0.03a	0.16±0.05a	0.09±0.06a
35	0.09±0.03c	0.04±0.01c	0.10±0.03c	0.35±0.05b	0.83±0.24a
45	0.04±0.02c	0.38±0.04c	0.52±0.06c	1.74±0.35b	8.60±2.70a
55	0.94±0.30c	1.36±0.31c	0.86±0.23c	3.88±0.41b	14.5±2.60a
65	0.28±0.05c	0.28±0.09c	0.40±0.10c	0.71±0.13b	11.2±2.10a

注：（1）调查时间为1993年11月；（2）播种后30d、40d各施用1次Bt粉剂，第56d喷施1次爱比菌素（Abmectin）；（3）同行具相同字母者表示在0.05水平上差异不显著〔DMRT〕。

第四节 寄主植物对小菜蛾发生的影响

一、小菜蛾的寄主选择性

（一）小菜蛾成虫的产卵选择性

喻国泉等（1998）分别采用盆栽和田间观察的方法研究不同蔬菜品种对小菜蛾寄主选择性的影响。盆栽观察的结果表明（表4-13），小菜蛾产卵时对十字花科蔬菜的不同品种具有选择性。小菜蛾成虫产卵时对菜心、芥菜的选择性较强，对白菜、萝卜次之，对芥蓝、花椰菜的选择性最弱。从表4-14可见，在田间，芥菜、菜心上小菜蛾卵的密度较高，白菜、芥蓝上次之，花椰菜上最低，这与室内的产卵选择性试验结果一致。但在田间往往发现芥蓝、花椰菜等甘蓝类蔬菜上小菜蛾幼虫密度较高，喻国泉等（1998）认为，一方面可能是因为甘蓝类蔬菜叶面有一层较厚的蜡质，在进行化学防治时，药液的展着效果不好，导致防效较低；另一方面可能是由于甘蓝类蔬菜生长期较长，而小菜蛾世代历期很短，种群不断增长所致。

表4-13　不同盆栽蔬菜上小菜蛾卵的密度（粒/株）

（喻国泉等，1998）

播种天数（d）	菜心	芥菜	萝卜	白菜	芥蓝	花椰菜
20	13.0±5.1a	12.5±2.9a	13.0±5.6a	4.3±1.7ab	0.5±0.2b	0.5±0.5b
45	28.0±6.7a	26.0±4.3a	13.5±3.5a	13.5±4.5b	—	1.5±0.8c

注：同行具相同字母者表示在 α0.05 水平上差异不显著〔DMRT〕。

表4-14　田间不同蔬菜上小菜蛾卵的密度（粒/株）

（喻国泉等，1998）

调查时间（月/日）	芥菜	菜心	白菜	芥蓝	花椰菜
10/19	0.54±0.16a	0.52±0.13a	0.12±0.08b	0.00±0.00b	0.10±0.08b
11/20	2.42±0.63a	2.76±0.59a	0.52±0.14b	0.52±0.34b	0.12±0.07c

注：同行具相同字母者表示在 α=0.05 水平上差异不显著〔DMRT〕。

（二）小菜蛾幼虫的寄主选择性

1. 同一寄主植物饲养的种群　李洪山等（2006）的选择性试验表明，用油菜幼苗饲喂的小菜蛾幼虫对不同寄主的取食喜好程度不同。在萝卜、油菜、甘蓝、大白菜以及菜心组合之间有着显著或极显著的差异（表4-15）。小菜蛾在大白菜与油菜幼苗之间，取食比例分别是93.33%和6.67%，明显喜好取食大白菜幼苗（$F=18.38**$，n=4，$p=0.01$）；在甘蓝与菜心幼苗之间，小菜蛾幼虫趋向于取食菜心幼苗，取食比例为83.33%，差异达到极显著水平（$F=14.14**$，n=4，$p=0.01$）。综合比较可以看出，小菜蛾在不同寄主之间的取食嗜好性顺序为大白菜、萝卜、菜心、甘蓝、油菜。

表4-15　不同寄主之间的小菜蛾取食数量分布比例差异性

李洪山等（2006）

饲喂寄主种类	大白菜	t 值			
		萝卜	菜心	甘蓝	油菜
大白菜	—	14.14**	9.90**	5.66**	18.38**
萝卜	14.14**	—	5.56**	9.9**	2.83*
菜心	9.90**	5.56**	—	14.14**	7.35**
甘蓝	5.66**	9.9**	14.14**		2.83*
油菜	18.38**	2.83*	7.35**	2.83*	—

注：**表示 t 测验达到 0.01 极显著水平，*表示 t 测验达到 0.05 显著水平。

2. 不同寄主植物饲养的种群 李洪山等（2006）对用油菜、大白菜和甘蓝的幼苗分别饲养的小菜蛾幼虫进行的取食试验结果表明，小菜蛾对不同寄主的取食嗜好性基本上

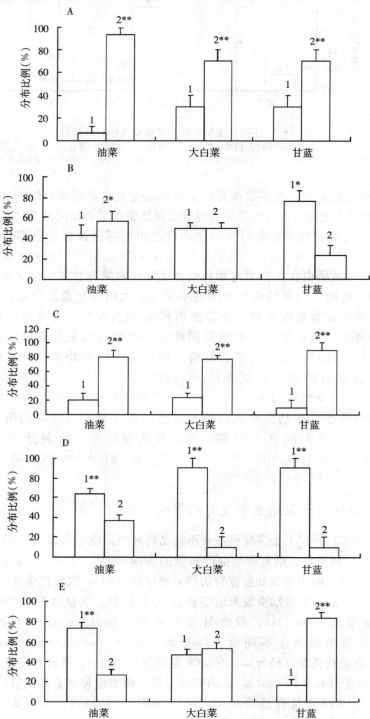

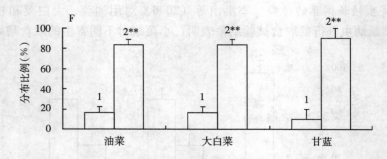

图 4-7 不同寄主饲养的小菜蛾幼虫嗜好性比较
A. 油菜—大白菜 B. 油菜—甘蓝 C. 油菜—菜心
D. 大白菜—甘蓝 E. 大白菜—菜心 F. 甘蓝—菜心 *$p=0.05$ **$p=0.01$
（李洪山等，2006）

不受饲喂寄主种类的影响。大多数小菜蛾幼虫都偏食大白菜或菜心幼苗（图 4-7A、C、D、F），在试验寄主之间的选择性差异达显著或极显著水平，如用油菜幼苗饲养的小菜蛾幼虫在油菜与大白菜幼苗、甘蓝与大白菜幼苗之间都明显偏食大白菜幼苗，比例高达93.33%（$F=18.38^{**}$，n=4，$p=0.01$）和70%（$F=5.55^{**}$，n=4，$p=0.01$）。但不同寄主饲养的小菜蛾幼虫在大白菜与菜心幼苗之间、油菜与甘蓝幼苗之间有不同的选择（图 4-7B、F），如用大白菜幼苗饲养出的小菜蛾在大白菜与菜心幼苗、油菜与甘蓝幼苗之间的取食选择无显著性差异，分布比例都在50%左右。小菜蛾的取食嗜好寄主不一定与饲养寄主一致，如用油菜幼苗饲养的小菜蛾幼虫明显喜好大白菜和菜心幼苗，在油菜与甘蓝幼苗、油菜与菜心幼苗、油菜与大白菜幼苗之间，偏向取食大白菜，菜心和甘蓝幼苗的比例分别高达93.33%（$F=18.38^{**}$，n=4，$p=0.01$）、80%（$F=7.35^{**}$，n=4，$p=0.01$）和56.67%（$F=2.83^{**}$，n=4，$p=0.01$）；用甘蓝幼苗饲养的小菜蛾幼虫在大白菜与甘蓝幼苗、菜心与甘蓝幼苗、油菜与甘蓝幼苗之间，也明显偏向取食大白菜、菜心和油菜幼苗，比例分别为90%（$F=9.8^{**}$，n=4，$p=0.01$）、90%（$F=8.15^{**}$，n=4，$p=0.01$）和76.67%（$F=11.31^{**}$，n=4，$p=0.01$）。

二、寄主植物对小菜蛾生长发育的影响

Syed 等（2002）研究了十字花科蔬菜不同品种对小菜蛾幼虫发育历期、蛹发育历期、化蛹率、羽化率、含氮量、蛹重和雌虫产卵量的影响（表 4-16）。结果表明：取食薹菜（*Brassica camelina*）的小菜蛾幼虫发育历期最短（10.47d），取食花椰菜（*Brassica oleracea* var. *botrytis*）的小菜蛾幼虫发育历期最长（12.11d）；取食白芥（*Brassica alba*）的小菜蛾化蛹率最高（90.7%），取食甘蓝型油菜（*Brassica napus*）的羽化率最高（88.0%）；蛹质量也因寄主不同而异，取食 *Brassica napus* var. *canola* 的蛹重最低（5.68mg），取食香花芥菜（*Eurica sativus*）最高（7.54mg）；取食香花芥菜（*Eurica sativus*）雌虫产卵量最高（165.50 粒）；研究还发现，蛹质量和寄主含氮量，产卵量和寄主含氮量，产卵量和蛹质量有显著相关，回归方程分别为：$Y=4.092+0.650N$，$Y=-118.574+57.562N$ 和 $Y=-379.420+71.88X$。

表 4 - 16　不同寄主植物对小菜蛾生长发育的影响

(Syed et al.，2002)

蔬菜种类	幼虫历期(d)	化蛹率(%)	蛹历期(d)	羽化率(%)	含氮量(%)	蛹重(mg)	每雌产卵量(粒)
荠菜 (*Brassica camelina*)	10.47± 0.16a	68.0± 0.58a	8.50±0.21a	62.0±0.58a	3.67	6.68± 0.24b	112.33±41.03a
Brassica napus var. *canola*	11.32±0.14bc	74.3±1.20b	8.71±0.18a	74.3±1.20bc	3.47	5.68± 0.20b	
埃塞俄比亚芥 (*Brassica carinata*)	10.65±0.14a	80.7± 0.33c	8.79± 0.21a	68.0± 0.33ab	4.0	6.54± 0.25b	88.67±25.49a
白菜 (*Brassica compestris*)	10.62± 0.11a	80.7± 2.18c	8.51±0.23a	76.30± 2.18cd	4.81	6.66± 0.20b	
白芥 (*Brassica alba*)	10.80± 0.11a	90.7± 2.18d	8.65±0.13a	84.0± 2.18e	3.78	6.94± 0.22bc	108.75±27.26a
高丽菜 (*Brassica oleracea* var. *capitata*)	11.64±0.13cd	88.0±2.18d	9.33±0.18a	82.0± 2.18de	3.64	6.78± 0.15b	
花椰菜 (*Brassica oleracea* var. *botrytis*)	12.11± 0.11e	88.7±0.58d	9.36±0.13a	84.7± 0.58e	3.66	6.50±0.17b	80.25±3.14a
甘蓝型油菜 (*Brassica napus*)	11.84± 0.11e	90.0± 0.18d	9.36±0.23a	88.0± 2.18e	4.64	7.18± 0.22c	
香花芥菜 (*Eurica sativus*)	11.22± 0.08b	90.0± 2.85d	8.28± 0.14a	84.0± 2.18e	4.84	7.54± 0.19d	165.50±13.74a
萝卜 (*Raphanus sativus*)	11.80±15de	70.7±2.20ab	8.54±0.24a	70.0± 2.20bc	4.34	7.15±0.21c	

注：同栏具相同字母者表示在 0.05 水平上差异不显著〔DMRT〕。

三、小菜蛾寄主植物的抗虫性

许多学者对十字花科蔬菜品种的抗虫种质资源进行了调查和选育，其中美国东北植物引种站对两种基因型蔬菜的抗虫特点进行了较为深入的研究。一种是光滑型，这种类型遗传于澳大利亚的抗虫种质资源花椰菜 PI234599，另一种为正常开花的、非 PI234599 基因型的抗性类型。许多研究表明（Eigenbrode and Shelton，1990a，1990b，1992；Eigenbrode et al，1991），光滑型结球甘蓝可以降低小菜蛾低龄幼虫的存活率，小菜蛾在不同正常开花型的抗性结球甘蓝上的存活率也不同。Eigenbrode 和 Shelton（1990b）以遗传于 PI234599 的光滑型结球甘蓝 2518 和 2535，以及遗传于其他基因型的正常开花型结球甘蓝 2506 和 2503 为对象，研究了不同抗虫品种对小菜蛾的作用机理。

研究结果表明（表 4 - 17），在两次试验中，小菜蛾在 2535 和 2518 整株上的累积存活率均低于对照组 Round - Up，而 2506 和 2503 与 Round - Up 没有显著差异。Eigenbrode 和 Shelton（1990 b）还观察了卵孵化后 72h 在不同植物上的潜叶痕数量，观察结果与累积死亡率呈现相同的趋势，其中 2503、2535 和 2518 上的潜叶痕显著低于 Round - Up 和 2506，2518 上的潜叶痕则显著低于其他所有植物，因此认为光滑型 2518 的作用机理主要在于干扰一龄幼虫潜叶，从而降低一至二龄幼虫的存活率。

表 4 - 17　小菜蛾卵至四龄幼虫在不同基因型结球甘蓝上的累计存活率
（Eigenbrode and Shelton，1990 b）

接虫日期 （月/日）	n	对照 Round - Up	处　理			
			2506	2503	2535	2518（光滑）
整株						
7/24	9	60.30±11.60a	61.82±3.56a	42.88±6.14ab	30.22±3.56b	0.22±0.15c
8/17	9	16.00±2.04a	14.50±1.92a	14.82±2.12a	6.32±0.68b	0.16±0.18c
叶片						
8/3	9	35.0±7.8a	36.6±9.9a	13.3±4.5b	16.6±6.4b	0.8±0.9c
8/7	9	56.7±5.4a	39.2±6.6ab	32.5±5.8b	37.5±9.5b	0.0±0.0c

注：同行具相同字母者表示在 0.05 水平上差异不显著〔LSD, ANOVA〕。

Eigenbrode 和 Shelton（1990 b）还用添加饲料的方法研究了不同极性的植物提取物对小菜蛾的影响。不同植物先用乙醇提取，再分别用水（极性）和正己烷（非极性）提取。研究结果表明（表 4 - 18），2503 和 2535 的极性溶剂提取物能显著降低小菜蛾的存活率，而 2506 和 2518 的极性溶剂提取物与 Round - Up 的极性溶剂提取物没有显著差异；非极性溶剂提取物间则没有显著差别。因此，2503 和 2535 对小菜蛾的抗性至少部分与植物化学有关，可溶于乙醇的活性成分可以引起小菜蛾初孵幼虫拒食和生理中毒，干扰小菜蛾的取食和存活（Eigenbrode and Shelton，1990 b），虽然光滑型 2518 在田间对小菜蛾表现很强的抗性，但其提取物对其却没有效果。

表 4 - 18　小菜蛾（卵至四龄幼虫）在人工饲料上的累积存活率
（Eigenbrode and Shelton，1990 b）

提取物	对照 Round - Up	处　理			
		2506	2503	2535	2518（光滑）
极性	94.2±4.2a	84.6±5.6abc	76.3±4.0c	80.2±4.4bc	93.1±4.1a
非极性	106.6±4.5a	100.6±5.1a	117.3±9.2a	101.5±5.7a	106.3±4.5a

注：同行具相同字母者表示在 0.05 水平上差异不显著〔LSD, ANOVA〕。

为了进一步阐明光滑型蔬菜的抗虫机理，Eigenbrode 和 Shelton（1990 b）研究了不同条件下小菜蛾幼虫在光滑型蔬菜上的行为，分析比较了小菜蛾低龄幼虫在敏感型结球甘蓝 Round - Up 和具有花椰菜 PI234599 遗传特性的抗性光滑型结球甘蓝上的扩散取食行为和存活情况。研究结果表明，与 Round - Up 相比，孵化后 24 h，小菜蛾幼虫在 2518 上的扩散更快，产生更少潜叶痕，而且在 2518 上幼虫的死亡率更高。在 3 种光滑型蔬菜上，一龄幼虫比在其他两种正常开花型蔬菜上有着更高的移动率（movement rate），移动率与卵至四龄幼虫的累积存活率呈反比。用二氯甲烷（dichloromethane）去除植物上表皮蜡质或用人工摩擦干扰蜡质的形态都可以消除小菜蛾一龄幼虫在 Round - Up 和 8329（光滑型）上的移动率差异。因此，光滑型植物的抗虫机制在于干扰小菜蛾一龄幼虫的取食行为，影响幼虫探索行为，导致小菜蛾移动率提高和取食位点减少，使得小菜蛾一龄幼虫难以钻入叶肉取食，从而因饥饿、干燥、天敌或其他因素而死亡。蜡质形态是引起小菜蛾一龄幼虫在叶片移动率提高的主要因素，蜡质的化学成分也会对小菜蛾一龄幼虫的这种行为产生影响。

四、小菜蛾对寄主植物的诱导抗性

昆虫诱导植物抗性在许多植物中普遍存在，这种抗性会降低植食性昆虫对植物的嗜食性，但也会诱发昆虫取食或影响其他昆虫的生长发育。Agrawal（2000）认为诱导抗性具有诱导的特异性和诱导效果的特异性。诱导特异性是指特定植食者对不同植食者为害后的植物的反应状态，诱导效果的特异性是指被特定植食者为害后的植物对其他植食者的抗性状态。为了探讨这种关系，Agrawal（2000）研究了小菜蛾（*Plutella xylostella*）、菜粉蝶（*Pieris rapae*）、甜菜夜蛾（*Spodoptera exigua*）和粉纹夜蛾（*Trichoplusia ni*）的幼虫与萝卜（*Raphanus sativus*）在诱导抗性方面的关系。结果表明（图 4 - 8、图 4 - 9），

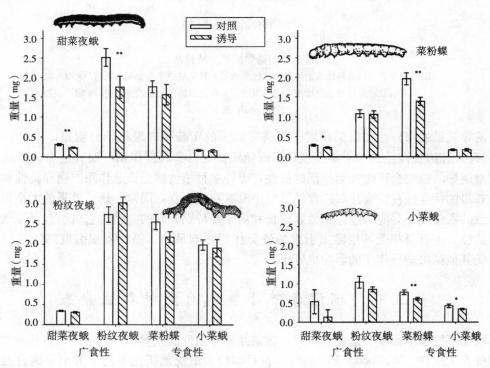

图 4 - 8 被诱导的萝卜和对照植物上专食性昆虫（菜粉蝶和小菜蛾）
和广食性昆虫（甜菜夜蛾和粉纹夜蛾）的生长发育图
（Agrawal，2000）

粉纹夜蛾取食诱导的植物对 4 种植食昆虫没有明显影响外，其他 3 种植食性昆虫的取食诱导作用对不同昆虫有着明显特异性（specificity）。进一步研究发现，只有小菜蛾作为诱导因子时，被诱导的植物对小菜蛾生长才有显著的抑制作用；菜粉蝶和甜菜夜蛾的生长也会被自身诱导的植物所抑制，而被其他昆虫诱导时，抑制效果则会降低；但是当粉纹夜蛾取食自身诱导的植物时则有利于其自身生长，而取食其他昆虫诱导的植物时，生长则受抑制。

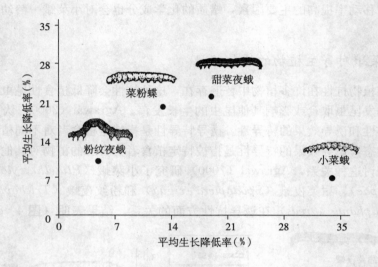

图 4 - 9　诱导抗性的特异性
图中每点表示因某种昆虫诱导植物抗性所致的 4 种昆虫的平均生长降低量（x 轴）
或表示取食 4 种植食性昆虫所诱导植物的某种昆虫的平均生长降低量（y 轴）
（Agrawal，2000）

诱导效果的特异性在以菜粉蝶作为诱导因子的实验中表现得十分明显。专食性昆虫（菜粉蝶）和广食性昆虫（甜菜夜蛾）会诱导植物对自身起反作用，而其他专食性昆虫如小菜蛾诱导的植物会产生较为广泛的抗性，对许多种植食性昆虫起作用。诱导抗性和诱导抗性效果的特异性在专食性和广食性昆虫中没有互相对立，同样，诱导效果的大小与植食性昆虫的食谱大小并非一致。小菜蛾取食和诱导是特别有趣的，因为它可引起最强最广的诱导抗性，但自身却受其他昆虫引发的诱导作用影响最小。粉纹夜蛾引发的诱导作用最弱，受其他昆虫诱导作用的影响也较小。

第五节　不同季节小菜蛾自然种群生命表

由于不同季节温度、湿度、降雨、蔬菜品种等条件的差异，导致小菜蛾自然种群呈现不同的发生规律。Wakisaka 等（1991）在日本较为系统地研究不同季节小菜蛾自然种群生命表。蔬菜品种为花椰菜（*Brassica oleracea* var. *italica*），共设 4 个小区，即小区 C 用尼龙网排除天敌，并用塑料膜防止雨水；小区 R 仅采用防水塑料膜；小区 G 用有底脚的塑料板围住，以防止地下天敌的影响；小区 A 为对照。在 6 月、9 月、10 月，卵期调查期间的降雨量分别为 51.5mm、77.0mm 和 16.5 mm，低龄幼虫调查期间的降雨量分别为 5.0mm、7.0mm 和 10.5 mm；6 月、9 月、10 月的当地平均气温分别为 25.3℃、23.0℃和 13.9℃。

研究结果表明（表 4-19、4-20、4-21），在不同季节和小菜蛾不同发育阶段，都有各种死亡因子发挥作用。

在所有季节，卵期的主要死亡因子为"未知原因"。螟黄赤眼蜂 Trichogramma chilonis 对卵的寄生率最高时是在 6 月份，其次分别是在 9 月份和 10 月份；在小区 R，天敌对卵的寄生率最低；虽然观察到草蛉科和捕食螨对卵的捕食现象，但捕食率较低；在小区 C，夏季不孵等生理原因可引起 15.8%的死亡。

一至二龄幼虫"未知原因"引发的死亡率在各个小区和各个季节都较高。在小区 C，6 月份的死亡率高达 29.9%，虽然偶尔可观察到 4 种蜘蛛 Gnathonarium exsiccatum，皿蛛科（Linyphiidae），球蛛科（Theridiiaae），肖蛸科（Tetragnathidae）对一至二龄幼虫的捕食现象，但这种情况很少；同时还观察到一些溺死的幼虫。

对于三至四龄幼虫，小菜蛾绒茧蜂（Cotesia plutellae）对其寄生率在 10 月份高达 50%，三至四龄幼虫还会受到 Dolichusha lensis 的攻击，但病亡率较低；在 9 月份，虽然三至四龄幼虫被寄生率最高，但在 6 月份和 10 月份的主要死亡因子为"未知原因"；在小区外，将黏胶板（sticky trap）放在植株底部，捕获到 6 头蛹，这说明一些高龄幼虫在化蛹前离开植物，因此"未知原因"应包括这些老熟幼虫。

对于蛹期，Tetrastichus sokolowskii、细角双缘姬蜂（Diadromus subtilicornis）对小菜蛾蛹有寄生现象，寄生率最高时在 6 月，为 74%～95%，最低时在 9 月，为 16%～35%；步行虫（Amara obscuripes）会捕食蛹；有许多麻雀和鸽子飞到菜田，因此大多数蛹的消失的"未知原因"可能是由于鸟类的取食；在秋天，C 区的许多小菜蛾会感病。

对于从卵到成虫羽化这段时期的总死亡率，在对照小区（A 区），9 月份的总死亡率高于 6 月或 10 月。

生命表研究还表明，在夏季的早中期，小菜蛾存活率极低，但秋季相对较高，这可能与夏季高温和相对低质量的寄主植物有关。Umeya 等（1973），Sarnthoy 等（1989）研究表明，高温不利于小菜蛾发育，影响成虫产卵和交尾。夏季蔬菜种植面积的下降也会影响小菜蛾的种群，在这种情况下，部分小菜蛾会取食十字花科杂草。小菜蛾没有滞育现象，但在冬季发育缓慢，死亡率较高。在春季，小菜蛾发育逐渐加快，蔬菜种植面积逐渐扩大，但主要的寄生性天敌还不活跃，因此，春季小菜蛾种群快速增长。由于夏季早期是雨季，卵与低龄幼虫被淹死和受冲刷的比率较高；夏季中期，与平均温度相比，山地的温度很高，对生理的不利影响抑制了小菜蛾种群的发展，寄生性天敌在这季节开始变得活跃，而且十字花科作物面积下降使小菜蛾生境受到限制，部分小菜蛾在十字花科杂草上取食，所有这些因子都会降低夏季小菜蛾的种群数量。在秋季，十字花科作物面积增加，寄生性天敌变得不活跃，因此，小菜蛾存活和繁殖率变高。这是对日本小菜蛾种群季节性变动可能原因的解释（Wakisaka et al.，1991）。

表 4‑19 1989 初夏（5 月 21 日至 6 月 28 日，雨季）**小菜蛾的自然种群生命表**

(Wakisaka et al.，1991)

虫期 x	dxF	小区 C (6)[1]			小区 R (12)			小区 G (16)			小区 A (23)		
		lx	dx	100qx	lx	dx	100qx	lx	dx	100qx	lx	dx	100qx
卵		105			420			266			818		
	寄生		0	0.0		26	6.2		49	18.4		168	20.5
	捕食		0	0.0		5	1.2		8	3.0		22	2.7
	生理性死亡		3	2.9		4	1.0		4	1.5		18	2.2
	未知		35	33.3		104	24.8		132	49.6		386	47.2
	总数		38	36.2		139	33.2		193	72.5		594	72.6
一至二龄幼虫		67			281			73			224		
	寄生		0	0.0		0	0.0		0	0.0		1	0.05
	病亡		0	0.0		0	0.0		0	0.0		0	0.0
	未知		20	29.9		168	59.8		16	21.9		86	38.4
	总数		20	29.9		168	59.8		16	21.9		87	38.9
三至四龄幼虫		47			113			57			137		
	寄生		0	0.0		46	40.7		9	15.8		30	21.9
	捕食		0	0.0		0	0.0		0	0.0		1	0.7
	病亡		1	2.1		0	0.0		0	0.0		2	1.5
	未知		3	6.4		21	15.6		23	40.4		63	46.0
	总数		4	8.5		67	56.3		32	56.2		96	70.1
蛹		43			46			25			41		
	寄生		0	0.0		9	19.6		12	48.0		14	34.1
	捕食		0	0.0		22	47.8		5	20.0		18	43.9
	病亡		3	7.0		2	4.4		0	0.0		2	4.9
	未知		0	0.0		0	0.0		0	0.0		0	0.0
	总数		3	7.0		33	71.8		17	68.0		34	82.9
成虫		40 (38.1%)[2]						8 (3.0%)			7 (0.9%)		

注：1 表示括号中数字表示植株数量，2 表示从卵到成虫羽化期间的存活率，下同。

表 4‑20 1989 夏天（9 月 4～28 日）**小菜蛾的自然种群生命表**

(Wakisaka et al.，1991)

虫期 x	dxF	小区 C (4)			小区 R (18)			小区 G (17)			小区 A (31)		
		lx	dx	100qx	lx	dx	100qx	lx	dx	100qx	Lx	dx	100qx
卵		171			473			274			962		
	寄生		0	0.0		17	3.6		2	0.7		150	15.6
	捕食		0	0.0		15	3.2		8	2.9		52	5.4
	生理性死亡		27	15.8		20	4.2		14	5.1		50	5.2
	未知		10	5.9		65	13.7		92	33.6		234	24.3
	总数		37	21.7		117	24.7		116	42.3		486	50.5
一至二龄幼虫		134			356			158			476		
	寄生		0	0.0		1	0.3		0	0.0		2	0.8
	病亡		2	1.5		0	0.0		1	0.6		2	0.4
	未知		10	7.5		122	34.3		61	38.6		167	35.1
	总数		12	9.0		123	34.6		62	39.2		173	36.3

（续）

虫期 x	dxF	小区 C (4)			小区 R (18)			小区 G (17)			小区 A (31)		
		lx	dx	100qx	lx	dx	100qx	lx	dx	100qx	Lx	dx	100qx
三至四龄幼虫		122			233			96			303		
	寄生		0	0.0		106	45.5		47	49.0		156	51.5
	捕食		0	0.0		1	0.4		0	0.0		1	0.3
	病亡		0	0.0		0	0.0		0	0.0		0	0.0
	未知		7	5.7		60	25.8		28	29.2		114	37.6
	总数		7	5.7		167	71.7		32	78.2		271	89.4
蛹		115			66			21			32		
	寄生		0	0.0		49	74.2		20	95.2		28	87.5
	捕食		0	0.0		13	19.7		1	4.8		3	9.4
	病亡		6	5.2		2	3.0		0	0.0		0	0.0
	未知		0	0.0		0	0.0		0	0.0		0	0.0
	总数		6	5.2		64	97.0		21	100		31	96.9
成虫		109 (63.7%)						0 (0.0)			1 (0.1%)		

表 4-21　1989 年秋天（10 月 4 日～11 月 30 日）**小菜蛾的自然种群生命表**
（Wakisaka et al.，1991）

虫期 x	dxF	小区 C (5)			小区 R (10)			小区 G (10)			小区 A (15)		
		lx	dx	100qx	lx	dx	100qx	lx	dx	100qx	Lx	dx	100qx
卵		412			197			422			501		
	寄生		0	0.0		8	4.1		0	0.0		26	5.2
	捕食		0	0.0		13	6.6		14	3.3		24	4.8
	生理性死亡		9	2.2		0	0.0		24	5.7		21	4.2
	未知		78	18.9		43	21.8		150	35.6		177	35.3
	总数		87	21.1		64	32.5		188	44.6		248	49.5
一至二龄幼虫		325			133			234			253		
	寄生		0	0.0		0	0.0		0	0.0		0	0.0
	病亡		0	0.0		0	0.0		0	0.0		2	0.8
	未知		34	10.5		15	11.3		90	38.6		83	32.8
	总数		34	10.5		15	11.3		90	38.6		85	33.6
三至四龄幼虫		291			118			144			168		
	寄生		0	0.0		2	1.7		5	3.5		4	2.4
	捕食		0	0.0		2	1.7		0	0.0		0	0.0
	病亡		0	0.0		1	0.9		0	0.0		0	0.0
	未知		19	6.5		88	74.6		110	76.4		121	72.0
	总数		19	6.5		93	78.9		115	79.9		125	74.4
蛹		272			25			29			43		
	寄生		0	0.0		4	16.0		10	34.5		9	20.9
	捕食		0	0.0		0	0.0		2	6.9		2	4.7
	病亡		89	32.7		0	0.0		3	10.3		3	7.0
	未知		0	0.0		0	0.0		0	0.0		0	0.0
	总数		89	32.7		4	16.0		15	51.7		14	32.6
成虫		183 (44.4%)			21 (10.7%)			14 (3.3)			29 (5.8%)		

第六节 小菜蛾的地理种群特征

地理种群的研究有利于探讨小菜蛾不同地理种群在遗传分化方面的差异，以及不同地理环境和生态条件对小菜蛾不同自然种群遗传分化的影响，可为小菜蛾防治提供基础资料。关于小菜蛾地理种群研究相对较少，进行这方面的研究多采用水平切片淀粉凝胶电泳方法，分析不同地区小菜蛾种群的遗传多样性（Caprio and Tabashnik，1992；王少丽等，2002；Pichon et al.，2001），还有人对不同地理种群的生物特性进行了研究（Pichon et al.，2001）。

一、小菜蛾不同地理种群的生物学差异

Pichon 等（2001）研究了南非（South Africa）、贝宁湾（Benin）、巴西（Brazil）、法国（France）、日本（Japan）、美国（United States）、马提尼克岛（Martinique）、留尼汪岛（Réunion Island）、乌兹别克斯坦（Uzbekistan）和澳大利亚（Australia）的 5 个地区的小菜蛾在生物学方面的差异。

从表 4-22 可以看出，卵量最大的是南非和贝宁湾种群，其次是留尼汪岛、马提尼克岛和乌兹别克斯坦种群。羽化后 4 天内，贝宁湾、马提尼克岛和留尼汪岛的雌虫产卵量占总卵量的 60%～70%，羽化后 12～20 天的卵量占总卵量的 1%～4%，而乌兹别克斯坦和南非种群的雌虫羽化 4 天内的卵量仅占总卵量的 24%～36%，羽化后 12～20 天的卵量占总卵量大于 20%。产卵期长短不一，最短是贝宁湾和马提尼克岛种群的 13 天，最长的是乌兹别克斯坦和南非种群的 25 天。

由此可见，在实验室条件下，不同地理种群在产卵量和产卵时间上存在差异，在田间同样可能存在相似情况，因此，掌握小菜蛾不同地理种群的生物学特性对于提高害虫防治效果具有重要意义。

表 4-22 不同地理种群小菜蛾雌蛾产卵量（粒/20 雌）

（Pichon et al.，2001）

种 群	南非	贝宁湾	马提尼克岛	乌兹别克斯坦	留尼汪岛	Fisher 测验	P
卵量（粒/20 雌）	5 894a	5 812a	2 325c	2 884c	4 199b	14.19	0.000 1
羽化后 1～4d 卵量比率（%）	35.66b	76.11a	63.40a	24.44b	60.49a	15.64	0.000 0
羽化后 12～20d 卵量比率（%）	25.95a	1.19b	1.31b	22.01a	4.51b	8.95	0.000 7
历期*	24a	14bc	13c	25a	18b	21.28	0.000 0

注：历期是 4 个重复的平均数；同一行数字后字母相同者表示差异不显著（ANOVA and Newman & Keuls test α = 5%）。

二、小菜蛾不同地理种群的遗传多样性分析

Pichon 等（2001）对南非（South Africa）、贝宁湾（Benin）、巴西（Brazil）、法国（France）、日本（Japan）、美国（United States）、马提尼克岛（Martinique）、留尼汪岛（Réunion Island）、乌兹别克斯坦（Uzbekistan）和澳大利亚（Australia）的 5 个地区

的小菜蛾不同地理种群的遗传多样性进行分析。研究结果表明，测定的 23 个酶系中有 7 个酶系具有清晰多态基因位点，分别为异柠檬酸脱氢酶（isocitrate dehydrogenase，IDH）、NADP -苹果酸脱氢酶（malate dehydrogenase NADP＋，MDHP）、葡萄糖- 6 -磷酸脱氢酶（glucose - 6 - phosphate dehydrogenase ，G6PDH）、甘露糖磷酸异构酶（mannose phosphate isomerase，MPI）、葡糖磷酸变位酶（phosphoglucomutase，PGM）、己糖激酶（hexokinase ，HK）、天门冬氨酸转氨酶（aspartate aminotransferase，AAT）。一些同工酶不止一个基因位点，IDE 有 IDEs（慢）和 IDEf（快），MDHP 也分为 MDHPs 和 MDHPf 。哈迪斯—温伯格测验（Hardy - Weinberg equilibrium test）表明，MDHPs、G6PDH、MPI、PGM、HK 的杂合度不足，而 AAT 杂合度高（表 4 - 23）。

表 4 - 23　不同地理种群各个位点的 Wright F 统计量分析

（Pichon et al. ，2001）

基因座	F_{is}	F_{st}	F_{it}
IDHf	− 0.009 8	0.056 0	0.046 7
IDHs	0.102 9	0.048 7	0.146 6
MDHPf	− 0.024 0	0.140 1	0.119 5
MDHPs	0.191 3	0.173 0	0.331 2
G6PDH	0.483 5	0.019 9	0.493 7
MPI	0.226 9	0.092 3	0.298 3
PGM	0.008 4	0.136 4	0.143 7
HK	0.025 6	0.087 2	0.110 6
AAT	− 0.416 5	0.154 9	−0.197 1
平均	0.151	0.103	0.238

表 4 - 24　小菜蛾种群间固定指数（Fixation index，F_{st}）

（Pichon et al. ，2001）

种群	SA	BEN	BRA	FRA	JAP	USA	UZB	PHI	REU	AUA	AUB	AUMa	AUMe
BEN	0.016 8												
BRA	0.007 1	0.000 2											
FRA	0.023 8	0.063 9	0.043 4										
JAP	0.123 6	0.185 6	0.175 1	0.184 6									
USA	0.031 7	0.093 2	0.067 0	0.067 0	0.165 9								
UZB	0.026 2	0.101 9	0.062 9	0.036 0	0.121 8	0.035 0							
PHI	0.041 9	0.018 6	0.013 2	0.079 5	0.195 4	0.080 9	0.103 6						
REU	0.016 1	0.040 4	0.013 2	0.048 9	0.150 4	0.067 6	0.052 2	0.046 2					
AUA	0.066 6	0.100 8	0.107 0	0.139 0	0.071 9	0.116 0	0.098 5	0.116 4	0.126 7				
AUB	0.136 4	0.179 7	0.173 2	0.217 3	0.166 4	0.175 8	0.118 0	0.195 8	0.197 2	0.126 2			
AUMa	0.085 8	0.121 3	0.116 8	0.168 9	0.150 6	0.114 6	0.128 1	0.112 7	0.146 3	0.097 3	0.103 1		
AUMe	0.130 8	0.175 6	0.171 7	0.230 4	0.174 9	0.135 2	0.132 5	0.179 9	0.192 7	0.124 1	0.038 7	0.087 1	
AUSy	0.047 3	0.044 0	0.042 6	0.097 2	0.159 0	0.082 3	0.085 1	0.044 5	0.091 7	0.096 5	0.087 8	0.055 8	0.069 1

　　注：SA——南非（South Africa）；BEN——贝宁湾（Benin）；BRA——巴西（Brazil）；FRA——法国（France）；JAP——日本（Japan）USA——美国（United States of America）；UZB——乌兹别克斯坦（Uzbekistan）；PHI——菲律宾（Philippines）；REU——留尼汪岛（Réunion Island）；AUA——澳大利亚阿德莱德（Australia Adelaide）；AUB——布里斯班（Brisbane）；AUMa——马里巴（Mareeba）；AUMe——墨尔本（Melbourne）；AUSy——悉尼（Sydney）。

　　日本种群基因型 PGM 是单态的,贝宁湾、法国、留尼汪岛和澳大利亚墨尔本种群的 IDHs 也是单态的。Fisher 测验结果表明,除贝宁湾和巴西($\chi^2 = 28.029$, $P = 0.061\ 62$)外,其余任意一对种群间的等位基因频率都有显著不同,用于表明种群差异性的固定指数 (fixation index, F_{st}) 为 0.103, P ($F_{st} = 0$) < 0.001。种群基因 MDHPs ($F_{st} = 0.173\ 0$)、PGM ($F_{st} = 0.136\ 4$) 和 AAT ($F_{st} = 0.154\ 9$) 的差异最大(表 4 - 23),各对种群的 F_{st} 为 0~0.230 4(表 4 - 24),贝宁湾和巴西种群没有差异,澳大利亚和日本种群相互之间以及与其他种群间的差异性最大,排除澳大利亚和日本种群后的 F_{st} 为 0.047。各种群间遗传差异见图 4 - 10。

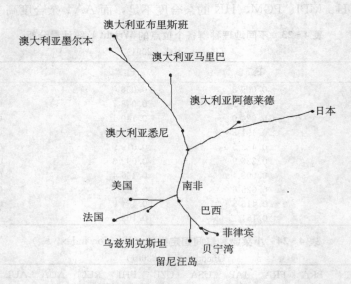

图 4 - 10　采用邻位相连法(Unweighted Neighbour Joining)
计算的小菜蛾种群固定指数(F_{st})无根树
(Pichon et al., 2001)

　　国内学者对小菜蛾地理种群也进行了的研究。王少丽等(2002)采用水平切片淀粉凝胶电泳方法,分析了中国北京(BJ)、河北(HB)、云南(YN)和武汉(WH)4 个不同地理种群的小菜蛾的等位酶,得到甘油醛磷酸脱氢酶(GPD)、苹果酸酶(ME)和苹果酸脱氢酶(MDH - 1,MDH - 2 和 MDH - 3)5 个基因位点的资料。从各位点的等位基因频率得出的反映群体遗传变异的 4 个指标(表 4 - 25)可以看出,小菜蛾各种群的多态位点百分数 P 非常高,各种群的平均等位基因数 A 也都比较大,这表明各位点的等位基因数也呈现出比较高的遗传多样性,最大的是武汉种群;在 4 个种群中,可以反映各种群的等位基因的多样性大小的平均杂合度期望值 He 最高的是武汉种群,最低的是北京种群,河北和云南种群介于二者之间,表明北京种群的遗传变异程度较小,武汉种群内的遗传多样性最大;从杂合度观测值 Ho 来看,武汉种群远远大于云南种群,这表明武汉种群小菜蛾中的基因最为丰富。

　　由 Wright F 统计量和种群内基因多样度(Hs)、种群间基因多样度(Dst)、总基因多样度(Ht)、种群间基因多样度占总基因多样度比例(Gst)等种内和种群间的基因多样性指标可以看出（表 4-26 和表 4-27），各种群间的基因多样度很小，各种群内基因多样度约是种群间基因多样度的 15 倍。从基因分化系数来看，各种群的基因分化程度也是群体内大于群体间的，最多的也仅有约 10% 变异量存在于群体间，而大部分变异则存在于种群内。就各种群内的基因多样度来说，位点 ME、MDH-2 和 MDH-1 对各种群的遗传多样性贡献较大（王少丽等，2002）。

表 4-25　不同地理种群小菜蛾的遗传变异度量指标

（王少丽等，2002）

群　体	N	A	P	Ho	He
云南（YN）	113.8（9.3）	4.8（0.6）	100.0	0.070（0.061）	0.439（0.083）
北京（BJ）	106.8（11.5）	4.6（0.6）	100.0	0.181（0.181）	0.396（0.088）
河北（HB）	97.0（6.8）	5.4（1.1）	100.0	0.250（0.142）	0.486（0.090）
武汉（WH）	72.6（4.2）	6.0（0.6）	100.0	0.567（0.139）	0.532（0.081）

注：括号内数值为标准误差；N 表示每个位点的平均样本大小；A 表示每个位点的平均等位基因数；P 表示多态位点的百分数；Ho 表示平均杂合度观测值；He 表示平均杂合度期望值。

表 4-26　4 个种群各个位点的 Wright F 统计量分析

（王少丽等，2002）

基因座	F_{is}	F_{st}	F_{it}
GPD	0.794 3	0.047 8	0.804 1
ME	0.798 0	0.038 7	0.805 8
MDH-2	−0.106 9	0.057 5	−0.043 3
MDH-3	0.435 8	0.029 0	0.452 2
MDH-1	0.624 9	0.112 3	0.667 0
平均	0.482 6	0.061 1	0.514 2

表 4-27　根井正利的遗传多样性指标

（王少丽等，2002）

基因座	Ho	Hs	Ht	Dst	Gst
GPD	0.070 6	0.343 9	0.361 2	0.017 3	0.047 9
ME	0.157 0	0.777 2	0.808 4	0.031 2	0.038 6
MDH-2	0.685 3	0.619 1	0.656 9	0.037 8	0.057 5
MDH-3	0.174 3	0.308 9	0.318 2	0.009 3	0.029 2
MDH-1	0.247 3	0.659 3	0.742 6	0.083 3	0.112 2
平均	0.266 9	0.541 7	0.577 5	0.035 8	0.057 1

　　由各种群中等位基因的数目和等位基因的频率，统计出不同地理种群小菜蛾的平均相似系数和遗传距离（表 4-28）以及由此所得的小菜蛾 4 个种群的聚类图（图 4-11、4-12）。由表 4-28 可以看出，小菜蛾北京（BJ）、河北（HB）种群间的遗传距离最小，即北京和河北种群的基因交流比较广泛；其次是云南与北京种群间，遗传距离最大的是河北和武汉种群间，说明这两个地区的小菜蛾基因交流较少。相似系数反映两个种群间的遗传一致性；由表 4-28 中相似系数可得出与遗传距离一致的结论。利用相似性系数和遗传距离得出的聚类图，结果是一致的。北京和河北种群首先聚在一起，可能与这两个地区相临

有关；然后与云南种群聚在一起，最后与武汉种群聚在一起。云南在地理位置上来说，距离这3个地区最远，但并不是最后才与它们聚类，可能由于蔬菜的运输加大了小菜蛾的基因交流，也可能与杀虫药剂的抗性有关（王少丽等，2002）。

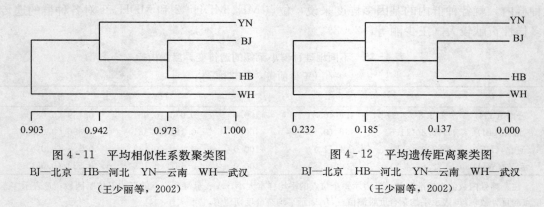

图 4-11 平均相似性系数聚类图   图 4-12 平均遗传距离聚类图
BJ—北京 HB—河北 YN—云南 WH—武汉   BJ—北京 HB—河北 YN—云南 WH—武汉
（王少丽等，2002）   （王少丽等，2002）

表 4-28 不同地理种群小菜蛾的相似性系数（下三角）和遗传距离（上三角）
（王少丽等，2002）

群体	YN	BJ	HB	WH
YN		0.045	0.075	0.100 0
BJ	0.956		0.026	0.082
HB	0.928	0.974		0.122
WH	0.905	0.921	0.886	

注：BJ—北京，HB—河北，YN—云南，WH—武汉。

参 考 文 献

[1] 但建国，梁广文，庞雄飞. 不同温度条件下小菜蛾实验种群的研究. 华南农业大学学报，1995，16（3）：11～16

[2] 柯礼道，方菊莲. 小菜蛾生物学的研究：生活史、世代数及温度关系. 昆虫学报，1979，22（3）：310～319

[3] 李洪山，王娟，魏辉等. 小菜蛾幼虫对不同寄主的取食嗜好性及其适宜性. 应用生态学报，2006，17（6）：1065～1069

[4] 陆自强，陈丽芳，祝树德. 温度对小菜蛾发育与增殖影响的研究. 昆虫知识，1988，25（3）：147～149

[5] 马春森，陈瑞鹿. 温度对小菜蛾（*Plutella xylostella* L）发育和繁殖影响的研究. 吉林农业科学，1993，（3）：44～49

[6] 王少丽，盛承发，乔传令. 不同地理种群小菜蛾的遗传多样性分析. 生态学报，2002，22（10）：1718～1723

[7] 吴伟坚，赵全良，梁广文. 论蔬菜种植布局与小菜蛾发生为害的关系. 华南农业大学学报，1992，13（4）：108～112

[8] 吴伟坚. 关于小菜蛾的寄主范围. 昆虫知识，1993，30（5）：275～276

[9] 徐肇坤，张雄飞. 小菜蛾发育起点温度及有效积温常数的研究. 昆虫知识，1986，23（2）：

62～64

[10] 喻国泉，吴伟坚，古德就等．小菜蛾产卵对寄主的选择性及其应用初步研究．华南农业大学学报，1998，19（1）：61～64

[11] Agrawal A A. Specificity of induced resistance in wild radish: causes and consequences for two specialist and two generalist caterpillars. Okikos, 2000, 89 (3): 493～500

[12] Caprio M A. and Tabashnik B E. Allozymes used to estimate gene flow among populations of diamondback moth (Lepidoptera, plutellidae) in Hawaii. Environm. Entomol. , 1992, 21 (4): 808～816

[13] Eigenbrode S D. and Shelton A M. Behavior of Neonate Diamondback Moth Larvae (Lepidoptera: Plutellidae) on Glossy - Leafed Resistant *Brassica oleracea* L. Environ. Entomol. , 1990a, 19 (5): 1566～1571

[14] Eigenbrode S D, Shelton A M and Dickson M H. Two Types of Resistance to the Diamondback Moth (Lepidoptera: Plutellidae) in Cabbage. Environ. Entomol. , 1990b, 19 (4): 1086～1090

[15] Eigenbrode S D, Espelie K E, Shelton A M. Behavior of neonate diamondback moth larvae [*Plutella xylostella* (L.)] on leaves and on extracted leaf waxes of resistant and susceptible cabbage. J. Chem. Ecol. , 1991, 17: 1691～1704

[16] Eigenbrode S D and Shelton A M. Survival and behavior of *Plutella xylostella* larvae on cabbages with leaf surface waxes altered by treatment with S - ethyl dipropylthiocarbamate. Entomol. Exp. Appl. , 1992, 62: 139～145

[17] Muckenfuss A E, Shepard B M, Ferrer E R. Natural mortality of diamondback moth in coastal south Carolina. In: Talekar N S (ed.). Proceedings of the Second International Workshop. Taiwan China: Asian Research and Development Center, 1991, 27～36

[18] Pichon A, Bordat D, Arvanitakis L, et al. Biological and genetic differences between populations of diamondback moth from different geographic regions. In: Ridland P M and Endersby N M (eds.). The Management of Diamondback Moth and Other Crucifer Pests: Proceedings of the Fourth International Workshop, Victorian Department of Natural Resources and Environment, Melbourne, Australia, 2001, 79～85

[19] Sarnthoy O, Keinmeesuke P, Sinchaisri N, et al. Development and reproductive rate of the diamondback moth *Plutella xylostella* from Thailand. Appl. Entomol. Zool. , 1989, 24: 202～208

[20] Sivapragasam A, Ito Y, Saito T. Population fluctuations of the diamondback moth, *Plutella xylostella* (L.) on cabbage in *Bacillus thuringiensis* sprayed and non sprayed plots and factors affecting within - generation survival of immatures. Res. Popul. Ecol. , 1988, 30, 329～342

[21] Syed T S, Abro G H, Lu Y Y, et al. Effect of host plant on biological parameters of *Plutella xylostella* under laboratory condition. Journal of South China Agricultural University (Natural Science Edition), 2002, 23 (4): 19～22

[22] Talekar N S, Lee S T, Huang S W. Intercropping and modification of irrigation method for the control of diamondback moth. In: Talekar N S and Griggs T G (eds.) . Diamondback moth management, Proceedings of the First International Workshop. Taiwan China: Asian Research and Development Center, 1986, 145～152

[23] Umeya K, Yamada H. Threshold temperature and thermal constants for development of the diamondback moth, *Plutella xylostella* L. with reference to their local differences. Jap. J. Appl. Ent. Zool. , 1973, 17: 19～24

[24] Wakisaka S, Ritsuko T, Fusao N. Effects of natural enemies, rainfall, temperature and host plants on survival and reproduction and reproduction of the diamondback moth. In: Talekar N S (ed.). Diamondback Moth Management: Proceeding of the First International Workshop. Taiwan China: Asian Research and Development Center. 1991, 15～26

第五章 小菜蛾的化学生态学研究

　　自 1959 年人类从雌蚕中分离、鉴定了引诱雄蚕发情的性引诱物质蚕蛾醇以后，随着化学分析工具的发展，化学生态学已经成为一门多学科相互融合的交叉学科。近 30 年来，化学生态学已逐步建立了独立的学科体系，并愈来愈受到重视和不断取得进展（孔垂华，2003）。昆虫化学生态学主要以现代分析手段研究昆虫种内、种间以及与其他生物之间的化学信息联系、作用规律以及昆虫对各种化学因素的适应性等，是昆虫的神经生理和感觉生理、生物化学及生态学的交叉学科，也是当前国际昆虫学界最活跃的研究领域之一（杨振德等，2003）。昆虫因营养、繁殖、防卫、扩散等需要而与植物发生密切的联系。植食性昆虫通过取食和产卵的选择（feeding and oviposition choices）、植物成分的酶解（enzymatic metabolism of plant compounds）、植物成分的隔离（sequestration）、形态适应（morpholgical adaptations）、共生（symbionts）、虫瘿诱导（induction of plant galls）、诱导植物敏感性（induced plant susceptibility）、潜蛀（trenching）、群体取食（gregarious feeding）等方法进攻植物，Karban et al. 称之为植食性昆虫进攻（herbivore offense）（Karban and Agrawal，2002），植物则形成错综复杂的化学物质，特别是植物次生物质，防御植食性昆虫与其他有害生物的为害，也使得植食性昆虫出现寄主分化的现象（Chapman，2000；Schoonhoven，1998；魏辉等，2003）。如同对生物学其他方面的研究一样，现在对植物—昆虫的研究正从简单的单向分析向综合分析转变（Schoonhoven，1996）。过去我们对植物—昆虫关系的研究往往只注意一方，现在，随着知识面的扩大和复杂性实验工具的应用，使得科学家有办法研究双方的关系，甚至更为复杂三极和多极的系统（魏辉，2002)。昆虫化学生态学的原理和研究成果将为理解自然界的多极关系、开展植物保护提供新的思路和方法。

<h1 style="text-align:center">第一节　研究技术和方法</h1>

植物挥发性物质的分析与生物活性测定是化学生态学研究的重要内容，而正确的提取和分离是化学分析和生物测定的前提。植物挥发性物质常用的提取方法是同时蒸馏萃取、吸附剂吸附和固相微萃取；分析技术主要有气相色谱、高效液相色谱、气相色谱—质谱联用、红外光谱紫外光谱和核磁共振；生物活性测定主要包括风洞、嗅觉仪、叶碟法、液体食物法、触角电位仪、气相色谱—触角电位联用仪等。

一、植物挥发性物质的提取方法

(一) 同时蒸馏萃取法

植物挥发性物质的提取，如茶叶香精油最初采用蒸馏、溶剂萃取的方法，先将植物样品减压蒸馏，再将馏出回收液进行溶剂萃取。Likens 和 Nicherson (1964) 将这两步合二为一，发明了同时蒸馏萃取法 (simultaneous distillation extraction，SDE)，即 SDE 法。后来，这种装置又相继得到了一些改进 (Alexander and Cave, 1975；Thomas et al.，1977)。其工作原理是样品蒸气和萃取溶剂的蒸气在密闭的装置中充分混合，反复萃取。这种方法对多种化合物具有较高的回收率，这是目前使用最为广泛的一种气味物质提取方法。

SDE 法操作简单，只需几十克样品便可得到足以供气相色谱检测的植物精油量，它可以将 10^{-6} 级的挥发性化合物从水介质中浓缩数千倍。SDE 法最明显的缺点是长时间高温蒸煮所产生的人工效应物较多，所获得的香精油有明显的香气失真现象。如 SDE 法制备茶叶香精油不仅萃取率低，不能成比例地萃取出香气物质，而且容易造成键合态香气前体的水解和香气物质自身的结构变化，以至于不宜用 SDE 法制备的茶叶香精油来定量分析茶叶香气 (张正竹和陈玎玎，2003)。SDE 法适合于加热的水的体系，与传统的蒸馏液的溶剂萃取法相比，它具有省时、高效、方便等优点，如用 SDE 法萃取米饭，因其条件比吸附法激烈，有利于获得较高沸点的香气成分 (汤坚等，1994)。

(二) 吸附剂吸附法

吸附剂 (tenax) 捕集挥发性物质的方法被广泛用于环境中气体的研究以及植物和昆虫的挥发性物质研究，是一种成熟实用的捕集气体的方法。吸附剂捕集的气体可以在室温下保存 2 周，在 0℃下保存几周而不会影响分析结果 (Zlatkis et al.，1973)。吸附剂捕集的气体可以真实地反映昆虫所接触的植物周围挥发性物质的特征 (Buttery et al.，1982)。Tenax GC 法比 SDE 法更能吸附小分子、易挥发的组分，SDE 法对提取中高沸点化合物更为有效 (吴昊和许时婴，2001)。吸附法因为操作条件苛刻、易变只能用各组分峰面积归一化求得其相对含量，缺点是相对误差较大，重现性较差，但无溶剂干扰，样品用量少，适用于形态各异的样品，是研究易挥发香气组分最有效的方法 (汤坚等，1994)。杨广 (2001b) 用图 5-1 所示装置收集蔬菜的挥发性物质，再用有机溶剂洗脱吸附管中吸附的挥发性物质，经气质联用仪检测，鉴定出化学成分种类较多，可见吸附法能够很好地收集蔬菜挥发性物质。

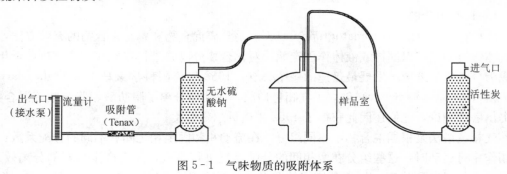

图 5 - 1　气味物质的吸附体系
（杨广，2001b）

（三）固相微萃取法

固相微萃取（solid phase microextraction，SPME）是 20 世纪 90 年代初兴起的一种样品前处理技术，最先由加拿大 Waterloo 大学的 PawIiszyn 及其同事提出，具有快速、灵敏、方便及无溶剂、相对独立于仪器设计、易于自动化，并适用于气体和液体样品的新颖的样品前处理技术（Authur and Pawliszyn，1990，1992a，1992b，1992c）。它自从问世以来便受到广大分析工作者的重视，获得了迅速发展，而且在短短几年内实现了商品化。它利用气相色谱、高效液相色谱等作为后续分析仪器，实现了对多种样品的快速分离与分析。通过控制萃取纤维的极性、厚度、维持取样时间的稳定以及调节酸碱度、温度等各种萃取参数，可实现对痕量被测组分的高重复性、高准确度的测定，最小检测限可在 $10^{-12} \sim 10^{-9}$ 数量级。

SPME 的核心部分萃取头涂层的种类和厚度对灵敏度的影响最为关键，因此，在选择时要十分慎重。萃取头的固定相可分为非键合型、键合型、部分交联型以及交联型四种。最常用的也是最早使用的高分子涂层材料为聚二甲基硅氧烷（PDMS）和聚甲基丙烯酸甲酯（PA）。其中，100μm PDMS 适用于分析低沸点、低极性物质，7μm PDMS 适用于分析中沸点及高沸点物质，PA 适用于分析强极性物质。以后，又陆续出现了聚酰亚胺、聚乙二醇等涂层材料。混合固定相应用也较广泛，如聚乙二醇—膜板树脂、聚乙二醇—二乙烯基苯、聚二甲基硅氧烷—模板树脂以及 p—环糊精等。近几年来，化学工作者又先后研制了石墨炭黑（Djozan，1997）、活性炭（方瑞斌等，1999）、键合硅胶（Liu et al.，1997）、高分子冠醚、融胶—凝胶（Chong et al.，1997）等新型涂层。最近，还发展了许多特殊材料的聚合物涂层。例如，离子交换涂层可用于去除水溶液中的金属离子和蛋白质，液晶膜可用于萃取平面分子，金属涂层可用于电沉积待测物，萘酚涂层可以从非极性基体中吸附极性化合物。为了开发聚合物的导电性质，一些科学家还尝试用聚吡咯涂层来萃取极性甚至离子型待测物。此外，还开发了纤维双液相涂层（Stephen et al.，2000），它可以克服单一液相涂层萃取有机化合物范围狭窄的缺点，使萃取范围更广，是目前研究和发展的趋势和方向。萃取头涂层越厚，对待测物吸附量越大，可降低最低检出限。但涂层越厚，所需平衡萃取时间越长，使分析速度减慢。因此，应综合考虑各种情况。

二、植物挥发性物质的分析技术

（一）气相色谱

气相色谱法（gas chromatography，GC）是分离混合物和鉴定化合物的有效方法，它以气体作流动相，以固体或液体作固定相，对化合物分离并进行定性和定量分析，近年来已成为分析化学领域中发展最迅速的一个分支。1952 年英国科学家马丁（A. J. Martin）和辛格（R. L. M. Synge）创立了气相色谱法，成功地分离了脂肪酸、脂肪胺等混合物，并提出塔板理论，他们还因此获得了 1952 年诺贝尔化学奖。

气相色谱法是根据混合物中不同组分，在流动相和固定相之间有不同的分配系数，当两相作相对运动时，这些组分在两相间的分配反复进行多次，因而产生很好的分离效果，使混合物得以充分分离。气相色谱采用不与被测物作用的气体（氮、氢、氦、氩）作载气，载着欲分离样通过色谱柱中固定相，使试样各组分分离，然后进入检测器检测。在检测器里，各组分的物理或化学变化转换成电压或电流的变化，传送到记录仪或计算机，它们再将这些电信号转化成色谱图。

在化学生态学中，气相色谱主要用于分析挥发性物质，而对于非挥发性物质，需要将它们转化成相应的衍生物或者裂解为小分子的物质后，才能进行分析。

（二）高效液相色谱

高效液相色谱法（high performance liquid chromatography，HPLC）自 20 世纪 60 年代末以来，以其分析速度快、分离效率高和灵敏度高等特点，广泛应用于化工、医药、农业等领域。与气相色谱相比，高效液相色谱可以分析的化学物质的范围更广，不受样品挥发度和对热稳定性的限制，非常适合于分析大分子、高沸点、强极性、离子性及热不稳定和具有生物活性的化学物质，而且可以在室温下操作，柱容量高，特别适用于样品制备和分离（张启元，1998）。

高效液相色谱法是由现代高压技术与传统的液相色谱方法相结合，加上高效柱填充物和高灵敏检测器所发展起来的新型分离分析技术。由于它只要求样品能制成溶液，而不需要气化，因此不受样品挥发性的约束。对于挥发性低，热稳定性差，分子量大的高分子化合物以及离子型化合物尤为有利，如氨基酸、蛋白质、生物碱、核酸、甾体、脂类、维生素、抗生素等分子量较大、沸点较高的合成药物以及无机盐类。所以说，HPLC 具有适用范围广、分离效率高、速度快、流动相可选择范围宽、灵敏度高、色谱柱可反复使用、流出组分容易收集等优点。不同种类的柱可以进行不同类型的液相色谱分离，也产生了不同的液相色谱法，如正向色谱、反向色谱、离子对色谱、离子交换色谱、凝胶色谱等。

（三）气相色谱—质谱联用

气相色谱—质谱联用（GC-MS）就是以气相色谱对混合物的各组分进行分离，然后用质谱仪作为检测器进行分析。质谱分析的基本原理是样品分子或原子在经受一定能量的电子轰击后，形成各种阳离子，这些离子在前进中受电场和磁场的作用而进行质量色散，即按其质量数和电荷数之比（简称质荷比，m/e）的大小依次排列成谱，记录下来即为质谱。

质谱仪主要由离子源（包括样品室和电离室）、分离管和磁铁、收集器（包括检测器和放大器）和记录系统三大部分组成。在离子源中，样品分子受到 70eV 电子流的轰击，从而丢失外层电子生成正离子流。离子源中的推斥电极产生的正电势将正离子流排出电离室，同时，正离子流又被一个具有 2kV 的加速板加速而进入磁分析器中的分离管，在磁分析器产生的磁场作用下，正离子流运动轨迹由直线变为弧线。各种正离子在分离管中的偏转程度与其 m/e 有关。m/e 越大，其动量越大，偏转就越小；反之，m/e 越小，偏转就越大。这样，各种离子按照 m/e 的大小，由小到大的顺序先后通过分离管而到达收集器。每个正离子在收集器中取得一个电子以中和其正电荷，于是收集器电路上就产生了电流，经放大，并依质核比的函数记录下来，便得到样品的质谱。每个离子峰的强度与其离子的相对数目成正比（傅建熙，2000）。

根据质谱图来分析样品所属化合物的类别及其结构，为质谱解析。首先根据离子峰确定化合物的相对分子质量，其次根据同位素确定分子式（即元素组成），最后根据各碎片离子的强度和碎裂规律推断分子结构。在实际工作中，最常用和最可靠的方法是和已知化合物的质谱比较对照，即质谱库检索。这样，GC-MS 可以对样品中全部或指定成分作定性分析，即确定组分的分子结构，还可以进行定量分析。

（四）红外光谱

红外光谱是分子中不同的共价键吸收了红外光后发生振动能级的跃迁而产生的。由于分子振动能级跃迁时，亦伴随有分子转动能级的改变，因而实际测得的振动光谱中也含有转动光谱，使得谱线变宽而成为吸收带，所以红外光谱也叫分子振动—转动光谱。

一定频率的红外光经过分子时，被分子中具有相同振动频率的键所吸收，并转化为键的振动能，使键振动的振幅增大。如果分子中没有相同频率的键，红外光就不会被吸收。因此，当用一束连续改变波长的红外光照射样品时，分子中的各化学键就会选择性地吸收与自己振动频率相同的红外光，因而通过样品的红外光在一些区域变得较弱，如果用仪器按照波数（或波长）记录透射光的强度，就会得到一条表示吸收谱带的曲线，这就是红外光谱图。

有机化合物中各种键的红外吸收总是出现在一定的波数范围内，具有很强的特征性，故这种吸收称为特征吸收，特征吸收峰所指的波数值称为特征频率。根据特征频率就可以判定某一种基团的存在，因而红外光谱有助于辨认有机化合物所属的类别。还可以利用红外光谱的标准谱图进行物质鉴定，即通过与标准谱图的比较，如果发现测定的谱图与某一标准谱图完全一致，可以认为二者是同一物质。此外，可根据光谱中多出的吸收峰，判定样品中的杂质情况。

（五）紫外光谱

有机化合物的紫外光谱是分子吸收紫外光后，价电子或非键合电子由低能态跃迁到高能态而产生的。一般仪器测定波长范围为 200～800nm 区域（即紫外—可见光区），其中 200～400nm 的近紫外区最为有用。有机化合物对紫外光吸收与分子的电子结构有密切关系，只含 σ 键的化合物在紫外—可见光区内无吸收，因此紫外光谱提供的分子结构信息要比其他光谱少，在定性鉴定上受到较大的限制。但是，对某些化合物，如含有 π 键的化合物，特别是在具有特征吸收的共轭体系的结构测定中，它仍是不可缺少的手段。

紫外光谱在有机化合物结构鉴定中的用途：判定分子中是否有共轭体系或某些官能团的存在；确定未知物的基本骨架；确定某些官能团的位置；判定一些化合物的异构体、构型、构象；判定互变异构的存在。

（六）核磁共振

核磁共振（nuclear magnetic resonance，NMR）现象是 1946 年由帕塞尔（E. M. Purcell）和布洛赫（F. Block）同时发现的，并因此而荣获 1952 年诺贝尔物理学奖。20 世纪 50 年代初，NMR 信号携带的核化学环境的信息——化学位移的发现，有力地促进了 NMR 的发展，使其成为化学及相关学科上应用范围广泛的一种分析测试工具。20 世纪 60 年代后期，随着傅立叶变换（FT）法的问世，使 NMR 的灵敏度和记录信号的速度大大提高，也为二维 NMR 和多维 NMR 技术的开发铺平了道路。NMR 技术的发展主要以 1991 年诺贝尔化学奖得主理查德·R·恩斯特（Richard R. Ernst）的工作为基础。核磁共振谱是样品吸收了无线电波后引起核跃迁产生的，是研究有机化合物分子结构强有力的手段之一。常用的核磁共振谱有两种：质子核磁共振谱（^{1}H-NMR）和^{13}C-核磁共振谱（^{13}C-NMR）。

三、植物挥发性物质生物活性测定方法

（一）风洞

用于研究飞行昆虫对挥发性活性化学物质的行为反应和飞行轨迹。可与摄像机和计算机相结合，进行昆虫行为和三维飞行轨迹的分析处理。

（二）嗅觉仪

用于观察飞行昆虫和步行昆虫对挥发性化学物质的嗅觉定向和行为反应，有 Y 形、单管型、二管型和四臂型等多种形式。可以近距离观察昆虫的行为。设计简单、造价低廉、使用方便。

（三）叶碟法

用于测定植食性昆虫对非挥发性化学物质的取食反应，特别适用于进行拒食剂的实验。有非选择性（non-choice）、二项选择性（dual choice）和多项选择性（multiple choice）等多种实验设计方式。另外，也可以采用"三明治"（sandwich）方法（即把待测叶片夹在两片叶之间）。

（四）液体食物法

适用于刺吸式昆虫对化学物质的取食行为的研究。将待测化学物质混合在液体人工饲料中，滴在半透膜上，用另一层半透膜覆盖。这种方法可以排除其他化学物质的干扰，定性、定量地研究化学物质对蚜虫等刺吸式昆虫的作用。

（五）触角电位仪

用于测定昆虫触角对挥发性化学物质的生理反应，是化学生态学研究中常用的工具，还可以使用该技术研究触角的单个化学感器类型，这称为单细胞记录（signal sensillum recording，SSR）。

（六）气相色谱—触角电位联用仪

用于测定昆虫触角对一系列化学物质的反应，GC 检测出的化合物和昆虫的电生理相

对应，可以很方便地筛选有生物活性的化学成分。

第二节　植物挥发性物质在蔬菜和小菜蛾之间化学通讯中的作用

　　植物挥发性物质在植物之间和植物与昆虫之间的化学通讯中起着重要作用。有关这些次生物质的生命合成、代谢调控、生理功能以及与环境相互作用的研究近十多年来取得了重要进展。迄今为止，已经有 30 多种植物挥发性物质的合成酶基因被克隆。这些基因调控着植物萜类、芳香化合物、脂肪酸衍生物这三大类主要挥发性物质的生物合成（邓晓军等，2004）。在植物—昆虫相互关系中，植物挥发—物质在植食性昆虫的寄主植物定位、交配、寻找合适的产卵场所、取食等行为调控中起重要作用，还可调节天敌寻找寄主等行为，以及作为植物的间接防御手段和昆虫外激素的协同素（梁广文和周琼，2003）。

一、植物挥发性物质对小菜蛾产卵的影响

　　Gupta 和 Thoresteinson（1960a）发现，一些十字花科蔬菜的汁液能吸引小菜蛾幼虫取食和雌虫产卵，认为这些植物中含有某种引诱性物质。硫代葡萄糖苷是十字花科植物中普遍存在的植物次生物质，在植物体内在黑芥子酶（myrosinase）的作用下，水解成具有挥发性的异硫氰酸酯类化合物（芥子油）。已证明硫代葡萄糖苷能刺激一些十字花科蔬菜害虫的取食和产卵，如菜粉蝶、菜蚜等（Nault and Styer，1972；Renwick and Radke，1983）；挥发性的芥子油是这些昆虫寻找寄主的信息化合物。

　　硫代葡萄糖苷是一组化合物，目前已鉴定的有 70 多种（Fenwick et al.，1983），在不同的植物中，其种类及含量不同（林冠伯，1986；Reed et al.，1989）。硫代葡萄糖苷在植物体内经黑芥子酶作用水解生成具有挥发性的物质——异硫氰酸酯化合物，这种挥发性物质即芥子油是引诱小菜蛾产卵的信息化合物（Reed et al.，1989）。因此，寄主植物的生理状况包括黑芥子酶活性，挥发性物质的释放状况等均会影响小菜蛾成虫对气味的感应，从而影响其产卵取向。

　　关于硫代葡萄糖苷或异硫氰酸酯化合物对小菜蛾产卵是否具有刺激作用，目前还存在争论。Gupta 和 Thoresteinson（1960 ab）用丙烯基异硫氰酸酯进行试验，发现在滴有该物质的容器中小菜蛾产卵量较对照多，认为该物质对小菜蛾产卵具有刺激作用。Reed 等（1989）用芥菜提取物进行试验，也发现在加有提取物的容器中小菜蛾的平均产卵量更多，但对产卵 3h 以后的雌虫的卵巢进行解剖后发现，处理组和对照组中雌虫所怀的成熟卵量并没有显著差异，从而认为该提取物并没有刺激产卵，而是由于怀卵量大的雌虫更容易被引诱的缘故。但有试验结果表明，硫代葡萄糖苷和寄主植物菜心的供给都使成虫的产卵前期缩短，产卵高峰期提前，平均卵量增加，说明硫代葡萄糖苷能刺激小菜蛾产卵（喻国泉等，1998）。至于对小菜蛾产卵或引诱作用最强的硫代葡萄糖苷的结构及最适浓度等有待进一步研究。

　　Gupta 和 Thoresteinson（1960ab）发现，小菜蛾的产卵选择除与硫代葡萄糖苷有关

外，还与被接触物的表面状况有关。甘蓝类蔬菜的叶面有较厚的蜡质层，不利于小菜蛾初孵幼虫的潜叶取食。除草剂处理过的卡诺拉（canola）油菜由于上表皮蜡质减少，小菜蛾产卵量明显比没有除草剂处理的植株多。相似的，小菜蛾在滑面型 canola 油菜上产卵比蜡质型 canola 上多。小菜蛾在处理过的封口膜（parafilm）上产卵比没有处理过的要明显得多（Justus et al.，2000）。有些十字花科植物中除含有产卵引诱物质以外，还含有驱避物质（Gupta and Thoresteinson，1960 ab；Reed et al.，1989）。引诱性物质和驱避性物质都影响小菜蛾的产卵选择。另外，小菜蛾产卵还与视觉有关（Tabashnik，1985）。

二、植物挥发性物质对小菜蛾寄主选择行为的影响

国内外大量研究表明，十字花科作物对小菜蛾有明显诱导作用（Pivinck，1990 ab）。小菜蛾对不同寄主蔬菜产卵有偏爱。小菜蛾在白菜上的产卵量明显比在甘蓝上多，每株菜平均着卵数为 141.9 ± 12.1 粒（平均数±标准误，下同），而甘蓝上仅为 58.2 ± 5.6 粒（t 检验，$P < 0.001$），白菜上的着卵量将近是甘蓝上的 3 倍，表明小菜蛾成虫偏爱在白菜上产卵（江丽辉等，2001）。

近年来的研究表明，十字花科蔬菜释放的挥发性气味是影响小菜蛾行为的主要因子。结球甘蓝（*Brassica oleracea* var. *capilata* L.）释放的绿叶气味有 1-己醇、（Z）-3-己烯-1-醇、1-己烯-3-醇、己醛、（E）-2-己醛、醋酸己酯和（Z）-3-醋酸己烯酯，没有发现异硫氰酸酯，其中（Z）-3-醋酸己烯酯的生物活性最强（Reddy，2000a）。对未交尾的雄蛾，（Z）-3-醋酸己烯酯、（E）-2-己醛、（Z）-3-己烯-1-醇和信息素的混合物能够引诱 $80\% \sim 100\%$ 的测试雄蛾，比单独使用信息素的引诱活性强。对交尾过的雄蛾和未交尾的雌蛾，绿叶气味单独或和信息素混合都没什么活性，然而对交尾过的雌蛾能导致 $40\% \sim 60\%$ 的测试雌蛾逆风飞行（Reddy，2000a）。

用 Porapak Q 吸附、正己烷洗脱、气相色谱—质谱联用配合标准化合物鉴定出完成白菜挥发物含有烯丙基异硫氰酸酯、乙酸顺-3-己烯酯、罗勒烯、2,5-己二醇、青叶醇、β-香叶烯、α-蒎烯、反-2-己烯-1-醇、D-柠檬烯、丙酸顺-3-己烯酯、芳樟醇、香叶醇、反-4-己烯-1-醇、异戊酸顺-3-己烯酯、α-蒎品烯、β-石竹烯、菖烯和α-石竹烯，前 5 种为主要成分，各组分均能引起触角电位反应，其中烯丙基异硫氰酸酯、C_6 醇及其酯类青叶醇、反-2-己烯-1-醇、反-4-己烯-1-醇、异戊酸顺-3-己烯酯和2,5-己二醇引起的触角电位（EAG）反应较大，且雌蛾对这 6 种组分的 EAG 反应值大于雄蛾。萜烯类引起的 EAG 反应较小，雌蛾 EAG 反应值小于雄蛾；而雌、雄蛾对 β-香叶烯的反应稍大。风洞试验表明完整白菜挥发物、烯丙基异硫氰酸酯、2,5-己二醇、异戊酸顺-3-己烯酯显著地引起小菜蛾的定向飞行和着落；完整白菜挥发物活性最强，烯丙基异硫氰酸酯次之。雌蛾对烯丙基异硫氰酸酯的趋向性稍强于雄蛾。α-萜品烯等为次要组分，触角电位反应和风洞研究证实其活性弱（韩宝瑜和张钟宁，2001ab）。

杨广（2001b）的研究结果表明，结球甘蓝释放出的挥发性物质绝大多数是烷烃类物质，有 21 个峰占挥发性物质总量的 76.02%；其次是烯类物质（包括苯、萘、菲及其衍生物），3 种占 9.58%；第三是酮类物质，3 种占 6.36%；还有少量的醛、醇、酯和肟。芥蓝释放的挥发性物质中共检测到 32 个峰，其中烷烃类有 20 个峰，占总量的 56.24%；

烯类有 4 种，含量都较高，共占总量的 19.67%；其次是酮类物质，有 3 种，占 9.05%；其余还有一些醛、醇、酯和酸类物质，所占分量小。花椰菜所释放的气味物质共有 26 种，其中烷烃类物质占检测到物质含量的 40.12%，烯类物质占总量的 33.45%。就单个物质而言，1，2，4-三甲基-环己烷（1，2，4-trimethyl-cyclohexane）含量最高，占总量的 12.51%，第二是甲苯（toluene）（9.74%），第三是丁化羟基甲苯（butylated hydroxytoluene）（7.34%），第四是戊烯水合物（amylene hydrate）（5.06%），第五是 1，1-二甲基-2-丙基-环己烷（1，1-dimethyl-2-propyl-cyclohexane）（4.47%）。小白菜释放出的化学物质成分较多，检测到含量高的峰 60 个。烷烃类物质含量最高，共 31 个峰，占检测到物质含量的 62.85%，其中十碳烷（decane）含量为 26.14%，十一烷（undecane）为 12.72%，壬烷（nonane）为 5.22%；其次是烯类物质（其中苯类物质占多数），共 23 个峰，占总量的 32.84%，其中 1-乙基-2-甲基苯（1-ethyl-2-methyl-benzene）含量为 4.85%，1，2，4-三甲基苯（1，2，4-trimethyl-benzene）为 4.08%，丁基苯（butylbenzene）为 3.28%；其他物质为少量的醛、醇、酮、酚、酸和杂环类物质。对于这四种蔬菜中的各种组分对小菜蛾行为的影响，还需要进一步深入研究。

第三节 挥发性物质在小菜蛾和寄生蜂之间化学通讯中的作用

柯礼道和方菊莲（1982）报道，菜蛾绒茧蜂（*Cotesia plutellae*）最适寄生二至三龄小菜蛾幼虫。Velasco 报道，菜蛾绒茧蜂只寄生一至三龄小菜蛾幼虫（Tamaki et al.，1977）。Talekar 等和施祖华等发现该蜂能寄生各龄小菜蛾幼虫，偏爱二至三龄（Talekar et al.，1991；施祖华和刘树生，1999），对进入四龄发育至该龄期 40% 时间以上的幼虫则不能寄生。被寄生的小菜蛾幼虫比未被寄生的体长、不能正常化蛹、可存活到寄生蜂幼虫从体内钻出结茧化蛹。Miura 和 Kobayashi（1998）报道，小菜蛾 0、1、2、2.5 和 3 日龄卵皆可被螟黄赤眼蜂（*Trichogramma chilonis*）寄生，被寄生卵不能孵化，1 日龄卵被寄生率最高。寄生 1 日龄卵的赤眼蜂羽化率最大，但与其他日龄卵被寄生率的差异不显著（除了 3 日龄）。卵的日龄大于 2，则赤眼蜂后足胫节有变短的趋势，下代在 3 日龄卵上不能完成发育。刘树生等（2000）报道，菜蛾啮小蜂产卵于小菜蛾各龄幼虫和预蛹体内，进行幼虫至蛹期的跨期寄生。小菜蛾能正常化蛹，而在蛹期死亡。每头寄主蛹出蜂 5～10 头。菜蛾啮小蜂还可产卵于小菜蛾幼虫体内发育的高龄菜蛾绒茧蜂，菜蛾绒茧蜂老熟时从小菜蛾幼虫体内钻出并正常结茧，啮小蜂最后从绒茧蜂茧上咬孔钻出，啮小蜂不产卵于绒茧蜂的茧内。由此可见，小菜蛾绒茧蜂对不同虫龄的小菜蛾幼虫具有选择性，但对于小菜蛾幼虫上存在着哪些化学物质影响小菜蛾绒茧蜂的寄主选择性，其中挥发性物质又起到多大的作用及其成分还需进一步的研究。同样，寄生蜂和重寄生蜂之间存在着的化学通讯联系，也有待于进一步的研究。

但是，小菜蛾虫粪的挥发性成分及其对寄生蜂的寄生行为的影响已有报道。如图 5-2 所示，甲醇对小菜蛾虫粪抽提物对小菜蛾绒茧蜂的引诱力强于乙醇、正己烷、

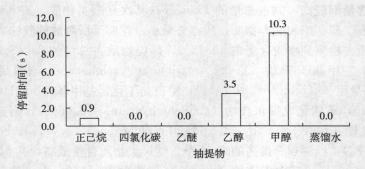

图 5 - 2　寄生蜂对不同溶剂的小菜蛾粪便抽提物的反应

(杨广，2001b)

四氯化碳、乙醚和水的抽提物（杨广，2001b）。小菜蛾幼虫粪便的挥发性物质含有二丙基二硫化物、二甲基二硫化物、甲基丙基二硫化物、二甲基三硫化物和 S-甲基甲烷-硫代亚磺酸酯（Auger et al.，1989；Agelopoulos and Keller，1994 ab）。在小菜蛾幼虫粪便的 4 种气味物质二丙基二硫化物、二甲基二硫化物、烯丙基异硫氰酸酯和二甲基三硫化物中，仅烯丙基异硫氰酸酯对螟黄赤眼蜂、小菜蛾绒茧蜂和 *Chrysoperla carnea* 都有显著的反应，而小菜蛾绒茧蜂和 *C. carnea* 对 4 种气味物质都有反应（Reddy et al.，2002）。

第四节　挥发性物质在蔬菜、小菜蛾和寄生蜂间化学通讯中的作用

　　甘蓝类蔬菜严重遭受小菜蛾幼虫的为害，同时也遭受菜粉蝶（*Pieris rapae*）和大菜粉蝶（*Pieris brassicae*）的为害。对于甘蓝—菜粉蝶—菜粉蝶微红绒茧蜂（*Cotesia rubecula*），以及甘蓝—大菜粉蝶之间的化学通讯已进行了较系统的研究（Agelopoulos and Keller，1994 ab）。而对蔬菜（甘蓝等）—小菜蛾—菜蛾绒茧蜂之间的化学通讯和行为反应的研究尚薄弱，尤其是蔬菜（甘蓝等）—小菜蛾—菜蛾啮小蜂三营养级的研究。

　　菜蛾绒茧蜂（*Cotesia plutellae*）是小菜蛾重要的幼虫期寄生蜂（汪信庚等，1998），杨广（2001b）等在室内用培养皿测定了菜蛾绒茧蜂对味源的定向行为，发现结球甘蓝（*Brassica oleracea* var. *capitata* L.）和花椰菜（*B. oleracea* var. *botrytis* DC.）同等地引诱该蜂。而小菜蛾为害叶片引诱力大于完整叶片以及机械损伤叶片，雌菜蛾绒茧蜂定向力强于雄蜂。

　　小菜蛾绒茧蜂对在白菜上取食的小菜蛾和在结球甘蓝上取食的小菜蛾的寄主选择性不一样，当在一个空间内两种蔬菜上的小菜蛾幼虫数量一样时，小菜蛾绒茧蜂寄生在白菜上的小菜蛾是结球甘蓝的 4～15 倍，而且这种偏向性不随寄主密度而改变（Liu et al.，2003）。寄生蜂在结球甘蓝上的一次产卵经历能够提高其对结球甘蓝上的寄主幼虫的寄生偏好性，导致在结球甘蓝上被寄生的寄主幼虫是白菜上的 2 倍（Liu et al.，2003）。Y 形嗅觉仪的双向测试表明，白菜的挥发性物质比结球甘蓝的挥发性物质对小菜蛾绒茧蜂雌蜂的引诱力强（Liu et al.，2003）。小菜蛾绒茧蜂的飞行和搜寻行为实验发现，寄生蜂雌蜂

对 Bt 植株和野生型油菜（oilseed rapae）之间没有差别，且抗 Bt 小菜蛾损伤的 Bt 植株对寄生蜂的引诱力比敏感小菜蛾损伤的 Bt 植株强，这是由于抗性寄主造成的更大范围的取食损伤（Schuler et al.，2003）。

　　对正常蔬菜和受小菜蛾取食的蔬菜的挥发性物质的分析可以发现，小菜蛾的取食为害改变了蔬菜挥发性物质的组成。受小菜蛾取食后的结球甘蓝叶释放出的挥发性物质也有32 个峰，烷烃类物质占大多数，有 21 个峰占 77.06%；烯类物质 3 个峰，占 7.59%；酮2 个峰，占 5.12%；还有一些醛、醇、酯和肟。未受损伤的结球甘蓝叶和小菜蛾取食后的结球甘蓝叶释放出的挥发性物质极为相似，变化不大。未受损伤的结球甘蓝叶释放出的挥发物总量比小菜蛾取食后的结球甘蓝叶多，但整个成分组成相似，都是烷烃类物质占多数，组分之间的比例也相差不大。受小菜蛾取食为害后的芥蓝，检测到主要的质谱峰有56 个，其中烷烃类占绝大多数，共有 37 个峰，占总量的 71.42%；烯类物质有 10 种，占 15.43%；酮 3 种，占 4.81%，醇 2 种，占 4.60%；还有少量的醛、酯和酸类物质。小菜蛾取食后的芥蓝挥发性物质释放量是未受损伤的芥蓝的 1 倍，同时检测到的挥发性物质种类也多。从质谱图上可清楚地看出，受小菜蛾取食后的芥蓝，在前半部分的质谱峰的个数和峰面积都远大于未受损伤的芥蓝。小菜蛾取食后的花椰菜气味物质气质联用仪检测到 46 种，比未受伤害花椰菜气味物质 26 种多。这些气味物质是烷烃、烯、酮、醇、酸、酯、醛和杂环化合物。小菜蛾为害后的花椰菜产生挥发性物质的量比未受伤害的花椰菜多，根据挥发物峰总面积计算，大约是 1.7 倍。小菜蛾取食为害后，挥发性物质组分发生变化，其中乙基硼酸（ethyl-boronic acid）含量极高，占总量的44.48%，而在正常花椰菜上并没有检测到，其他物质在挥发物中的比例则相应下降，但量的变化不大，总的趋势是出峰早的挥发性物质的量减少，出峰慢的挥发性物质量有一定增加（杨广，2001 b）。

　　小菜蛾绒茧蜂对寄主植物挥发性物质的反应，更倾向于它在其上发育的芸薹属植株，这种反应甚至比小菜蛾损伤后的其他芸薹属植株叶片释放的气味更有定向性（Bogaha-watte and van Emden，1996）。Potting et al.（1999）报道了在风洞实验中，小菜蛾绒茧蜂利用油菜（*Brassica napus* cv. Falcon）植株的刺激物进行飞行搜寻，且生测前的一次产卵经历或接触小菜蛾损伤的叶片都能极大提高寄生蜂对气味信号的反应。在结球甘蓝上有寄生产卵经历的寄生蜂对结球甘蓝的挥发性物质的反应提高，这说明了寄生蜂的经历能够影响寄生蜂搜寻寄主的行为（Liu et al.，2003）。杨广连续 3d 生测寄生蜂对小菜蛾取食蔬菜的定向能力，结果如图 5-3 所示，第一天测试的绒茧蜂，测试时表现出的搜寻寄主的定向行为能力较弱；第二天，寄生蜂就表现出更强的定向行为；第三天的绒茧蜂比第二天的定向行为更为显著。

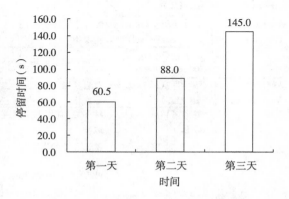

图 5-3　经历对寄生蜂行为反应的影响
（杨广，2001b）

可见，寄生蜂的定向行为不仅受经历的影响，还受经历的次数影响（杨广，2001b）。

第五节　非嗜食植物次生物质对小菜蛾的生物活性

　　昆虫往往取食在分类上近缘的植物种类，甚至专门取食植物特定部位。植食性昆虫的个别种由于适应了某些分类阶元植物的化学防御物质，从而形成食性行为的专化性，但对大多数昆虫而言却成为非嗜食的植物（钦俊德，1987；Schoonhoven et al.，1998；庞雄飞，1999）。从表5-1可见，许多非嗜食植物提取物或次生物质对小菜蛾的生物活性主要表现为产卵忌避、拒食、毒杀和生长抑制等方面。非嗜食植物次生化合物首先驱避成虫选择寄主和产卵；其后可能影响卵的孵化；可导致幼虫逃避、拒食，干扰幼虫取食行为；可能对卵、幼虫、蛹、成虫有毒杀作用；影响害虫的生理生化指标，抑制害虫的生长发育等。因此，非嗜食植物次生化合物对害虫种群系统的干扰作用是多方面的，其干扰作用可能涉及不同的虫期，也可涉及不同的作用因子（庞雄飞，1999）。庞雄飞等（2000）以小菜蛾为对象，在以作用因子组建的生命表和干扰作用控制指数（IIPC）的基础上建立植物保护剂的研究方法和综合评价指标，以表示驱避成虫选择寄主，干扰成虫的产卵行为，对卵孵化的影响，干扰幼虫的行为，导致幼虫特别是初孵幼虫中毒死亡的作用等。这些研究工作为合理评价非嗜食植物及其次生物质对小菜蛾的生物活性提供了科学依据。

表5-1　非寄主植物及其次生物质对小菜蛾的生物活性

植物科名	学名	形态或成分	虫态	生物活性	文献来源
银杏科 (Ginkgoaceae)	银杏（Ginkgo biloba L.）	外种皮乙醇提取物	小菜蛾三龄幼虫	拒食和毒杀作用	郭春霞等，2004
		叶的不同溶剂粗提物	四龄幼虫，成虫	拒食，抑制生长发育，产卵忌避	徐红星等，2002
百部科 (Stemonaceae)	百部（Stemona collinsae Craib）	根甲醇提取物的成分	幼虫	杀虫活性和拒食活性	Jiwajinda et al.，2001
天南星科 (Araceae)	菖蒲（Acorus calamus L.）	提取物	成虫，幼虫，卵	产卵驱避，拒食，杀卵活性	Murthy et al.，2005
禾本科 (Gramineae)	毛竹（Phyllostachys pubescens Mazel）	叶片不同溶剂冷浸粗提物	一至二龄幼虫	拒食	姚晓宝等，2004
	狗尾草［Setaria viridis (L.) Beauv.］	茎叶乙醇提取物	三龄幼虫	拒食	魏辉等，2003
马鞭草科 (Verbenaceae)	马缨丹（Lantana camara L.）	总岩茨烯提取物	二龄幼虫 三龄幼虫	拒食作用 毒杀，拒食	董易之等，2005 Mehta et al.，2005
	黄荆（Vitex negundo L.）	种子二氯甲烷提取物	三龄幼虫	毒杀	袁林等，2004
		种子和叶的提取物	二龄，四龄幼虫，成虫	对幼虫毒杀、产卵忌避作用	袁林等，2006
		叶的水、甲醇提取物	三龄幼虫	幼虫毒杀，蛹死亡，成虫畸形	Justin et al.，2003
	假连翘（Duranta repens L.）	茎叶乙醇提取物	成虫，幼虫	产卵忌避，生长抑制	魏辉等，2003，2004

（续）

植物科名	学　名	形态或成分	虫　态	生物活性	文献来源
蝶形花科 (Papilionaceae)	水黄皮 (*Pongamia pinnata* Vent.)	种子甲醇提取物及其不同溶剂的组分	成虫，幼虫	对幼虫拒食作用，影响成虫产卵行为、卵孵化、幼虫生长发育	Sureshgouda et al. ，2003，2004，2005
番荔枝科 (Annonaceae)	番荔枝 (*Annona squamosa* L.)	种子水、乙醇提取物	幼虫	毒杀，拒食	Leatemia et al. ，2004
芸香科 (Rutaceae)	柳橙 (*Citrus sinensis* Osbeck)	皮的水、甲醇提取物	三龄幼虫	毒杀幼虫和蛹	Justin et al. ，2003
	蜜橘 (*Citrus unshiu* Marcov)	橘皮不同溶剂提取物	成虫，卵	产卵忌避，杀卵作用	施英利等，2004
	花椒 (*Zanthoxylum bungeanum* Maxim.)	果实乙醇提取物	成虫	产卵忌避	魏辉等，2003
石榴科 (Punicaceae)	石榴 (*Punica granatum* L.)	皮的水、甲醇提取物	三龄幼虫	幼虫和蛹死亡	Justin et al. ，2003
桃金娘科 (Myrtaceae)	番石榴 (*Psidium guajava* L.)	叶的水、甲醇提取物	三龄幼虫	幼虫和蛹死亡	Justin et al. ，2003
	细叶桉 (*Eucalyptus tereticornis* Smith)	茎、叶乙醇提取物	成虫	产卵忌避	魏辉等，2003
	大叶桉 (*Encalyptus robusta* Smith)	茎、叶乙醇提取物	成虫	产卵忌避	庞雄飞等，2000
蒺藜科 (Zygophyllaceae)	刺蒺藜 (*Tribulus terrestris* - L.)	芽的水、甲醇提取物	三龄幼虫	毒杀幼虫、蛹	Justin et al. ，2003
夹竹桃科 (Apocynaceae)	长春花 (*Catharanthus roseus* L.)	芽的水、甲醇提取物	三龄幼虫	毒杀幼虫和蛹	Justin et al. ，2003
楝科 (Meliaceae)	苦楝 (*Melia azedara* L.)	氯仿、甲醇提取物	二龄幼虫	抑制生长，毒杀	Gursharan，2006
		种子水、甲醇提取物	三龄幼虫	毒杀幼虫，蛹死亡，成虫畸形，	Justin et al. ，2003
		茎的甲醇提取物	卵，幼虫	杀卵活性，幼虫死亡	Meena et al. ，1999
	Melia volkensii Guerke	提取物	三龄幼虫	拒食，生长抑制	Akhtar et al. ，2004
	印楝 (*Azadiractla indica* A. Juss)	植物提取物	幼虫	产卵忌避	Patil et al. ，2003
		种子水、甲醇提取物	幼虫	对幼虫拒食、毒杀作用，引起成虫、幼虫、蛹畸形	Justin et al. ，2003；张业光等，1992
菊科 (Asteraceae)	万寿菊 (*Tagetes erecta* L.)	叶子水、甲醇提取物	三龄幼虫	幼虫和蛹死亡	Justin et al. ，2003
		根干样甲醇浸提，索氏提取	成虫	产卵忌避作用	崔德君等，1998
	苍耳 (*Xanthium sibiricum* Patr)	果实乙醇提取物	四龄幼虫，成虫	拒食作用和产卵忌避	周琼等，2006
	茼蒿 (*Chrysanthemum coronarium* L.)	茼蒿素类似物	二龄幼虫	毒杀作用	张志祥等，2004

（续）

植物科名	学　名	形态或成分	虫　态	生物活性	文献来源
	艾蒿（Artemisia argyi Levl. et Vant.）	茎、叶乙醇提取物	三龄幼虫	拒食	魏辉等，2003
菊科（Asteraceae）	飞机草（Chromolaena odorata L.）	飞机草干粉不同溶剂提取物	成虫	产卵驱避	彭跃峰等，2004
	胜红蓟（Ageratum conyzoides L.）	挥发油	成虫	产卵忌避，降低成虫生殖能力	黄寿山等，2001
	杭白菊（Chrysanthemum morifolium Ramat）	根、茎、叶甲醇粗提物	成虫	产卵忌避	姚晓宝等，2004
	蟛蜞菊（Wedelia chinensis Merr）	茎、叶乙醇提取物	成虫	产卵忌避	庞雄飞等，2000
藜科（Chenopodiaceae）	土荆芥（Chenopodium ambrosiodes L.）	植物精油	成虫，幼虫	产卵忌避，毒杀，拒食，生长抑制	刘剑，2006
杨柳科（Salicaceae）	垂柳（Salix babylonica L.）	茎、叶乙醇提取物	三龄幼虫	拒食	魏辉等，2003
唇形科（Labiatae）	Teucrium tomentosum Heyne.	丙酮提取物	幼虫	拒食	Kumari，2003
	花薄荷（Origanum vulgare L.）	提取物	幼虫	拒食	Akhtar et al.，2004
	薄荷（Mentha haplocalyx Briq.）	茎、叶乙醇提取物	幼虫	生长抑制	魏辉等，2004
	紫背金盘（Ajuga nipponensis Makino）	整株植物氯仿提取物	四龄幼虫	拒食和生长发育抑制作用	邱宇彤等，1994
茄科（Solanaceae）	番茄（Lycopersicon esculentum Miller）	干燥枝叶抽提物	成虫，幼虫	对成虫产卵忌避和抑制产卵，对幼虫拒食作用	祝树德等，2000
	喀西茄（Solanum khasianum C. B. Clarke）	植物提取物	幼虫	毒杀	Seenivasan et al.，2003
	烟草（Nicotiana tabacum L.）	茎叶乙醇提取物	成虫	产卵忌避	魏辉等，2004
萝藦科（Asclepiadaceae）	匙羹藤（Gymnema sylvestre R. Br.）	植物提取物	幼虫	毒杀	Seenivasan et al.，2003
	杠柳（Periploca sepium Bge.）	根皮乙醇提取液	二至四龄幼虫	拒食作用，胃毒和生长抑制	朱九生等，2004
		不同溶剂提取液	幼虫	拒食毒杀作用	朱九生等，2004
豆科（Leguminosae）	刺槐（Prosopis juliflora Swartz）	叶子水、甲醇提取物	三龄幼虫	毒杀幼虫和蛹	Justin et al.，2003
	象耳豆（Enterolobium contortisilliquum Vell.）	果实的水提取物	成虫	产卵驱避	Medeiros，2005
	鱼藤（Derris elliptica Benth）	根乙醇提取物	二至四龄幼虫毒杀幼虫	抑制酯酶活性	Visetson，2001

（续）

植物科名	学　名	形态或成分	虫　态	生物活性	文献来源
	厚果鸡血藤（Millettia pachycarpa Benth.）	种子不同溶剂提取物	四龄幼虫	毒杀	姚松林等，2000
	苦豆子（Sophora alopecuroides L.）	生物碱	幼虫	抑制代谢酶保护酶系活性	罗万春等，2003 蒋继宏等，2004
	南洋楹（Albizia falcataria L.）	茎、叶乙醇提取物	幼虫	生长抑制	魏辉等，2004
	羊蹄甲（Bauhinia variegata L.）	茎、叶乙醇提取物	成虫，幼虫	产卵忌避，拒食	魏辉等，2004
马兜铃科 (Aristolochiaceae)	耳叶兜铃（Aristolochia tagala Cham）	植物提取物	幼虫	毒杀、拒食和生长抑制	Caasi-Lit et al.，1999
旋花科 (Convolvulaceae)	圆叶牵牛（Pharbitis purpure L.）	种子正丁醇提取物	三龄幼虫	拒食，触杀，生长抑制	徐向荣等，2006
	甘薯（Ipomoea batatas L.）	块茎周皮组织提取物	幼虫，成虫	对幼虫毒杀和生长抑制，成虫繁殖能力降低	Jackson et al.，2000
蓼科 (Polygonaceae)	辣蓼（Polygonam hydropiper L.）	挥发油	二至三龄幼虫	毒杀	李强等，2006
茜草科 (Rubiaceae)	山石榴（Catunaregam spinosa Thunb.）	果实提取物	幼虫	拒食	曾东强等，2005
雨久花科 (Pontederiaceae)	水葫芦（Eichoimia crassips Mart.）	乙醇植物提取物	三龄幼虫	拒食作用，生长抑制	蔡霞等，2005
卫矛科 (Celastraceae)	雷公藤（Tripterygium wilfordii Hook）	根皮提取的生物碱	三龄幼虫	毒杀，生长抑制及对解毒酶系活性影响	陈列忠等，2005
		根皮乙醇提取物	四龄幼虫	生长发育抑制作用，毒杀作用	徐红星等，2003
	苦皮藤（Celastrus angulatus Max.）	乳油	成虫，四龄幼虫	产卵忌避作用，拒食作用	侯有明等，2002
柏科 (Cupressaceae)	龙柏（Juniperus chinensis var. kaizua）	精油	二龄幼虫，成虫	拒食作用和产卵忌避	赵晓燕等，2006
桑科 (Moraceae)	马桑叶（Coriaria sinica Maxim）	乙醇和水回流提取物	三至四龄幼虫	毒杀，抑制生长发育和化蛹	张雁冰，2006
	构树（Broussonetia papyrifera L.）	叶片乙醇提取物	三龄幼虫	拒食作用	魏辉等，2003
毛茛科 (Ranunculaceae)	天葵[Semiaquilegia adoxoides（DC.）Makino]	块根粗提物	三至四龄幼虫	拒食作用	罗世琼等，2004
山茶科 (Theaceae)	茶枯（油茶）（Camellia oleifera Abel）	果实乙醇提取物	幼虫	拒食，生长抑制	魏辉等，2003，2004
苦槛蓝科 (Myoporaceae)	苦槛蓝（Myoporum bontioides A. Gray）	茎、叶的不同溶剂提取物，3种黄酮类化合物	成虫，种群	产卵忌避，种群控制	谷文祥等，2004

（续）

植物科名	学名	形态或成分	虫态	生物活性	文献来源
瑞香科 (Thymelaeaceae)	瑞香狼毒（*Stellera chamajasme* L.）	根乙醇提取物	三龄幼虫	胃毒作用	Wang et al.，2002
大戟科 (Euphorbiaceae)	滑桃树（*Trewia nudiflora* L.）	种子乙醇抽提物	二龄幼虫	拒食作用	柯治国等，1994
	雀儿舌头（*Leptopus chinensis* Pojark）	根部不同溶剂提取萃取物	三龄幼虫	拒食作用	孙九光等，2005
	飞扬草（*Euphorbia hirta* L.）	茎、叶乙醇提取物	成虫，幼虫	产卵忌避，拒食，生长抑制	魏辉等，2003，2004
	一品红（*Euphorbia pulcherrima* Willd. ex Klotzsch）	茎、叶乙醇提取物	幼虫	拒食作用	魏辉等，2003
	蓖麻（*Ricinus communis* L.）	茎、叶乙醇提取物	幼虫	生长抑制	魏辉等，2004
木兰科 (Magnoliaceae)	荷花玉兰（*Magnolia grandiflora* L.）	茎、叶乙醇提取物	成虫	产卵忌避	魏辉等，2003
杜鹃花科 (Ericaceae)	黄杜鹃（*Rhododendron molle* G. Don）	不同溶剂浸提物	成虫	产卵忌避，杀卵作用	钟国华等，2000
葫芦科 (Cucurbitaceae)	苦瓜（*Momordica charantia* L.）	叶片有机溶剂提取液	幼虫	影响生长发育、行为、存活	陈宏等，1999
胡桃科 (Juglandaceae)	核桃（*Juglans regia* L.）	核桃皮乙醇冷浸提取物，不同溶剂萃取物	三龄幼虫	拒食、胃毒作用	翟梅枝等，2006

第六节　小菜蛾性信息素的研究

性信息素（sex pheromone）是进行两性生活的动物，为互相识别而释放出的物质，通过此种物质可使雌、雄接近，并导致交尾。昆虫性信息素一般指昆虫在性成熟后，由特定腺体合成并释放到体外、借以吸引同种异性个体进行交配活动的一类微量挥发性化学物质（杨明伟和董双林，2006）。自1959年德国生化学家Adolph Butenandt从近50万只家蚕（*Bombyx mori*）雌蛾中提取鉴定出第一个性信息素——蚕蛾醇开始，性信息素研究发展迅速（Arn et al.，1992）。20世纪60年代以来，国内外对利用昆虫性信息素进行害虫防治的研究日益重视，并成功应用于一些重要农林害虫的防治，从害虫控制角度来说，性信息素是控制昆虫行为的有效手段之一（杨明伟和董双林，2006）。

一、小菜蛾性信息素的组成和合成

（一）小菜蛾性信息素的组成

Chow等首次报道，室内的生物测定表明，小菜蛾雄蛾对雌蛾腹部的有机溶剂提取物有强烈的性行为反应，说明小菜蛾腹部能够分泌性信息素（Chow et al.，1974）。小菜蛾分泌性信息素的腺体由单层柱状细胞组成，位于雌蛾腹部3个不同的部位，是腹部第八和第九节间褶，第九节背部内层厚的表皮细胞和交配囊孔周围的上皮细胞（Chow，1976）。Tamaki等首次肯定了小菜蛾性信息素主要成分是顺-11-十六碳烯醛（Z11-16：Ald）和顺-11-十六碳烯乙酸酯（Z11-16∶Ac）（Tamaki et al.，1977）。

用触角电位法（EAG）检测了小菜蛾性信息素的类似物，发现小菜蛾雄虫对多种性信息素类似物具有较强的反应活性。进一步的田间试验结果表明，小菜蛾性信息素中除了 Z11-16∶Ald 和 Z11-16∶Ac，还可能含有顺-11-十六碳烯醇（Z11-16∶OH），反-11-十六碳烯醛（E11-16∶Ald），反-11-十六乙酸酯（E11-16∶Ac）或顺-12-十六碳烯醛（Z12-16∶Ald）（Testu，1979）。以 1％或 10％的水平将 Z11-16∶OH 或 Z11-14∶OH 加到性信息素的两种主成分中，结果发现，有提高诱蛾的效果（Koshihara，1980）。将 Z9-14∶Ac 加到 Z11-16∶Ald 和 Z11-16∶Ac 混合物中没有增效作用，但是加到 Z11-16∶Ald、Z11-16∶Ac、Z11-16∶OH 中就具有增效作用，同时 Z9-14∶Ac 的加入量必须在 0.01％之下。因此，Z9-14∶Ac 可能也是小菜蛾性信息素的一个组分（Chisholm，1983）。另外，将 Z11-14∶OH 加入到 Z11-16∶Ald、Z11-16∶Ac、Z11-16∶OH 具有增效作用，但加入 Z11-14∶OH 后再加入 Z9-14∶Ac 不具有增效作用，推测 Z11-14∶OH 是伪信息素（para-pheromone）（Chisholm，1983）。Suckling 利用 GC-EAG 研究新西兰的小菜蛾种群，发现小菜蛾性信息素除了 Z11-16∶Ald、Z11-16∶Ac、Z11-16∶OH 外，还有一种活性组分，并据此提出新西兰小菜蛾性信息素组分和别的地区有所不同（Suckling，2002）。

由此可见，小菜蛾性信息素主要成分 Z11-16∶Ald 和 Z11-16∶Ac 含量高，容易用仪器直接检出，其他组分含量低难以检出。而这些微量组分如 Z11-16∶OH、Z11-14∶Ac 在性信息素中具增效作用（Suckling，2002）。目前，诱芯主要采用 Z11-16∶Ald、Z11-16∶Ac、Z11-16∶OH 3 种组分（王香萍等，2003）。因此，对小菜蛾性信息素组分的研究首先应该鉴定出所有的微量成分，再进一步分析不同地理种群小菜蛾的性信息素的组成在质和量上有无区别。这些研究可为开发高效的小菜蛾性诱剂，以及利用性信息素研究小菜蛾地理种群的分化提供基础。

（二）小菜蛾性信息素的合成

从保护的 11-十二碳炔醇-1 和碘代正丁烷合成中间体 11-十六碳炔醇-1，再经选择性还原分别得顺式和反式烯醇，用三氧化铬—吡啶络合物氧化得顺式和反式 11-十六碳烯醛，用乙酸酐和吡啶进行乙酰化作用得顺式和反式 11-十六碳烯乙酸酯（Tamaki，et al.，1977）。刘珣等（1987）以 1，10-癸二醇为原料，采用炔化物路线（Schwarz and Waters，1972；Golob et al.，1979）；或以 10-十一烯酸为原料，采用 Wittig 反应路线（Horiike and Hirano，1980）合成了这两种成分的顺反异构体。不带保护基的炔化物路线得到的总收率很高，11-十六碳烯醛和 11-十六碳烯乙酸酯的总收率分别为 45.6％和 56.4％，带保护基的炔化物路线的总收率分别为 37.2％和 46.0％。Wittig 反应路线的总收率较低，分别为 17.1％和 21.2％。

二、小菜蛾性诱剂引诱作用的影响因素

（一）环境因素

温度、湿度等对小菜蛾性诱剂诱捕效果的影响较大。Syed 的研究表明，虫口基数相同时干燥气候下性诱剂的诱捕量是湿润气候下诱捕量的 7 倍。由此可见，干燥气候下应用

性诱剂控制小菜蛾的效果优于湿润气候。低温下性诱剂诱蛾量高于高温下的诱蛾量（Ko-shihara，1978）。Reedy 等研究了不同温度下天敌对性信息素和 Z3 - 6：Ac 混合物的反应，在 25～35℃，螟黄赤眼蜂被引诱，菜蛾绒茧蜂在 30～35℃反应最好，*C. carnea* 在 20～25℃反应最好（Reddy，et al.，2002）。温度和相对湿度与性诱剂的诱捕量成负相关（Chandramohan，1995）。除了温、湿度对诱蛾效果有影响外，光周期对小菜蛾性诱剂引诱节律等也有较大影响。不同国家的研究结果表明，小菜蛾性诱剂引诱高峰的出现时间不同，在中国的引诱高峰期在 18：00～24：00（王维专，1991），在美国为 16：00～18：00（Reddy，1996），在加拿大是在暗周期开始即 18：00 之后（Pivnick，1990），在马来西亚则在 24h 内都可以引诱（Furlong，1995）。这可能与地理环境及气候影响小菜蛾的交配活动有关，中、高温情况下小菜蛾主要在黄昏之后交配产卵，而低温条件下小菜蛾可以在白天进行交配产卵（Uematsu，2002）。

（二）性诱剂的组分

1. 主要成分的配比　以不同比例混合两种小菜蛾性信息素主要成分 Z11 - 16：Ald 和 Z11 - 16：Ac，研究对小菜蛾的引诱效果最好的配比，不同人的研究结果不尽相同。Ta-maki 等（1977）认为 1：1（或 4：6）时对雄蛾有引诱活性。Chow（1977）认为田间 10μg 小菜蛾性信息素的释放速率，Z11 - 16：Ald 与 Z11 - 16：Ac 的比例以 1：1 到 3：1 为好，不同的比例 8：2 到 6：4 在田间都有活性。Koshihara 等（1978）的结果也表明，1：1 混合物的诱蛾效果较好。Chisholm 等（1979）却报道 70μg Z11 - 16：Ald 和 30μg Z11 - 16：Ac 混合有明显的诱效。Kawasaki（1984）认为，Z11 - 16：Ald 和 Z11 - 16：Ac 在 8：2 到 5：5 的比例对小菜蛾雄蛾具有较高的反应活性。在加拿大以 7：3 的比例较好（Pivnick，1990）。也有报道 50：50 的比例比 70：30 或 67：33 的效果要好（Mayer，1999）。Michereff（2000）研究表明，商业诱芯 Z11 - 16：Ald、Z11 - 16：OH 采用 7：3 和 5：5 的比例诱蛾效果最好。不同配比小菜蛾性信息素的诱蛾效果受实验条件和小菜蛾种群来源等因素的影响。

2. 性信息素的微量成分　Chisholm 等（1979）以 70μg Z11 - 16：Ald 和 30μg Z11 - 16：Ac 为基本组分，对小菜蛾有明显的诱效。加入 50μg Z9 - 14：Ac 则降低效果；而加入 Z11 - 16：OH 则明显增效，加入 1‰ Z11 - 16：OH 的诱效大于 0.1‰或 10‰的诱效，与 Koshihara 的实验结果一致（Horiike et al.，1980）。Chisholm 等（1983）报道，Z11 - 16：Ald、Z11 - 16：Ac、Z11 - 16：OH 和 Z9 - 14：Ac 按 70，30，1 和 0.01μg 比例制成的诱芯效果好。几种组分之间有着等级关系，必须有 Z11 - 16：OH，Z9 - 14：Ac 才会有增效作用。并且 Z9 - 14：Ac 含量增加，诱效下降。若用 Z9 - 14：OH 代替 Z9 - 14：Ac，当其含量为 10‰时不会改变对小菜蛾的引诱效果。这种性信息素多组分之间的等级关系也存在于红背地老虎 [*Euxoa ochrogaster*（Guenee）] 中（Steck et al.，1982）。

刘珣等（1985）报道，以 Z11 - 16：Ald、Z11 - 16：Ac 和 Z11 - 16：OH 按 5：5：0.1 的比例制成 50μg 载量的天然橡胶诱芯效果最好，1982—1983 年在北京郊区和苏州郊区诱蛾，发现春季 5 月中旬至 6 月中旬、秋季 8 月下旬至 9 月下旬出现两个明显的诱蛾高峰。陈秀光等（1990）在大同市用 Z11 - 16：Ald、Z11 - 16：Ac、Z11 - 16：OH 按 5：

5∶0.1 比例制成 50μg 诱芯，效果较好。除了有春峰和秋峰之外，由于气温和蔬菜茬口的关系而在 5 月末至 8 月初高峰密集形成夏峰，最大蛾峰出现之后 5d，有幼虫高峰。使用 3d 后就有明显的交配抑制率，抑制率 80.5％，一些卵因此未孵化，孵化抑制率 92.2％。

　　Zilahi（1995）报道，三组分的效果优于两组分的效果。性诱剂中除了常规的三组分外包含 15％～35％ Z9-14∶Ac，可以引诱到较多的雄虫。性诱剂中的 Z11-16∶Ald 降解到 50％后，抑制性信息素的活性（Mòttus，1997）。微量的 Z9-14∶Ac 也可以增强诱蛾效果（Reddy，2000a）。小菜蛾性信息素（27％Z11-16∶Ac，1％Z11-16∶OH，9％Z11-14∶OH，63％Z11-16∶Ald）对小菜蛾雄蛾具有很强的引诱性，每个诱盆只要少到 0.05g 混合物就能持续使用 4 周（Mitchell，2002）。

　　3. 性诱剂中添加的其他引诱活性物质　因性诱剂防治小菜蛾成本高，且只对雄蛾作用，目前对小菜蛾性诱剂具有增效作用的因素以及小菜蛾性诱剂与其他防治措施相结合的研究越来越多。Reddy 和 Guerrero（2000b）的研究认为，小菜蛾寄主结球甘蓝挥发物组分青叶醇（Z-3-hexenoyl）、顺-3-己烯乙酯（Z-3-hexyl acetate）等与性诱剂有协同作用。其中，以顺-3-己烯乙酯的协同效果最好，可以提高雄虫引诱率 20％～30％，而且对雌蛾的引诱率高出性信息素 6～7 倍。性信息素中加入 0.01％顺-3-己烯乙酯或糖酒醋液（2∶1∶1）在田间均能提高小菜蛾诱捕量，可提高诱捕率 18.20％和 21.60％（Reddy，2000a）。在田间，（Z）-3-醋酸己烯酯和性信息素按 1∶1 混合捕获的雌蛾比性信息素单独使用提高 6～7 倍，雄蛾提高 20％～30％（Raddy，et al.，2000）。（Z）-3-醋酸己烯酯相对便宜且具有环境安全性，它和性信息素混合使用可提高对小菜蛾雌、雄蛾的捕获，是未来小菜蛾控制的重要手段之一。

　　Reedy 等（2002）用 Y 形嗅觉仪检测了与寄主相关气味与螟黄赤眼蜂、小菜蛾绒茧蜂和 Chrysoperla carnea 之间的相互联系，螟黄赤眼蜂被信息素混合物（Z11-16∶Ald，Z11-16∶Ac 和 Z11-16∶OH 以 1∶1∶0.01 比例混合）、Z11-16∶Ac 和 Z11-16∶Ald 的 1∶1 混合物所引诱，小菜蛾绒茧蜂对性信息素混合物、Z11-16∶Ac 和 Z11-16∶Ald 有反应，雌、雄 C. carnea 对性信息素混合物 Z11-16∶Ac 和 Z11-16∶Ald 的1∶1 混合物均有反应，但对单个化合物没有反应。在结球甘蓝的绿叶气味中，仅 Z3-6∶Ac 诱导螟黄赤眼蜂、C. plutellae 和 C. carnea 的反应，但 C. plutellae 对 E2-6∶Ald 和 Z3-6∶OH 也有反应。将这些挥发性物质与性信息素混合，除 C. carnea 雄虫的反应有增强外，其他的效果与性信息素单独使用相似（Reddy et al.，2002）。

　　4. 性诱剂组分的纯度和剂量　小菜蛾性信息素组分的纯度影响诱捕量，如 Z11-16∶Ac、Z11-16∶Ald 和 Z11-16∶OH（30∶60∶10），载量 100μg，97％纯度的雌蛾引诱率为 7.5％，应用 99％纯度的引诱率上升为 20％～47％（Suckling，2002）。刘珣等研究醇含量对诱蛾效果的影响，在夏季醇含量在 1％和 10％，而冬季仅 1％可以增加诱蛾活性（刘珣等，1985）。Chisholm 加入 1％或 10％的醇均可增加诱蛾量，但 1％的含量诱蛾量更大（Chisholm，1983）。

　　异构体含量对田间诱蛾活性有影响。刘珣等（1985）研究表明，以 Z11-16∶Ald、Z11-16∶Ac 和 Z11-16∶OH 按 5∶5∶0.1 的比例制成 50μg 载量的天然橡胶诱芯，效果超过 5 头活雌蛾；当反式异构体含量为 1‰～5‰时诱蛾效果相当，但低于纯顺式异构体的诱蛾效果。

性诱剂含量以每诱芯含 50μg 效果最好，其次是 10μg 和 100μg、200μg 诱蛾效果则较低（刘珣等，1985）。Zilahi（1995）认为，100μg 含量优于 10μg，且诱蛾量大于 5 个处女雌蛾。Chow（1974）认为田间剂量以每诱芯 10μg 较好。Chisholm（1979）认为研究剂量以 100μg 较好。

（三）性信息素的释放速率和有效距离

性信息素释放速率以 8～17ng/mL 为宜。橡胶内物质暴露于室外 60d 仍然有引诱活性（Mòttus，1997）。Mayer（1999）认为，诱芯的挥发速率与诱捕量没有相关关系。

Chow 等（1977）等提出，小菜蛾性信息素有效距离是 1.4～6.3m。王维专（1991）研究认为，性信息素的作用距离为 20～25m。Lee（1995）认为，性信息素的作用距离只有 4m。Reddy（1996）报道，在下风口 0.5m 处性信息素诱芯的诱蛾率达 100%，上风口的诱蛾率为 95%。随着距离的增大诱蛾率下降，在下风口 10m 处诱蛾率为 47.5%，上风口为 27.5%；18m 时则没有诱捕量，诱捕距离阈值上风口为 14m，下风口为 16m。胡慧建（2000）研究认为，性诱剂诱芯的作用距离可达到 19m，在 19m 范围内可引起小菜蛾以诱芯为中心形成大聚集，而且作用距离与风速无关，风速只是加快性信息素扩散的速度。目前，田间应用性诱剂防治，诱捕法诱芯作用距离一般为 10～15m，迷向法一般为 5m 左右（王香萍等，2003）。

三、小菜蛾性诱剂的应用

小菜蛾性诱剂主要应用于小菜蛾的发生的预测预报，和通过诱捕小菜蛾和干扰小菜蛾交配来控制小菜蛾。利用性诱剂预测小菜蛾虫情，为适时防治害虫提供信息，其预测准确性较黑光灯更为灵敏，尤其在害虫刚发生或虫口密度较低的时候（君长清，1986；Reddy，2001）。

大量诱捕能够有效地降低小菜蛾的种群密度，控制小菜蛾造成的危害。印度在 2 400m² 菜田内应用 6 个诱捕器，每天每个诱捕器诱捕虫量为 18.59～24.11 头。小菜蛾形成的诱捕区明显少于对照区，防治田产量明显高于对照田（Reddy，1997）。诱捕法不能减少当代田间幼虫数量，但可以显著减少下一代虫量，对照田下代诱捕量显著高于诱捕田（Schroeder，2000）。王维专利用性诱剂防治小菜蛾诱杀效果达到 48.53%（王维专，1991）。在大棚内使用性诱剂防治小菜蛾效果更好，而且连续使用性诱剂对控制害虫种群起到累积作用，控制效果达 80%，大大减轻了小菜蛾的为害，减少化学农药的使用次数（王维专，1991；Schroeder，2000；侯有明，2001）。

迷向法如何干扰昆虫的定向机理不完全清楚，但其结果主要是降低或延迟昆虫的交配。减少昆虫下代基数、减轻危害。迷向法可以减少小菜蛾交配几率（Reddy，2000a），减少下代小菜蛾幼虫虫口基数。Syed 移栽初期使用性信息素，45d 后迷向田蛾量为每百株 4.54 头，而对照为每百株 92.61 头，幼虫和蛹量下降 76%。Mclaughlin（1994）认为，迷向法更适于在综合治理中应用。Schroeder（2000）则认为，小菜蛾诱捕法比迷向法更为可靠，易于控制。

四、小菜蛾性诱剂的使用技术

（一）诱芯高度、诱芯的持效期、诱捕器类型和种群密度

诱芯最佳高度与诱捕对象的飞行、交配活动范围有关。诱芯置于地面、高于蔬菜30cm 和 60cm 试验结果是，诱芯高于蔬菜 30cm 时诱捕效果最佳（Chisholm，1979；君长清，1986；胡慧建，1998；Pawar，1988）。

Reddy（2000a）研究认为，诱芯在 84d 内可以诱捕到小菜蛾，认为在田间 14～21d 内需换一次诱芯（Reddy，1997）。Baker 认为，诱芯持效期为 21～28d。我国研究表明，性诱剂持效期可以维持 30d 左右。小菜蛾性诱剂的持效期与地理气候有一定关系。Z11-16：Ald 在空气中不稳定，易氧化成酸和过氧化物。刘珣将 Z11-16：Ald 转化为光敏缩醛，用顺-1，1-二邻硝基苯甲基-十六碳烯-11 和顺-10-十五碳烯基 1-4-（邻硝基苯基）-1，3-二氧环戊烷在光照下缓解释放出 Z11-16：Ald，有效期较普通诱芯长（刘珣，1987）。

诱捕器类型也直接影响到性诱剂的诱捕量。目前认为，黏性诱捕器和水盆型诱捕器效果较好（Michereff，2000）。从经济效益考虑一般认为每 667m² 设诱芯 4～6 个诱捕小菜蛾效果较好，大棚内可适量增加（侯有明，2001）。应用不同剂型也可以提高诱蛾效果，以花生油和蜂蜜作为介质时诱蛾效果较好（Reddy，2000a）。

性诱剂在小菜蛾低密度时对小菜蛾种群的控制效果明显，高密度时效果则相对较差。如小菜蛾卵量 1～3 粒/株时，控制效果可达 70％左右，＞3 粒/株控制效果不明显（王维专，1991；Chandromahan，1995）。性诱剂防治小菜蛾效果与寄主蔬菜种类也有关系，这可能与不同蔬菜上小菜蛾种群发生动态有关，虽然小菜蛾取食范围广，但某些蔬菜上如菜心更适宜其生长，种群繁殖快，防治效果就相对较差（刘珣，1987；Usha，2000；Reddy，2002）。

（二）与其他活性物质混用

在迷向法中小菜蛾性诱剂还可以和其他害虫诱剂相混合，起到一个诱芯防治多种害虫的作用。如小菜蛾性诱剂与粉纹夜蛾（Tricheplusis ni）性诱剂一起进行迷向法防治害虫，结果粉纹夜蛾的交配被抑制达 75d，小菜蛾交配受抑制达 60d，混合性诱剂有助于降低应用性诱剂防治害虫的成本（Mitchell，1997）。性诱剂也可以与小菜蛾病原菌结合应用加强防治效果，如设计一种内置小菜蛾病原菌根虫疫霉（Zoophthora radicans）的诱捕器，小菜蛾被诱进诱捕器后感染病原菌，然后将其释放，使病原菌在小菜蛾种群中传播流行。在小范围内试验（16.4m×16.4m），被小菜蛾取食的 550 株植株中，14d 后发现 20％小菜蛾幼虫和蛹被寄生，48d 后寄生率上升为 79％，其中三至四龄幼虫占 99％（Furlong，1995）。在小菜蛾性信息素中加入少量化学农药，迷向法中迷向率达 90％的效果持续时间达 21d 以上，在整个生长季节可大量减少用药次数，既可以保证食品安全，又可以降低使用性信息素防治害虫的成本（Mitchell，2002）。小菜蛾性信息素和杀虫剂 permethrin（各自占总重量的 0.16％和 6％）的混合物的田间诱捕实验表明，这种引诱物和毒药的混合物对小菜蛾雄蛾具有很强的引诱性，杀虫剂 permethrin 不影响蛾对诱盆的反应（Mitchell，2002）。

第七节　小菜蛾和小菜蛾绒茧蜂
化学感器的结构和功能

一、小菜蛾触角结构与功能

小菜蛾触角为丝状，由一节柄节、一节梗节和 31 节鞭节组成。触角长约为 3.9mm，直径约为 $50\mu m$，两性差异不大。在柄节、梗节上覆盖着大量鳞片。鞭节上，基部几节覆盖着鳞片，向端部鳞片逐渐减少，最后一节没有鳞片（杨广，2001a）。

毛形感器是触角上数量最多的一种感器，除基部几节被鳞片覆盖外，其余各节都有。着生于凹窝中，基部直径约为 $1.2\mu m$，长为 $30\sim50\mu m$，顶端尖细。有的毛形感器基部弯曲向前倾斜，末端几乎与触角表面平行，多分布于触角正面和侧面；有的基部不弯曲，向前倾斜。刺形感器与毛形感器相似，但顶端较为圆钝，与触角表面几乎垂直，略有前倾，且末端弯曲向上。分布于鞭节的前端，相对于毛形感器，数量少，触角末端分布较多。腔锥形感器表皮凹陷为直径约为 $6.0\mu m$ 的小窝，四周长有环毛，向中间倾斜，呈锥状，环毛上有细纵纹。腔锥形感器分布于除基部鞭节外的各鞭节上，数量腹面多于正面。鳞形感器有两种，一种形似扇子，基部窄端部宽，另一种较细长，都着生于臼状窝里。分布在触角各节上，基部鞭节多，端部少，最后一节没有。在鞭节上，主要分布于前端，排列成一周，中部也有分布，但量较少。栓锥感器呈拇指状，较为粗大，着生于凹窝内，基部直径约为 $5.0\mu m$，高约为 $11.0\mu m$，表面有浅的纵纹，端部有一大锥状突起，基部有臼状窝，中部一侧有 3 个小锥状突起。分布于雄蛾鞭节 23、24、25、26 亚节的端部边缘上，每节一个，略向前倾斜。具弯端感器着生于半球状突起上，基部直径约为 $1.8\mu m$，长约为 $8.3\mu m$。端部弯曲成钩状，略向前倾斜。数量少，只有个别鞭节上有。柱形感器呈一短棒状，着生于一凹窝内，前倾，基部直径约 $2.0\mu m$，长约 $12.8\mu m$。分布于鞭节上，数量少。锥形感器也称 Böhm 氏鬃毛，外形类似短刺，表面光滑，分布于柄节基部。端毛是在触角末端的圆锥状突起上，密布的微小细毛（杨广，2001a）。

小菜蛾雌雄触角相似，都是丝状。雄蛾触角上的鳞形感器比雌蛾多。栓锥感器只分布在雄蛾的鞭节上。腔锥形感器数量雌蛾比雄蛾多。其他感器数量少，雌蛾比雄蛾稍多，且多分布于触角腹面。

小菜蛾雄蛾触角上共有 9 种感器，雌蛾共有 8 种。其中，栓锥感器只有雄蛾有，可能是性信息素的感器。毛形感器数量最多，可能是化学感器。已有的研究证实了鳞翅目昆虫雄蛾触角上的长毛形感器是性信息素感器（Cornford et al.，1973；Schneider，1974；Zacharuk，1980）。腔锥形感器形状特殊，接触面积大，可能是化学感器。雌蛾触角的栓锥感器比雄蛾多，这可能是雌蛾比雄蛾对寄主植物定位能力稍强的原因。一般认为毛鳞形感器、刺形感器和锥形感器是触觉感器（洪健等，1994）。其他一些感器的功能还不清楚。

小菜蛾成虫触角切除后，在 Y 形嗅觉仪中对结球甘蓝气味的反应结果见表 5-2。经过 t 测验表明，触角切除后小菜蛾雌、雄蛾对结球甘蓝的定向行为和空白对照之间没有显著差异。即小菜蛾切除触角后对蔬菜的挥发性气味没有反应，这说明触角可能是小菜蛾感受外部信号的器官（杨广，2001a）。触角切除试验表明了触角是小菜蛾的嗅觉感器，在小菜蛾搜寻寄主植物过程中发挥重要作用。但小菜蛾的触角感器种类较多，功能复杂，要明确各种感器的功能还需要进一步开展触角电位（EAG）或单细胞反应（SCR）等电生理方面的研究。

表 5-2　触角切除后小菜蛾对结球甘蓝的气味反应

（杨广，2001a）

	雌　蛾（头）		雄　蛾（头）	
	结球甘蓝	对照	结球甘蓝	对照
I	6	5	4	3
II	7	7	5	4
III	6	5	7	7
IV	6	4	5	5
V	9	7	6	5
平均数	6.8	5.6	5.4	4.6
t 值	1.43		0.94	

二、小菜蛾成虫跗节上化学感器的结构与功能

小菜蛾成虫跗节（tarsus）共 5 节，多被鳞片所覆盖，仅第五跗节腹面一小部分可见感器分布，尤其在第五跗节末端和前跗节（pretarsus）的附近；前跗节有 1 对爪和类似爪垫（pulvilli）的结构，周围有一部分感器分布，中后足感器数量相对较少（魏辉，2002）。Qiu 等（1998）对成虫跗节腹面电镜观察结果表明，每个跗节通常具有 4 个具弯端感器（bent-tipped sensillum），两个在侧面，两个在内面，而在第五跗节，沿着没有鳞片的边缘另有一行 6 个具弯端接触化学感器，内面还有 1 对具弯端感器；在类似爪垫中间有 1 根伪爪间突（pseudempodium），下面所述电生理测定全部是从这个感器中记录的。电生理实验表明（表 5-3），伪爪间突感器位于爪间的一个细胞能对水产生反应，一个细胞，有时 2 个细胞能对 0.1% 的乙醇（drimane 的溶剂）和 1mmol/L drimane（合成的半倍烯萜类似物）产生反应。虽然乙醇和 drimane 的激发峰好像是来自水细胞，但是无法验证受激发的细胞；没有细胞受到 drimane A 的显著影响。在另一实验中，与叶片提取物和 1mmol/L drimane 混合物相比，单独用叶片提取物进行刺激，感器的反应率显著降低；用叶片提取物进行刺激，记录到 1 个典型单细胞反应，跗节上的其他感器对测试溶液没有显著反应。

表5-3　伪爪间突接触感器的电生理反应

(Qiu et al.，1998)

刺激物		反应（峰/$s\pm SD$）	n
实验1　蒸馏水		49.0±19.2a	8
0.1%乙醇	小振幅细胞	6.6±3.3A	5
	大振幅细胞	24.6±7.1b	5
1mmol/L drimane A	小振幅细胞	11.0±2.9A	3[a]
（溶于0.1%细胞中）	大振幅细胞	28.3±11.5b	9
实验2　叶片匀浆液		32.8±4.9a	12
叶片匀浆液＋1mmol/L drimane A		23.6±3.9b	12

注：小写字母（产生大峰的细胞）或大写字母（通过小峰确认的细胞）相同者表示差异不显著（$P>0.05$），a 表示对第二个神经细胞刺激实验时，9次中仅有3次激发一个小峰。

三、小菜蛾成虫产卵器上化学感器的结构与功能

Qiu 等（1998）采用电镜观察表明，产卵器上密布长形尖端感器（sharp-tipped sensillum），由于通过尖端不能获得电子接触，所以推测其主要功能是在于机械感觉。在产卵器腹面开口的每边都有4～7个长在凹窝中、更短的具弯端感器。Qiu 等（1998）电生理测定结果表明（表5-4），4～7个弯端感器中的2个（通常是从产卵器末梢数下来第二和第四个感器）能够持续对测试溶液产生反应，有时第三和第五感器也能产生反应；在第二和第四个感器中，一个神经细胞对蒸馏水产生反应；乙醇与 drimane 都是对一个细胞产生激发反应，峰的频率与用水刺激产生的反应相似；叶片匀浆液与 drimane 产生相似的反应频率，当浓度为1mmol/L 或更高浓度时，单独振幅显著下降。

这两个感器上的1个神经细胞对 KCl 溶液产生的反应频率与浓度呈负相关，并且与水相比，显著降低；水仅能对1个细胞刺激反应，高于0.05mmol/L KCl 能对第二和第三细胞刺激产生反应，但比水细胞产生更小的峰。更高浓度的 KCl（到25mmol/L）至少对3个细胞产生更高的反应频率，峰的总数在5mmol/L 时最高（平均总频率为150峰/s），而当10和25mmol/L 时降为100峰/s。

表5-4　小菜蛾雌虫产卵器上第二、三接触感器的电生理

(Qiu et al.，1998)

刺激物	反应（峰/$s\pm SD$）	n
实验1　蒸馏水	41.4±10.0a	12
0.1%乙醇	54.7±10.4a	12
1mmol/L drimane A（溶于0.1%细胞中）	55.6±10.1a	12
实验2　叶片匀浆液	32.0±4.3a	12
叶片匀浆液＋1mmol/L drimane A	31.4±3.1a	12

注：平均数后相同字母者表示差异不显著（$P>0.05$）。

四、小菜蛾幼虫头部的化学感器

魏辉等（2003）电镜观察表明，小菜蛾幼虫头部有许多孔和微突，多分布于触角节中

间。端突柱形感器呈柱形，着生于凹窝内，具纵纹，向前倾，端部有微突，多分布于触角腹面节中间。腔形感器由表皮内陷形成，直径约为 $1.5\mu m$，多分布于触角腹面。头部下方有 1 对 3 节的触角 (antenna)，其端节和第二节上具有感器；端节上有 1 个栓锥形感器 (styloconic sensillum) 和 2 个锥形感器 (basiconic sensillum)，其中栓锥形感器长约 $25.0\mu m$，基部较粗，端部细小如毛状，2 个锥形感器长约 $5.0\mu m$；第二节上有 3 个栓锥形感器、1 个毛形感器 (trichoid sensillum) 和数个锥形感器，3 个栓锥形感器中 2 个较粗，长度约为 $38.0\mu m$，1 个较细，长度约为 $23.0\mu m$，毛形感器较长，长度约为 $211.0\mu m$，而锥形感器极其细小，长度约为 $5.5\mu m$。

小菜蛾幼虫上颚 (mandible) 和下颚 (maxillae) 部位有 3 对毛形感器，分布在上唇两边的一对相对较短，约为 $22.0\mu m$，位于上下颚间的一对长度居中，约为 $35.0\mu m$，而位于下颚基部的一对相对较长，约为 $105.0\mu m$；外颚叶 (galea) 端部中央有 2 个栓锥形感器，靠近上唇的一个较长，约为 $18.0\mu m$，另一个长约 $12.5\mu m$，外颚叶端部边缘有 4 个栓锥形感器，长度约为 $6.0\sim9.0\mu m$，外颚叶侧壁上也有 1 个锥形感器，长度约为 $3.0\mu m$；下颚须 2 节，端节侧壁有 2 个板形感器 (placoid sensillum)；端节端部有 8 个栓锥形感器，长度约为 $3.0\sim6.0\mu m$，中央 3 个呈三角形排列；在两下颚间和下唇后方有一丛锥形感器群，长度约为 $5.0\sim6.0\mu m$。

吐丝器 (fusulus) 两侧的突起为下唇须 (labial palpus)，下唇须上有长度约为 $33.5\mu m$ 栓锥形感器和长度约为 $13.5\mu m$ 锥形感器各 1 个，在吐丝器前方还有 1 对锥形感器，形状较粗，基部生于直径约 $7.5\mu m$ 的腔中。

五、小菜蛾绒茧蜂触角结构与功能

小菜蛾绒茧蜂触角为丝状，共 18 节。雌蜂触角较短约为 2.6mm，直径约为 $76\mu m$；雄蜂触角长约为 3.4mm，直径约为 $51\mu m$。第一节为柄节，基部较细，端部较粗，节端倾斜，长约为 $183\mu m$ (取节中间长度)。第二节为梗节，较短，长约为 $33\mu m$。其余 16 节为鞭节，基部节较长，端部节较短，逐渐变短。触角上密布有感觉毛，各种感器多分布于触角腹面和侧面，正面较少。

毛形感器是绒茧蜂触角上分布最广、数量最多的感器。按其形状大小可分为两类，Ⅰ型和Ⅱ型。Ⅰ型 (TSⅠ) 长于隆起的窝中，细长，具纵纹，顶端尖细，前倾 $20°\sim65°$，略呈弧状弯曲，各节均有。Ⅱ型 (TSⅡ) 着生同Ⅰ型，比Ⅰ型短，尖直，前倾弧度大约为 $30°$，主要分布于触角的腹面。板形感器着生于纵长形穴中，长约 $60\mu m$，宽约 $2\sim4\mu m$，两端略宽，中间稍窄。具板形外壁，呈脊状隆起，稍高于触角外表。柄节和梗节上没有，各鞭节都有。鞭节一周均匀分布有 14 个板形感器，一节有两层。毛状感器以及其他感器分布于板形感器之间。刺形感器呈刚毛状，着生于凹窝中，较毛形感器为粗大，基部直径约为 $1.8\mu m$，端部圆钝，垂直或略前倾着生于触角面上。位于鞭节前缘和节中间，最后一节分布较多。具孔刺形感器呈刚毛形，着生于凹窝内，较为粗大，基部直径约为 $1.6\mu m$，具纵纹。端部平，有一丝状突起。垂直或略前倾着生于触角面上。分布于鞭节中部。栓锥形感器呈锥状突起，着生于凹窝内，基部直径约为 $1.3\mu m$，长约为 $6.8\mu m$。多着生于鞭节中部，板形感器交接处。有的直前倾，有的呈弯曲状。坛形感器呈拇指状突起，具有纵形纹，着生于直径为 $3.2\mu m$ 的坛形穴内。钟形感器呈小突起状，着生于体壁凹陷的，直径约为 $2.9\mu m$ 的圆形小穴内。分布于雌蜂触角鞭节中间部位，数量少。端孔坛形感器呈锥状突起，基部直径约为 $1.4\mu m$，略弯曲，端部量少，只有端部鞭节的少数几节有，一节也只有几个。蒲姆氏鬃（Böhm's bristles）粗而短，位于头与柄之间的节间膜上。背面较少，侧面和腹面分布较多（杨广，2001a）。

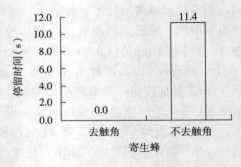

图 5-4　触角切除对寄生蜂行为的影响
（杨广，2001a）

触角的切除实验结果（图 5-4）显示，切除了触角的绒茧蜂不表现出定向行为，可见切除了触角的寄生蜂不能识别来自植物的信号，这就表明，触角是寄生蜂接受化学信号的器官（杨广，2001a）。

小菜蛾绒茧蜂触角毛形感器的数量在诸多感器中最大，且显露在外。可能具有触觉功能，但毛形感器数量多，可能不仅具有触觉功能，还具有化学感器的作用。已有的研究也表明，板形感器是一种多微孔、薄壁的化学感器，在寄生蜂产卵行为中具有嗅觉功能（Barlin and Vinson，1981）。小菜蛾绒茧蜂触角上的板形感器数量多，遍布触角四周，极可能是重要的嗅觉感器。锥形感器为嗅觉接受器。（杨广，2001a）

另外，雌、雄蜂触角基本相似，但雄蜂触角比雌蜂触角长。在感器上，雌蜂触角感器种类多，钟形感器和坛形感器为雌蜂特有。另外，在感器数量上也有差异，雌蜂比雄峰多。小菜蛾绒茧蜂雌蜂触角感器种类比雄蜂多，这可能使得雌蜂比雄蜂更能感受来自寄主植物的信号气味。小菜蛾绒茧蜂触角上的感器种类多，各种感器的特定功能还不清楚，需要进一步的电生理试验研究。

参 考 文 献

[1] 蔡霞，施祖华，施英利．水葫芦乙醇提取物对小菜蛾幼虫的生物活性．浙江大学学报（农业与生命科学版），2005，31（5）：567～571

[2] 陈宏，靳阳．不同浓度苦瓜叶片提取液对小菜蛾幼虫行为及存活的影响．华北农学报，1999，14（4）：117～121

[3] 陈列忠，王开金，陈建明等．雷公藤生物碱对小菜蛾幼虫生长及其解毒酶系的影响．华东昆虫学报，2005，14（3）：238～242

[4] 崔德君，赵善欢．万寿菊粗提物对小菜蛾产卵忌避作用的研究．农药，1998，37（6）：31～35

[5] 邓曙东，负桂玲，张青文等．亚麻荠对小菜蛾幼虫取食和成虫行为反应的影响．昆虫学报，2004，47（4）：474～478

[6] 邓晓军，陈晓亚，杜家纬．植物挥发性物质及其代谢工程．植物生理与分子生物学学报，2004，30（1）：11～18

[7] 董易之，张茂新，凌冰．马缨丹总岩茨烯对小菜蛾和斜纹夜蛾幼虫的拒食作用．应用生态学报，2005，16（12）：2361～2364

[8] 方瑞斌．碳素基体的固相微萃取吸附质的研究．色谱，1999，17（5）：453～454

[9] 傅建熙．有机化学．北京：高等教育出版社，2000

[10] 谷文祥，何衍彪，何庭玉等．苦槛蓝提取物对小菜蛾的生物活性．应用生态学报，2004，15（7）：1171～1173

[11] 郭春霞，傅大煦，周铜水等．银杏外种皮中银杏酚酸对小菜蛾幼虫的拒食及毒杀作用．复旦学报（自然科学版），2004，43（2）：255～259，266

[12] 韩宝瑜，张钟宁．小菜蛾化学生态学研究现状与展望．昆虫知识，2001，38（3）：177～181

[13] 韩宝瑜，张钟宁．小菜蛾对白菜挥发性次生物质的触角电生理和行为反馈．科学通报，2001b，46（16）：1384～1387

[14] 洪健，叶恭银，胡萃．茶尺蠖成虫触角感觉器的扫描电镜观察．浙江农业大学学报，1994，19（1）：53～56

[15] 侯有明，庞雄飞，梁广文等．苦皮藤乳油对小菜蛾种群的控制作用．西北农业学报，2002，11（3）：49～54

[16] 侯有明．性诱剂对蔬菜大棚小菜蛾种群控制效应的研究．中国生物防治，2001，17（3）：121～125

[17] 胡慧建．小菜蛾性诱剂诱杀作用的研究．昆虫学研究进展，1998，（5）：100～103

[18] 胡慧建．性诱剂对小菜蛾成虫空间分布型的影响．昆虫天敌，2000，22（1）：1～6

[19] 黄寿山，潘丽群，曾玲等．胜红蓟次生物质对小菜蛾田间种群的控制作用．植物保护学报，2001，28（4）：357～361

[20] 江丽辉，王栋，刘树生．寄主植物对小菜蛾产卵选择性及菜蛾绒茧蜂寄主选择行为的影响［J］．浙江大学学报（农业与生命科学版），2001，27（3）：273～276

[21] 蒋继宏，吴薇，陈凤美等．苦豆碱对小菜蛾体内保护酶系统活力的影响．江苏农业科学，2004，（5）：56～57

[22] 君长清．小菜蛾性诱剂在测报上的应用．植物保护，1986，12（6）：15

[23] 柯礼道，方菊莲．菜蛾绒茧蜂生物学研究．植物保护学报，1982，9（1）：27～34

[24] 柯治国，李炳钧．滑桃树种子的美登素类对小菜蛾的拒食作用．武汉植物学研究，1994，12（2）：181～184

[25] 孔垂华．新千年的挑战：第三届世界植物化感作用大会综述．应用生态学报，2003，14（5）：837～838

[26] 李强，吴莉宇．辣蓼挥发油对小菜蛾的毒力测定．广西热带农业，2006（4），17～18

[27] 梁广文，周琼．植物挥发性次生物质对昆虫的行为调控及其机制．湘潭师范学院学报（自然科学版），2003，（4）：55～60

[28] 林冠伯．十字花科蔬菜的硫代葡萄糖苷含量及其变化．中国蔬菜，1986，（4）：47～51

[29] 刘剑．土荆芥精油对小菜蛾的生物活性．福建农林大学硕士学位论文．福建福州：福建农林大学，2006

[30] 刘树生，汪信庚，施祖华等．菜蛾啮小蜂的生物学及温度对其种群增长的影响．昆虫学报，2000，43（2）：159～167

[31] 刘珣，孔杰，张钟宁等．小菜蛾性信息素——顺-11-十六碳烯醛和顺-11-十六碳烯乙酸酯的合成及其田间诱蛾活性．动物学集刊，1987，5：7～13

[32] 刘珣，潘永成．小菜蛾合成性信息素田间诱蛾活性．生态学报，1985，5（3）：249～255

[33] 吕建华，刘树生．欧洲山芥对小菜蛾个体发育及产卵选择性的影响．植物保护学报，2006，33（1）：6～10

[34] 罗世琼，熊继文，李明．天葵几种粗提物对菜青虫、小菜蛾的拒食活性筛选．贵州师范大学学报（自然科学版），2004，22（1）：30～32，71

[35] 罗万春，张强．苦豆子生物碱对小菜蛾体内部分杀虫剂代谢酶活性的影响．昆虫学报，2003，46 (1)：122～125

[36] 庞雄飞，张茂新，侯有明等．植物保护剂防治害虫效果的评价方法．应用生态学报，2000，11 (1)：108～110

[37] 庞雄飞．植物保护剂与植物免害工程——异源植物次生化合物在害虫防治中的应用．世界科技研究与发展，1999，21 (2)：24～28

[38] 彭跃峰，庞雄飞．飞机草提取物对小菜蛾产卵驱避活性的研究资源．开发与市场，2004，20 (5)：325～327

[39] 钦俊德．昆虫与植物的关系——论昆虫与植物的相互作用及其演化．北京：科学出版社，1987

[40] 邱宇彤，赵善欢．紫背金盘提取物对小菜蛾作用的症状及对其组织的影响．华南农业大学学报，1994，15 (3)：8～13

[41] 施英利，施祖华．温州蜜橘橘皮提取物对小菜蛾成虫产卵忌避及杀卵作用．浙江农业学报．2004，16 (2)：88～91

[42] 施祖华，刘树生．菜蛾绒茧蜂的寄主选择性及寄生对寄主发育和取食的影响．植物保护学报，1999，26 (1)：25～29

[43] 孙九光，韩巨才，刘慧平等．雀儿舌头根中杀虫活性物质的提取与初步分离．山西农业大学学报（自然科学版），2005，25 (1)：12～15

[44] 汤坚，刘杨岷，袁身淑等．米饭香气与热解吸法．质谱学报，1994，15 (4)：36～42

[45] 汪信庚，刘树生，何俊华等．杭州郊区小菜蛾寄生昆虫调查．植物保护学报，1998，25 (1)：20～26

[46] 王维专．性信息素对小菜蛾种群控制的研究．植物保护，1991，17 (5)：7～8

[47] 王香萍，方宇凌，张钟宁．小菜蛾性信息素研究及应用进展．植物保护，2003，29 (5)：5～9

[48] 魏辉，侯有明，杨广等．非嗜食植物乙醇提取物对小菜蛾种群控制作用评价．应用生态学报，2005，16 (6)：1086～1089

[49] 魏辉，杨广，王前梁等．小菜蛾幼虫头部化学感觉器电镜扫描观察．福建农林大学学报（自然科学版），2003，32 (4)：434～437

[50] 魏辉．植物次生物质对小菜蛾控制作用的研究．福州：福建农林大学博士论文．2002

[51] 吴昊，许时婴．牛肉风味料的香气成分．无锡轻工大学学报，2001，20 (2)：158～163

[52] 徐红星，俞晓平，陈建明等．雷公藤提取物对小菜蛾的生物活性．浙江农业学报，2003，15 (2)：83～86

[53] 徐红星，俞晓平，吕仲贤等．银杏叶粗提物对小菜蛾的拒避和生长发育抑制作用．华东昆虫学报，2002，11 (1)：77～80

[54] 徐向荣，蒋红云，张燕宁等．牵牛子萃取物的杀虫活性研究．植物保护，2006，32 (2)：90～92

[55] 杨广，黄桂诚，尤民生．小菜蛾触角的显微结构及其作用．福建农业大学学报，2001a，30 (1)：75～79

[56] 杨广．十字花科蔬菜害虫—小菜蛾—小菜蛾绒茧蜂之间的相互关系．福州：福建农林大学博士学位论文．2001b

[57] 杨明伟，董双林．蛾类昆虫雄性信息素及其功能．华东昆虫学报，2006，15 (3)：179～186

[58] 姚松林，李凤良．厚果鸡血藤种子提取物对两种蔬菜害虫的毒力．西南农业学报，2000，13 (2)：71～74

[59] 姚晓宝，刘银泉，吴晓琴等．毛竹、杭白菊粗提物对桃蚜和小菜蛾的生物活性测定．浙江农业学报，2004，16 (3)：156～158

[60] 喻国泉，吴伟坚，吴建雄等．植物中硫代葡萄糖苷对小菜蛾产卵的影响．华南农业大学学报，1998，19（2）：13～19

[61] 袁林，薛明，刘雨晴等．黄荆提取物对小菜蛾幼虫毒力及对成虫的产卵忌避作用．应用生态学报，2006，17（4）：695～698

[62] 袁林，薛明，邢健等．黄荆提取物对几种害虫的杀虫活性．农药，2004，43（2）：70～72

[63] 曾东强，陈丽丽，徐汉虹等．山石榴果实提取物对小菜蛾的拒食作用．华南农业大学学报，2005，26（4）：34～36

[64] 翟梅枝，张凤云，魏花等．核桃青皮中次生代谢物质的生物活性研究．西北林学院学报，2006，21（1）：122～125

[65] 张茂新，凌彬，孔垂华等．*Mikania micrantha* 挥发油的化学成分和对昆虫的生物活性．应用生态学报，2003，14（1）：93～96

[66] 张启元．现代生物学实验技术．北京：北京师范大学出版社，1998

[67] 张雁冰，艾国民，王克让等．马桑叶提取物的杀虫杀菌活性初步研究．河南农业科学，2006（1），60～63

[68] 张业光，张兴，赵善欢等．引种印楝国产种子的印楝素含量及杀虫活性初步研究．华南农业大学学报，1992，13（1）：14～19

[69] 张正竹，陈玎玎．茶叶香精油的同时蒸馏萃取（SDE）法提取效率分析．茶叶加工，2003，（1）：31～33

[70] 张志祥，程东美，徐汉虹等．茼蒿素类似物的生物活性与作用机理．植物保护学报，2004，31（4）：411～417

[71] 赵晓燕，侯有明．龙柏精油对小菜蛾的生物活性．昆虫知识，2006，43（1）：57～60

[72] 钟国华，胡美英．黄杜鹃提取物对小菜蛾的产卵忌避和杀卵作用．华南农业大学学报，2000，21（3）：40～43

[73] 周琼，刘炳荣，舒迎花等．苍耳等药用植物提取物对小菜蛾的拒食作用和产卵忌避效果．中国蔬菜，2006（2），17～20

[74] 朱九生，乔雄梧，王静等．杠柳的不同溶剂提取分离物对小菜蛾幼虫的拒食和毒杀作用．农药学学报，2004，6（2）：48～52

[75] 朱九生，乔雄梧，王静等．杠柳根皮乙醇提取液对蔬菜害虫小菜蛾的生物活性植物．资源与环境学报，2004，13（3）：31～34

[76] 祝树德，刘海涛．番茄抽提物对小菜蛾的忌避，拒食及抑制产卵作用．华东昆虫学报，2000，9（1）：33～37

[77] Agelopoulos N G，Keller M A．Plant‐natural enemy association in the tritrophic system *Cotesia rube-cula‐Pieris rapae*‐Brassicaceae（Cruciferae）：Ⅱ．Preference of *C. rebecula* for landing and searching. J. Chem. Ecol.，1994b，20（7）：1735～1748

[78] Agelopoulos N G.，Keller M A．Plant‐natural enemy association in the tritrophic system，*Cotesia ruecula‐Pieris rapae*‐Brassiceae（Cruciferae）：Ⅰ．Sources of infochemicals. J. Chem. Ecol.，1994a，20（7）：1725～1734

[79] Akhtar Y，Isman M B. Comparative growth inhibitory and antifeedant effects of plant extracts and pure allelochemicals on four phytophagous insect species. J. Appl. Entomol.，2004，128：（1）32～38

[80] Akhtar Y，Isman M B. Feeding responses of specialist herbivores to plant extracts and pure allelo-chemicals：effects of prolonged exposure. Entomol. Exp. Appl.，2004，111：（3）：201～208

[81] Alexander J M, Cave S. J. Volatile flavor components of eggs. J. Sci. Food Agric. , 1975 26: 351~360

[82] Arn H, Toth M, Priesner E. List of sex pheromone of Lepitoptera and related attractants. Paris: OILB. SROP, 1992

[83] Auger J, Lecompte C, Paris J, et al. Identification of leek - moth and diamondback moth frass volatiles that stimulate parasitoid, *Diadromous pulchellus*. J. Chem. Ecol. , 1989, 15: 1391~1398

[84] Authur C L, Pawliszyn J. Solid phase microextraction with thermal desorption using fused silica optical fibers. Anal. Chem. , 1990, 62: 2145~2148

[85] Barlin M R, Vinson S B. Multiporous plate sensillum in antennae of the Chalcidoidea (Hymenoptera) . Int. J. Insect Morphol. Embryol. , 1981, 10: 29~42

[86] Bogahavatte C N L, Van Emden H F. The influence of the host plant of diamond - back moth (*Plutella xylostella*) on the plant preferences of its parasitoid *Cotesia plutellae* in Sri Lanka. 1996, Physiol. Entomol. , 21: 93~96

[87] Buttery R G, Ling L C, Wellso S G. Oat leaf volatiles: Possible insect attractants. J. Agric. Food Chem. , 1982, 30: 791~792

[88] Caasi - Lit M, Morallo - Rejesus B. Effects of Aristolochia extracts on the diamond - back moth, *Plutella xylostella* (L.) . Philippine Entomologist, 1999. 13: (1): 65~71

[89] Caasi - Lit M, Morallo - Rejesus B. Effects of Aristolochia extracts on the diamond - back moth, *Plutella xylostella* (L.) . Philippine Entomologist, 1999, 13: 1, 65~71

[90] Chandramohan N. Seasonal variation of male diamondback moth catch in pheromone trap. Madras Agric. J. , 1995, 82 (9~10): 503~505

[91] Chapman R F. Entomology in the twentieth century. Annu. Rev. Entomol. , 2000, 45: 261~285

[92] Chisholm M D. Field trapping of diamondback moth *Plutella xylostella* using a improved four components sex attractant blend. J Chem. Ecol. , 1983, 9: 113~119

[93] Chisholm M D. Field trapping of the diamondback moth (Lepidoptera: Plutellidae) using synthetic sex attractants. Environ. Entomol. , 1979, (8): 516~518

[94] Chong S L, Wang D, Hayes J D, et al. Sol - gel coating technology for the preparation of solid - phase microextraction fibers of enhanced thermal stability. Anal. Chem. , 1997, 69 (19): 3889~3898

[95] Chow Y S, Tin Y M, Hsu C T. Sex pheromone of the diamondback moth (Lepidoptera: Plutellidae) . Bull. Inst. Zool. Acad. Sin. , 1977, 16: 99~105

[96] Chow Y S. Anatomy of the female sex pheromone gland of the diamondback moth, *Plutella xylostella* (L.) (Lepidoptera: Plutellidae) . Int. J. Insect Morphol. Embryol. , 1976, 5 (3): 197~203

[97] Cornford M E, Rowley W A, Klua J A. Scanning electron microscopy of antennal sensilla of the European corn borer, *Ostrinia nubilalis*. Ann. Ent. Soc. Amer. , 1973, 66 (5): 1079~1088

[98] Djozan D J, Assadi Y A. new porous - layer activated - charcoal - coated fused silica fiber: application for determination of BTEX compound in water samples using headspace solid - phase microextraction and capillary gas chromatography. Chromatographia, 1997, 45: 183~189

[99] Fenwick G R, Heaney R K, Mullin W J. Glucosinolates and the breakdown products in food and food plant. CRC Crit. Rev. Food Sci. Nutr. , 1983, 18: 123~201

[100] Furlong M J. Field and laboratory evaluation of a sex pheromone trap for the autodissemination of the fungal autodissemination, *Zoophthora radicant* (Entomopathorales) by the diamondback moth,

Plutella xylostella (Lepidoptera：Yponomeutidae) . B. Entomol. Res. , 1995, (85)：331~335

[101] Golob N F, Yarger R G, Smith A B I. Primate chemical communication, Part Ⅲ：Synthesis of the major volatile constituents of the marmoset (Saguinusfuscicollis) scent mark. J. Chem. Ecol. , 1979, 5：543

[102] Gupta P D, Thoresteinson A J. Food plant relationship of diamondback moth *Plutella maculipennis* (Curt)：Ⅰ Gustation and olfaction in relation to botanical specificity of the larvae. Entomol. Exp. Appl. , 1960a, 3：241~250

[103] Gupta P D, Thoresteinson A J. Food plant relationship of diamondback moth *Plutella maculipennis* (Curt)：Ⅱ Sensory regulation of oviposition of the adult female. Entomol. Exp. Appl. , 1960b, 3：305~314

[104] Gursharan S, Vishaldeep K, Darshan S. Lethal and sublethal effects of different ecotypes of *Melia azedarach* against *Plutella xylostella* (Lepidoptera：Plutellidae) . Int. J. Tropic. Insect Sci. , 2006. 26：2, 92~100

[105] Horiike M, Hirano C A. Convenient method for synthesizing (Z) - alkenols and their acetates. Agric. Biol. Chem. , 1980, 44：257~261

[106] Jackson D M, Peterson J K. Sublethal effects of resin glycosides from the periderm of sweetpotato storage roots on *Plutella xylostella* (Lepidoptera：Plutellidae) . J. Econom. Entomol. Entomol. Soc. Amer. , 2000, 93 (2)：388~393

[107] Jiwajinda S, Hirai N, Watanabe K, et al. Occurrence of the insecticidal 16, 17 - didehydro - 16 (E) - stemofoline in Stemona collinsae. Phytochemistry, 2001, 56：(7)：693~695

[108] Justin C G L, Vinila J E A, Joshua J P, et al. Laboratory evaluation of some botanicals against the diamondback moth, *Plutella xylostella* (L.) (Lepidoptera：Plutellidae) . Pest Manag. Econom. Zool. , 2003, 11：(2)：177~181

[109] Justus K A, Dosdall L M, Mitchell B K. Oviposition by *Plutella xylostella* (Lepidoptera：Plutellidae) and effects of phylloplane waxiness. J. Econ. Entomol. , 2000, 93 (4)：1152~1159

[110] Karban R, Agraval A A. Herbivore Offense. Annu. Rev. Ecol. Syst, 2002, 33：641~664

[111] Kawasaki K. Effects of ratio and amount of the two sex pheromonal copmpnents of the diamondback moth on male behavioral response. Appl. Ent. Zool. , 1984, 19 (4)：436~442

[112] Koshihara T. Attractant activity of the female sex pheromone of diamondback moth *Plutella xylostella* (L.) and analogue. Jap. J. Appl. Ent. Zool. , 1980, (24)：6~12

[113] Koshihara T, Yamada H, Tamaki Y, et al. Field attractiveness of the synthetic sex pheromone of the diamondback moth, *Plutella xylostella* (L.) . Appl. Entomol. Zool. , 1978, 13：138~141

[114] Kumari G N K, Aravind S, Balachandran J, et al. Antifeedant neo - clerodanes from *Teucrium tomentosum* Heyne. (Labiatae) . Phytochemistry, 2003, 64：(6)：1119~1123

[115] Leatemia J A, Isman M B. Efficacy of crude seed extracts of Annona squamosa against diamondback moth, *Plutella xylostella* L. in the greenhouse. Int. J. Pest Manag. , 2004, 50：(2)：129~133

[116] Leatemia J A, Isman M B. Toxicity and antifeedant activity of crude seed extracts of *Annona squamosa* (Annonaceae) against lepidopteran pests and natural enemies. Int. J. Tropic. Insect Sci. , 2004, 24 (2)：150~158

[117] Lee S T. The mating behavior of diamondback moth (Lepidoptera：Plutellidae) . Chin. J. Entomol. , 1995, (15)：81~89

[118] Likens S T, Nikerson G B. Detection of certain hop constituents in brewing products. Amer. Soc.

Brew. Chem. Proc. , 1964, 1~5

[119] Liu S S, Jiang L H. Differential parasitism of *Plutella xylostella* (Lepidoptera: Plutellidae) larvae by the parasitoid *Cotesia plutellae* (Hymenoptera: Braconidae) on two host plant species. Bull. Entomol. Res. , 2003, 93 (1): 65~72

[120] Liu Y, Sheng Y F, Lee M L. Porous layer solid phase microextraction using bonded silica phases. Anal. Chem. , 1997, 69 (2): 190~195

[121] Mayer M S. Differences between attractive diamondback moth, *Plutella xylostella* (L.) (Lepidoptera: Plutellidae), sex pheromone lures are not determinable through analysis of emissions. Agric. Forest Entomol. , 1999, (3): 229~236

[122] Mclaughlin J R. Mating disruption of diamondback moth (Lepidepetera: Plutellidae) in cabbage: reduction of mating and suppression of larval populations. J. Econom. Entomol. , 1994, 87 (5): 1198 ~ 1204

[123] Medeiros C A M, Boica Junior A L, Torres A L. Effect of plants aqueous extracts on oviposition of the diamondback, in kale. Bragantia. Instituto Agronomico do Estado de Sao Paulo, 2005, 64: (2): 227~232

[124] Meena R, Puja S, Rishi K, et al. Chemical components and biological efficacy of *Melia azedarach* stems. J. Med. Arom. Plant Sci. , 1999. 21: 4, 1043~1047

[125] Mehta P K, Sood A K, Anjana P, et al. Evaluation of toxic and antifeedant properties of some plant extracts against major insect - pests of cabbage. Pesti. Res. J. , 2005. 17: 2, 30~33

[126] Michereff M F F. Synthetic sex pheromone use for field trapping of diamondback moth males. Pesquisa Agropecuaria Brasileira, 2000, 35 (10): 1919~1926

[127] Mitchell E R. Mating disruption of diamondback moth (Lepidoptera: Plutellidae) and cabbage looper (Lepidoptera: Noctuidae) in cabbage using a blend of pheromones emitted from the same dispenser. J. Entomol. Sci. , 1997, 32 (2): 120~137

[128] Mitchell E R. Promising new technology for managing diamondback moth (Lepidoptera : Plutellidae) in cabbage with pheromone. Journal of Environ. Sci. and Health , 2002 , 37 (3): 277 ~ 290

[129] Miura K, Kobayashi M. Effects of host - egg age on the parasitism by *Trichogramma chilonis* Ishii (Hy - menoptera: Trichogrammatidae), an egg parasitoid of the diamondback moth. Appl. Entomol. Zool, 1998, 33: 219~222

[130] Mottus E. Optimization of pheromone dispensers for diamondback moth, *Plutella xylostella*. J. Chem. Ecol. , 1997, 23 (9): 2145~2159

[131] Murthy M S, Jagadeesh P S, Thippaiah M. Repellant, antifeedant and ovicidal action of some plant extracts against the diamondback moth, *Plutella xylostella* (L.) . Pest Manag. Econ. Zool. , 2005, 13: (1): 1~7

[132] Nault L R, Styer W E. Effects of sinigrin on host selection by aphids. Entomol. Exp. Appl. , 1972, 15: 423~437

[133] Patil R S, Goud K B. , Nandihalli B S. Ovipositional repellent property of plant extracts against diamondback moth. Karnataka J. Agric. Sci. , 2003, 16: (2): 249~253

[134] Pawar C. The development of sex pheromone trapping of Heliothesis armigera in Indian. Pest Manag. , 1988, (34): 39~43

[135] Pivinck K A. Attraction of the diamondback moth to volatiles of oriental mustard: the influence of age, sex, and prior exposure to mates and host plants. Environ. Entomol. , 1990b, 19 (3): 704~

[136] Pivnick K A. Daily patterns of reproductive activity and the influence of adult density and exposure to host plants on reproduction in the diamondback moth (Lepidoptera: Yponomeutidae). Environ. Entomol., 1990a, 19 (3): 587~593

[137] Potting R P J, Poppy G M, Schuler T H. The role of volatiles from cruciferous plants and pre-flight experience in the foraging behaviour of the specialist parasitoid *Cotesia plutellae*. Entomol. Exp. Appl., 1999, 93: 87~95

[138] Qiu Y T, van Loon J J A, Roessing P. Chemoreception of oviposition inhibiting terpenoids in the diamondback moth *Plutella xylostella*. Entomol. Exp. Appl., 1998, 87: 143~155

[139] Reddy G V P. Olfactory response of *Plutella xylostella* natural enemies to host pheromone, larval frass and green leaf cabbage volatile. J. Chem. Ecol., 2002, (28): 131~143

[140] Reddy G V, Guerrero A. Behavioral responses of the diamondback moth, *Plutella xylostella*, to green leaf volatiles of *Brassica oleracea* subsp. *capitata*. J. Agric. Food Chem., 2000b, 48 (12): 6025~6029

[141] Reddy G V P. Mass trapping of diamondback moth, *Plutella xylostella* in cabbage fields using synthetic sex pheromone. Int. Pest Control, 1997, (39): 125~126

[142] Reddy G V P. Optimum timing of insecticide applications against diamondback moth, *Plutella xylostella* in cole crops using threshold catches in sex pheromone traps. Pest Manag. Sci., 2001, 57 (1): 90~94

[143] Reddy G V P. Pheromone based integrated pest management to control the diamondback moth, *Plutella xylostella* in cabbage fields. Pest Manag. Sci, 2000a, 56 (10): 882~888

[144] Reddy G V P. Studies on the sex pheromone of the diamondback moth, *Plutella xylostella* (Lepidoptera: Yponomeutidae) in India. B. Entomol. Res., 1996, (86): 585~590

[145] Reddy G V P., Holopainen K, Guerrero A. Olfactory responses of *Plutella xylostella* natural enemies to host pheromone, larval frass, and green leaf cabbage volatiles. J. Chem. Ecol, 2002, 28 (1): 131~143

[146] Reed D W, Pivnick K A, Underhill E W. Indentification of chemical oviposition stimulants for the diamondback *Plutella xylostella* present in three species of Brassicaeae. Entomol. Exp. Appl, 1989, 53: 277~286

[147] Renwick J A A, Radke C D. Chemical recognition of host plants for oviposition by the cabbage butterfly, *Pieris rapae* (Lepidoptera: Pieridae). Environ. Entomol., 1983, 12: 466~480

[148] Scheider D. The sex-attractant receptor of moths. Scientific Amer, 1974, 231 (1): 28~35

[149] Schoonhoven LM, Jermy T, van Loon JA. Insect - plant bioloyg—form physiology to evolution. London: Chapman&Hall, 1998

[150] Schoonhoven L M. After the Verschaffelt - Dethier era: The insect - plant field comes of age. Entomologia Experimentalis et Applicata, 1996, 80: 1~5

[151] Schroeder P C. Application of synthetic sex pheromone for management of diamondback moth, *Plutella xylostella* in cabbage. Entomol. Exp. Appl., 2000, 94 (3): 243~248

[152] Schuler T H, Potting R P, Denholm I, et al. Tritrophic choice experiments with bt plants, the diamondback moth (*Plutella xylostella*) and the parasitoid *Cotesia plutellae*. Transgenic Res., 2003, 12 (3): 351~361

[153] Schwarz M, Waters R M. Insect sex attractants. XII. An efficient procedure for the preparation of un-

saturated alcohols and acetates. Synthesis, 1972, 10: 567~568

[154] Seenivasan N, Sridhar R P, Gnanamurthy P. Efficacy of some plant extracts against *Plutella xylostella* L. on cabbage. *South Indian Horticulture*. 2003, 51: 1/6, 183~185

[155] Serizawa H, Shinoda T, Kawai A. Occurrence of a feeding deterrent in *Barbarea vulgaris* (Brassicales: Brassicaceae), a crucifer unacceptable to the diamondback moth, *Plutella xylostella* (Lepidoptera: Plutellidae). Appl. Entomol. Zool. , 2001, 36: 4, 465~470

[156] Shinoda T, Nagao T, Nakayama M, et al. . Identification of a triterpenoid saponin from a crucifer, Barbarea vulgaris, as a feeding deterrent to the diamondback moth, *Plutella xylostella*. J. Chem. Ecol. , 2002, 28: 3, 587~599

[157] Steck W. F, Underhill E W, Bailey B K, et al. Trace co - attractants in synthetic sex lures for 22 noctuid moth. Experientia, 1982, 38: 94~95

[158] Stephen J E, Donaid S M, Eva H J J. Two - fibre solid - phase microextraction combined with gas chromatography - mass spectrometry for the analysis of volatile aroma compounds in cooked pork. Chromatography A, 2000, 905: 233~240

[159] Suckling D M. Improvement the pheromone lure for diamondback moth. New Zealand Plant Protection, 2002, (55): 182~187

[160] Sureshgouda P, Ram S, Kalidhar S. Effect of methanolic extract and its fractions of karanj (*Pongamia pinnata*) seeds on oviposition and egg hatching of *Plutella xylostella* (Lepidoptera: Yponomeutidae). Entomologia Generalis, 2003, 27: (1): 025~033

[161] Sureshgouda R S. Antifeedant activity of Pongamia pinnata methanol seed extracts and fractions against *Plutella xylostella*. J. Med. Arom. Plant Sci. , 2004, 26: (1): 39~43

[162] Sureshgouda R, Kalidhar S B. Effects of karanj (*Pongamia pinnata* Vent) methanolic seed extracts and fractions on growth and development of *Plutella xylostella* L. (Lep. , Yponomeutidae). Biolog. Agric. & Hortic. , 2005, 23: (1) 1~14

[163] Tabashnik B E. Deterence of diamondback moth oviposition by plant compounds. Environ. Entomol. , 1985, 12: 450~466

[164] Talekar N S, Yang J C. Characteristic of parasitism of diamondback moth by two larval parasites. Entomophaga, 1991, 36 (1): 95 ~ 104

[165] Tamaki Y, Kawasaki K, Yamada H, et al. Z - 11 - hexadecenal and Z - 11 - hexadecenyl acteact: sex pheromone components of the diamonback moth (Lepideptera: Plutellidae). Apppl. Entomol. Zool. , 1977, 12 (2): 208~210

[166] Testu A. Electroantennogram activities of sex pheromone analogues and their synergistic effect on diamondback moth in the field attraction. Appl. Ent. Zool. , 1979, 14 (3): 362~364

[167] Thomas H S, Roberts A F, Mon T T, et al. Isolation of volatile components from a model system. J. Agric. Food Chem. , 1977, 25 (3): 446~449

[168] Uematsu H. Seasonal changes in copulation and oviposition time of the diamondback moth, *Plutella xylostella* (Lepidoptera: Plutellidae). Japn. J. o. Appl. Entomol. Zool. , 2002, 46 (2): 81~87

[169] Usha C. Demographic studies on diamondback moth, *Plutella xylostella* (L.) (Lepidoptera: Yponomertidae) on cole crops. Pest Manag. Hortic. Ecolsyst. , 2000, 6 (1): 22~26

[170] Visetson S, Milne M. Effects of root extract from derris (*Derris elliptica* Benth) on mortality and detoxification enzyme levels in the Diamondback moth larvae (*Plutella xylostella* Linn.). Kasetsart Journal, 2001, 35: (2): 157~163

［171］ Vishaldeep K，Gursharan S. Antifeedant activity of *Melia azedarach* Linn. from three locations a-gainst *Plutella xylostella* Linn. Pestic. Res. J. Soc. Pestic. Sci. ，2003. 15：（1）：17～18

［172］ Wang Y W，Zhang G Z，Xu H H，et al. Biological activity of extract of stellera chamaejasme a-gainst five pest insects. Entomologia Sinica，2002，9（3）：17～22

［173］ Zacharuk R Y. Ultrastructure and function of insect chemosensilla. Ann. Rev. Entomol. ，1980，25，27～47

［174］ Zilahi B. Regional differences in pheromone responses of diamondback moth in Indonesia. Int. J. Pest Manag. ，1995，41（4）：201～204

［175］ Zlatkis A，Bertsch W，Lichtenstein H A，et al. Profile of volatile metabolites in urine by gas chro-matography‐mass spectrometry. Anal. Chem. ，1973，45：763～767

6章

第六章 小菜蛾的生物防治

第一节 小菜蛾生物防治概述

为适应非化学杀虫剂控制小菜蛾的迫切需要，加强国际间的交流和协作，1990 年 12 月国际小菜蛾生物防治全球协作组（IOBC Global Working Group on Biological Control of *Plutella*）在第二届国际小菜蛾及其他十字花科蔬菜害虫治理研讨会上成立，协作组认为加强生物防治的研究和实施是小菜蛾综合治理的重点，也是争取达到小菜蛾持续控制的希望所在。在该协作组的组织领导下，亚洲蔬菜研究中心、欧洲罗马尼亚等国家和地区开展了以引进、助迁寄生蜂为主要内容的小菜蛾生物防治工作，并取得了显著的经济、生态和社会效益（刘树生，1998）。2002 年 10 月在法国南部城镇 Montpellier 召开了旨在"改善小菜蛾的生物防治"的国际会议，来自 25 个国家的 61 位代表参加了会议。

小菜蛾生长发育的各个阶段均会遭受到寄生性天敌和捕食性天敌的袭击，生物因子在控制小菜蛾种群数量变化上起着极其重要的作用。近年来，许多国家和地区已开展或正在实施小菜蛾的生物防治，引进、释放和保护利用寄生性天敌，协调使用生物和选择性杀虫剂，取得了一定的进展。

小菜蛾寄生蜂种类很多，1946 年全世界就已记述了 48 种（Thompson，1946）；Goodwin（1979）报道，小菜蛾的寄生性天敌可达 90 多种，同时成虫和幼虫还常被多种捕食性天敌所取食，包括瓢虫、隐翅虫、椿象、步甲、螳螂、蚂蚁、蜘蛛和鸟类等。此外，某些病原微生物如病毒、真菌、细菌、线虫等也能寄生小菜蛾的幼虫和蛹。钱景泰等（1985）报道，全世界已知小菜蛾寄生蜂有 126 种，其中卵寄生蜂主要属于 *Trichogramma* 和 *Trichogrammatoidea* 属，但自然控制效果微小，需要频繁大量释放。在小菜蛾寄生性天敌中，仅约 60 种左右较为重要，其中 6 种天敌寄生小菜蛾的卵，38 种寄生或捕食幼虫，13 种袭击蛹（Lim，1986）。幼虫寄生蜂是最具优势和有效的天敌，主要为小菜蛾弯尾姬蜂（*Diadegma semiclausum*）、菜蛾绒茧蜂（*Cotesta plutellae*）、菜蛾啮小蜂

（*Oomyzus sokolowkii*），蜂期寄生蜂主要为颈双缘姬蜂（*Diadrumas collaris*）（Talekar and Shelton，1993）。大多数寄生性天敌来源于被认为是小菜蛾起源地的欧洲。在罗马尼亚的 Moddavia 大约有 25 种寄生性天敌，寄生率可达到 80%～90%，有效控制着小菜蛾的为害（Mustata，1992）。Kfir（1998）报道，南非的小菜蛾寄生性天敌可达 22 种，其中有许多种类是欧洲所没有的，因此认为小菜蛾可能起源于南非。

东南亚、太平洋岛国、中美洲、加勒比海以及多数非洲撒哈拉沙漠地区小菜蛾发生肆虐极其严重，因为这些地区缺乏有效的幼虫寄生性天敌。而欧洲大陆和北美洲有丰富的天敌资源如 *Diadegma*、*Cotesia* 和 *Diadromu* spp. 等。因此，小菜蛾为害相对较轻（Talekar，1993）。

我国已报道的小菜蛾寄生蜂有 37 种，其中卵寄生蜂 2 种，幼虫寄生蜂 11 种，蛹寄生蜂 10 种，重寄生蜂 14 种（周琼等，2001；李春梅等，2000）。在杭州郊区共发现 6 种小菜蛾的原寄生天敌以及 7 种绒茧蜂的重寄生蜂，但起主要作用的只有 3 种（汪信庚，1998）。在广州和福州均发现卵寄生蜂拟澳洲赤眼蜂［*Trichogramma confusum* Viggiani，即螟黄赤眼蜂（*T. chilonis* Nagarkatti and Nagaraja Ishii）］。何余容等（2000a、b）还在深圳发现卵期寄生蜂 *Trichogramma plutella* He et Huang。在台湾，本地寄生蜂主要为菜蛾绒茧蜂（*Cotesia plutella*）、颈双缘姬蜂（*Diadromu collaris*）和螟蛉埃姬蜂（*Itopletis narayae*），后来还引进半闭弯尾姬蜂（*Diadegma scmiclausum*），并在高冷地区定殖成功。

小菜蛾捕食性天敌种类较多，但由于蔬菜生产期短，复种指数高，大多数捕食性天敌种群尚未建立时就因蔬菜的换茬遭到破坏。因此，捕食性天敌对小菜蛾的发生与为害，特别是十字花科蔬菜生产前期小菜蛾种群控制效果不明显（Riethmacher et al.，1986）。

在自然条件下能对小菜蛾起到有效控制的病原微生物主要有一种颗粒体病毒和两种真菌，以及 Bt 类。病原微生物的控制作用取决于气温和相对湿度（袁哲明等，1999）。小菜蛾的生物防治主要包括两个方面，即天敌昆虫的利用和昆虫病原微生物的利用。

一、天敌昆虫的利用

人类引进天敌防治小菜蛾已有 70 年的历史，1936 年，新西兰从英国引进菜蛾半闭（胫）弯尾姬蜂（*Diadegma semiclausum*）和颈双缘姬蜂，可连续抑制小菜蛾的种群，这是引进天敌控制小菜蛾的第一个成功例子。第二次世界大战以后，随着化学农药的大量使用，天敌的引进工作被忽略，直到小菜蛾对许多杀虫剂产生抗性，人们才对引进天敌控制小菜蛾重新寄予厚望。20 世纪 70 年代以来，许多国家和地区相继开展了天敌的引进和释放利用工作。引进次数最多且较成功的主要有菜蛾半闭（胫）弯尾姬蜂、小菜蛾绒茧蜂（*Cotesia plutella*）、颈双缘姬蜂（*Diadromu collaris*），菜蛾啮小蜂（*Oomyzus sokolowii*）和菜蛾岛弯尾姬蜂（*Diadegma insulare*），其中菜蛾半闭弯尾姬蜂、绒茧蜂的引进范围最广。

半闭弯尾姬蜂主要分布于欧洲，自在新西兰引进定殖成功后，已先后被澳大利亚、印度尼西亚、马来西亚和中国台湾引进，对小菜蛾的控制效果非常显著。在东南亚一带，菜蛾半闭弯尾姬蜂与本地主要天敌小菜蛾绒茧蜂起相辅相成的作用。根据 Lim（1986）和

Alam（1992）报道，小菜蛾绒茧蜂被广泛引入许多地方，包括南美洲的巴巴多斯、东加勒比群岛以及特利尼达岛；非洲的赞比亚、佛得角群岛；太平洋的库克群岛、斐济、夏威夷和巴布亚新几内亚岛。

颈双缘姬蜂原产欧洲，但在原产地对小菜蛾的抑制作用不明显，而在引入其他国家和地区后，寄生率可达 20％～80％。除在新西兰外，还在夏威夷、澳大利亚、马来西亚、赞比亚及我国内地和台湾等引进成功。

岛弯尾姬蜂源自北美洲，也是一种引进的主要天敌，是控制小菜蛾冬季种群的一个重要因子（Waterhouse and Norris，1987）。Harcourt（1986）曾对加拿大安大略省南部小菜蛾种群数量变动的重要因子进行分析，得出寄生性天敌岛弯尾姬蜂是影响小菜蛾种群数量的重要因子。在墨西哥中部，岛弯尾姬蜂对椰菜和花椰菜上小菜蛾幼虫的寄生率可达 30.2％～62.5％（McCully and Arcuiza，1992；Martinz - Castillo et al.，2002）。

菜蛾啮小蜂主要分布在中国、印度、俄罗斯、巴基斯坦、赞比亚等国。在中国和印度，该蜂是小菜蛾的重要天敌之一，既是小菜蛾蛹期死亡的重要因子，又是影响该虫种群数量变动的关键因子（赵全良，1991；Chelliah and Srinivasan，1986），但其缺点是兼营重寄生，能够寄生小菜蛾绒茧蜂（Okada，1989；柯礼道和方菊莲，1982；汪信庚，1998）。

小菜蛾绒茧蜂在我国内地和台湾及日本、印度、泰国、菲律宾、马来西亚等地均是小菜蛾的主要天敌和幼虫期的重要死亡因子（柯礼道和方菊莲，1982；Chelliah and Srinivasan，1986；Rowell et al.，1992；刘新等，1997）。该蜂在自然条件下对压低小菜蛾种群起到一定作用，但寄生率较低，很少超过 60％。这主要有两方面原因，一是天敌的搜索和杀伤力低（Chua and Ooi，1986）；二是该天敌容易遭受重寄生蜂寄生。

上述这些引进的天敌在小菜蛾的防治中起着十分重要的作用，成为小菜蛾综合治理和生态控制的重要组成部分，但也有引进失败的例子。1928 年，有人从荷兰引进 *Diadegma fenestratis* Hlmgr. 到印度尼西亚，没能对小菜蛾起控制作用。主要是由于化学杀虫剂的大量使用限制了外来天敌的作用，以及引进天敌工作存在着一定的盲目性，对引进天敌的基础研究不够深入等原因。

此外，有关本地天敌的人工繁放技术也有少量报道。20 世纪 70 年代中期，福建的黄莹莹（1992）曾研究出一种简易的人工繁殖小菜蛾绒茧蜂的技术；在台湾，Chen et al.（1974）也进行了小菜蛾绒茧蜂的释放试验，可使小菜蛾寄生率大大提高。在泰国，小菜蛾生物防治的重点放在卵寄生蜂繁殖释放上，如在高地释放拟澳洲赤眼蜂后，小菜蛾卵寄生率可达 65.5％。这几年，我国小菜蛾生物防治的研究重点主要集中在寄生性天敌——小菜蛾绒茧蜂、啮小蜂、颈双缘姬蜂、拟澳洲赤眼蜂等天敌上（张敏玲和庞雄飞，1995；张敏玲，1997；何余容等，2001 abc，2002）。

二、昆虫病原微生物的利用

（一）病毒

虽然室内研究表明有多种病毒可侵染小菜蛾幼虫，包括蜡螟 GmNPV、苜蓿银纹夜蛾 ACNPV、广谱型芹菜夜蛾 SfNPV 等数种核型多角体病毒及小菜蛾颗粒体病毒（PxGV）等，但据 Kadir（1992）报道，只有小菜蛾颗粒体病毒的效果最好，PxGV 也是惟一进行过大田试验的病毒。我国曾有人报道 PxGV 在大面积试验中防效可达 75.6%～82.3%，但 PxGV 易受光照影响，且作用效果较慢。目前，许多学者正利用基因手段，将外源对靶标昆虫专一性激素、酶基因、增效基因及毒素基因重组到昆虫杆状病毒的基因组中，或对病毒本身的某些基因进行修饰，以提高感染率，加速作用效果或扩大寄主范围。也有研究者将病毒与 Bt、其他病毒如菜粉蝶颗粒体病毒等混用既可提高防治效果，又可延长残效期（苏智勇，1987；莫美华等，2000）

（二）真菌

Kelsey（1965）曾报道把球孢虫霉侵染的小菜蛾僵尸施于田间，可使小菜蛾感染成功。在美国，Ignoffo et al.（1979）还发现前苏联生产的球孢白僵菌制剂"Boverin"对小菜蛾有一定的防治效果。另外，根虫瘟霉（*Zoophthona rodieons* Brefeld）能侵染小菜蛾幼虫、蛹和成虫，是小菜蛾生物防治最有潜力的真菌之一，其不同菌株已可在我国台湾、马来西亚和美国佛罗里达州等地的小菜蛾自然感病虫体上分离得到。在新西兰秋天气候适宜，虫瘟霉对小菜蛾的种群起着重要的控制作用。试验表明，球孢白僵菌能有效控制小菜蛾，温室喷施一次，持效可超过 2 周，特别是对抗 Bt 效果明显。但是，迄今 PxGV 和能侵染小菜蛾的虫霉真菌的利用仅处于试验阶段，尚未进入商品化生产。

（三）细菌

苏云金芽孢杆菌（*Bacillus thuringiensis*，简称 Bt）是世界上利用规模最大、应用范围最广的昆虫病原微生物，也是在无公害蔬菜生产中一种较为理想的生物杀虫剂。

自 1901 年石渡发现苏云金杆菌猝倒亚种以来，到 1991 年已发表了 27 个血清型，40 多个亚种，生产的苏云金杆菌制剂有 91 多种。到 1996 年，已先后分离出 4 万多个苏云金杆菌菌株，52 个亚种，46 个血清型（喻子牛，1995；唐振华等，1996）。其中仅少数亚种对小菜蛾有毒杀作用，现已用于防治小菜蛾的商品制剂均属 3 个亚种，即库斯塔克亚种（*Bacillus thuringiensis* subsp. *kursataki*）、鲇泽亚种（*Bacillus thuringienssis* subsp. *aizawai*）和苏云金亚种（*Bacillus thuringiensis* subsp. *thuringiensis*）。早在 1957 年人们就发现 Bt 对小菜蛾有效，20 世纪 70 年代后，许多国家或地区都进行了 Bt 对小菜蛾的防效试验，结果发现 Bt 确实能在一定程度上控制小菜蛾，但其作用效果慢、杀虫谱窄，因而未被人们普遍接受。进入 80 年代后，小菜蛾对许多杀虫剂的抗性促成了 Bt 的广泛使用，但现在已有许多报道表明，在长期使用 Bt 的地区，小菜蛾也产生了抗性。目前正从使用不同制剂或毒素、筛选新菌株、转 Bt 基因抗虫作物等方面进行相关研究（戴承镛等，1994）。

（四）线虫

小菜蛾对不同种和不同株系线虫的敏感性差异较大，其中对小卷蛾线虫（*Steinernema carpocapsae*）最敏感。温湿度和紫外光对不同种或不同株系线虫的影响差异显著。试验结果表明，小卷蛾线虫和异小杆线虫（*Heterorhabditis bacteriophora*）对小菜蛾幼虫、蛹和成虫均有感染作用，能在一定程度上控制小菜蛾的种群数量，但线虫须在小菜蛾种群密度不太高时使用。夜蛾斯氏线虫（*S. feltiae*）对小菜蛾等多种叶菜类害虫有较高防效，但适宜温湿度较大，可在阴雨季节或大棚温室等能够控制湿度的菜地使用（陈隆岭等，1987；赵奎军等，1996）。斯氏线虫（*Steinernema* spp.）可与共生菌共同起作用，毒力较强且具有广泛的寄主范围，能用人工培养大量繁殖，施用时可与大部分农药混用，对牲畜安全，目前也是一种较理想的生物杀虫剂，若与其他生物因子配合使用，可望获得较好效果。

（五）微孢子虫

微孢子虫（Vairmarpha）能寄生小菜蛾，但也能寄生小菜蛾重要寄生性天敌胫弯尾姬蜂（*D. semiclausum*）。因此，在应用病原微生物防治害虫时，应考虑其与天敌昆虫间的拮抗关系，以更有效地发挥天敌的作用。

目前，小菜蛾在十字花科蔬菜上为害仍十分猖獗，依赖、滥用化学农药防治小菜蛾的局面还没有得到根本改变，害虫抗药性问题仍然十分突出。因此，加强小菜蛾生物防治和综合治理的研究任重道远。

第二节 捕食性天敌及其对小菜蛾的控制作用

一、捕食性天敌类群

由于蔬菜生长季节短，复种指数高，大多数捕食性天敌难以维持足够强大的种群数量（吕焱雄，1981；Yamada and Yamaguchi，1985；Parvathi et al.，2002），因此，无法对小菜蛾起明显的控制作用，加上在田间对捕食情况观察记录有一定困难，因此，国内外对捕食性天敌的研究尚待进一步深入。小菜蛾主要捕食性天敌见表6-1。

表6-1 捕食性天敌种类

天 敌 种 类	寄主虫态
一、昆虫纲 Insecta	
（一）鞘翅目 Coleoptera	
1. 瓢虫科 Coccinellidae	
七星瓢虫 *Coccinella septempunctata* L.	幼虫
异色瓢虫 *Leix axyrides*（Pallas）	幼虫
龟纹瓢虫 *Propylaea japonica*（Thunberg）	幼虫
四斑月瓢虫 *Chitomenes quadriplagiata*（Swartz）	幼虫
Coleomegilla maculate（De Geer）	卵、幼虫
Cycloneda saguinea L.	卵、幼虫
Hippodamia convergens	卵、幼虫
2. 隐翅甲科 Staphylinidae	
青翅蚁形隐翅甲 *Paederus fuscipes* Curtis	幼虫
Belonuchus gagates Erichson	幼虫、蛹
3. 虎甲科 Cicindelidae	
中华虎甲 *Cicindela chinensis* Degeer	幼虫
4. 步甲科 Carabidae	
后双斑青步甲 *Chlaenius bioculatus* Motschulsky	幼虫
黄足隘步甲 *Patrabus flavipes* Motachalsky	幼虫
（二）脉翅目 Neuroptera	
草蛉科 Chrysopidae	
Ceraeochrysa claveri Nanas	幼虫
中华草蛉 *Chrysopa sinica* Tjeder	幼虫
大草蛉 *Chrysopa septempunctata* Wesmae	幼虫

（续）

天 敌 种 类	寄主虫态
（三）双翅目 Diptera	
Toxomerus dispar（Fab.）	幼虫
T. watsoni（Curran）	幼虫
Psudodorous clavatus（Fab.）	幼虫
（四）半翅目 Hemiptera	
蝽科 Pentatomidae	
叉角厉蝽 *Eocanthercona furcellate*（Wolff）	幼虫
二、蛛形纲 Arachida	
1. 管巢蛛科 Clubionidae	
粽管巢蛛 *Clubiona japonicola* Boes. et Str.	幼虫
2. 皿蛛科 Linyphiidae	
草间小黑蛛 *Erigonidium graminicola* Sundevall	幼虫
食虫瘤胸蛛 *Oedothorax insecticeps* Boes. Et Str.	幼虫
齿螯额角蛛 *Gnathonarium dentatum*	幼虫
3. 狼蛛科 Lycosodae	
纹狼蛛 *Lycosa T-insignita* Boes. Et Str. T	幼虫
4. 蟹蛛科 Thomisidae	
三突花蛛 *Misumenops tricupidatus* Fabricius	幼虫
5. 猫蛛科 Oxyopidae	
斜纹猫蛛 *Oxyopes sertatus* L. Koch	幼虫
6. 球蛛科 Theriodiidae	
八斑鞘腹蛛 *Theridion octomaculatum* Boes. Et Str.	幼虫
7. 肖蛸科 Tetragnathidae	
华丽肖蛸 *Tetragnatha mites* Audouin	幼虫
8. 跳蛛科 Salticidae	
黑色蝇虎 *Plexippus paykulli*（Audouin）	幼虫
黑菱头蛛 *Bianor hotingchiehi* Schenkel	幼虫
吉蚁蛛 *Myrmarachne gisti* Fox	幼虫

上述主要捕食性天敌类群中，以蜘蛛最多，其次为瓢虫、隐翅虫，其他天敌数量较少。在蜘蛛种类中，草间小黑蛛、食虫瘤胸蛛、八斑鞘腹蛛、三突花蛛最为常见，捕食能力也较强。

二、三突花蛛的生物学特性及其对小菜蛾的控制作用

吴梅香和尤民生（2002）在福州郊区调查小菜蛾天敌类群时发现，捕食性天敌以蜘蛛最多，占总数 86.63%，其次为瓢虫（9.4%）、隐翅虫（5.4%），其他类群较少。全年十字花科菜田都有蜘蛛，草间小黑蛛和食虫沟瘤蛛的高峰期在 5～6 月，八斑鞘腹蛛在 9 月虫口密度最大，三突花蛛 4 月始见，7～8 月田间虫口数达到高峰。

根据捕食量测定，蜘蛛中以粽管巢蛛、拟水狼蛛捕食量最大，但田间虫口密度低，不能成为控制小菜蛾发生为害的重要天敌。而草间小黑蛛、食虫瘤胸蛛田间虫口密度大，5月间每株结球甘蓝上可达到 7～8 头，日捕食量可达 10 头左右，因此成为 4～6 月份控制小菜蛾为害的主要天敌资源。八斑鞘腹蛛和三突花蛛秋季发生较多，是秋季十字花科菜田的主要捕食性天敌。

三突花蛛是稻田、棉田、菜园、果园及林区害虫的重要天敌，由于它具有种群数量大、分布广、捕食量大、抗药性强、游猎性等特点，是一种比较有利用前途的蜘蛛。可捕食棉蚜、棉铃虫卵及幼虫、棉叶蝉、斜纹夜蛾、小菜蛾幼虫、黑尾叶蝉等。

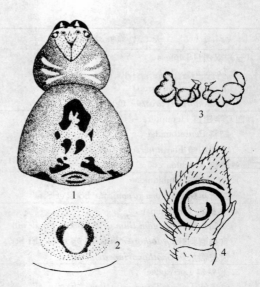

图 6-1　三突花蛛（*Misumenops tricuspidatus*）
1. 雌蛛背侧面　2. 雌蛛外雌器外面观
3. 雌蛛外雌器内面观　4. 雄蛛触肢器腹面观
（仿包建中等，1998）

（一）形态特征

1. 成蛛　雌蛛体长 5～6mm，雄蛛体长 2.5～4 mm，体色随生境的不同而变化，通常为绿色。眼区黄白色，两眼列均后曲，前侧眼较大且靠近后侧眼，余眼等大，均位于眼丘上（图 6-1-1）。前面第一、二对步足显著长于后两对。腹部前窄后宽，呈梨形，腹部背面有红棕色斑纹。外雌器的构造如图 6-1-2、6-1-3。雄蛛背甲红褐色，两侧各有 1 条深褐色带纹。前两对步足的膝节、胫节、后跗节的后端深棕色。触肢器短小，末端近似一个小圆镜。胫节外侧有一指状突起，顶端分叉，腹部另有一突起，因此而得名（图 6-1-4）。

2. 卵　卵囊白色，直径为 4～10 mm，每个卵囊内含卵粒 50～170 粒。

3. 若蛛　雌若蛛脱皮 6 次，雄若蛛脱皮 5 次，初孵色浅。

（二）生活史

成蛛、若蛛均能越冬，其成蛛有多次产卵习性，造成世代重叠。根据赵敬钊等（1980）饲养观察，在湖北武汉地区三突花蛛一年完成完整的 2 个世代，以第三代若蛛和第二代若蛛越冬。一般 5 月中旬开始产卵，10 月下旬开始越冬，其各世代出现日期见表 6-2。

表 6-2　三突花蛛年生活史

（赵敬钊等，1980）

	1～3月 上中下	4月 上中下	5月 上中下	6月 上中下	7月 上中下	8月 上中下	9月 上中下	10月 上中下	11月 上中下	12月 上中下
越冬代	⊕⊕⊕	⊕⊕⊕	⊕⊕⊕							
	（———）	（——）⊕	⊕⊕⊕	⊕						
第一代		⊙	⊙⊙⊙	⊙⊙⊙	⊙⊙					
			— —	— — —	— — —	—				
			+	+++	+++	+				
第二代				⊙⊙⊙	⊙⊙⊙	⊙⊙⊙	⊙			
				— —	— — —	— — —	—			
					+	+++	+++	+⊕⊕	⊕⊕⊕	⊕⊕⊕
第三代						⊙⊙⊙	⊙⊙⊙	⊙⊙⊙		
							— —	—（——	— — —	— — —）

注：⊙ 卵，— 若蛛，＋ 成蛛，（—）越冬若蛛，⊕ 越冬成蛛。

（三）发育历期

温度在 15～30℃，相对湿度 65%～70% 的条件下，三突花蛛各虫态历期及产卵前期随着温度的升高而缩短，因此在各个世代中的发育历期是不一样的。第一代卵期为13～14 d，一龄 8 d，二龄 20.1 d，三龄 11.7 d，四龄 9.6 d，五龄 7.4 d，六龄 9.6 d，世代历期为 79.8 d；第二代卵期为 8～9 d，一龄 2 d，二龄 14.22 d，三龄 7.7 d，四龄6.8 d，五龄 10.3 d，六龄 14.5 d，世代历期为 66.8 d；第三代卵期为 12～13 d，一龄3 d，二龄 25 d，三龄越冬，若蛛各龄期时间长短不同，以二龄最长，一龄最短（赵敬钊等，1980）。

（四）温度对三突花蛛个体发育与生殖行为的影响

李代芹和赵敬钊（1992）研究了温度对三突花蛛个体发育与生殖行为的影响。结果表明（表 6-3），卵在 35℃ 恒温条件下不能孵化；幼蛛无论在哪种温度下均以二龄的历期最长，一龄幼蛛历期最短；温度不同，幼蛛存活率也不同，三突花蛛在 15～32℃ 范围内能发育到成熟，而当温度高于 32℃ 时幼蛛在一龄时就全部死亡；温度为 15℃ 时，幼蛛存活率较低，仅 32.35%，在 25～30℃ 之间存活率较高，25℃ 时存活率最高为 50%；在 15～30℃ 范围内，其发育历期随温度的升高而缩短，除卵期外，各历期与温度均呈显著负相关，在 20℃ 下完成一个世代需要 151.40 d，在 30℃ 下只需 63.46 d，温度每递增 10℃，完成一个世代的平均历期缩短约 88 d；25℃ 和 30℃ 的全世代平均历期相差 29.54 d，30℃ 与 32℃ 的历期相差仅 10.20 d。

表 6-3　三突花蛛在不同恒温条件下的发育历期

（李代芹和赵敬钊，1992）

温度 (℃)	卵期 (d)	幼蛛各龄期 (d)							全幼蛛期 (d)		产卵前期 (d)	全代历期 (d)		
		一龄	二龄	三龄	四龄	五龄	六龄	七龄	雌蛛	雄株		雌蛛	雄蛛	平均
15	26	11	31.94±9.47	21.20±3.51	17.69±3.33	15.27±3.04	23.90±2.13	24.33±4.68	149.00±23.11	124.60±21.53	33	208	183.6	195.8
20	14	8	24.47±6.63	16.83±5.13	14.60±3.59	14.70±4.97	19.88±5.08	22.67±3.77	119.67±20.42	101.50±22.05	25	158.67	140.5	151.4
25	8	6	19.88±6.16	12.27±4.65	8.29±3.22	9.23±2.17	11.27±5.24	14.50±1.71	79.71±11.29	61.50±12.12	15	102.71	84.5	93.03
30	5	5	13.44±2.08	7.48±3.61	7.33±2.40	7.00±2.19	8.50±3.17	10.00±5.29	51.31±6.87	43.62±11.62	11	63.71	59.62	63.46
32	5	5	13.40±3.23	4.95±1.43	4.89±0.94	5.16±1.12	6.33±1.18	8.50±0.71	40.00±4.84	38.73±5.14	9	54	52.73	53.26

温度对三突花蛛生殖行为有一定的影响。研究结果表明，在 15～32℃ 范围内随着温度的升高，三突花蛛的产卵前期逐渐缩短，平均约 9 d；在 20℃ 以下显著延长，在 15℃ 条件下达 33 d；温度对三突花蛛的产卵袋数和产卵率也有一定影响，28℃ 下产卵率最高，达80%，平均每雌产 2.75 个卵袋；15℃ 下产卵率最低，仅 33.33%，平均只有 1.4 个卵袋；随着温度的不同，产卵量不同，15℃ 时平均每雌产卵量最低，为 93.6 粒；28℃ 时每雌平均产卵量最高，为 263.3 粒。各温度下平均每雌产卵量的顺序大致为：28℃＞25℃＞30℃＞20℃＞32℃＞15℃。在 15～32℃ 范围内，每雌平均产卵量随着温度的升高而增加，但温度超过 28℃，每雌平均产卵量反而降低（表 6-4）。

表6-4 温度对三突花蛛生殖行为的影响

(李代芹和赵敬钊，1992)

温度 （℃）	试验头数 （头）	产卵率 （%）	平均每雌产 卵袋数（个）	每雌一生总 产卵量（粒）	每雌平均产 卵量（粒）	孵化率 （%）	卵死亡率 （%）
15	15	33.33	1.40±0.49	468	93.6	34.89	65.21
20	15	66.67	1.50±0.67	1 119	111.9	76.64	23.36
25	15	66.67	2.50±0.81	2 231	223.1	85.13	14.87
28	15	80	2.75±0.92	3 160	263.3	84.38	15.62
30	15	73.33	1.82±0.82	1 924	174.9	76.36	23.64
32	15	60	1.56±0.96	931	103.4	73.88	26.12

（五）越冬

三突花蛛以成蛛和若蛛越冬。抗寒力较强，一般年份，室外的低温对它杀伤力不大；越冬期间不取食，但水分不可缺少；早春温度升高，新陈代谢加强，食物和水分得不到及时供应将造成越冬蛛大量死亡。

（六）交尾、产卵与护卵

三突花蛛雌蛛蜕下皮几分钟就可进行交尾，交尾后一般要经过 $10\sim20$ d 才开始产卵，卵产在棉花、水稻、蔬菜及杂草的叶端，用蛛丝卷起，呈半圆形。雌蛛产卵后，即伏在卵囊上或卵囊附近看护，很少离开卵囊，从不远离卵囊觅食。

（七）三突花蛛对小菜蛾幼虫的捕食作用

三突花蛛成蛛、若蛛都能捕食小菜蛾幼虫，成蛛月捕食量可达 $7\sim8$ 头，在秋季发生较多，成为秋季控制小菜蛾的一个主要捕食性天敌。

1. 对不同猎物的密度功能反应　根据三突花蛛对小菜蛾三龄幼虫的功能反应得知，其反应属于 Holling（1959）Ⅱ型，即符合方程

$$Na = TrN_0/1 + aT_h N_0$$

式中：Na 为捕食量，N_0 为猎物密度，Tr 为搜寻时间，T_h 为捕食 1 头猎物所需时间，a 为瞬时攻击率。

三突花蛛对小菜蛾三龄幼虫的捕食量随着猎物密度的增加而增大，在 $5\sim15$ d 范围内捕食量的增加率最大，其后逐渐下降（表6-5）。以 $Na=TrN_0/1+aT_h N_0$ 拟合，得雌蛛的 $a_1=0.758\,7$，$T_{h1}=0.099\,8$，$\max Na_1=10.02$ 头，雄蛛的 $a_2=0.440\,7$，$T_{h2}=0.050\,5$，$\max Na_2=19.89$ 头。由此可见，三突花蛛雌成蛛的发现率大于雄成蛛，其捕食一次猎物所需时间也高于雄蛛，但最大捕食量低于雄成蛛。

表6-5 三突花蛛对小菜蛾的捕食效应

(黄珺梅等，2000)

三突花蛛	小菜蛾密度 （头/瓶）	捕 食 量（头）		
		第一天	第二天	第三天
雄成蛛	5	2.6 (0)	2.4 (1)	2.6 (1)
	10	3.2 (1)	2.8 (0)	4.2 (0)
	15	7.6 (1)	7.6 (0)	9.2 (0)
	20	8.6 (2)	7.6 (10)	8.4 (1)
	25	8.8 (1)	6.6 (10)	7.6 (1)
	30	10.6 (2)	7.0 (2)	7.2 (2)

（续）

三突花蛛	小菜蛾密度	捕　食　量（头）		
	（头/瓶）	第一天	第二天	第三天
雌成蛛	5	3.8（0）	2.6（0）	2.8（0）
	10	4.0（1）	4.0（1）	3.2（1）
	15	9.6（1）	7.4（0）	8.0（1）
	20	10.2（2）	8.2（2）	9.4（1）
	25	8.2（1）	7.2（2）	8.6（2）
	30	11.2（2）	7.2（2）	8.2（2）

注：括号内数字为对照组自然死亡的小菜蛾数。

2. 三突花蛛对自身的密度反应　以20头小菜蛾二至三龄幼虫作为供试猎物，1、2、3、4、5、6头三突花蛛雌、雄成蛛的捕食数分别为6、10、10.89、8.34、8.67、9头和7.44、11.2、10、8.34、7.84、9.17 d，对它们分别进行曲线拟合，符合 Hassell-Varley 模型，分别为 $a=0.466\ 5p^{-0.762\ 4}$（雌蛛）和 $a=0.587\ 8p^{-1.002\ 4}$（雄蛛）。

从表6-6可以看出，在小菜蛾幼虫密度不变的情况下，三突花蛛的捕食率因其他个体的存在而相互干扰，随着自身密度的增加呈下降趋势。在一定的空间和食料条件下，三突花蛛具有较强的种内竞争作用，并不因自身密度的增加而相应提高捕食数量。因此，在三突花蛛的利用途径上，应以保护利用为主。

表6-6　三突花蛛对小菜蛾幼虫的功能反应参数

（黄珺梅等，2000）

三突花蛛	发现率（a）	处理时间（T_h）	A/T_h	最大捕食量（max/Na）	相关系数（r）	卡方值（χ^2）
雌成蛛	0.758 7	0.099 8	7.602 2	10.021 4	0.761 0	2.438
雄成蛛	0.440 7	0.050 5	8.726 7	19.808 9	0.960 6	1.812

三、黄足隘步甲对小菜蛾的控制作用

步甲类属鞘翅目，步甲科，均为捕食性昆虫，在蔬菜田里广泛分布，在十字花科菜田中主要有黄足隘步甲和后双斑青步甲，两者对小菜蛾幼虫具有一定的攻击力。国内对步甲种类调查、形态描述调查已有不少记载，但对黄足隘步甲和后双斑青步甲在菜田中对害虫的控制作用研究较少。为了明确步甲对小菜蛾的捕食能力，为进一步保护利用这种天敌控制小菜蛾为害提供依据。近年来，已有一些研究者对黄足隘步甲、后双斑青步甲的捕食作用进行了初步观察（王春义等，1996；吴梅香和尤民生，2002）。

（一）黄足隘步甲对小菜蛾的捕食作用

黄足隘步甲在菜田捕食范围广泛，能捕食菜青虫、甜菜夜蛾、小菜蛾等鳞翅目害虫，捕食量随害虫密度升高而增多，但到一定程度捕食量反而呈下降趋势。用不同密度试验数据作散点图，符合 Holling（1959）Ⅱ型反应，故用 Holling 圆盘方程 $Na=TrN_0/1+aT_hN_0$ 来分析黄足隘步甲的捕食效应，求得 $a=0.275\ 8$，$T_h=0.046\ 3$，进一步计算求出黄足隘步甲24h捕食猎物的最大值为21.59头。试验结果表明，在5~25头猎物密度范围内，随着猎物密度增大，黄足隘步甲对小菜蛾幼虫的捕食量增大，但当超过25头，攻击率则明显下降。黄足隘步甲的 Holling 模型为：

$$Na = 0.275\,8TN_0 / (1 + 0.275\,8 \times 0.046\,3N_0)$$

式中：Na 为捕食量，N_0 为猎物密度。

经卡平方检验，其理论值与实际捕食量能很好地吻合，说明该模型能准确地反映黄足隘步甲在不同小菜蛾密度下的捕食量变化规律。

（二）不同温度对黄足隘步甲成虫捕食量的影响

王春义等（1996）研究了 20℃、23℃、27℃、30℃ 4 种温度对黄足隘步甲的捕食量的影响，试验结果表明，20～30℃温度范围适宜黄足隘步甲活动，而在 27℃左右最有利于其捕食，过低或过高的温度都对黄足隘步甲的捕食活动不利。

（三）田间自然控制作用

在武汉地区，4 月至 6 月上旬，日平均温度在 20～30℃之间，小菜蛾在花椰菜和小白菜上繁殖为害进入第一个高峰期，此时的温度条件对黄足隘步甲的捕食活动有利（王春义等，1996）。从理论上看，黄足隘步甲对小菜蛾幼虫的发生量应有较强的控制作用，捕食效应较明显。由于田间小菜蛾发生量的大小受地区温度、雨量、天气以及十字花科蔬菜栽培制度等多种因素的影响，而且步甲属于多食性昆虫，田间的猎物对象十分广泛，因此，自然条件下黄足隘步甲对小菜蛾的控制作用还有待进一步探讨。

四、捕食性天敌应用中存在的问题及解决途径

首先，由于蔬菜生长期短，复种指数高，大部分捕食性天敌难以逃脱蔬菜翻耕换茬的影响，而难以维持足够强大的种群数量，因而无法对小菜蛾起显著的控制作用。

其次，十字花科蔬菜在它们的生长发育阶段会遭受多种重要害虫如小菜蛾、菜粉蝶、黄曲条跳甲、菜蚜等的同时为害，捕食性天敌在田间的猎物对象往往十分广泛，因此很难对小菜蛾起单一控制作用。

第三，捕食性天敌的人工大量饲养繁殖并释放尚有一定困难，目前国内仅在草蛉、瓢虫的饲养繁殖上取得了一定的成果，而对蜘蛛、步甲等的饲养繁殖还研究甚少。

第四，目前国内外对小菜蛾天敌的研究侧重于寄生性天敌，而对主要捕食性天敌的生物学、生态习性及人工饲养方面研究不够，因此，利用捕食性天敌控制小菜蛾的为害缺乏一定的科学研究基础。

因受栽培耕作制度等因素影响，上述问题在短期内很难解决，但仍应加大对捕食性天敌的研究力度，为捕食性天敌的保护利用提供科学依据。

第三节 寄生性天敌及其对小菜蛾的控制作用

一、主要寄生性天敌类群

最早记录小菜蛾的寄生性天敌昆虫是 *Diadegma fenestrale* （Holmgron，1860），而该种寄生蜂更早作为同种异名被记载为 *D. gracilis* （Gravenborst，1829），说明伴随着小菜蛾的发生，同时控制小菜蛾的天敌也应运而生。表 6-7 是已报道的主要小菜蛾寄生性天敌名录。

表 6-7　小菜蛾寄生性天敌名录

天 敌 种 类	寄主虫态
昆虫纲 Insecta	
膜翅目 Hymenoptera	
1. 姬蜂科 Ichneumonidae	
Diadegma armillata Gravenhorst	幼虫、蛹
D. cerophaga Gravenhorst	幼虫、蛹
D. eucerophaga	幼虫、蛹
D. chrysosticta Gmel	幼虫、蛹
D. gibbula Brsch	幼虫、蛹
D. gracilis Gravenhorst	幼虫、蛹
D. holopyga Thoms	幼虫、蛹
D. insulare（Gresson）	幼虫、蛹
D. interrupta Holmgr	幼虫、蛹
D. monospila Thoms	幼虫、蛹
胫弯尾姬蜂〔*D. semiclausum*（Hellen）〕	幼虫
D. tibialis Gravenhorst	幼虫、蛹
D. trochanterata Thoms	幼虫、蛹
D. vestigialis Rtzbg	幼虫、蛹
颈双缘姬蜂〔*Diadromus collaris*（Gravenhorst）〕	蛹
D. subtilicornis（Gravenhorst）	幼虫、蛹
D. ustulatus Holmgr	幼虫、蛹
Dicaelotus parvulus Gravenhorst	幼虫、蛹
Hyposoter ebeninus Gravenhorst	幼虫、蛹
Itoplectis alternans Gravenhorst	幼虫、蛹
螟蛉埃姬蜂〔*I. naranyae*（Ashmead）〕	蛹
I. tunetanus Schm	幼虫、蛹
I. viduata Gravenhorst	幼虫、蛹
Nepiera moldavica Cost. And Must.	幼虫、蛹
Phaeogenes sp.	幼虫、蛹
厚唇姬蜂（*Phaeogenes ischiomelinus* Gravenhorst）	幼虫、蛹
欧洲小菜蛾厚唇姬蜂（*P. plutellae*）	幼虫、蛹
Thyraeella collaris Gravenhorst	幼虫、蛹
无斑黑点瘤姬蜂（*Xanthopimpla flavoliveata* Cameron）	幼虫、蛹
Vulgichneumon leucaniae Vchida	幼虫、蛹
菜蛾治蝎姬蜂（*Meloboris* sp.）	
2. 茧蜂科 Braconidae	
Apanteles eriophyes Nixon	幼虫
A. fuliginosus Wesm.	幼虫
微红盘绒茧蜂（*A. rubecula* Marshall）	幼虫
A. ruficrus（Hal.）	幼虫
Chelonus curvimaculatus Cameron	卵、幼虫
Chelonus sp.	卵、幼虫
小菜蛾绒茧蜂〔*Cotesia*（*Apanteles*）*plutellae* Kurdjumov〕	幼虫
Cotesia sp.	幼虫
Habrobracon brevicornis（Wesmael）	幼虫
（美国）小菜蛾侧沟茧蜂（*Microplitis plutellae*）	幼虫
3. 分盾细蜂科 Ceraphronidae	
菲岛分盾细蜂（*Ceraphron manilae* Ashmead）	

（续）

天 敌 种 类	寄主虫态
4. 小蜂科 Chaccididae	
无脊大腿小蜂（*Brachymeria excarinata* Gahan）	
B. bornensis Masi	
Brachymeria sp.	蛹
Hockeria sp.	蛹
5. 扁股小蜂科 Elasmidae	
Elaomus sp.	
6. 姬小蜂科 Eulophidae	
Geniocerus sp.	
菜蛾啮小蜂（*Oomyzus sokolowskii* Kurdjumov）	幼虫或蛹
Trichospilus diatraeae Cherian and Margabandhu	幼虫、蛹
Tetrastichus ayyari Rohw	蛹
Tetrastichus howardi (Olliff)	蛹
Tetrastichus sp.	幼虫或蛹
7. 金小蜂科 Pteromalidae	
Dibrachys cavus (Walk)	
Pteromalus sp.	
8. 赤眼蜂科 Trichogrammatidae	
拟澳洲赤眼蜂（*Trichogramma confusum* Viggiani）	卵
螟黄赤眼蜂（*T. chilonis* Viggiani，Nee Ichii）	卵
T. papilionis	卵
Trichogramma sp.	卵
卷蛾分索赤眼蜂（*Trichogramma toidea bactrae* Nagaraja）	卵
短管赤眼蜂（*Trichogramma pretiosum* Riley）	卵
特氏赤眼蜂（*T. trjapitzini sorokina*）	卵
碧岭赤眼蜂（*T. bilingensis* He et Pang.）	卵

二、拟澳洲赤眼蜂的主要生物学特性及其对小菜蛾的控制作用

赤眼蜂属膜翅目赤眼蜂科。我国已知种类有 41 属，142 余种（林乃铨，1994）。菜田已知赤眼蜂种类分属于 2 个属，即 *Trichogramma* 和 *Trichogramatoidea*，包括拟澳洲赤眼蜂（螟黄赤眼蜂）、碧岭赤眼蜂、短管赤眼蜂、特氏赤眼蜂以及卷蛾分索赤眼蜂等 5 种，其中以拟澳洲赤眼蜂分布广，应用研究也比较深入。

赤眼蜂是多选择性寄生蜂，喜寄生鳞翅目昆虫的卵，还可寄生膜翅目、鞘翅目、双翅目、脉翅目等 24 科 400 多种昆虫的卵，是稻田、蔗田、棉田及菜田害虫的重要天敌。

赤眼蜂世代历期短，在 28～30℃ 下发育一代仅需 7～10 d。因此，利用人工大量饲养繁殖释放来防治一些重要农林害虫，已获得成功。例如，国外 20 世纪初就开始利用赤眼蜂防治农林害虫，前苏联于 1921 年开始利用黄地老虎繁殖赤眼蜂，美国 1921 年也利用赤眼蜂防治若螟取得成功。此后，印度、日本、西班牙、加拿大、巴西等国先后都开展了利用赤眼蜂防治玉米螟、棉铃虫、苹果卷蛾、松毛虫、云杉色卷蛾等农林害虫的研究工作。

目前，在国内赤眼蜂主要用于防治玉米螟、棉铃虫、松毛虫、蔗螟、稻纵卷叶螟、二

化螟等害虫，都取得了良好的效果，有的生产上已开始大面积推广应用，工厂化生产赤眼蜂技术已取得成功，全国利用赤眼蜂防治农林害虫面积每年在 66.6 万 hm² 左右。可见利用赤眼蜂防治农林害虫具有巨大的潜力和可能性。

拟澳洲赤眼蜂（*Trichogramma confusum* Viggiani）属膜翅目赤眼蜂属（*Trichogramma*），是许多鳞翅目昆虫卵期的重要寄生蜂，也是十字花科害虫小菜蛾的卵期主要寄生蜂。在国内分布于福建、广东、广西、贵州、湖南、湖北、江西、安徽、陕西、北京、浙江等地，国外分布于印度及其他东洋区国家（林乃铨，1994）。该蜂寄生小菜蛾卵，对降低下代小菜蛾幼虫的取食为害有一定作用。

泰国曾在高地上释放拟澳洲赤眼蜂防治小菜蛾，提高了卵的寄生率（Wakisata et al.，1992），张敏玲等（1998）在东莞、深圳田间释放拟澳洲赤眼蜂防治小菜蛾，也取得了一定的效果。

（一）形态特征

1. 雄虫　体长 0.5～1.0 mm，体暗黄色，中胸盾及腹部黑褐色，触角毛颇长而略尖，最长的相长于鞭节最宽处的 2.5 倍。前翅臀角上的缘毛长约为翅宽的 1/6。

2. 雌虫　在 15～20℃下培养的成虫体暗黄色，中胸盾片褐色；在 25℃下培养的腹部褐色而中央出现黄色的窄横带；在 30～35℃下培养的中胸盾也为暗黄色，腹部中央有较宽的暗黄色的横带。

（二）生物学特性

1. 生活史　赤眼蜂的生活史因种类、地区、植被和寄主昆虫的发生情况而有差异。根据陕西咸阳地区的观察，拟澳洲赤眼蜂于 10 月末、11 月初在棉小造桥虫和甘蓝夜蛾卵内越冬，次年早春转主寄生于银纹夜蛾、地老虎的卵；夏秋再转入菜地，在棉铃虫、烟青虫卵内寄生；晚秋又转到棉小造桥虫和甘蓝夜蛾卵上产卵越冬（李元林等，1980）。

2. 发育历期　赤眼蜂的个体发育需经卵、幼虫、预蛹、蛹和成虫五个发育阶段，除成虫外，其他各虫态均在寄主卵内完成。在 25℃条件下，全发育期 10d 左右。发育期的长短与温度密切相关，不同赤眼蜂种的个体发育历期略有差异。拟澳洲赤眼蜂以蓖麻蚕卵作为寄主卵，在 25℃条件下完成一个世代需 10～12d，其中卵期 1d 左右，幼虫期 2d，预蛹期 3.5d，蛹期 4 左右；在 30℃条件下，一世代 8d 左右，其中卵期 6～22h，幼虫期 1d，预蛹期 2d 左右，蛹期 3d 左右（包建中和古德祥，1998）。

（三）拟澳洲赤眼蜂对小菜蛾卵的适应能力

为田间更好地应用拟澳洲赤眼蜂防治小菜蛾，张敏玲（1996）在室内温度 28℃、相对湿度 80%、16h 光照和 8h 黑暗的情况下，研究了拟澳洲赤眼蜂对米蛾卵和小菜蛾卵的适应能力。结果表明，当不喂蜜水时，拟澳洲赤眼蜂寿命较短，不到 1d，可在小菜蛾卵上产卵的比可在米蛾卵上产卵的雌蜂比例低得多，前者为 45.45%，后者为 93.02%，且可在小菜蛾卵上产卵的雌蜂的平均产卵数比在米蛾卵上的低，前者为 30.47 粒，后者为 47.05 粒，经 *t* 检验差异显著。当喂以蜜水时，拟澳洲赤眼蜂寿命延长，可在小菜蛾卵上产卵的雌蜂与在米蛾上的比例差别不大，雌蜂的平均产卵数经 *t* 检验差异不显著（表 6-8）。

表 6-8　拟澳洲赤眼蜂在两种寄主卵上的产卵比较

（张敏玲等，1996）

处理	供试雌蜂（头）	可产卵雌蜂比例（%）	产卵数（粒/雌）			寿命（d）		
			平均	最高	最低	平均	最高	最低
不喂蜜糖水								
小菜蛾卵	33	45.45	30.47*	53	1	0.76	1	0.3
米蛾卵	43	93.02	47.05*	76	18	0.76	1	0.26
喂蜜糖水								
小菜蛾卵	26	96.15	134.17#	237	93	12.74	20	8
米蛾卵	32	96.87	146.64#	223	96	12.55	24	6

注：* 表示 t 检验差异显著；# 表示 t 检验均差异不显著。

　　把喂以蜜水的拟澳洲赤眼蜂在两种寄主卵上的逐日产卵量作统计，取前 10d 的产卵量作图（图 6-2）。经 t 检验，拟澳洲赤眼蜂在两种寄主卵上的逐日产卵量均差异不显著。上述结果表明，用米蛾卵繁殖的拟澳洲赤眼蜂对小菜蛾有一定的不适应性，在不喂饲蜜水的情况下，几乎一半的雌蜂未产卵就已死亡，当喂饲蜜水时，拟澳洲赤眼蜂能很好地适应小菜蛾卵。因此，利用米蛾卵大量繁殖拟澳洲赤眼蜂防治小菜蛾时，在放蜂前应考虑给拟澳洲赤眼蜂一定的补充营养，以增强对小菜蛾卵的适应性。

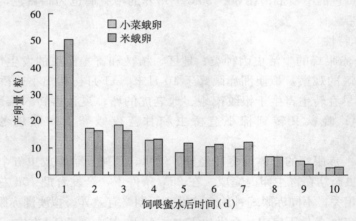

图 6-2　拟澳洲赤眼蜂在两种寄主卵上的逐日产卵量

t 检验均达 0.05 显著水平

（张敏玲等，1996）

　　陈科伟等（2002）用米蛾 [Corcgra cephalomica (Sotainton)] 或小菜蛾的卵繁殖拟澳洲赤眼蜂和卷蛾分索赤眼蜂，采用生命表技术分析了对小菜蛾卵的寄生潜能。结果表明，在相同寄主繁蜂条件下，卷蛾分索赤眼蜂在小菜蛾卵上显示出较强的寄生潜能，在米蛾卵和小菜蛾卵上所繁殖的卷蛾分索赤眼蜂的内禀增长率分别为 0.350 9 和 0.345 0；而在米蛾卵上和小菜蛾卵上所繁殖的拟澳洲赤眼蜂的内禀增长率仅为 0.239 1 和 0.190 2；卷蛾分索赤眼蜂的每雌平均寄生卵数为 70.75 和 46.13 粒，而拟澳洲赤眼蜂的每雌平均寄生卵数仅为 64.90 和 31.73 粒（表 6-9）。这表明，在相同繁蜂条件下，卷蛾分索赤眼蜂对小菜蛾卵有较强的嗜好性。但由于拟澳洲赤眼蜂寿命较长，在目标寄主卵短缺的情况下，有更多机会去搜寻寄主，因此有利于在田间建立自然种群。陈科伟等（2002）还发现，米蛾卵所繁的仔蜂的各项寄生特性参数，如内禀增长率、每雌寄生卵量、净生殖力、平均世代历期和雌蜂寿命等均优于用小菜蛾卵所繁的寄生蜂。米蛾卵虽然是其适宜的寄主，但如果长期用中间寄主繁蜂，赤眼蜂可能会对目标害虫表现出一定的不适应性，因此采用中间寄主的驯化的方法对赤眼蜂的寄生潜能有不可忽视的削弱作用。

表 6 - 9　不同繁殖条件下两种寄生蜂在小菜蛾卵上的寄生特性比较
（陈科伟等，2002）

蜂种及处理	平均每雌寄生卵数（粒）	净生殖力（R_0）（头）	内禀增长率（rm）	周限增长率（λ）	雌蜂平均寿命（d）	平均世代历期（d）
T.c - RM	64.9±6.98b	28.62	0.239 1	1.27	13.70±0.65a	14.03
T.c - DBM	31.56±2.44d	15.11	0.190 2	1.17	11.61±0.41b	14.27
T.b - RM	70.05±4.32a	49.58	0.350 9	1.42	10.75±0.94c	11.12
T.b - DBM	46.13±4.25c	31.73	0.345	1.41	6.67±0.51d	10.01

注：表中 T.b - RM、T.b - DBM、T.c - RM、T.c - DBM 分别表示在米蛾卵上繁殖的卷蛾分索赤眼蜂、在小菜蛾卵上繁殖的卷蛾分索赤眼蜂、在米蛾卵上繁殖的拟澳洲赤眼蜂和在小菜蛾卵上繁殖的拟澳洲赤眼蜂；数字后字母为 Duncun's 新复极差比较的结果，字母相同表示差异不显著，字母不同表示差异显著（$P=0.05$）。

　　Klemm et al.（1992）通过对 27 种赤眼蜂对小菜蛾卵的选择寄生特性分析，认为卷蛾分索赤眼蜂和拟澳洲赤眼蜂等对小菜蛾卵有较强的寄生能力，可用作防治小菜蛾的蜂种。

　　何余容等（2001a、2002）通过组建几种赤眼蜂在小菜蛾卵上的实验种群生命表，对寄生小菜蛾的赤眼蜂蜂种进行研究。结果表明，拟澳洲赤眼蜂和短管赤眼蜂对小菜蛾卵的寄生能力最强，内禀增长率分别为 0.433 1 和 0.389 6；卷蛾分索赤眼蜂对小菜蛾卵也具有较强的寄生能力，其内禀增长率为 0.307 6。这 3 种赤眼蜂可进一步进行室内繁殖和田间试验，以最终选择蜂种（表 6 - 10）。

表 6 - 10　几种赤眼蜂在小菜蛾卵上繁殖的生命表特征
（何余容等，2001a）

蜂种	平均每雌寄生卵数（粒）	雌蜂平均寿命（d）	生殖力（R_0）（头）	内禀增长率（rm）	周限增长率（λ）	平均世代历期（d）
拟澳洲赤眼蜂 A	53.00a	2.42b	28.128 3	0.433 1	1.542 0	7.705 4
拟澳洲赤眼蜂 B	35.28b	4.15a	9.957 0	0.286 9	1.332 3	8.010 6
拟澳洲赤眼蜂 C	36.26b	4.70a	16.846 3	0.340 8	1.406 1	8.290 2
短管赤眼蜂	52.60a	2.31b	28.976 5	0.389 6	1.476 4	8.639 9
碧岭赤眼蜂	6.50e	2.10b	3.219 8	0.136 2	1.145 9	8.585 8
特氏赤眼蜂	15.80d	2.40b	6.867 7	0.208 1	1.231 5	9.261 0
卷蛾分索赤眼蜂	26.60c	1.95b	14.240 3	0.307 6	1.307 6	8.634 9

　　赤眼蜂是一类多食性的天敌，能寄生多种鳞翅目害虫，它们的大量释放不仅会对目标害虫有直接作用，而且会对其他非目标害虫产生影响。为评价赤眼蜂对其他害虫的兼控能力，何余容等（2002）还研究了拟澳洲赤眼蜂、短管赤眼蜂及碧岭赤眼蜂对菜粉蝶卵、斜纹夜蛾卵及甜菜夜蛾卵的寄生能力。结果发现，在菜粉蝶卵上，短管赤眼蜂和拟澳洲赤眼蜂都能产卵寄生，短管赤眼蜂的寄生能力远大于拟澳洲赤眼蜂，但两者都不能发育成功和正常羽化；在甜菜夜蛾卵上，三种赤眼蜂都有较强的寄生能力，但碧岭赤眼蜂不能发育成

功和正常羽化；三种赤眼蜂都能在斜纹夜蛾卵上发育成功并繁殖下一代。当田间大量释放拟澳洲赤眼蜂防治小菜蛾时，能杀死部分菜粉蝶卵，压低虫口基数，但不能建立种群，起不到持续控制作用。尽管拟澳洲赤眼蜂在实验条件下，也能产卵寄生斜纹夜蛾和甜菜夜蛾卵，但田间却较少发现有被自然寄生的情况，赤眼蜂释放后，对各种害虫的综合控制能力尚待进一步研究。

（四）拟澳洲赤眼蜂的田间作用评价

1. 拟澳洲赤眼蜂的田间寄生率　在印度，拟澳洲赤眼蜂的田间寄生率可达 77.06%～94.78%（Yadav et al.，2001）；汪信庚等（1998）调查了小菜蛾天敌在杭州的季节性变化，发现了 6 种原寄生天敌，其中拟澳洲赤眼蜂的田间寄生率很低，为 0～5%，仅在 1989 年 9～10 月调查一块萝卜地时，发现有较高的寄生率，最高可达 62.9%。日本学者 Okada（1989，1991）的研究表明，早春拟澳洲赤眼蜂寄生率低，但在 6 月底后，拟澳洲赤眼蜂的寄生率上升，8～11 月间拟澳洲赤眼蜂的平均寄生率达 11.9%。拟澳洲赤眼蜂在不同国家、不同地区、不同季节的自然寄生率有所差异，但总的来说，在田间拟澳洲赤眼蜂对小菜蛾的控制作用较小。为了更好地发挥拟澳洲赤眼蜂的控制作用，许多学者进行室内繁蜂技术的研究，并通过田间放蜂来确定拟澳洲赤眼蜂的控制效果。

2. 田间放蜂的控制效果　通过田间大量释放拟澳洲赤眼蜂控制小菜蛾取得了一定的效果。在泰国，在高地上释放拟澳洲赤眼蜂 37.50 万头/hm²，可使小菜蛾卵的被寄生率达到 65.5%。Wakisata et al.（1992）用生命表方法评价了拟澳洲赤眼蜂在不同季节对小菜蛾种群的控制效果。结果表明，在菜心 4～5 叶期，一次释放 44.28 万头/hm² 时，小菜蛾种群趋势控制指数由对照的 29.3 降到 6.97，干扰作用控制指数达到 0.24，收到了较好的效果。

三、菜蛾绒茧蜂的主要生物学特性及其对小菜蛾的控制作用

菜蛾绒茧蜂（*Cotesia plutellae* Kurdjmov）是分布广泛的小菜蛾幼虫优势寄生蜂，在中国、日本、印度、泰国、菲律宾、马来西亚等地均是小菜蛾的主要天敌（Chelliah and Srinivasan，1986；柯礼道和方菊莲，1982；Ooi，1986；Rowell et al.，1992），主要寄生二至三龄幼虫。1943 年和 1971 年，斐济、关岛等地分别引进绒茧蜂，小菜蛾的为害受到有效的抑制；夏威夷 1972 年引入小菜蛾绒茧蜂，直到 1983 年定殖，现已成为当地的优势种，小菜蛾绒茧蜂作为菲律宾的本地优势寄生蜂种，配合 Bt 协调使用，有效地控制了小菜蛾的为害。我国内地从 20 世纪 70 年代开始小菜蛾绒茧蜂的研究（柯礼道和方菊莲，1982），我国台湾省也较早将小菜蛾绒茧蜂用于农业生产（Chen，1974）。

（一）形态特征

1. 成虫（图 6-3）

（1）雌蜂　体长 2.0～3.0mm，体黑色，前足转节、腿节、胫节和跗节呈褐色，翅基片暗红色，翅透明，翅痣和翅脉褐色。头横形，具细密的皱纹，脸凹陷，单眼呈正三角形排列，触角长度不及体长的 2 倍。盾纵沟呈扇形。中胸背板光滑具斑纹，小盾片光滑。并胸腹节有粗糙的皱纹，中央呈稍凹陷的纵室和脊。翅的径脉折成角度，第一段与肘脉近等长，痣后脉与翅痣等长。后足基节具皱纹，后足胫节长度为基跗节的一半。腹

部第一节脊板的基部显著凹陷，中部膨起，具短的
纵脊，背面密生粗皱纹；第二节背板横宽；背面均
有粗皱纹；第三节背板光滑，在基部中央有一无毛
的三角区。后面各节背板通常也具较细的皱纹。产
卵器鞘比后足基节短。

（2）雄蜂　与雌蜂相似。体长 1.8～2.5mm。足
大部分黑色。触角较长，约为身体长度的 3 倍。腹节
背板上的皱纹及其密度比雌蜂更显著。

2. 卵　约 0.5～0.55mm，长椭圆形，稍弯曲，乳
白色。

3. 幼虫　第一龄幼虫约 0.7～0.75mm，头部膨
大，末端窄小，具一长尾突，体表多长刚毛；上颚细
而尖。第二龄体长 1.5～2.0mm，圆筒形，尾突较短

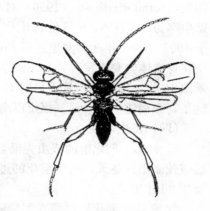

图 6-3　菜蛾绒茧蜂成虫
（福建农学院，1981）

小，体表无刚毛，末端具一圆形大臀片，上颚粗短而钝。第三龄体长 2.5～3.5mm，蛆
形，尾突消失，臀泡小，上颚细长、有细齿。

4. 蛹　外裹淡黄色绒茧、单粒，茧长约 3～4mm，宽 1～1.5mm。里面的蛹为黄白
色，长约 2.5～3.0mm。

（二）生活史

柯礼道和方菊莲（1982）的研究结果表明，在杭州，小菜蛾绒茧蜂周年最多能发生
15 代，比小菜蛾多 1 代，11 月下旬前后开始越冬，翌年 4 月中下旬或 5 月上旬羽化（图
6-4）。冬天，室内有成虫、幼虫和
茧（预蛹和蛹）3 个虫态，但前两
者无法越冬。在对越冬代观察的过
程中发现，41 头蛹全部羽化，只有
预蛹渡过了整个冬天，18 头预蛹中
有 17 头于 4 月上中旬化蛹，不久即
羽化。因此，真正能越冬的是预蛹，
这与田间采集到的虫态吻合。6～9
月份最有利于绒茧蜂发育，每月发
生 3 代左右，占全年发生世代
的 80%。

（三）发生规律

在杭州，小菜蛾绒茧蜂茧始见
于 6 月下旬或 7 月上旬，盛发期为
8～9 月，终见于 9 月中旬或 10 月上
旬。一般情况下，6～9 月的寄生率
仅为 1.3%～18.4%，但在萝卜地的
寄生率总是最高，可达 59.4%。在

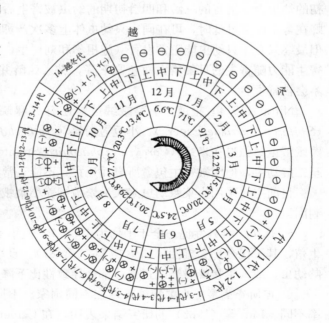

图 6-4　菜蛾绒茧蜂生活史
（柯礼道和方菊莲，1982）

印度，Kandoria et al.（1996）对小菜蛾绒茧蜂生物学特性进行了整年观察，发现 5 月份寄生率为 54.54%，8 月份寄生率为 45.24%，9 月份寄生率为 45%。Hu et al.（1998）于 1996—1997 年在佛罗里达州 Bunnel 进行了实验，发现整个冬季，小菜蛾绒茧蜂均能寄生在寄主体内完成发育。福建农学院（1981）研究发现，在福建沙县小菜蛾绒茧蜂 1 年可繁殖 16 代，田间在 8 月下旬到 10 下旬种群数量最大。该蜂在福建北部冬季以预蛹及成虫越冬，在福建中、南部（福州以南）冬季仍可见成虫在田间活动，并无生殖滞育现象。

（四）寄生习性

1. **羽化** 羽化前的成虫先沿茧的前端咬出圆整的、直径约为 1mm 的裂缝，形成茧盖后破盖而出。冬天，这个羽化的过程很长。有时完整的茧盖已形成，成虫也不立即出来，最长 8d 才出茧。

2. **交尾** 羽化后雄蜂立即频频振翅追逐雌蜂，经几次反复，迅速爬到雌蜂背部，弯曲腹部交尾，经 20～25s 交尾结束。

3. **产卵** 交尾后雌蜂即去寻找寄主，找到寄主后，迅速从寄主幼虫身上爬过将卵产入寄主对象体内，也常见到雌蜂重复攻击同一头寄主的现象。解剖中发现有时 1 只寄主中有 2～3 粒蜂卵，但每头寄主内仅羽化出子蜂 1 只。成虫产卵期可达 20d 左右，10d 后寄生率仍可达 51.5%，低温保存 40d 的雌蜂，仍可继续产卵。一只雌蜂可寄生 90～172 只小菜蛾幼虫，平均寄生 112 只，每只雌蜂每天平均可寄生 11.8 只寄主幼虫，平均成茧率可达 35.5%，雌蜂还能以产卵器刺伤小菜蛾造成机械死亡。

4. **对寄主的选择能力** 羽化的成蜂当天即可交尾产卵，除仍潜蛀在菜叶组织内的小菜蛾一龄初期幼虫外，其他各龄幼虫均可被寄生。小菜蛾绒茧蜂最喜产卵在二龄末和三龄初的幼虫上，但有的三龄和四龄初期的幼虫被寄生后不能正常化蛹，或化蛹后不羽化。雌蜂在寄主密度过低时，可在同一只幼虫体上多次产卵寄生，有时寄生蜂卵数达 3 枚左右，但最终只有 1 只幼虫能正常发育（施祖华和刘树生，1999a）。小菜蛾绒茧蜂对四龄幼虫的寄生能力随寄主的日龄增大而急剧下降，进入四龄并发育至该龄期 40% 时间以上的幼虫不会被寄生。

Niron（1974）报道，小菜蛾绒茧蜂还有荨麻蛱蝶（*Aglais urticae* L.）、荨麻灯蛾（*Spilosoma urticae* Esper.）、小豆冠粉蝶（*Anthocharis cardaminess*）等 8 种寄主。当小菜蛾绒茧蜂强迫在米蛾（*Corcyra cephaconica* Stainton）幼虫上产卵时，卵虽可孵化发育至二龄幼虫，但因被寄主包囊所裹而死亡，不能正常发育至蛹期（福建农学院，1981）。

目前主要采用小菜蛾幼虫来大量繁殖饲养小菜蛾绒茧蜂，这是大量繁蜂放蜂的一个限制因素。

5. **性比** 雌雄性比，全年平均为 1：0.7，但小菜蛾绒茧蜂未经交配的雌蜂可行孤雌生殖，其子代全部为雄性（福建农学院，1981）。夏季高温或寄主龄期偏小，或寄主是老龄幼虫，或人工接蜂时光线过强，都会导致性比下降。

6. **田间寄生率** 小菜蛾绒茧蜂在不同国家、不同地区、不同年份、不同世代的寄生率不同。Lim 等（1982）的研究结果表明，在 Cameron 高地，小菜蛾绒茧蜂的寄生率平均在 29.6%～35.8%，而在另一份研究中平均寄生率在 12.3%～19.1%（Ooi，1979）；在 Sabah 地区平均寄生率达 59.3%～66.6%；在牙买加和其他加勒比海岛，寄生率则很低，1988 年的寄生率是 4.5%；在菲律宾 1982 年首次记载小菜蛾绒茧蜂时，其寄生率仅为 1.9%～16.5%，后来从台湾引进小菜蛾绒茧蜂后，寄生率达到 17.4%～36.5%（Morallo-Rejesus et al.，1992）；在泰国，1989 年的调查结果表明，12 月中旬寄生率为 12%，8 月的寄生率为 88%，秋季寄生率很高（Rowell et al.，1992）；在杭州，1974—1976 年的田间调查表明，小菜蛾绒茧蜂的寄生率最高一般是在 8～9 月，在 3 年田间调查中还发现，个别萝卜地最高寄生率可达 59.4%，一般情况下，6～9 月的寄生率仅为 1.3%～18.4%，各种作物中，萝卜地的寄生率总是最好，这与萝卜的粗放管理有关；另据报道，在杭州 6～11 月寄生率在 20%～60% 之间，个别田块最高时可达 80% 以上；吴梅香和尤民生（2002）在 1994 年 10 月至 1999 年 10 月的调查结果表明，在福州郊区，3 月中下旬，绒茧蜂寄生率仅为 24.0%，到 5 月下旬可达 42.3%，6～7 月田间寄生率很低，8～9 月小菜蛾绒茧蜂寄生率开始上升，9 月下旬可达 50.8%，与小菜蛾秋季高发期基本吻合，因此可以压低虫口基数，对于控制小菜蛾的继续为害具有生态学意义。总体来说，小菜蛾绒茧蜂的寄生率偏低，原因有几点：①小菜蛾世代重叠明显，导致小菜蛾绒茧蜂跟随效应下降；②6～7 月高温，影响成蜂寿命和其他活动；③小菜蛾防治一直以大面积化学防治为主，杀伤了大量寄生蜂。

7. 小菜蛾幼虫被寄生后的反应

（1）小菜蛾绒茧蜂幼虫啮出和结茧 小菜蛾幼虫被小菜蛾绒茧蜂寄生的初期看不出明显的症状；从四龄中期起，腹部稍有膨大，表皮光滑，似有釉彩；消化道被挤向一边或仅见胸部两节。透过寄主表面隐约可见寄生蜂老熟幼虫。被寄生的四龄小菜蛾幼虫食欲不振，行动迟缓，一旦抖落到地面，就不能再爬上植株，因此有部分茧结在地面。寄生蜂老熟幼虫啮出时不停地顶扒寄主腹侧壁，突破后向寄主尾部蠕动，从寄主体内啮出时，与寄主同色，腹部能见到绿色食料。整个啮出过程约 15min。幼虫稍息片刻后即吐丝结茧，结好半个茧形后幼虫调头，将寄主顶开，继续结另一半茧，0.5h 左右做出一个完整的薄茧，以后又多次加固，直到完全包住幼虫，幼虫啮出的位置比较固定。60% 小菜蛾绒茧蜂是从寄主腹部第四节侧面钻出，但钻出位置总体上是在腹部第三到第五节间，幼虫啮出之后，寄主缩短，不久伤口愈合，但却不能正常爬行，也不会取食，以后在茧旁或落地处死亡。

（2）小菜蛾幼虫被寄生后的发育历期 施祖华和刘树生（1999a）研究了小菜蛾绒茧蜂寄生对小菜蛾幼虫生长发育的影响，结果表明（表 6-11），当小菜蛾幼虫在二龄被寄生后，其三龄发育历期有延长的趋势，四龄历期则较正常幼虫显著延长；当在三龄时被寄生后，其四龄幼虫的发育历期则更长，约为正常幼虫的 3 倍，所有被寄生幼虫均不能正常化蛹而死亡。

表 6-11 被小菜蛾绒茧蜂寄生和未被寄生的小菜蛾幼虫的发育历期（h）（$\bar{x}±SE$）

（施祖华和刘树生，1999a）

供试虫龄	三龄幼虫		四龄幼虫	
	未被寄生	被寄生	未被寄生	被寄生
二龄	27.86±1.98 (7)	33.59±1.97 (17)	58.71+5.70 (7)	80.12+3.84** (17)
三龄			43.18±1.12 (28)	123.83+1.75** (29)

注：括号内为重复幼虫数。** 表示与对照比较差异极显著（$P<0.01$）。

（3）小菜蛾绒茧蜂寄生对小菜蛾幼虫取食量的影响　从表6-12可知，当小菜蛾幼虫在二龄被寄生后，就各龄期的取食量而言，只有四龄幼虫比未被寄生的有显著增加，但就总食量而言，被寄生的与未被寄生的差异达极显著水平（$P<0.01$），当小菜蛾幼虫在三龄被寄生后，四龄的取食量也比正常幼虫显著增加（$P<0.01$）。

表6-12　被小菜蛾绒茧蜂寄生和未被寄生的小菜蛾幼虫取食量（mg）（$\bar{x}\pm SE$）

（施祖华和刘树生，1999a）

供试虫龄	三龄幼虫		四龄幼虫		三龄＋四龄幼虫	
	未被寄生	被寄生	未被寄生	被寄生	未被寄生	被寄生
二龄	48.6±1.1 (7)	46.6±0.4 (17)	97.6±13.1 (7)	140.0±9.4* (17)	146.2±9.8 (7)	186.6±5.4** (17)
三龄			96.2±4.8 (28)	118.4±2.4** (29)		

注：括号内为重复幼虫数。＊表示与对照比较差异达显著水平（$P<0.05$），＊＊表示与对照比较差异达极显著水平（$P<0.01$）。

小菜蛾幼虫被寄生后，虽不能化蛹，但可存活到寄生蜂幼虫从体内钻出结茧，其四龄幼虫历期比未被寄生过的显著延长，且被寄生时的龄期越大，其四龄的历期延长越多。这在调查田间小菜蛾幼虫种群大小时，会导致估计偏高，从而增加应用化学农药进行防治的可能性。因此，在制定防治小菜蛾经济阈值时应予以考虑，以便减少对其天敌昆虫的杀伤，有利于发挥天敌昆虫的作用。而在调查田间小菜蛾绒茧蜂寄生率时，采集四龄幼虫来估计实际寄生率时也可能偏高估计寄生率；另外，小菜蛾二至三龄幼虫被小菜蛾绒茧蜂寄生后，总取食量有显著增加的趋势。

（五）环境因素对小菜蛾蛾绒茧蜂的影响

1. 温度和湿度

（1）温度对小菜蛾绒茧蜂发育速率和成虫寿命的影响　据研究，小菜蛾绒茧蜂成虫在15℃以上均能正常交尾产卵，在13℃以下活动滞缓，冬季早晚0～5℃时均静伏菜株叶背、心叶及向阳、避风的杂草丛中。夏季气温高达30℃以上时，成虫寿命缩短到1～3d，在气温20～25℃时，相对湿度70％～85％下成虫寿命最长，产卵量多，性比高。

邱瑞珍等（1972）的研究结果表明，在20±2℃、相对湿度66％～75％的条件下，小菜蛾绒茧蜂的卵、一至三龄幼虫、预蛹和蛹的发育历期分别为2d、2d、5d、1d、2d和5d，成虫期20d，产卵前期少于1d。福建农学院（1981）的研究表明，小菜蛾绒茧蜂在27±1℃、相对湿度60％～85％的条件下，完成一个世代需要11.1d，卵期平均1.6d，一龄幼虫为1～5d，二龄幼虫3d，三龄幼虫1d，预蛹1d，蛹期3d，雌蜂可存活25d左右，最长可达70d，雄蜂约13d，最长可达60d。

柯礼道和方菊莲（1982）在变温条件下研究得出，除越冬代外，其他世代所需的时间与日平均温度间的回归关系为$\hat{Y}=52.4-1.5X\pm2.4$。在30℃下，茧期2～3d；低于10℃时，历期为2个月左右，茧的死亡率也较高，在月平均温度9.6℃下，越冬预蛹期可达5个月以上。施祖华和刘树生（1999b）测定了15～35℃范围内的9个温度对小菜蛾绒茧蜂生长发育和成虫寿命的影响。结果表明，在15～35℃范围内，从卵至茧，茧至羽化的发育历期随温度的升高而缩短，成虫寿命随温度升高而缩短（表6-13）。温度升高到35℃

时，从卵到结茧的发育历期虽然比 30℃和 32℃时有所缩短，但无显著差异，从茧至羽化的发育历期则比 32℃时显著延长（表 6-13）。求得的小菜蛾绒茧蜂的发育起点温度、有效积温常数及发育速率与温度的关系见表 6-14，结果表明，卵至结茧、结茧至羽化两阶段的发育速率与温度均是直线关系；发育起点温度分别为 10.6℃和 11.8℃，有效积温常数分别为 105.6 和 62.0 日度。

表 6-13　小菜蛾绒茧蜂在不同温度下的发育历期和成虫寿命

（施祖华和刘树生，1999b）

| 温度（℃） | 发　育　历　期（d） | | | | 成虫寿命 |
	卵至结茧（a）	结茧至羽化（b）	卵至羽化	a/b 值	(d)
15.0	18.72±0.29aA	13.52±0.048aA	37.02±0.45aA	1.01	34.87
17.5	13.97±0.56bB	9.81±0.12bB	23.37±0.36bB	1.42	31.81
20.0	11.79±0.21cC	7.59±0.10cC	19.29±0.25cC	1.55	19.09
22.5	9.63±0.22dD	6.07±0.07dD	16.13±0.29dD	1.59	15.67
25.0	7.31±0.07eE	4.42±0.04eE	11.68±0.09eE	1.65	16.48
27.5	6.39±0.08fF	3.99±0.06fEF	10.26±0.13fF	1.6	15.71
30.0	5.58±0.13gG	3.71±0.07fgFG	9.25±0.10gG	1.5	9.67
32.5	5.22±0.13gG	3.38±0.06gG	8.52±0.06hG	1.54	9.29
35.0	5.09±0.06gG	4.06±0.06efEF	8.07±0.09ghG	1.25	0.88

注：表中数据为平均值±标准误。同一列中平均值后英文字母不同示差异达显著水平，小写字母表示与对照比较差异达显著水平（$P<0.05$），大写字母表示与对照比较差异达极显著水平（$P<0.01$）。

表 6-14　小菜蛾绒茧蜂的发育起点温度、有效积温常数及发育速率与温度的关系

（施祖华和刘树生，1999b）

| 发育阶段 | 直　线　回　归 | | | 发育起点温度 | 有效积温常数 |
	参与拟合的个体数	方　程	拟合度（R^2）	（℃）	（日·度）
卵至结茧	311	$T=10.6473+105.6351V$	0.9018	10.65	105.64
结茧至羽化	243	$T=11.7895+61.9852V$	0.9162	11.79	61.99
卵至羽化	243	$T=11.0050+169.2767V$	0.9385	11.00	169.28

（2）温度对小菜蛾绒茧蜂存活的影响　小菜蛾绒茧蜂的全世代存活率在 15℃和 35℃时最高。但温度对各个发育期的影响不完全相同。从图 6-5 可见，结茧至羽化期比卵至结茧期对高温更敏感，温度高于 30℃时，结茧至羽化期的存活率迅速下降；35℃时结茧至羽化期的存活率仅有 20.45％。32.5℃时结的茧（结茧后 12h 内）移至 35℃下饲养，羽化率仅 13％。

（3）温度对小菜蛾绒茧蜂成虫繁殖力的影响　每雌平均寄生的寄主头数在 20℃和 25℃时最多，分别为 311 头和 293 头，低于 20℃或高于 25℃时会随着温度的降低或升高而下降；种群内禀增长率在 30℃时最高（表 6-15）。因此，室内大量繁蜂以 25～30℃为宜，若产卵寄生在 25℃下进行，被寄生小菜蛾幼虫放在 30℃条件下进行后续饲养，则可提高绒茧蜂的繁殖率。

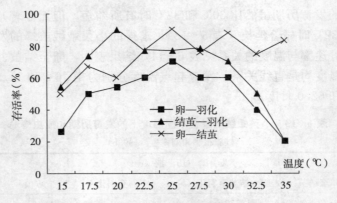

图 6-5　小菜蛾绒茧蜂在不同温度下的存活率

(施祖华，1999)

表 6-15　不同温度条件下繁殖力、产卵速率和种群增长参数

(施祖华和刘树生，1999b)

温度（℃）	每雌寄生的寄主数（头）	产卵概率累计达		R_0	T (d)	r_m
		50%日龄（d）	80%日龄（d）			
15	200.4±19.5 (7) Bb	11.7±0.08aA	22.0±1.8aA	24.55	47.95	0.066 8
20	310.8±26.3 (8) Aa	10.1±0.9bA	16.8±1.4bB	79.87	27.14	0.161 1
25	292.7±15.5 (19) Aa	7.6±0.4cB	13.4±0.6cB	95.19	17.09	0.266 4
30	158.0±22.0 (9) bcBC	4.3±0.6dC	7.6±0.9dC	42.76	13.25	0.283 4
32.5	107.7±8.7 (14) Cc	4.4±0.3dC	7.1±0.4dC	22.93	12.42	0.252 2
35	9.2±1.7 (5) Dd			0.00		

注：括号内为产卵雌蜂数。同一列中平均值后英文字母不同示差异达显著水平，小写字母表示与对照比较差异达显著水平（$P<0.05$），大写字母表示与对照比较差异达极显著水平（$P<0.01$）。

2. 重寄生　小菜蛾绒茧蜂在自然条件下对压低小菜蛾种群能起到一定作用，但寄生率很少超过 60%，原因主要是由于搜索力和杀伤力偏低，而且易遭受重寄生。汪信庚等（1998）在杭州发现，小菜蛾绒茧蜂可被 7 种重寄生蜂寄生，它们分别是黏虫广肩小蜂 [*Eurytoma verticillata* (Fab.)]、菜蛾啮小蜂（*Oomyzus sokolowskii* Kurdjumov）、菲岛分盾细蜂（*Ceraphron manilae* Ashmead）和 4 种金小蜂（*Trichomalopsis* spp.）即素栓小蜂（*T. shirakii* Crawford）、绒茧金小蜂 [*T. apantloctenus* (Crawford)]、金小蜂 1 号（*Trichomalopsis* sp. 1）、金小蜂 2 号（*Trichomalopsis* sp. 2），重寄生率高时可达 25%，其他重寄生蜂还有 *Mesochorus vittator* Zett.、*Lysibia varitasus*、*Pleurotropis* sp.、*Eupteromalus* sp. 等（Mustata，1992）。

3. 化学农药　Kao 等（1992）对 17 种常用于防治小菜蛾的农药对小菜蛾绒茧蜂的毒性做了研究，结果表明，呋喃丹、巴丹、速灭磷、喹硫磷、万灵、甲胺磷、溴氰菊酯对该蜂成虫毒性很强，致死率达 99% 以上，而其余 10 种农药（氰戊菊酯、氯氰菊酯等）对成虫影响不大，致死率小于 50%。这些农药对小菜蛾绒茧蜂的寄生率影响微小，除氰戊菊酯、乙酰甲胺磷和 Bt 有轻度危害外，其余无不良影响。

施祖华和刘树生（1998）在 25℃ 条件下测定了 9 种菜田常用杀虫剂对小菜蛾绒茧蜂成虫和茧的毒性。结果表明，让小菜蛾绒茧蜂接触厂家推荐田间防治小菜蛾的使用浓度的药膜，接触杀虫双 2h 后的死亡率达 80%，接触锐劲特 12h 的死亡率达 100%；24h 后接触万灵和杀虫双的累计死亡率达 90% 以上，接触宝路和氰戊菊酯的累计死亡率约 50%，而接触抑太保、Bt、虫螨光和生物复合病毒杀虫剂的累计死亡率均在 20% 以下。

吴刚等（2000，2002）的研究结果认为，小菜蛾绒茧蜂成虫受 801 0、Bt 制剂等生物的影响甚微，有机磷农药如敌敌畏、甲胺磷、克百威、水胺硫磷等较敏感，拟除虫菊酯类农药则对小菜蛾绒茧蜂有一定毒性，但影响较小。

李元喜和刘树生（2002）研究了在使用氰戊菊酯的条件下，小菜蛾抗药性对小菜蛾绒茧蜂寄生能力的影响。结果表明，小菜蛾抗药性改变了其对小菜蛾绒茧蜂的适合性，小菜蛾品系不影响小菜蛾绒茧蜂的产卵量，但小菜蛾和氰戊菊酯互作显著影响了小菜蛾绒茧蜂的产卵量，小菜蛾抗性品系幼虫的存活率高于小菜蛾敏感品系的存活率，从而为寄生蜂提供了繁衍种群的机会。

陈文胜等（2003）对 10 种杀虫剂对小菜蛾绒茧蜂成虫的室内毒力进行测定，结果表明（表 6-16），毒力最低的是阿维菌素，其 LC_{50} 为 114.42mg/L，毒力最高的是三氟氯氰菊酯，其 LC_{50} 为 4.25mg/L，其相对毒力指数是阿维菌素的 26.92 倍。印楝素、阿维菌素、氟虫腈、溴虫腈等 4 种杀虫剂对小菜蛾绒茧蜂的选择指数均大于 1，表明对小菜蛾绒茧蜂的杀伤力较小；其中阿维菌素的选择指数最高，对小菜蛾绒茧蜂最为安全。而另外 6 种杀虫剂的选择指数均小于 1，表明对小菜蛾绒茧蜂的毒力大于对小菜蛾的毒力。

表 6-16　10 种杀虫剂对小菜蛾绒茧蜂成虫的毒力测定结果

（陈文胜等，2003）

药　剂	毒力回归方程	相关系数 R	LC_{50}（mg/L）	相对毒力指数	选择指数
印楝素	$Y=2.247+2.041x$	0.965	22.34	5.12	12.27
阿维菌素	$Y=1.587+1.657x$	0.974	114.42	1.00	27.43
三氟氯氰菊酯	$Y=3.924+1.715x$	0.984	4.25	26.92	0.46
氟虫腈	$Y=1.461+1.938x$	0.995	67.00	1.70	3.29
溴虫腈	$Y=2.537+1.473x$	0.987	46.99	2.43	1.44
甲氰菊酯	$Y=1.376+2.701x$	0.968	22.02	5.19	0.19
杀虫双	$Y=2.952+1.034x$	0.993	94.69	1.21	0.75
毒死蜱	$Y=4.233+0.445x$	0.988	53.92	2.12	0.16
杀螟丹	$Y=2.421+1.948x$	0.990	21.28	5.38	0.06
喹硫磷	$Y=2.245+1.865x$	0.976	30.27	3.78	0.03

因此，如果能适时用药避开小菜蛾绒茧蜂产卵高峰期，或者选用对天敌安全的化学农药来防治小菜蛾，就可协调生防与化防的矛盾，有效地保护和利用天敌。

（六）人工繁蜂与放蜂技术

1. 小菜蛾绒茧蜂的繁殖技术　小菜蛾绒茧蜂的自然寄主在亚洲仅知 3 种，即小菜蛾、斜纹夜蛾（*Spodoptera litura*）、粉纹夜蛾（*Trichoplusia ni*）（邱瑞珍等，1972；Joshi and Sharma，1974）。因此，小菜蛾绒茧蜂在田间自然寄生率虽然比较高，但对其大量繁殖一直未能取得突破性进展。

关于小菜蛾绒茧蜂的人工繁殖技术也有少量报道（Lim，1986；邱瑞珍等，1974），在我国台湾，Chen 等（1974）也进行过小菜蛾绒茧蜂的释放试验，经人工释放后可使小菜蛾的寄生率从 18.3％提高到 26.1％。在菲律宾，Belen 和 Antonio（1992）从我国台湾引进小菜蛾绒茧蜂并于田间释放治理小菜蛾，使寄生率从原先的 1.9％～16.5％提高到放蜂后首轮种植中的 17.4％～36.5％，再配合使用 Bt 制剂控制小菜蛾，达到了较好的效果。

福建农学院（1981）介绍了小菜蛾绒茧蜂的繁殖技术，主要技术包括：

①采用小菜蛾幼虫作繁蜂寄主。

②蜂种繁殖：采用赤眼蜂繁蜂箱，两面贴上白色油光纸，再贴上 3cm×4cm 的浅方格纸，以使箱中形成弱散射光，箱内蜂种雌雄比例为 2∶1 或 3∶1。蜂种进箱 24h 后引出，饲以 1∶3 蜜水，遮光保存备用。

③接蜂：用小毛笔将三龄幼虫移至灯管或蜂箱中，按 1 只雌蜂与 15～20 只幼虫之比，让蜂产卵寄生，4h 左右，将蜂引出，饲以蜜水，并将小幼虫置于室内饲养，结蜂茧后，将蜂茧收集于指形管中，作扩大繁殖的蜂种。花工大是大量繁蜂的障碍。

④繁蜂方法：将经交配和饲以蜜水的雌蜂置于繁蜂笼内，将附有二至三龄小菜蛾幼虫的菜株放入繁蜂笼内，供绒茧蜂寄生，接蜂时，以雌雄幼虫的比例为 1∶20～30 为宜，经 24h 后，将被寄生的幼虫移出，再继续饲养至绒茧蜂咬出虫体结茧。

⑤蜂量的积累和冷存：为了积累大量绒茧蜂，供田间释放，应将每笼的绒茧蜂置于低温保存。冷存时期，以绒茧蜂结茧 2d 内处于预蛹期为宜，冷存温度以 0～5℃为宜，冷存时间 45～50d，冷存中应注意湿度，不可过干或积水。

上述方法虽然简便易行，但花工大，大量繁蜂有一定困难。

黄莹莹（1992）也研究出一种简易的小菜蛾绒茧蜂人工繁殖技术，经田间释放试验发现，防效最高可达 44％。具体繁殖技术如下：

①繁殖箱：从田间采回小菜蛾绒茧蜂茧 40 只，分别放在 5 个长 8cm、直径 2cm 的指形管中。羽化后按雌雄比 2∶1 移入 15cm×10cm×5cm 的繁殖箱进行交配。繁殖箱为长方形的玻璃匣子，两面贴上白色油光纸。并用纸贴上 3cm×4cm 的浅方格，这样在白天室内自然光照下，箱中会形成弱散射光，有利交配。种蜂进箱后 24h 将蜂引出，饲 30％蜜水，遮光备用。

②灯管繁蜂：用毛笔把三龄初小菜蛾的幼虫（作为繁殖小菜蛾绒茧蜂的寄主）移入长 21cm、直径 3cm 的灯管内。按 1 只雌蜂与 30 只小菜蛾幼虫的比例，让蜂产卵寄生 1h 左右将蜂引出，饲 30％蜜水作补充营养。再用毛笔将被寄生的幼虫移到菜苗上饲养，直到绒茧蜂咬破寄主体壁结茧为止。将蜂茧收集在指形管中，冷藏于冰箱作扩大繁蜂或田间放蜂。

③大棚繁蜂：用铜丝网（120 目）作 1 个长 2m、宽 1.5m、高 1.8m 的棚，棚的四周、棚顶用黑布遮盖，棚内安装 8W 日光灯 2 盏，然后把盆栽的菜苗接上二至三龄小菜蛾幼虫放在木架上，同时将交配过的雌雄蜂一齐放入棚内，让其寄生，菜叶上喷 30％蜜水供绒茧蜂作补充营养直到结茧为止，计算寄生率。

④灯管繁蜂和大棚繁蜂的比较：表 6-17 和表 6-18 的结果表明，灯管繁殖蜂寄生率最高可达 94.80％，平均寄生率达 74.10％；大棚繁蜂寄生率最高才 48.83％，平均仅

34.87％，灯管蜂寄生率比大棚繁蜂寄生率高1倍多，但灯管繁蜂花工多，大棚繁蜂花工少，各有优缺点，生产上大量繁殖推广还待进一步改进。

表6-17 灯管繁蜂与寄生率的关系

(黄莹莹，1992)

接蜂日期（月/日）	小菜蛾三龄幼虫数（头）	结茧数（个）	寄生率（%）
08/28	150	123	82.0
08/29	155	147	94.8
08/30	315	206	65.4
08/31	449	314	69.9
09/01	228	139	60.9
09/02	126	106	84.1
09/05	115	105	91.3
09/07	124	88	40.9
09/10	74	58	78.4
09/11	79	59	74.7
合计	1 815	1 345	74.1

表6-18 大棚繁蜂与寄生率的关系

(黄莹莹，1992)

放蜂日期（月/日）	温度（℃）	相对湿度（%）	雌雄性比	放蜂数（头）	小菜蛾幼虫数（头）	2茧数（个）	寄生率（%）
04/15	28	70	1：0.8	680	2 380	530	22.26
04/23	24	60	1：0.9	1 102	2 150	1 050	48.83
合计				1 782	4 530	1 580	34.87

2. 小菜蛾绒茧蜂的放蜂技术　在福建沙县，田间小区放蜂试验，选择在初夏，补充田间蜂量的不足，以防治留种十字花科蔬菜上的小菜蛾。另一次适宜放蜂的时间是在9月初，以控制小菜蛾秋季在十字花科蔬菜上的盛发为害，放蜂量多少，视田间幼虫密度而定。一般以蜂与小菜蛾幼虫比例为1：50～100为宜，放蜂2次，相隔10d。放蜂方式可把绒茧蜂茧放在竹筒内放于田间，也可在傍晚光线稍弱时释放成蜂。放蜂时，若田间幼虫数量较多，可先喷对天敌杀伤力不强的生物农药，经若干天后再放蜂（福建农学院，1981）。

四、菜蛾啮小蜂及其对小菜蛾的控制作用

菜蛾啮小蜂（*Oomyzus sokolowskii* Kurdumov）属膜翅目姬小蜂科，是小菜蛾幼虫到蛹期的重要寄生蜂种，主要分布于中国、日本、俄罗斯、巴基斯坦、印度、赞比亚等国家（Waterhouse and Norris，1987；施祖华和刘树生，1998）。在我国和印度，该蜂是小菜蛾的重要天敌之一，既是小菜蛾蛹期的重要死亡因子，也是影响该虫种群数量动态的关键因子（Chelliahand Srinivasan，1986；赵金良，1991；刘新等1997），但该蜂不会重寄生小菜蛾绒茧蜂（Okada，1989；汪信庚，1998）。20世纪80年代，佛得角群岛（大西洋）等地引进菜蛾啮小蜂，成功地建立了种群，明显控制了小菜蛾种群的发展（Harten，1991；Ooi，1988；Talekaret and Hu，1996）。因此，在世界许多地方，尤其是热带和亚热带地区，认为该蜂对小菜蛾有较大的控制潜力，近年来马来西亚、泰国、菲律宾等国家及我国

台湾省也相继引入该蜂用于控制小菜蛾。

尽管菜蛾啮小蜂已被广泛记录并引种应用，但有关其生物学、生态学特性的系统研究报道相对较少。

（一）啮小蜂生物学特性

1. 生活史 汪信庚等（1998）的田间系统调查和刘树生等（2000）的研究结果表明，菜蛾啮小蜂每年在田间的活动期为 4～10 月，10 月中下旬陆续以老熟幼虫或预蛹越冬，第二年 4 月陆续羽化并产卵寄生。越冬个体在 25℃恒温下能继续发育至羽化，表明菜蛾啮小蜂是以休眠状态越冬。

2. 交配行为 在实验室，将刚羽化的雌蜂和雄蜂放在玻璃管内，饲以 10％蜜水，然后观察。交配时，雄蜂从后部爬上雌蜂体上，并插入交配器。交配持续 15～20s（Alam，1992）。

3. 寄生习性 菜蛾啮小蜂往往从侧面爬上小菜蛾幼虫体并产卵寄生，较少产卵于预蛹，偶尔也有雌蜂在新形成的蛹上产卵。但对幼虫 4 个龄期无偏嗜（表 6-19）。被寄生的小菜蛾幼虫和预蛹都能正常化蛹，在蛹期死亡。啮小蜂从小菜蛾蛹的胸部（极少）或腹部咬孔钻出。寄主各龄幼虫及预蛹的啮小蜂发育历期基本一致，在 20～25℃时，蛹期存活率、每寄主蛹出蜂数、性比等均无显著差异，寄生于低龄幼虫的个体之间发育历期更为整齐。相对湿度 60％～80％，光照 14h 时，光强 1 000～1 500lx 条件下，卵到成虫羽化历时 14～17d（表 6-20），每头被寄生蛹出蜂多为 5～10 头，平均 7.8 头，其中雌蜂占 85％～90％。

表 6-19 菜蛾啮小蜂对小菜蛾各龄幼虫、预蛹的选择寄生情况

（刘树生和汪信庚，1999）

小菜蛾虫态	寄生率（平均值±标准误）	有寄生的重复率（％）	小菜蛾虫态	寄生率（平均值±标准误）	有寄生的重复率（％）
一龄	52.1±4.94a	100	四龄幼虫	57.2±4.18a	96.0
二龄	45.3±4.69a	91.7	预蛹	9.0±2.84b	32.0
三龄	55.1±4.96a	92.0	蛹	2.0±1.38c	8.0

注：每虫 25 个重复，栏内平均值后不同英文字母表示差异达 5％显著水平（邓肯氏新复极差法）。

表 6-20 菜蛾啮小蜂寄生于小菜蛾各龄幼虫的存活、发育历期子代蜂数及性比

（刘树生和汪信庚，1999）

小菜蛾幼虫龄期	寄主数（头）	蜂数（头）	平均历期±标准误	平均极差±标准误	蛹期存活率（％）	蜂数（头）	雌蜂率（％）
一龄	36	317	16.5±0.25a	0.72±0.15a	93.7±1.6a	8.8±0.53a	85.0±1.95a
二龄	21	160	17.1±0.30a	1.33±0.25bc	92.6±2.2a	7.6±0.50a	87.0±2.79a
三龄	45	360	17.0±0.25a	1.26±0.17b	86.5±2.9a	8.0±0.48a	85.7±2.09a
四龄	42	399	17.3±0.28a	1.76±0.19c	88.5±1.9a	9.5±0.50a	86.1±1.79a

注：此平均数为先算同一寄主育出的蜂的平均历期，然后计算这些平均历期的均数所得；每一寄主育出的蜂中最先羽化与最后羽化两个体之间的差异称为极差。

（二）温度对菜蛾啮小蜂发育、存活、产卵能力及繁殖力的影响

刘树生等（2000）的研究结果表明（表 6-21），在 15℃下，只得到 2 头被寄生蛹，且啮小蜂全部在蛹期死亡。在 20～32.5℃温度范围内，发育历期随温度升高而缩短，发

育速率 V 与温度 T 间的关系可用方程式 $V=0.416\,6T-4.005\,9$ ($r=0.997$) 表示，并得出从卵到羽化的发育起点温度为 10.7℃，有效积温常数为 240.0℃。当温度升高到 35℃ 时，发育历期明显延长。在 20～30℃ 条件下，蛹期存活至羽化的比率为 67%～83%，高于 30℃ 后急剧下降，至 35℃ 时，只有 8.6%，各温度条件下羽化的雌蜂占 85%～89%。产卵寄生的雌蜂比例和平均每雌产卵寄生幼虫数均随着温度升高而升高，在 32.5～35℃ 下，产卵寄生的雌蜂占 92%～96%，平均每雌产卵寄生幼虫数最多，达 2.4 头。研究结果还表明（表 6-22），雌蜂寿命随温度升高而缩短，平均每头雌蜂寄生的寄主数及所产子蜂数在 25℃ 时最高，30℃ 时次之，20℃ 时最少，而子代性比在处理温度间基本一致，为 86.7%～89.4%。

表 6-21 菜蛾啮小蜂在不同温度下的发育历期、蛹期存活率及子代性比

（刘树生等，2000）

温度（℃）	寄主数（头）	蜂数（头）	卵至成虫羽化历期（d）	蛹期存活率（%）	雌蜂比例（%）
20.0	20	121	26.5±0.71a	66.7	84.9±0.89a
22.5	18	115	20.9±0.09b	71.4	88.6±1.16a
25.0	47	362	15.6±0.18c	82.4	85.9±1.31a
30.0	41	268	12.7±0.15c	77.6	87.3±1.11a
32.5	30	134	11.0±0.13f	39.4	85.7±2.05a
35.0	24	22	13.4±0.15d	8.6	84.6±1.15a

注：栏内平均值后不同英文字母表示差异达 5% 显著水平（邓肯氏新复极差法）。

表 6-22 菜蛾啮小蜂恒温下的成蜂存活、寄生和繁殖情况

（刘树生等，2000）

温度（℃）	雌成蜂寿命（d）	寄生寄主数（头）	产仔蜂数（头）	子代雌性比（%）
20	28.3±1.80a	3.1±0.43	20.5±2.90a	89.4
25	12.4±0.80b	13.2±0.85b	92.1±3.41b	86.7
30	6.6±0.50c	6.8±0.42c	50.4±3.83c	89.1

注：栏内平均值后不同英文字母表示差异达 5% 显著水平（邓肯氏新复极差法）。

在 25℃ 条件下，雌蜂日龄对子代性比无明显影响，产卵寄生集中在羽化后的前 5d 内，随后急剧下降，在 20 和 30℃ 时雌蜂产卵寄生随年龄的变化趋势与在 25℃ 时的一样，但在 20℃ 时的成蜂羽化后第四至五天才开始产卵寄生，结束产卵后存活的时间也明显延长（表 6-23）。内禀增长率在 30℃ 时最高，为 0.263，在 25℃ 时为 0.240；20℃ 时最低，为 0.082；净繁殖率在 25℃ 时最高，世代历期则在 20℃ 时最长（表 6-23）。

表 6-23 菜蛾啮小蜂在恒温下的生命生殖力表参数

（刘树生等，2000）

温度（℃）	内禀增长率	平均世代历期（d）	净繁殖率（R_0）	成蜂产卵前期（d）	成蜂结束产卵后存活期（d）
20	0.08±0.004	33.4	19.3±2.58a	15.0±1.0	14.2±1.7a
25	0.240±0.004b	18.3	80.4±7.49a	0.1±0.1b	4.3±0.6b
30	0.263±0.004c	14.5	44.9±3.41c	0.2±0.1b	1.8±0.3c

注：栏内平均值后不同英文字母表示差异达 5% 显著水平（邓肯氏新复极差法）。

上述分析表明，菜蛾啮小蜂发育、存活和繁殖的适温范围为 20～30℃，低于 20℃ 或高于 30℃ 对其存活不利，但在适温下发育羽化的雌蜂，短时间内在 32～35℃ 高温下仍可大量产卵为害。

(三) 杀虫剂对菜蛾啮小蜂的毒性

郭世俭等 (1998) 研究了有机磷、拟除虫菊酯、氨基甲酸酯、昆虫生长调节剂、杀虫抗生素、沙蚕毒素及微生物农药等 7 类杀虫剂 11 种农药对菜蛾啮小蜂成虫、高龄幼虫、蛹的影响。研究结果表明 (表 6-24 和表 6-25),在供试的杀虫剂中,昆虫生长调节剂抑太保和微生物杀虫剂 Bt 对菜蛾啮啮小蜂最为安全,杀虫抗生素害极灭和虫螨光次之;拟除虫菊酯类农药中,杀灭菊酯对成虫较安全,短时间 (0.5～6.0h) 接触不会造成影响,接触 24h 后仅 52.2％个体死亡;敌杀死和功夫在短时间 (0.5h) 内对成虫有作用,但若将虫体移出则可恢复;沙蚕毒素类农药巴丹对成虫击倒能力强,超过 24h 后则无法恢复;有机磷农药辛硫磷及氨基甲酸酯类农药万灵对成虫毒性最高,不仅击倒快,而且致死力强。因此,在推荐剂量下,11 种杀虫剂对菜蛾啮小蜂成虫击倒力顺序依次为:辛硫磷、万灵＞巴丹＞乐果＞敌杀死、功夫＞害极灭、虫螨光＞杀灭菊酯＞抑太保、Bt;其触杀活性顺序为:辛硫磷、乐果、万灵＞敌杀死、功夫、巴丹＞害极灭、虫螨光＞杀灭菊酯＞抑太保、Bt。

表 6-24 接触农药不同时间后对菜蛾啮小蜂的击倒能力

(郭世俭等,1996)

药　剂	0.5h	1h	6h	24h
杀灭菊酯	未被击倒	未被击倒	未被击倒	52％个体被击倒
敌 杀 死	被击倒,虫体痉挛	被击倒,虫体痉挛	被击倒,虫体痉挛	被击倒,虫体不动
功　夫	被击倒,虫体痉挛	被击倒,虫体痉挛	被击倒,虫体痉挛	被击倒,虫体不动
辛 硫 磷	被击倒,虫体不动	被击倒,虫体不动	被击倒,虫体不动	被击倒,虫体不动
乐　果	未被击倒	被击倒,虫体不动	被击倒,虫体不动	被击倒,虫体不动
万　灵	被击倒,虫体不动	被击倒,虫体不动	被击倒,虫体不动	被击倒,虫体不动
巴　丹	50％被击倒	被击倒,虫体不动	被击倒,虫体不动	被击倒,虫体不动
害 极 灭	未被击倒	未被击倒	振翅不喜活动	呈麻痹状
虫 螨 光	未被击倒	未被击倒	振翅不喜活动	呈麻痹状
抑 太 保	未被击倒	未被击倒	未被击倒	未被击倒
Bt	未被击倒	未被击倒	未被击倒	未被击倒

表 6-25 接触农药不同时间后菜蛾啮小蜂的死亡率

(郭世俭等,1996)

药　剂	0.5h	2h	24h	药　剂	0.5h	2h	24h
杀灭菊酯	0	0	52.2	巴　丹	0	10.0	100.0
敌 杀 死	0	13.3	100.0	害 极 灭	0	0	100.0
功　夫	0	10.0	100.0	虫 螨 光	0	0	100.0
辛 硫 磷	100.0	100.0	100.0	抑 太 保	0	0	0
乐　果	100.0	100.0	100.0	Bt	0	0	0
万　灵	100.0	100.0		CK	0	0	0

5 种不同类型的农药对菜蛾啮小蜂蛹的影响的研究结果表明 (表 6-26 和表 6-27),抑太保和 Bt 对该蜂的羽化及羽化后的存活能力无不良影响;杀灭菊酯和虫螨光对啮小蜂的羽化和羽化后的成虫影响不大;乐果虽然对啮小蜂的羽化没有影响,但对羽化后的成虫则有极高的毒性。因此,田间在防治小菜蛾时,尽量避开啮小蜂高峰期用药,并选用高效

低毒的杀虫剂，如拟除菊酯类、杀虫抗生素及昆虫生长调节剂、Bt 等农药，以充分发挥天敌的自然控制作用。

表 6 - 26　农药对菜蛾啮小蜂蛹的影响
(郭世俭等，1996)

药　剂	出蜂蛹比率（%）	羽化后 24h 死亡率（%）	药　剂	出蜂蛹比率（%）	羽化后 24h 死亡率（%）
乐　果	100.0	99.7	Bt	96.7	0
抑太保	93.3	0	CK	90.0	0

表 6 - 27　农药对菜蛾啮小蜂高龄幼虫至蛹期的影响
(郭世俭等，1996)

药　剂	测定日期（月/日）	出蜂蛹比率（%）	蛹羽化率（%）	羽化后 24h 死亡率（%）
虫螨光	4/15	43.3	32.0	33.4
CK	4/15	61.6	44.2	4.9
Bt	4/21	66.7	58.4	1.0
CK	4/21	68.3	59.3	0.4
抑太保	6/06	76.7	57.1	1.0
杀灭菊酯	6/06	75.0	51.0	42.1
CK	6/06	80.7	62.7	2.8

（四）菜蛾啮小蜂对小菜蛾的自然控制作用

Akanq (1992) 报道，在牙买加，1988 年 4～12 月间啮小蜂的寄生率是 0～4.7%；1998 年的 2～12 月间在道格拉斯城堡的寄生率是 0～2.6%；而在 Castle Kelly 地区，1989 年的 3 月和 5～8 月的寄生率为 0～19.5%，1998 年 2～12 月间，寄生率为 0.5%～12.8%等；在日本南部，春、夏啮小蜂寄生率很低，但秋天可高达 50%～80%（Uematsu et al.，1987）。在中国福州、杭州等地，小菜蛾春季、初夏的被寄生率也较低，对小菜蛾种群影响不大，而在秋季有较高的自然控制作用，寄生率高达 29.55%和 50.0%（吴梅香和尤民生，2002；汪信庚等，1998）。

（五）田间放蜂对小菜蛾的控制作用

Alam (1992) 在牙买加和其他加勒比群岛的许多菜田放蜂结果表明，1976 年寄生率可达 67.7%～100%；1980 年 3 月和 4 月分别达到 26%和 12.5%。但是有些地方因大量使用化学农药控制小菜蛾和其他十字花科蔬菜害虫，使得 1982 年之后，寄生率下降，仅为 10%左右。在中国内地，对于菜蛾啮小蜂目前仍处于应用基础研究阶段，主要针对啮小蜂的生物学、生态学及农药对其的影响进行了相关的研究工作。

五、颈双缘姬蜂及其对小菜蛾的控制作用

颈双缘姬蜂 [*Diadromus collaris* (Gravenhorst)] 属双翅目姬蜂科颈双缘姬蜂属 (*Diadromus*)，是小菜蛾蛹期的重要天敌之一。原产于欧洲，但在原产地对小菜蛾的作用并不明显，在意大利 Tuscany，该蜂对小菜蛾蛹的寄生率仅为 2.7%（Waterhouse and Norris，1987），但许多国家或地区引种后却获得成功。20 世纪 30 年代，该蜂首次从欧洲引进到新西兰后获得成功。此后，在澳大利亚、印度、太平洋群岛、美洲等近 20 个国家和地区被引进过，并在不少地区成功地建立了种群（Waterhouse and Norris，1987；

Talekar and Shelton，1993；Ooi and Lim，1989）。目前，颈双缘姬蜂在日本、澳大利亚、新西兰、泰国等国家都是小菜蛾蛹的主要天敌（Okada，1989；Waterhouse，1990，1992）。在我国的浙江、北京、山西、河南、宁夏、内蒙古等地均有颈双缘姬蜂分布（汪信庚等，1998；刘树生等，2000）。虽然颈双缘姬蜂已被许多国家和地区引种成功，但有关天敌的生物学、生态学等基础研究报道相对较少（Liody，1940；汪信庚，1997，1998；张敏玲等，1998）。

（一）生物学特性

1. 羽化和交配　成虫全天都可羽化，但以 8∶00 前居多。羽化前，成虫先在小菜蛾蛹壳的头端咬出一个半环状缺口，然后从缺口爬出。雌雄蜂羽化后当天，就可进行交配。交配前，雄蜂频频振翅，追逐雌蜂，然后迅速爬到雌蜂背部并弯曲其腹部交配。交配 1 次时间长达 1min，最短 20s，平均 $35.9 \pm 6.6s$。雄蜂一生能进行多次交配，但雌蜂只交配一次。未交配的雌蜂后代均为雄性，交配过的雌蜂的后代有雌性和雄性，即颈双缘姬蜂可营产雄孤雌生殖和两性生殖（汪信庚等，1998）。

2. 产卵寄生行为　有的雌蜂羽化当天即可产卵寄生小菜蛾蛹。雌蜂产卵寄生时，先用触角拍打寄主，再爬到寄主体上来回走动，接触时间长达 3～7min，然后产卵管刺入小菜蛾蛹的头部或尾部进行探查，若寄主不适合寄生，雌蜂就立即拔出产卵管离开；若寄主合适，则先破蛹腹端薄丝茧，站在丝茧上将腹部向前弯曲，使产卵管穿过薄丝茧插入寄主，然后有节奏地收缩腹部进行产卵，整个过程约为 4～5min。产完卵后，雌蜂拔出产卵管，1～2min 后离开，有时则转体隔着丝茧吸取小菜蛾蛹体液。雌蜂可在同一头小菜蛾蛹上连续或不连续地产卵寄生数次，解剖寄主时，也观察到一蛹二卵或一蛹三卵的现象。但 1 头小菜蛾蛹仅能发育出 1 头蜂（汪信庚等，1998）。

3. 发育历期　张敏玲等（1998）研究了 20℃、23℃、27℃和相对湿度 75％条件下颈双缘姬蜂的发育历期。20℃下，雌蜂的发育历期为 $17.3 \pm 0.7d$，雄蜂为 $16.7 \pm 0.8d$；23℃下，雌蜂的发育历期为 $12.7 \pm 0.8d$，雄蜂为 $12.2 \pm 0.8d$；27℃下，雌蜂完成 1 代所需时间为 $11.0 \pm 0.0d$，雄蜂为 $10.5 \pm 0.5d$。

汪信庚等（1998）研究了温度对颈双缘姬蜂发育历期的影响。结果表明，在恒温 25℃下，颈双缘姬蜂幼虫共有 5 龄，各龄幼虫特征相似，只是头壳宽度和身体大小差异显著。在 25℃条件下，卵期和幼虫各龄期大都为 1～2d，蛹期 5～6d；在 15～32.5℃恒温下，卵发育至成蜂的历期随着温度的升高而缩短，温度高于 27.5℃时，发育历期都很接近，达到 35℃时便不能完成发育（表 6-28）。在同一温度下，雌雄个体平均历期差异不大。将各温度下的雌雄个体发育历期加权平均，用 Logistic 曲线拟合得到温度（T）与发育速率 V（T）的关系为：

$$V(T) = 0.106\,7/[1 + \exp(3.870\,6 - 0.201\,2T)]$$

再将 15～30.0℃下的发育速率变化作直线回归，求得方程为：

$$V(T) = 0.444\,3T - 3.266\,2$$

上面两个式子中：V 为发育速率，T 为温度，V（T）为在温度 T 下的发育速率。

由此估得发育起点温度为 7.4℃，有效积温为 225.1 日度。在 17.5～30℃温度范围内死亡率较低，超出这一温度范围死亡率迅速上升，在高温 35℃ 下全部在卵至幼虫期死亡（表 6-28）。

表 6-28　不同温度下颈双缘姬蜂的发育历期

(汪信庚等，1998)

温度（℃）	卵至成蜂羽化历期（$d\pm SD$）		寄生成功率（%）
	雌　蜂	雄　蜂	
15	32.5±1.64 (5)	29.1±0.89 (5)	13.3
17.5	23.4±1.00 (11)	22.1±0.99 (5)	75
20	18.2±1.47 (30)	17.5±1.06 (35)	91.2
22.5	14.8±0.40 (11)	14.3±0.46 (18)	90.9
25	12.3±0.82 (42)	11.9±0.82 (71)	94.9
27.5	11.1±0.67 (20)	11.1±0.85 (18)	86.7
30	10.4±0.76 (28)	10.1±1.23 (21)	72.7
32.5	10.0±0.54 (13)	10.4±0.82 (11)	44.3
35	全部在卵至幼虫期死亡		0

注：括号内为观察虫数，寄生成功率指产卵寄生 2~4d 后成功出蜂的个体比例。

4. **成蜂寿命**　雌蜂寿命受食物和温度的影响，随着温度的上升，寿命缩短；同一温度下，喂蜜后，雌蜂寿命显著延长，雄蜂寿命显著比雌蜂短（表 6-29）。

表 6-29　不同温度下颈双缘姬蜂的成虫寿命

(汪信庚等，1998)

温度（℃）	雌蜂成虫寿命		雄蜂成虫寿命	
	供　蜜	不供蜜	供　蜜	不供蜜
15	40.7±10.7 (11)	20.8±3.1 (12)	5.2±1.6 (11)	5.8±1.8 (25)
17.5	15.5±2.7 (15)	11.4±3.0 (17)	2.8±0.7 (10)	2.4±0.9 (10)
20	10.5±1.7 (11)	7.8±1.8 (10)	2.9±1.0 (13)	2.6±0.8 (16)
30	6.0±2.3 (10)	6.3±1.8 (10)	2.5±1.0 (10)	2.0±0.9 (12)
35	1.8±0.8 (10)	2.2±1.3 (12)	2.4±0.8 (10)	2.0±0.5 (10)

注：括号内为观察虫数。

在 27℃、相对湿度 85% 条件下，不提供任何食料，则颈双缘姬蜂的雄蜂寿命平均只有 2±0.83d；提供 50% 蜜水，在室温 20℃ 自然条件下，雄蜂平均寿命 25.3±10.3d，雌蜂寿命 29.4±12.3d；在 23℃、相对湿度 75% 下，雄蜂寿命平均为 32±7.2d；在 28℃、相对湿度 80% 下，雄蜂寿命为 21.4±6.2d；23℃、相对湿度 75% 下提供 50% 蜜糖水，同时提供清水，颈双缘姬蜂寿命平均为 52±22.8d，其中一头雌蜂长达 89d，雄蜂为 37.5d。

在长×宽×高为 2m×2m×3m 的玻璃房内（室外常温人工气候箱），盆栽白菜，人工接上小菜蛾蛹后释放颈双缘姬蜂 3 次，分别经若干天后回收成蜂，检查存活蜂数。结果表明（表 6-30），第一次放蜂温度较低，颈双缘姬蜂的寿命最长，虽经 40d，仍有 39.5% 的蜂存活，其中雌蜂存活数为原来的一半多；第二次经过 13d 后有 32.7% 存活；第三次由于温度升高，经过 10d 后只有 22.2% 存活（张敏玲等，1998）。

表 6-30　颈双缘姬蜂在玻璃房内的寿命

(张敏玲等，1998)

项　目	17~27℃	23~32℃	24~37℃
释放蜂数（♀：♂）	40：69	20：35	10：17
经历天数（d）	24	13	10
存活蜂数（♀：♂）	24：19	9：9	3：3
存活百分率（%）	39.5	32.7	22.2

5. 成虫繁殖力和寄生能力　汪信庚等（1998）在 20℃、25℃ 和 30℃ 恒温下，通过单蜂饲养和逐日更换供给足够寄主的方法，对每头雌蜂的产卵量和产卵期进行了观察（表 6-31）。从表 6-31 中可以看出，相对于喂水雌蜂，成蜂在喂以 20% 蜜水后，其总产卵量提高，产卵期增长，子代雌性比提高；随着温度的上升，喂蜜处理的平均一生产卵量提高，子代雌性性比下降；但在 30℃ 下，寄生后能发育到成蜂的比率明显下降，因此总的寄生能力以 25℃ 时最高。

表 6-31　颈双缘姬蜂在不同温度下的寄生能力

(汪信庚等，1998)

温度 （℃）	处　理	供试蜂数 （头）	平均一生寄生蛹数 （头）	平均产卵期 （d）	子代雌性比 （%）	寄生成功率 （%）
20	供蜜	5	26.0	8.3	68.3	91.0
	供水	5	6.5	4.0	43.9	91.7
25	供蜜	15	43.7	11.5	56.8	95.8
	供水	5	6.0	4.3	25.0	90.9
30	供蜜	5	45.5	7.0	48.1	74.5
	供水	5	9.0	4.5	22.2	70.4

6. 对寄主蛹的选择寄生作用　颈双缘姬蜂对不同时期寄主蛹的选择寄生作用的研究结果表明（表 6-32），总寄生死亡数以预蛹为高，蛹前期次之，蛹后期最低。因此，室内繁蜂时缩短收集小菜蛾蛹的间距对于繁蜂有好处。颈双缘姬蜂喜寄生于有茧加菜叶的小菜蛾蛹（表 6-33）。因此，室内饲养时也要考虑这一习性（张敏玲等，1998）。

7. 小菜蛾蛹被寄生后的反应　小菜蛾蛹被寄生后，在寄生蜂发育的初期蛹，外观上看无任何变化，当寄生蜂发育到化蛹前后，被寄生蛹外观呈金黄色，此时只留一层薄而透明的金黄色蛹壳。随着蛹龄的增加，非寄生蛹的眼点变深，翅芽发黑，与被寄生蛹可区分开（汪信庚等，1998）。

表 6-32　颈双缘姬蜂对不同时期寄主蛹的选择寄生作用

(张敏玲等，1998)

蛹　　期	比　　例	总寄主数（头）	总寄生死亡数（头）
预　　蛹		50	28（6）
蛹 前 期	5：5：5	50	11（3）
蛹 后 期		50	4（0）

注：括号内为总出蜂数。

表 6-33　颈双缘姬蜂对不同状态寄主蛹的选择寄生作用

(张敏玲等，1998)

处　理	状　态	比　例	总寄主数（头）	总寄生死亡数（头）
20℃	无茧蛹		30	0
寄生 24h	有茧蛹	10∶10∶10	30	5 (2)
	有茧＋菜叶蛹		30	15 (4)
25℃	无茧蛹		25	3 (0)
寄生 48h	有茧蛹	5∶5∶5	25	9 (1)
	有茧＋菜叶蛹		25	12 (5)

注：括号内为总出蜂数。

（二）杀虫剂对颈双缘姬蜂的毒性

室内采用药膜法测定了菜田常用农药对颈双缘姬蜂成蜂的毒性，结果表明，Bt、抑太保、害极灭等微生物或生长调节剂对颈双缘姬蜂无直接毒性。几种有机磷和沙蚕毒农药在常规用量下均有较高毒性；辛硫磷、杀虫双在几秒内可将颈双缘姬蜂全部击倒并杀死；灭多威击倒作用弱，但 12h 致死率达 100%；杀灭菊酯 4 000 倍液也有一定的毒性，12～24h 致死率为 83.3%。郭玉杰和王念英（1995）认为辛硫磷、杀虫双、灭多威对颈双缘姬蜂有害，杀灭菊酯有微害。

（三）放蜂对小菜蛾的控制作用

颈双缘姬蜂已被许多国家和地区引种，并用于田间控制小菜蛾取得成功（Ooi，1987；Waterhouse，1992），中国尚未开展大面积繁蜂放蜂试验。张敏玲等（1998）在玻璃房内进行了 3 次放蜂试验。第一次放蜂温度较低，为 17～27℃，放蜂量为 40 头雌蜂和 69 头雄蜂时，寄生死亡率高达 90.92%；第二次放蜂温度为 23～32℃，放蜂量为 40 头雌蜂和 35 头雄蜂时，寄主死亡率为 76.63%；第三次放蜂温度为 24～37℃，放蜂量为 10 头雌蜂和 17 头雄蜂时，寄主死亡率为 50.29%。因此，可以看出，在玻璃房内颈双缘姬蜂对小菜蛾蛹有较好的寄生作用，有必要进一步进行田间释放试验。

六、其他寄生性天敌

小菜蛾的寄生性天敌还有胫弯尾姬蜂（*Diadegma semiclausm*）、菜蛾优姬蜂（*Diadegma eucerophaga*）、岛弯尾姬蜂［*Diadegma insulare*（Gresson）］、卷蛾分索赤眼蜂（*Trichogrammatodea bactrae*）、碧岭赤眼蜂（*Trichogramma bilingsis*）等。

在欧洲，寄生性天敌以幼虫寄生蜂弯尾姬蜂属（*Diadegma* spp.）的种类和数量占绝对优势，因此小菜蛾在欧洲未造成严重危害（Talekar，1993）。1940 年，澳大利亚、新西兰等国引进小菜蛾胫弯尾姬蜂、岛弯尾姬蜂等多种寄生蜂，1943 年胫弯尾姬蜂在引入地成功定殖，小菜蛾的为害受到了有效地控制，成为小菜蛾天敌昆虫引进利用及生物防治成功的最早例子。1945 年以来，斐济也多次从新西兰引进胫弯尾姬蜂（Alam，1992）；1892 年美国的夏威夷记载小菜蛾的发生，1915 年就有岛弯尾姬蜂寄生小菜蛾的报道。1985 年，我国台湾省从印度尼西亚引进弯尾姬蜂，2 年后在高海拔的武陵地区定殖，田间寄生率达 46%。1989 年，菲律宾从台湾引进了岛弯尾姬蜂，很快就建立了种群，田间寄生率可达 64%，试验区的寄生率高达 95%。20 世纪 70～90 年代以来，夏威夷、库克群岛、关岛、巴布亚新几内亚从我国台湾、肯尼亚、新西兰、印度等地多次引进多种寄生蜂，其结果不同天敌种类在不同地理环境的释放区定殖效果各不相同，有的已经可以有效地控制小菜蛾的为害（Kibata，1996）。陈宗麒等（2000）1997年从我国台湾引进胫弯尾姬蜂入云南，1年后在释放地成功定殖，田间种群自然寄生率可达74.7%，对小菜蛾的自然控制作用超过了本地的两种优势寄生蜂。同时，为了更好地利用该种寄生蜂，陈宗麒等（2001）和缪森等（2000）还研究了胫弯尾姬蜂的室内批量繁殖技术和常用农药对胫弯尾姬蜂成虫的毒性。结果表明，农地乐毒性最大，阿维菌素类次之，甲胺磷和氨基甲酸酯类农药不仅对该蜂毒性大，且易引起人畜中毒；高效氯氰菊酯是拟除虫菊酯类杀虫剂，虽对天敌微害，但由于长期使用，小菜蛾抗性日渐增强，防效不佳；微生物杀虫剂Bt对天敌安全，应大力推广，但小菜蛾对Bt也已产生抗性。

岛弯尾姬蜂（*Diadegma insulare*）是中、北美洲最重要的小菜蛾幼虫寄生蜂，其田间寄生率高达80%～85%，对小菜蛾种群有较好的控制作用。关于岛弯尾姬蜂的寄生能力、对农药的敏感性以及食料条件对它的影响等前人做了许多工作（Idris and Grafius，1993，1997；Carballo et al.，1989；Biever et al.，1992；Okine et al.，1996）。徐建祥等（2001）研究了岛弯尾姬蜂的寄主搜索行为。由于该蜂具有较强的控制作用，目前亚洲一些国家和地区也计划引进该蜂。

菜蛾优姬蜂（*Diadegma eucerophaga*）也是小菜蛾幼虫的一种重要天敌，主要分布在欧洲。室内研究表明，它对小菜蛾的搜索能力比小菜蛾绒茧蜂和颈双缘姬蜂都大，被认为是最有利用前景的寄生性天敌（Chua and Ooi，1986），现已被广泛引入到太平洋和东南亚一带，对小菜蛾的防治效果非常显著。在马来西亚Cameron高地，引进该蜂的11年后，各茬蔬菜上小菜蛾的种群数量均低于未引进该天敌时小菜蛾的种群数量，其功劳主要归于该天敌的控制作用（Ooi，1992；Sastrosiswojo et al.，1986；Talekar，1988，1990；Chua and Ooi，1986）。近年来，我国也开展了一些研究工作，为引进该天敌打下了基础（古德就和Waage，1994；古德就等，1995）。

七、寄生性天敌应用中存在的主要问题及解决途径

（一）寄生蜂蜂种形态描述上的窘境

小菜蛾寄生性天敌在部分地区得到广泛应用并取得一定效果，但在形态描述上的研究报道常略有差异，这可能是与不同国家或地区的蜂种不同有关，或者是因为用传统的方法很难区别近缘种，因此给引种应用带来一定的困难（Fitton and Walker，1992）。

（二）寄生蜂大量饲养繁殖的条件尚不够成熟和完善

目前，赤眼蜂的繁殖技术相对比较完善，可以进行工厂化生产以满足大田应用的需要，但在有效蜂种的选择上，还有待进一步研究。小菜蛾绒茧蜂、颈双缘姬蜂、菜蛾优姬蜂等的寄生蜂饲养主要还得依靠寄主，中间寄主缺乏，因此花工和占用空间大，大批量饲养繁殖技术尚待进一步改进。

（三）田间放蜂受农药和农事操作的影响

经研究表明，有机磷、氨基甲酸酯类、沙蚕毒类等杀虫剂对寄生蜂有很强的毒性，拟除虫菊酯类有微害，而Bt、颗粒体病毒等对寄生蜂较安全。因此，在必须使用杀虫剂控制小菜蛾时，应选用高效低毒、对天敌安全的药剂，同时配合释放寄生蜂可达到较好的效果。

第四节 苏云金芽孢杆菌对小菜蛾的控制作用

苏云金芽孢杆菌（*Bacillus thuringiensis*，简称 Bt）是一种革兰氏阳性细菌，它产生的杀虫晶体蛋白（insecticidal crystal proteins，简称 ICPs）又称 δ-内毒素（δ-endotoxin）是一类在 Bt 芽孢形成期产生的具有特异杀虫活性的晶体蛋白，其在伴孢晶体内以原毒素（protoxin）的形式存在，它是 Bt 杀虫的主要成分（Yechiel and Ehud，1996）。Bt 制剂对病虫害防治效果好，对人、畜安全无毒的特性引起了人们的广泛关注，它是世界上使用最广泛、生产最多、杀虫效果最好的微生物杀虫剂，近年来也成为防治小菜蛾的重要生物制剂（魏雪生等，2005）。

一、苏云金芽孢杆菌杀虫晶体蛋白的分类

Schnepf et al.（1981）首次从 Bt 中克隆 *cry* 基因（Schnepf et al.，1998），至 2005 年全世界报道的 Bt 杀虫晶体蛋白基因序列已超过 350 个（http：//www. lifesci. sussex. ac. uk/home/Neil_Crickmore/Bt/toxins2. html）。Hofte and Whiteley（1989）根据当时已报道的 42 个杀虫晶体蛋白基因核苷酸序列相似性和编码 ICP 的杀虫谱提出了基于功能的 Hofte-Whiteley 分类系统。将这 42 个杀虫晶体蛋白基因划归为 4 个类群 14 个亚类：①*cry*Ⅰ编码的毒性蛋白约 81～138ku，对鳞翅目害虫有毒性；②*cry*Ⅱ编码的毒性蛋白约 71～110ku，对鳞翅目和双翅目害虫有毒性；③*cry*Ⅲ编码的毒性蛋白约 70～129ku，对鞘翅目害虫有毒性；④*cry*Ⅳ编码的毒性蛋白约 68～125ku，对双翅目害虫有毒性（Hofte and Whiteley，1989）。随着分子生物学的深入发展，新的 *cry* 基因不断被分离、克隆，陆续发现了许多 *cry* 基因，按照 Hofte-Whiteley 分类系统存在着在氨基酸序列和杀虫谱间的矛盾。李海燕等（2000）在 Hofte-Whiteley 分类系统的基础上进行改进，沿用罗马数字Ⅰ、Ⅱ、Ⅲ、Ⅳ代表几种杀虫范围，在每一类型下根据氨基酸序列的同源性，又分为 A、B、C 等不同的基因型。在同一基因型下根据限制性内切酶的酶谱和分子量的大小，又分为 a、b、c 等不同的基因亚型。Crichmore 等（1998）介绍了对 *cry*Ⅰ和 *cry*Ⅳ基因的分类：在 *cry*Ⅰ基因间，根据限制性内切酶的酶谱和分子量的大小，分为：*cry*ⅠA（a），4.50kb；cryⅠA（b），5.30kb；*cry*ⅠA（c），6.60kb 亚类基因。在 *cry*Ⅳ基因间分为：*cry*ⅣA，135ku；cryⅣB，128ku；*cry*ⅣC，78ku；*cry*ⅣD，72ku；*cry*ⅣA 和 *cry*ⅣB 基因在结构上与 *cry*Ⅰ相似，毒性核心区段为 53～78ku，位于原毒素蛋白的 N 端。Crichmore 等（1998）依据 *cry* 基因的核苷酸序列以及演化关系，提出了基于序列的新分类系统，采用阿拉伯数字取代罗马数字重新编号，将已报道的 133 种杀虫晶体蛋白基因共划分为 41 组，即 *cry* 1～*cry* 39 和 *cyt* 1～*cyt* 2（Crickmore et al.，1998）。

1996 年 Estruch 等在 Bt 发酵上清液中发现在营养期分泌的一类新型杀虫蛋白即营养期杀虫蛋白（Vegetative Insecticidal Proteins，简称 VIPs），对鳞翅目和鞘翅目害虫具有较广谱的杀虫活性。与 ICPs 不同，VIPs 蛋白是从对数生长中期开始分泌的，在稳定前期达到最高峰（刘荣梅等，2004）。VIP3A 对鳞翅目昆虫具有较广谱的杀虫活性，主要包括 VIP3A（a）、VIP3A（b）和 VIP3A（c）（李江等，2005）。VIP3A 与已知的 *cry* 晶体蛋

白没有同源性，它们的杀虫活性和作用机理也不相同（陈建武等，2002）。ICPs在昆虫碱性中肠中溶解，前毒素经中肠胰蛋白酶作用后，将C-端切除，加工成对昆虫有活性的毒蛋白，毒蛋白再与中肠上皮细胞刷状缘膜小泡（brush border membrane vesicles，简称BBMV）的受体结合，引起昆虫细胞膨胀解体，导致昆虫死亡；而VIP3A毒蛋白只要在pH低于7.5时即可溶解，其C-端也不被切除，与敏感昆虫上皮结合，诱发昆虫细胞凋亡，细胞核溶解，最终昆虫死亡（陈建武等，2002）。据Specificity Database得到对小菜蛾有毒力的两个VIP3A基因，即VIP03Aa09和VIP03Aa10(http：//www.glfc.forestry.ca/bacillus/BtResults.cfm）。

二、苏云金芽孢杆菌的杀虫机理

δ-内毒素作用于昆虫之后对其生理和代谢的影响，对于阐明Bt作用于昆虫的生理生化机制和指导Bt杀虫剂的正确使用具有重要的理论意义。昆虫肠道（中肠）是昆虫消化吸收食料的重要场所，是Bt杀虫毒素的作用部位，也是多年来Bt杀虫机理研究所涉及的重要组织（申继忠和钱传范，1994 abc）。通过克隆技术确定Bt基因位于30～150MD大小不同的质粒上，其中毒性区间位于该序列N端29～607个编码区，C-端有高度的保守性，对稳定晶体蛋白结构可能起着重要作用（李海燕等，2000）。应用动力学研究方法发现在中肠上皮细胞上固定的刷缘状膜小泡中含有与Bt-δ-内毒素的高度专一、高度亲和的受体（吴红波和张永春，2005）。关于晶体蛋白与受体间的作用模式，比较流行的是二步模型，即晶体蛋白先与中肠膜上的受体结合，然后晶体蛋白插入膜并形成孔。一般认为杀虫晶体蛋白的杀虫作用过程要经过溶解、酶解活化、与受体结合、插入以及孔洞或离子通道的形成等5个环节（汤慕瑾和余键秀，2001）。当Bt杀虫晶体蛋白被昆虫摄食之后，在昆虫幼虫的肠道内经蛋白酶水解，转变为65～70ku带有N-末端的具有杀虫活性的毒性多肽分子。它可与敏感昆虫中肠上皮细胞表面的特异受体相互作用，诱导细胞膜产生一些特异性小孔，扰乱细胞的渗透平衡，并引起细胞膨胀甚至裂解，从而导致昆虫停止进食而最终死亡（聂智毅等，2005）。目前，普遍认为受体是一种糖蛋白或氨肽酶。研究表明，虽然毒素与受体结合可能是毒素发挥杀虫作用必不可少的一步，但仅有结合作用并不能保证杀虫活性。对Bt敏感的鳞翅目幼虫中肠pH一般都偏碱性，有利于对Bt杀虫晶体蛋白的溶解，但其中肠环境的还原性水平还不清楚。其中肠上皮细胞上含有多种毒素结合位点，对某些毒素来说，在结合位点数量与杀虫活性之间存在定量关系，但在另外一些情况下，结合作用与毒性之间并没有明确的定量关系（申继忠和钱传范，1994abc）。

关于Bt杀虫晶体蛋白对于昆虫的神经系统和呼吸系统的作用机制的研究还很少。Cooksey（1969）首先研究了晶体蛋白对美洲大蠊（Periplaneta americana）神经传导的阻断作用，认为δ-内毒素能作用于神经前突触部位对后突触及轴突无影响（Cooksey et al.，1969）。Singh和Gill（1985）的研究也证实了这一点（骆爱兰等，2005）。之后的研究也都表明Bt杀虫晶体蛋白对于昆虫具有神经毒性。δ-内毒素对于昆虫呼吸系统的作用研究得相当少，Faust等（1974）报道了δ-内毒素能刺激家蚕（Bombyx mori）中肠线粒体对氧的吸收（聂智毅等，2005）。而δ-内毒素对于鳞翅目小菜蛾的神经系统和呼吸系统是否也具有作用目前未见报道。

三、苏云金芽孢杆菌制剂对小菜蛾的控制作用

研究人员调查了 Bt 对抗性小菜蛾和敏感小菜蛾的拒食活性。选择性和完全拒食试验表明，Bt 对抗性小菜蛾和敏感小菜蛾种群都有一定的拒食作用，且拒食活性随 Bt 浓度的增加而显著增强（杨峰山等，2004）。应用 Bt 防治小菜蛾的田间药效试验结果表明，Bt 500 倍液对小菜蛾具有良好的防效，施药后 3d 的防治效果达 73.6%，药后 5d 的防治效果达 85.5%（李一平和杨玉环，2004）。室内测定 6 种生物源杀虫剂对小菜蛾卵、初孵幼虫和二龄幼虫的毒力，结果表明，Bt 对小菜蛾幼虫毒杀效果较好，对其卵孵化抑制率低，渗透作用相对较弱，待初孵幼虫取食卵壳时才发挥毒杀作用（骆爱兰等，2005）。通过有机磷、微生物源杀虫剂等 19 种杀虫剂对小菜蛾的室内测定和田间药效试验进一步证实了这一点（林文彩和郭世俊，1998）。

不同 Bt 制剂对小菜蛾的防治效果也不同。将 Bt MP‑342 粉剂（16 000IU/mg）和液剂（4 000IU/μL）的 1 000 倍和 2 000 倍液供试液剂分别用于防治小菜蛾，48h 的虫口减退率分别达 98.5% 和 88.4%（杨自文等，2000）。每 667m^2 用 46% 必杀螟（Bt）可湿性粉剂 50g、20% 菊马乳油 100g、0.6% 高敌杀 20mL 和清水对照防治小菜蛾实验，根据调查结果比较，46% 必杀螟（Bt）3～7d 后防治效果明显高于 20% 菊马乳油和 0.6% 高敌杀，说明防治小菜蛾每 667m^2 用 46% 必杀螟（Bt）50g 对水 45kg 效果好（梁后循，2002）。魏雪生等（2005）的研究表明，与对照 Bt 制剂相比，Bt 15A3 对小菜蛾也有较好的防效，以 500 倍液和 1 000 倍液防效最好，72h 防效分别为 74.38% 和 76.24%，均好于辛硫磷的防效，且 Bt H3‑7 对小菜蛾天敌影响很小，在防治区调查，小菜蛾幼虫中绒茧蜂寄生率达 86.0%，高于辛硫磷防治区（寄生率仅为 46.0%）（赵怀玲等，2001）。用 Bt H3136 菌株和几种常用的化学农药如敌敌畏、氧化乐果、杀虫双、马拉硫磷等进行室内毒性试验和大田防治大白菜上的小菜蛾试验，结果趋于一致，均表明用 Bt H3136 菌株制成的粉剂对水 500 倍和 1 000 倍喷雾防治小菜蛾，都具有很好的防治效果，从经济和生态两方面考虑以 Bt H3136 稀释 1000 倍液应用较好（吴洪生等，2002ab）。利用 Bt HD‑1 经 γ 辐射诱变筛选的菌株 S88 发酵制剂防治萝卜上的小菜蛾效果明显，4d 防治效果达 88.09%，6d 防治效果达 91.73%，且对环境中的瓢虫、蜘蛛等害虫天敌伤害很小，1 000 倍的 Bt S88 制剂可以完全代替化学农药用于防治蔬菜上的小菜蛾等害虫（吴洪生等，2001）。

由此可见，虽然 Bt 对小菜蛾具有较好的杀虫效果，但在田间使用中仍存在一些问题，主要是防效不稳定、残效期短、杀虫速度慢等。因此，仅使用 Bt 单剂防治小菜蛾还不十分理想。

四、苏云金芽孢杆菌复配药剂和混剂对小菜蛾的控制作用

为克服 Bt 在大田应用中的一些缺点，需要将它与化学杀虫剂、其他微生物杀虫剂（真菌、病毒杀虫剂）或与增效剂混合或配合使用（申继忠和钱传范，1994abc；岳书奎等，1996）。

黏虫颗粒体病毒（PuGV）的颗粒体中含有一种 126ku 的蛋白质，称为增效因子

（synergistic factor），能提高黏虫对核型多角体病毒的敏感性，不仅可以增强 Bt 的毒力，提高防治效果；而且可通过生物因子修饰，保持 Bt 的生物特性（任贵平等，2004）。经研究发现，茶皂素（tea saponin）对菜青虫具有一定胃毒和较强的忌避作用，且浓度越高，忌避作用越强，对防止菜青虫为害结球甘蓝有一定的效果（黄继轸和孙华志，1993）。实验表明，茶皂素对苏云金杆菌的生长无影响且对 Bt 防治小菜蛾具有显著的增效作用（李耀明等，2005）。印棟素（azadirachtin）是从印棟中提取的活性物质，对多种蔬菜害虫有较好的防效，且对环境友好，害虫不易产生抗药性，与 Bt 以 1∶1 复配对小菜蛾的防治增效明显，两者能充分发挥各自的优势，可避免长期大量使用单一药剂而产生的副作用，以延长农药的使用寿命（赵德，2005）。魏辉等（2003）的研究表明，花椒（*Zanthoxylum bungeanum*）、假连翘（*Duranta repens*）、南洋楹（*Albizia falcataria*）、羊蹄甲（*Bauhinia variegata*）、番石榴（*Psidium guajava*）、荷花玉兰（*Magnolia grandiflora*）的乙醇提取物对 Bt 的杀虫活性有显著的增效作用。

不同添加物对 Bt 的增效作用不同，且各添加剂的浓度对 Bt 的杀虫效果影响差异显著。从 82 种添加剂中筛选出 12 种有较好增效作用的物质进行不同浓度对 Bt 杀虫效果影响和较佳浓度下的增效倍数测定表明，在 10g/L 的剂量下多数添加剂的增效作用随剂量的增加而增强（邱思鑫等，2002）。通过使用 7 种 Bt 复配杀虫剂对甘蓝上的小菜蛾的药效实验发现，Bt 复配杀虫剂速效性显著高于纯生物农药千胜（1 600IU/μL Bt 悬浮剂），持效性也显著高于千胜（韩新才等，2004）。将菜喜、Bt 两种生物源农药进行不同浓度混配防治小菜蛾的田间药效测定，经过不同时间段的观察，结果表明，各期药效均明显优于相应剂量的单剂各处理（张纯胄等，2004）。Bt 的高效菌株伴孢晶体与放线菌毒素 abamectin 毒素（阿维菌素）进行耦合生产出的双毒素生物杀虫剂，对环境污染小，对小菜蛾有良好防效，速效性与持效性均较理想（应薛养等，2000）。通过比较锐星（Bt 添加病毒等生物增效因子而成的增效 Bt 可湿性粉剂）和杀虫单、爱诺虫清等 8 种常用杀虫剂防治蔬菜害虫的效果发现，1 600IU/mg 锐星对小菜蛾有较高毒力，较 1 600IU/mg Bt 增效达 6 倍（徐健等，2001）。将 K_2CO_3、$ZnSO_4$、*Bacillus mucilaginosus* 提取物、*Bacillus cereus* 提取物、奶粉 5 种添加物按不同比例配成 3 组加入 8 000IU/mg Bt 8010 可湿性粉剂中，用室内毒力测定和田间试验比较其对小菜蛾幼虫的杀灭速度，结果表明，加入其中一组添加物的 Bt 8010 可湿性粉剂比加入另外两组添加物的速效性均有所提高且杀虫速率比对照（Bt 8010＋硅藻土可湿性粉剂）快近 1 倍（许文耀等，2004）。

五、小菜蛾对苏云金芽孢杆菌的抗性

苏云金芽孢杆菌（*Bacillus thuringiensis*）因其毒力高，致病快，且对非靶标昆虫及人类无毒，对环境安全等优点，成为世界上应用最广的一类微生物杀虫剂。在害虫的大田生防中发挥着显著作用。使用 30 年来，一直没有害虫对其产生抗性的报道。然而，20 世纪 80 年代后期，在长期使用 Bt 的地区，发现小菜蛾对其产生了抗药性（Tabashnik et al.，1990；Ferre et al.，1991）。人们在实验室经人工选择多代以后，小菜蛾对 Bt 产生了抗性，有的抗性水平还很高（Tabashnik et al.，1994）。

起初人们对 Bt 制剂的害虫抗药性机理作了反面的推测：①选择性摄食，即对经过 Bt

制剂处理的食饵不取食。②被摄取的 Bt 制剂在肠道中不被消化或被降解为无毒物。③中肠上皮细胞受体对毒素蛋白的亲和性降低或受体消失或不结合等（余德亿等，1999）。

Stone 等（1989）证明，害虫对 Bt 的抗性发生在进入肠壁细胞前阶段，即肠道内。Bt 对鳞翅目幼虫的毒杀作用主要是其伴孢晶体蛋白与害虫肠壁细胞膜受体结合后进入肠壁细胞，破坏细胞内的细胞器，最终使细胞瓦解、脱落，肠液进入血腔致使害虫死亡。VanRie 等（1990）认为害虫对 Bt 产生抗性的主要原因是肠壁细胞膜受体对蛋白毒素的亲和力下降。Ferre（1991）发现，对 Cry Ⅰ A（b）产生 200 多倍抗性的小菜蛾田间种群不与小菜蛾中肠上皮细胞刷状内囊泡（BBMV）结合，田间小菜蛾对 Bt 的抗性是由于小菜蛾中肠上皮细胞受体发生改变的结果。可以推断出，毒素受体是昆虫中肠中一个生理上很重要的生物分子。VanRie 等（1990）也证实，小菜蛾对 Bt 的抗性是由于杀虫晶体蛋白（ICPs）受体改变的结果，杀虫晶体蛋白受体的改变是小菜蛾可适应 Bt 的原因。因此，多数研究认为，小菜蛾对 Bt 的主要抗性机制是由于毒素与中肠上皮细胞亲和力的改变，或是由于亲和力显著降低或是由于缺乏受体分子。

但 Masson 等（1995）用表面胞质共振技术（surface plasmon resonance）测定了抗性小菜蛾和实验室敏感小菜蛾的 BBMV 对 Cry Ⅰ Ac 毒素的结合与解毒常数，结果证明，两者与毒素的结合无明显差异，并实际上否定了抗性的产生是由于抗性昆虫中肠细胞受体发生改变的结论。

此外，Tabashnik（1992）探讨了小菜蛾其他可能的抗性机制，将两种丝氨酸蛋白酶抑制剂加入 Bt 库斯塔克亚种测定小菜蛾抗性品系和敏感品系的毒力，结果表明，抗性品系和敏感品系的死亡率没有显著差异。冯夏等（1996）对小菜蛾对 Bt 的抗性研究证明，小菜蛾对 Bt 的抗性与酯酶和多功能氧化酶（MFO）的关系不大。

通过对苹果淡褐卷蛾、舞毒蛾、烟芽夜蛾、美洲棉铃虫和小菜蛾等的研究发现，影响 Bt 效力发挥的重要因素是害虫取食量的减少。因此推测，抗性的产生与小菜蛾等害虫的回避行为即行为抗性有关（Farrar et al.，1995；Herbert et al.，1987；Gould et al.，1993；Hoy and Hall，1993）。然而，小菜蛾不能避开叶面上含 Bt 的液滴，抗性和敏感小菜蛾在从 Bt 处理的基质上爬开的频次、消耗的含 Bt 的食料量间无显著差异，同时无论抗性种群还是敏感种群在从用 Bt 处理的和未用 Bt 处理的基质上爬离的频次间均差异显著，这种行为反应和取食量的减少可能是因为小菜蛾取食 Bt 后中毒引起的，而不是取食前发觉了 Bt 存在而回避的结果，没有证据表明小菜蛾对 Bt 存在行为抗性（Schwartz et al.，1991）。总之，小菜蛾对 Bt 的抗性机制并不是单一的（Ferre et al.，2002；Heckel，1994），因此，在这方面还有待于进一步研究。

影响昆虫对 Bt 抗性产生与发展的因素很多。首先，抗性产生与发展的速度与选择压力成正比关系，选择压力越高，昆虫对 Bt 产生的抗性也越快越强。如果抗性选择是不连续的，则无疑降低了选择压力。其次，抗性的产生与作用于昆虫的 Bt 毒素有关。单一 Bt 杀虫晶体蛋白比 Bt 制剂（含多种毒素的孢晶混合物）更易使昆虫产生抗性（余德亿和占志雄，1999）。通过小菜蛾对不同种类杀虫剂的交互抗性研究发现，化学农药主要作用于害虫的中枢神经系统，而 Bt 制剂则主要作用于中肠细胞，两者之间不产生交互抗性；Bt 亚种间不存在交互抗性但 Bt 亚种内的菌株间存在交互抗性（Tabashnik et al.，1990；吴刚等，2001；钟平生等，2005）。

六、苏云金芽孢杆菌对小菜蛾控制作用的研究展望

戴承镛等（1994）通过小菜蛾对 Bt 抗性的研究，提出应提倡综合防治，坚持合理混配和交替用药的原则：①Bt 制剂的生产菌株应定期轮换；②Bt 制剂与化学农药合理复配；③Bt 制剂与化学农药交替使用；④药剂防治与农业防治配合，采用优化栽培与管理，及时处理残菜虫源地。余德亿和占志雄（1999）提出小菜蛾的抗性治理应考虑两方面的问题：①如何使未产生抗性的小菜蛾敏感种群保持其低的抗性基因频率；②如何控制已产生抗药性的小菜蛾种群与杂合种群，使其抗性得到有效的治理。陈之浩和程罗根（2000）提出，要合理有效地治理小菜蛾的抗性，首先必须真正弄清小菜蛾对药剂的抗性机理，从而制定针对性强的治理措施。目前，Bt 杀虫剂的使用规模与化学农药相比仍然很小，但它作为一类对人类无害、无污染的新型杀虫剂确实具有很大的发展潜力。因此，Bt 对小菜蛾防治的研究意义重大，除了继续在一些基础研究上多做工作外，还应该把研究提高到一个新的层次，为制定合理、科学的治理措施提供理论依据。

第五节　天敌对小菜蛾种群的联合控制作用

一、概述

菜田生态系统中与小菜蛾共存的天敌种类繁多，已鉴定到种的天敌种类已有 100 多种。自然种群生命表组建和田间系统调查表明，与小菜蛾发生期相吻合的主要天敌类群有蜘蛛类、瓢虫类、步甲类、草蛉类及寄生蜂类等，它们对小菜蛾的种群发展起着一定的控制作用。但由于菜田的害虫与天敌种类繁多，两大类群相互作用，关系比较复杂。例如，一种天敌往往可以捕食多种害虫，而一种害虫又往往会被多种天敌所捕食；同样一种寄生蜂可能寄生多种害虫，而一种害虫也可能被多种寄生性天敌所寄生。此外，天敌间还存在着种间制约关系，如种间竞争等。比如，小菜蛾绒茧蜂与啮小蜂竞争时，对啮小蜂一方不利。

由于害虫与天敌相互关系的复杂性，在研究过程中，一般是以简单的单相关系数定量表述二者之间的相关性；或者将菜虫—天敌复合系统中的复杂关系简化为一种天敌、一种害虫的理想状态，在实验室条件下研究其功能与数量的关系（吴梅香等，1997；吴梅香和尤民生，2002；何余容，1999）。这两种方法显然不能反映田间的实际情况，可能只描述了某一段时间，有时甚至是瞬时的，不能反映出天敌因子对小菜蛾种群作用的全过程，与生产应用有一定的距离。因此，一些学者通过田间系统调查，研究了自然状态下小菜蛾与多种天敌的种群消长动态，或田间联合使用 Bt、颗粒体病毒和寄生性天敌等措施，并通过组建天敌联合作用的小菜蛾自然种群生命表，来探讨菜田害虫和天敌关系的内在规律，进而指导小菜蛾的综合治理（莫美华，2000；Chilcutt and Tabashnik，1997；Morallo-Rejesus et al.，2000）。

二、天敌联合控制的生命表组建

生命表分析是评价天敌作用的常用方法之一，国内外不少学者利用种群生命表来分析降雨、天敌对小菜蛾种群作用的大小（Harcourt，1986；Iga，1985；Keinmeesuke et al.，1992；Sivspragasam et al.，1988；Wakisaka et al.，1991）。为了更客观地了解和评价自然因子和人为因子的作用大小，庞雄飞等（1982，1984，1992）创立了以作用因子组配的生命表，用以分析各种因子（包括天敌因子）或各类因子对昆虫种群数量的控制作用，以及重要因子和关键因子。状态空间表达式和控制指数分析法是其主要分析手段。

（一）不同生境内的自然天敌对小菜蛾的控制作用

可能由于试验条件和评价方法仍存在一定困难的原因，对于广谱杀虫剂引起小菜蛾的再猖獗虽有不少报道，但却缺乏定量的分析研究。庞雄飞等（1995）用种群趋势指数（lndex of population trend，I）和干扰作用控制指数（lnterference index of population control，$IIPC$）对不同生境的小菜蛾发展趋势进行分析，结果见表6-34。

表6-34　不同菜场内菜心上的小菜蛾种群存活率及其生殖力

（庞雄飞等，1995）

虫　期	作用因子	室　内	上　洞	玉　塘	小　区
卵	捕食及其他	1.000	1.000	1.000	0.665
	寄生	1.000	1.000	0.899	1.000
	不孵	0.957	0.980	0.948	0.897
一至二龄幼虫	捕食及其他	1.000	0.626	0.529	0.629
	寄生	1.000	1.000	1.000	0.914
	病亡	0.795	1.000	0.989	0.943
三龄幼虫	捕食及其他	1.000	0.710	0.672	0.600
	寄生	1.000	1.000	1.000	0.762
	病亡	0.898	1.000	0.978	1.000
四龄幼虫	捕食及其他	1.000	0.779	0.259	0.696
	寄生	1.000	1.000	0.806	0.688
	病亡	0.863	1.000	0.966	1.000
蛹	寄生	1.000	1.000	0.741	0.543
	病亡	0.956	0.925	0.950	1.000
成虫	雌性比率	0.562	0.532	0.591	0.527
	标准卵量	400	400	400	400
	达标准卵量概率	0.530	0.501	0.512	0.420
种群趋势指数（I）		67.2	29.3	4.88	3.40

在表6-34中，室内的试验是在排除天敌作用的情况下进行的，小菜蛾的种群趋势指数达到67.2，即下代的数量相当于当代的67.2倍。上洞（广东东莞市企石镇上洞）的实验是在经常大量使用广谱性杀虫剂的菜场内进行的，调查的小区虽然未使用杀虫剂，但调查发现小菜蛾的种群趋势指数仍相当高，达到29.3。玉塘（深圳公明镇玉塘菜场）在试验的两年内以菜蛾敌（Bt制剂）代替化学杀虫剂，小菜蛾的种群趋势指数下降为4.88，接近于长期不施用化学杀虫剂的实验地（小区）的水平（种群趋势指数为3.4）。

长期使用广谱杀虫剂对小菜蛾种群数量的影响主要在于降低天敌的自然控制作用。上洞菜场的处理中，由于经常大量使用广谱杀虫剂，对天敌有明显的影响。在寄生性天敌和捕食性天敌的共同作用下，小菜蛾干扰作用控制指数受到天敌作用的影响，干扰作用控制指数下降为 0.303；而在玉塘菜场和不施用化学杀虫剂的实验地（小区），由于不使用广谱杀虫剂，小菜蛾种群干扰作用控制指数分别下降为 0.049 和 0.046，成为种群趋势指数下降的重要原因（表 6-35）。

表 6-35　不同生境内捕食性天敌及寄生性天敌的干扰作用控制指数

(庞雄飞等，1995)

作用因子	室　内	上　洞	玉　塘	小　区
捕食	1	0.346	0.092	0.175
寄生	1	0.875	0.537	0.260
捕食＋寄生	1	0.303	0.049	0.046

(二) 赤眼蜂及苏云金杆菌制剂对小菜蛾种群的联合控制作用

小菜蛾的卵期比较短，仅为 2.5d，拟澳洲赤眼蜂通常寄生于产后 1～2d 的卵；赤眼蜂成虫散放后继续扩散，而且逐日死亡，这是寄生率提高的限制因素。试验结果（表 6-36）表明，在放蜂区，小菜蛾卵期与寄生相对应的存活率为 0.670，换算成寄生率仅为 33%，看似效果不明显。但是，由于赤眼蜂是在卵期起作用，幼虫期的天敌数量并不会迅速下降，因此天敌的作用相对加强，这种协同作用使小菜蛾种群趋势指数下降为对照的 0.24，显示出良好的控制效果。施用苏云金杆菌制剂对幼虫的干扰作用控制指数为 0.29，显示出苏云金杆菌制剂对小菜蛾种群发展有很好的控制作用。在放蜂后如再施用苏云金杆菌制剂（放蜂＋Bt 区）会收到更好的效果，小菜蛾干扰作用控制指数仅为 0.06。

表 6-36　上洞赤眼蜂及苏云金杆菌制剂 (Bt) 对小菜蛾种群的控制作用

(庞雄飞等，1995)

虫　期	作用因子	对　照	放蜂区	Bt 区	放蜂＋Bt 区
卵	寄生	0.000	0.670	1.000	0.716
	不孵	0.980	0.980	0.980	0.980
一至二龄幼虫	捕食及其他	0.626	0.755	0.458	0.535
三龄幼虫	捕食及其他	0.710	0.498	0.424	0.415
四龄幼虫	捕食及其他	0.779	0.258	0.495	0.158
	寄生	0.875	0.807	0.850	0.780
蛹	捕食及其他	0.925	1.000	1.000	1.000
成虫	雌性比率	0.532	0.532	0.532	0.532
	标准卵量	400	400	400	400
	达标准卵量概率	0.501	0.501	0.501	0.501
种群趋势指数 (I)		29.3	6.97	8.54	1.86
干扰作用控制指数	(IIPC)	—	0.24	0.29	0.06

冼继东等（1997）应用状态空间分析法，通过生命表参数模拟小菜蛾种群数量动态，研究不同的生物因子（小菜蛾颗粒体病毒、拟澳洲赤眼蜂和苏云金杆菌）的组合对小菜蛾种群动态的联合控制作用。结果表明，小菜蛾颗粒体病毒与散放赤眼蜂、施用苏云金杆菌组合应用，即使在小菜蛾种群发展趋势指数较高的情况下也可能控制小菜蛾种群数量的增长。

（三）小菜蛾天敌控制作用的评价

何余容等（2000b）利用小菜蛾自然种群连续世代生命表结果（何余容等，2000a），通过状态空间方程和作用因子添加分析法，评价释放赤眼蜂、菜蛾绒茧蜂和菜蛾啮小蜂等寄生性天敌对小菜蛾种群的控制作用。

1. 连续世代生命表的组建　何余容等（2000a）根据田间动态数据和室内观察结果，组建小菜蛾春季和秋季自然种群连续世代生命表。从表6-37可以看出，春季小菜蛾种群趋势指数第一代为3.4，第二代为6.4，第一代迁出存活率为0.5523，因此两代种群增长指数为11.9，说明在不用化学药剂的情况下，经过一茬菜的积累，春季菜心地的小菜蛾将增加11.9倍；秋季小菜蛾种群趋势指数第一代为8.96，第二代为8.3，第一代成虫迁出存活率为0.3288，因此两代种群趋势指数为24.4，说明在不用化学药剂的情况下，经过一茬菜的积累，秋季菜心地的小菜蛾将增加24.4倍，比春季小菜蛾种群增长趋势倍数高出1倍多。

表6-37　小菜蛾自然种群连续世代生命表

（何余容等，2000a）

代　别	虫　期	各期存活率（%）		代　别	虫　期	各期存活率（%）	
		春季种群	秋季种群			春季种群	秋季种群
第一代	卵	0.7560	0.8626	第二代	卵	0.7513	0.7217
	一龄幼虫	0.6590	0.8260		一龄幼虫	0.8004	0.6824
	二龄幼虫	0.7072	0.7605		二龄幼虫	0.8513	0.7496
	三龄幼虫	0.8073	0.5918		三龄幼虫	0.8426	0.7734
	四龄幼虫	0.2633	0.2216		四龄幼虫	0.3542	0.3413
	蛹	0.3410	0.9463		蛹	0.3118	0.9010
	成虫期参数	133.3	133.4		成虫期参数	133.3	133.4
	种群趋势指数 I_1	3.4	8.96		种群趋势指数 I_2	6.4	8.3
	迁入或迁出	0.5523	0.3288		两代种群趋势指数 I_{12}	11.9	24.4

注：成虫期参数是标准卵量、雌性概率和达标卵概率的乘积；迁入（＞1）或迁出（＜1）是实际卵量和预期卵量的比值。

2. 小菜蛾自然种群生命表的重要因子分析　将各作用因子的存活率及换算成的排除作用控制指数（exclusion index of poputation control，*EIPC*）列于表6-38，得到包括寄生、病亡和捕食及其他在内的各种天敌因子对春、秋两季小菜蛾自然种群连续世代的控制作用强度。结果表明，小菜蛾绒茧蜂是影响小菜蛾春季第一代种群数量最强的作用因子，菜蛾啮小蜂作用次之，它们的排除作用控制指数分别为3.3和2.67；菜蛾啮小蜂是影响小菜蛾春季第二代种群数量的重要因子，其次是四龄幼虫的捕食及其他和绒茧蜂寄生，排除作用控制指数分别为3.1、1.64和1.47。四龄幼虫的捕食及其他是影响小菜蛾秋季第一代种群数量的重要因子，小菜蛾绒茧蜂的作用次之，其排除作用控制指数分别为2.07和1.74；小菜蛾绒茧蜂的寄生是影响秋季第二代种群数量的重要因子，四龄幼虫的捕食及其他次之，排除作用控制指数分别为2.11和1.47；在秋季菜蛾啮小蜂的自然控制作用较低，其在第一代和第二代的排除作用控制指数分别只有1.06和1.11，这也是秋季小菜蛾种群发生较重的主要原因。

表 6-38　各作用因子对小菜蛾自然种群的排除作用控制指数

(何余容等，2000a)

代别	虫期	作用因子（F_i）	作用因子存活率（%）		排除作用控制指数	
			春季种群	秋季种群	春季种群	秋季种群
第一代	卵	捕食及其他	0.776 4	0.906 0	1.29	1.10
		寄生	0.973 7	0.953 2	1.03	1.06
	一龄幼虫	捕食及其他	0.746 5	0.935 7	1.34	1.07
	二龄幼虫	捕食及其他	0.707 2	0.812 0	1.41	1.23
		病毒	1.000 0	0.936 6	1.00	1.07
	三龄幼虫	捕食及其他	0.875 7	0.644 9	1.14	1.55
		细菌	1.000 0	0.949 5	1.00	1.05
		病毒	0.921 9	0.966 4	1.08	1.03
	四龄幼虫	捕食及其他	0.961 2	0.482 3	1.04	2.07
		真菌	0.945 2	0.983 1	1.06	1.02
		细菌	1.000 0	0.920 0	1.00	1.09
		病毒	0.956 5	0.886 4	1.05	1.13
		绒茧蜂寄生	0.303 0	0.573 1	3.30	1.74
	蛹	啮小蜂寄生	0.375 0	0.946 3	2.67	1.06
第二代	卵	捕食及其他	0.809 0	0.906 0	1.24	1.10
		寄生	0.958 8	0.953 2	1.04	1.06
		不孵	0.968 3	0.935 7	1.03	1.07
	一龄幼虫	捕食及其他	0.906 7	0.812 0	1.10	1.23
	二龄幼虫	捕食及其他	0.851 3	0.936 6	1.17	1.07
	三龄幼虫	捕食及其他	0.911 6	0.644 9	1.10	1.55
		真菌	0.941 2	0.949 5	1.06	1.05
		病毒	0.982 1	0.966 4	1.02	1.03
	四龄幼虫	捕食及其他	0.610 1	0.482 3	1.64	2.07
		真菌	0.889 9	0.983 1	1.12	1.02
		细菌	0.969 1	0.920 0	1.03	1.09
		病毒	0.978 7	0.886 4	1.02	1.13
		绒茧蜂寄生	0.680 4	0.573 1	1.47	1.74
	蛹	真菌	0.967 7	1.000 0	1.03	1.00
		啮小蜂寄生	0.322 2	0.901 0	3.10	1.11

　　将各虫期的作用因子按类型分类，由真菌、细菌和病毒引起的死亡归为病亡，捕食及其他为一类，各种寄生蜂的作用单独为一类。在各类天敌联合作用下，对小菜蛾种群的排除作用控制指数（EIPC）见表 6-39。结果表明，作用于春季小菜蛾连续世代种群的因子按作用大小列为：捕食及其他、菜蛾啮小蜂、小菜蛾绒茧蜂、病亡、赤眼蜂。如果计算寄生性天敌的联合作用，则其排除作用控制指数为 43.04，即如果排除寄生性天敌的作用，在春季一茬菜心地小菜蛾种群增长倍数将为原来的 43.04 倍，可见寄生性天敌对春季小菜蛾种群的控制起着非常重要的作用。作用于秋季小菜蛾连续世代种群的天敌因子按作用大小排序为：捕食及其他、小菜蛾绒茧蜂、病亡、赤眼蜂、菜蛾啮小蜂。寄生性天敌联合作用的排除作用控制指数为 9.2，即如果排除寄生性天敌的作用，小菜蛾种群在秋季一茬菜心地的增长倍数将为原来的 9.2 倍，而排除捕食及其他的作用，种群增长倍数为原来的 14.94 倍，可见捕食性天敌对小菜蛾的秋季种群的控制起着更加重要的作用。

表 6 - 39　各类天敌因子对小菜蛾种群的联合控制作用

(何余容等，2000a)

作用因子	第一代		第二代		连续两代	
	春季	秋季	春季	秋季	春季	秋季
病亡	1.2	1.45	1.31	1.45	1.57	2.1
捕食及其他	2.89	4.64	2.88	3.21	8.32	14.94
赤眼蜂	1.03	1.05	1.04	1.18	1.07	1.24
绒茧蜂	3.30	1.74	1.47	2.11	4.85	3.67
啮小蜂	2.67	1.06	3.10	1.11	8.28	1.2
寄生蜂联合	9.08	1.94	1.94	2.76	43.04	9.20

3. 小菜蛾种群动态控制的状态方程　小菜蛾种群在各因子作用下的动态可用如图 6-6 所示的网络模型表达。

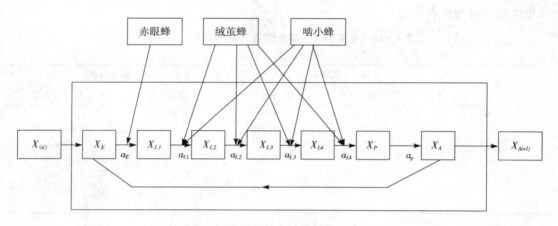

图 6-6　小菜蛾种群系统的网络模型

(何余容等，2000b)

在图 6-6 中，方框内为小菜蛾种群系统，小菜蛾种群按发育阶段划分为卵（X_E）、一龄幼虫（X_{L1}）、二龄幼虫（X_{L2}）、三龄幼虫（X_{L3}）、四龄幼虫（X_{L4}）、蛹（X_P）和成虫（X_A）共 7 个状态变量，$a_E, a_{L1}, a_{L2}, a_{L3}, a_{L4}, a_P$ 为卵期、一龄幼虫、二龄幼虫、三龄幼虫、四龄幼虫和蛹期的存活率；拟澳洲赤眼蜂（Tr）、小菜蛾绒茧蜂和菜蛾啮小蜂为作用于小菜蛾种群的边界因子，通过信息处理为控制信号，作用于各个相应的状态，进而影响系统的输出，时刻 t 的状态向量 X（t）的输入通过状态传输而对时刻 t+1 的状态向量 X（t+1）输出发生影响。将图 6-6 的网络模型如用状态方程来表示，则有：

输入方程：　　　　$X(t_i+1) = [A + B + B' + B''] X(t_i)$　　　　(1)

输出方程：　　　　　　$Y(t_i) = CX(t_i)$　　　　(2)

在方程（1）和方程（2）中，$X(t_i+1)$ 和 $X(t_i)$ 分别是时间 t_i+1、t_i 时的状态向量，A 为系统矩阵，B、B'、B'' 分别为赤眼蜂、绒茧蜂和啮小蜂组成的控制矩阵；C 为输出转移矩阵。$Y(t_i)$ 为时间 t_i 时的输出向量中的状态变量。

系统矩阵由两大部分组成，第一部分为第一行中的生殖力向量；第二部分为各虫期的存活率分块矩阵，除成虫期分块矩阵外，每一分块矩阵均为对角矩阵，而成虫期分块矩阵为对角矩阵加上最后一列（全部为零）组成，元素值为 1。对角矩阵可细分为 1d 为单位的等期状态，每一状态存活率是相等的，即每一对角矩阵内对角元素的值相等，$a_{i1} = a_{i2} = a_{i3} = a_{i4} = \cdots a_{ik} = S_i^{1/b}$。控制矩阵与系统矩阵在结构上相同。根据作用因子的添加分析法（庞雄飞，1995a），控制指数 S_a 的输入方式采用乘法输入，得到的结果 $S_a S_i$，即对角矩阵内对角元素的值为：$b_{i1} = b_{i2} = b_{i3} = b_{i4} = \cdots b_{ik} = (S_a S_i)^{1/k}$。

$$输出矩阵\ C = \begin{bmatrix} 1 & 1 & 1 & 0 & 0 & 0 & 0 & 0 & 0 & 0 & 0 & 0 & 0 & 0 & 0\cdots0 \\ 0 & 0 & 0 & 1 & 1 & 1 & 1 & 1 & 1 & 1 & 1 & 1 & 1 & 1 & 0\cdots0 \end{bmatrix}_{2 \times N}$$

4. 小菜蛾种群动态控制状态方程的拟合　根据小菜蛾各虫期的发育历期，卵、一龄幼虫、二龄幼虫、三龄幼虫、四龄幼虫和蛹历期春季种群分别为 3d、2d、2d、2d、3d、4d，秋季种群分别为 3d、2d、2d、2d、4d、4d，每一天作为 1 个状态变量，成虫期分为 13 个状态变量，则小菜蛾春季和秋季种群系统矩阵的元素值结果见表 6-40，系统矩阵中成虫生殖力向量见表 6-41。

表 6-40　小菜蛾各虫期存活率与系统矩阵的元素值

（何余容等，2000b）

矩　阵	春季种群		秋季种群	
	虫期存活率（%）	矩阵元素值	虫期存活率（%）	矩阵元素值
S_E	0.756 0	0.911	0.962 6	0.952
S_{L1}	0.659 0	0.812	0.826 0	0.900
S_{L2}	0.707 2	0.841	0.760 5	0.872
S_{L3}	0.807 3	0.898	0.991 8	0.769
S_{L4}	0.263 3	0.641	0.221 6	0.686
S_P	0.341 0	0.754	0.946 3	0.986
S_A	1.000	1.00	1.000	1.00

表 6-41　系统矩阵中的成虫生殖力元素值

（何余容等，2000b）

成虫寿命	1	2	3	4	5	6	7	8	9	10	11	12	13
产卵量	69.2	61.2	18.7	20.7	20.1	15.2	11.1	5.1	2.7	3.3	4.9	2.4	4.8

调查结果表明，拟澳洲赤眼蜂寄生率为 75%，四龄幼虫绒茧蜂寄生率平均为 31.7%，蛹期菜蛾啮小蜂寄生率平均为 73.3%。将三种蜂作用后的存活率代入控制矩阵，运行 25d，可得到春季第一代和秋季第一代 25d 内小菜蛾的种群数量动态，以及各作用因子添加后小菜蛾的种群数量动态。动态模拟结果表明，在小菜蛾的春季第一代种群，单独添加拟澳洲赤眼蜂和小菜蛾啮小蜂，任何 2 种或 3 种寄生性天敌的联合作用就能控制小菜蛾种群的增长趋势；在小菜蛾的第一代种群，单独添加拟澳洲赤眼蜂、小菜蛾绒茧蜂或小菜蛾啮小蜂均不能控制下代小菜蛾种群的增长趋势，只有拟澳洲赤眼蜂和小菜蛾啮小蜂同时添加或三种寄生性天敌的联合作用可使下代小菜蛾种群的数量不再增长而呈下降趋势。可见，控制小菜蛾种群最好是天敌昆虫与其他生物因子，如苏云金杆菌、小菜蛾颗粒体病毒等措施同时配合使用。

由上述研究可以看出，小菜蛾卵期和幼虫期主要寄生性天敌和捕食性天敌与小菜蛾的发生为害密切相关。寄生性天敌对春季小菜蛾种群的控制起着非常重要的作用；而捕食性天敌则对秋季小菜蛾的种群的控制起着重要的作用。在非化学防治小菜蛾中，寄生蜂对小菜蛾种群动态的控制作用是不可忽视的。但是，单独散放 1 种或 2 种寄生蜂，在田间小菜蛾种群数量较高的情况下，难以发挥明显的作用，而应该考虑将释放寄生蜂和施用小菜蛾颗粒体病毒和苏云金杆菌制剂联合使用，以降低小菜蛾种群数量增长趋势指数，从而控制小菜蛾的为害。

参 考 文 献

[1] 包建中，古德祥主编 . 中国生物防治 . 太原：山西科学技术出版社，1998
[2] 陈建武，胡晓晖 . 苏云金杆菌营养期杀虫蛋白的研究 . 中国生物工程杂志，2002，22（3）：33～37
[3] 陈建武，唐丽霞，汤慕瑾等 . 苏云金杆菌 *vip3A* 基因的克隆、表达及杀虫活性分析 . 生物工程学报，2002，18（6）：687～692
[4] 陈科伟，黄寿山，何余容 . 两种赤眼蜂对小菜蛾卵的寄生潜能分析 . 生态学报，2002，22（8）：1 293～1 296
[5] 陈隆玲，邝明真，郑志东等 . 广州近郊蔬菜害虫天敌种类 . 见：范怀忠、江佳培主编 . 广州蔬菜病虫害综合防治 . 广州：广东科学技术出版社，1987.239～248
[6] 陈文胜，崔志新，王蕴波等 .10 种杀虫剂对小菜蛾绒茧蜂的选择毒力研究 . 佛山科学技术学院学报（自然科学版），2003，21（4）：64～66
[7] 陈之浩，程罗根 . 小菜蛾抗药性研究的现状及展望 . 昆虫知识，2000，37（2）：103～108
[8] 陈之浩，刘传秀，李凤良等 . 贵州主要菜区小菜蛾抗药性调查 . 贵州农业科学，1992，2：15～19
[9] 陈宗麒，谌爱东，缪森等 . 小菜蛾寄生性天敌研究及引进应用进展 . 云南农业大学学报，2001，16（4）：308～312
[10] 陈宗麒，缪森，谌爱东 . 小菜蛾弯尾姬蜂室内批量繁殖技术 . 昆虫天敌，2001，23（4）：145～148
[11] 陈宗麒，缪森，杨翠仙等 . 小菜蛾幼虫寄生蜂引进和释放定殖研究 . 云南农业科技，2000，（6）：14～15
[12] 戴承铺，殷向东，徐熙等 . 小菜蛾对苏云金杆菌制剂的抗药性及其对策 . 生物防治通报，1994，10（2）：62～66
[13] 冯夏，陈焕瑜，帅应垣等 . 广东小菜蛾对苏芸金杆菌的抗性研究 . 昆虫学报，1996，39（3）：238～246
[14] 福建农学院主编 . 害虫生物防治 . 北京：农业出版社，1981
[15] 古德就，Wright，D J，Waage J K. 农药亚致死剂量对优姬蜂交配行为影响的研究 . 华南农业大学学报，1995，16（2）：55～59
[16] 古德就，Waage J K. 农药亚致死剂量对小菜蛾及其天敌优姬蜂的影响 . 植物保护学报，1994，21（3）：265～268
[17] 郭世俭，林文彩，汪信庚等 . 杀虫剂对小菜蛾啮小蜂的毒性 . 中国生物防治，1998，14（3）：97～100
[18] 郭玉杰，王念英 . 农药对天敌安全性的测定方法 . 生物防治通报，1995，11（4）：174～177
[19] 何余容，吕利华，庞雄飞 . 短管赤眼蜂对小菜蛾卵的寄生率模型 . 华南农业大学学报，2001c，22（1）：42～45
[20] 何余容，吕利华，庞雄飞 . 寄生小菜蛾的赤眼蜂蜂种选择 . 几种赤眼蜂对小菜蛾的寄生潜能评价 . 中国生物防治，2001a，17（1）：5～9

[21] 何余容，吕利华，庞雄飞．寄生小菜蛾的赤眼蜂蜂种选择．几种赤眼蜂在米蛾卵上的繁殖潜能评价．昆虫天敌，2001b，23（1）：1～5

[22] 何余容，吕利华，庞雄飞．寄生小菜蛾的赤眼蜂蜂种选择．三种赤眼蜂对十字花科蔬菜非目标害虫的寄生能力．中国生物防治，2002，18（1）6～9

[23] 何余容，吕利华，庞雄飞．小菜蛾自然种群连续世代生命表的组建与分析．华南农业大学学报，2000a，21（1）：34～37

[24] 何余容，吕利华，庞雄飞．寄生性天敌对小菜蛾种群控制作用模拟．华南农业大学学报，2000b，21（2）：18～20

[25] 何余容，庞雄飞．寄生于小菜蛾的一种新种寄生蜂．华南农业大学学报，2000a，21（4）：45～46

[26] 何余容，庞雄飞．深圳郊区寄生小菜蛾的赤眼蜂种类及消长．昆虫天敌，2000b，22（1）：1～3

[27] 何余容．赤眼蜂等寄生性天敌对小菜蛾的控制作用．华南农业大学博士论文，1998

[28] 何玉仙，杨秀娟，翁启勇．小菜蛾抗药性研究及其治理．江西农业大学学报，2001，23（3）：320～325

[29] 黄继轸，孙华志．茶籽皂素对菜青虫的毒效试验及生理效应．茶叶通报，1993，（3）：28～29

[30] 黄莹莹．菜蛾绒茧蜂的人工繁殖与田间释放．福建农学院学报，1992，21（1）：47～51

[31] 贾彩娟．菜蛾啮小蜂生物学及其对小菜蛾的控制作用．华南农业大学博士论文，1999

[32] 柯礼道，方菊莲．菜蛾绒茧蜂生物学研究．植物保护学报，1982，9（1）：27～34

[33] 李春梅，曹毅．小菜蛾寄生性天敌的研究进展．昆虫天敌，2000，22（3）：123～127

[34] 李代芹，赵敬钊．温度对三突花蛛发育存活与生殖影响的模型化研究．生态学报，1991，11（4）：338～344

[35] 李代芹，赵敬钊．温度对三突花蛛个体发育和生殖行为的影响．动物学报，1992，38（1）：31～41

[36] 李海燕，朱延明，马凤鸣．植物抗虫基因工程的研究进展．东北农业大学学报，2000，31（4）：399～405

[37] 李江，闫建平，蔡全信等．苏云金芽孢杆菌 $vip3A$ 基因的检测．华中农业大学学报，2005，24（2）：181～184

[38] 李欣，刘树生．植物挥发物及寄生经历在半闭弯尾姬蜂寄主搜索行为中的作用．浙江大学学报，2002，293～297

[39] 李耀明，何可佳，王小艺等．茶皂素对 Bt 防治小菜蛾的增效作用．湖南农业科学，2005，（4）：55～57

[40] 李一平，杨玉环．苏云金芽孢杆菌防治小菜蛾的田间试验．现代农药，2004，3（6）：26～27

[41] 李元喜，刘树生．寄主抗药性对菜蛾绒茧蜂寄生能力的影响．中国生物防治，2002，18（3）：120～123

[42] 李元喜，刘树生．寄主龄期对菜蛾绒茧蜂生物学特性的影响．浙江大学学报，2001，27（1）11～14

[43] 李元喜，刘银泉，刘树生．过寄生对菜蛾绒茧蜂生物学特性的影响．中国生物防治，2001，17（4）：151～154

[44] 梁后循．Bt 防治小菜蛾试验．植物医生，2002，15（4）：33～34

[45] 林乃铨．中国赤眼蜂分类．福州：福建科学技术文献出版社，1994

[46] 林文彩，郭世俊．不同种类杀虫剂对小菜蛾的防治效果．中国蔬菜，1998，5：23～26

[47] 刘荣梅，张杰，高继国等．苏云金芽孢杆菌营养期杀虫蛋白基因 $vip3A$ 的研究．高技术通讯，2004，9：39～42

[48] 刘树生，汪信庚，施祖华等．菜蛾啮小蜂的生物学及温度对其种群增长的影响．昆虫学报，2000，

43（2）：159～167

[49] 刘树生，汪信庚．菜蛾啮小蜂对寄主龄期的选择性和适合性．中国生物防治，1999，15（1）：1～4

[50] 刘树生，汪信庚．小菜蛾主要寄生性天敌菜蛾啮小蜂的生物学．1998，昆虫学报，41（4）：389～395

[51] 刘树生．IOBC 小菜蛾生物防治全球协作组简介．1998

[52] 刘树生．赤眼蜂研究和应用研究进展．中国生物防治，1996，12（2）：78～84

[53] 刘新，尤民生，吴梅香等．小菜蛾自然种群生命表的组建及重要因子分析．福建农业大学学报，1998，27（2）：177～180

[54] 吕焱雄．小菜蛾幼虫天敌调查．昆虫天敌，1983，5（3）：188～189

[55] 缪森，陈宗麒，罗开等．几种农药对小菜蛾弯尾姬蜂成虫毒性的测定．植物保护，2000，26（5）27～28

[56] 莫美华，沈长朋，何余容等．小菜蛾颗粒体病毒与其他防治措施对小菜蛾联合控制作用．昆虫天敌，2000，22（1）：26～32

[57] 庞雄飞，梁广文，尤民生．昆虫种群生命表系统研究方法概述．昆虫天敌，1986，8（3）：176～186

[58] 庞雄飞，梁广文，曾玲．昆虫天敌作用评价．生态学报，1984，4（1）：46～55

[59] 庞雄飞，张敏玲，冼继东．小菜蛾的生物防治问题．生态科学，1995，（2）：78～83

[60] 钱景泰，邱瑞珍．小菜蛾幼虫寄生小茧蜂（*Apanteles plutellae*）之重复寄生蜂．中华农业研究，1985，341～351

[61] 邱瑞珍，钱景秦．小菜蛾（*Plutella xylostella* Linn.）幼虫寄生蜂（*Apanteles plutellae* Kurdjumov）之观察．植物保护学会会刊，1972，4（4）：145～152

[62] 邱瑞珍，钱景泰，张自传等．小菜蛾寄生小茧蜂之大量繁殖和田间释放．农业研究，1974，23（1）：48～59

[63] 邱思鑫，黄志鹏，黄必胜等．添加剂对苏云金杆菌发酵液杀虫效果的影响．中国生物防治，2002，18（2）：62～66

[64] 任贵平，刘琴，殷向东等．生物农药 PuGV 增强 Bt 制剂对小菜蛾的防治效果．安徽农业科学．2004，32（5）：958～959

[65] 任莹博，宋福平，陈中义等．苏云金芽孢杆菌 *cry*lAal4 基因的分离、克隆及其表达．农业生物技术学报，2004，12（2）：188～191

[66] 申继忠，钱传范．苏云金杆菌对昆虫生理和代谢的影响．生物防治通报．1994a，10（2）：82～84

[67] 申继忠，钱传范．苏云金杆菌杀虫剂增效途径研究进展．生物防治通报．1994b，10（3）：135～140

[68] 申继忠，钱传范．苏云金杆菌 δ-内毒素作用机制的研究进展．农药译丛．1994c，16（4）：43～46

[69] 沈长朋，庞雄飞，梁广文等．以作用因子组配的小菜蛾生命表方法研究．莱阳农学院学报，1998，15（2）：106～112

[70] 沈长朋．化学杀虫剂防治小菜蛾的问题及对策．华南农业大学博士论文，1997

[71] 施祖华，Gebremeskel F. B. 刘树生．颈双缘姬蜂与小菜蛾啮小蜂的种间竞争．中国生物防治，2001，17（3）：112～115

[72] 施祖华，刘树生，Gebremeskel F B．小菜蛾蛹期寄生蜂——颈双缘姬蜂地理种群间生殖亲和性的比较研究．浙江大学学报，2002，28（2）：136～140

[73] 施祖华，刘树生．菜田常用杀虫剂对小菜蛾及绒茧蜂的选择毒性．中国生物防治，1998，14（2）：53～57

[74] 施祖华, 刘树生. 菜蛾绒茧蜂的寄主选择性及对寄生寄主发育和取食的影响. 植物保护学报, 1999a, 26 (1): 25~29

[75] 施祖华, 刘树生. 温度对菜蛾绒茧蜂功能反应的影响. 应用生态学报, 1999c, 10 (3): 332~334

[76] 施祖华, 刘树生. 温度对菜蛾绒茧蜂生长、存活和繁殖的影响. 植物保护学报, 1999b, 26 (2): 142~146

[77] 苏智勇. 利用颗粒体病毒防治纹白蝶和小菜蛾田间试验. 植保会刊, 1987b, 29: 293~296

[78] 苏智勇. 利用颗粒体病毒防治小菜蛾田间试验. 植保会刊, 1987a, 29: 85~87

[79] 苏智勇. 颗粒体病毒防治小菜蛾和纹白蝶不同间隔时间效应. 植物保护学会会刊, 1987c, 29 (4): 397~399

[80] 汤慕瑾, 余键秀. 利用突变技术研究苏云金杆菌杀虫晶体蛋白的进展. 生物工程进展, 2001, 21 (4): 54~58

[81] 唐振华, 周成理, 吴世昌. 上海地区小菜蛾的抗药性及增效剂的作用. 植物保护学报, 1992, 19 (2): 179~184

[82] 陶方玲, 张敏玲. 十字花科蔬菜—小菜蛾—寄生性天敌三营养及系统研究: 不同条件下小菜蛾幼虫被寄生率调查. 昆虫天敌, 1997, 19 (2): 66~69

[83] 汪信庚, 刘树生, 程晓波. 小菜蛾主要寄生性天敌颈双缘姬蜂对寄主蛹龄的选择性和适合性. 中国生物防治, 1997, 13 (3): 101~105

[84] 汪信庚, 刘树生, 何俊华. 杭州郊区小菜蛾寄生昆虫调查. 植物保护学报, 1998, 25 (1): 20~26

[85] 汪信庚, 刘树生, 何俊华等. 菜蛾绒茧蜂对寄主龄期的选择性和适合性. 浙江农业大学学报, 1998, 24: 331~338

[86] 汪信庚, 刘树生. 小菜蛾蛹主要天敌颈双缘姬蜂的生物学特性. 昆虫学报, 1998, 41 (4): 389~394

[87] 王春义, 雷朝亮, 朱心军. 黄足隘步甲对小菜蛾的捕食作用观察. 湖北植保, 1996, (2): 4~5

[88] 王维专, 陶方玲, 陈伟平等. 小菜蛾种群生命表及其药剂作用评价. 华南农业大学学报, 1992, 13 (4): 77~90

[89] 魏辉, 王前梁, 侯有明等. 植物提取物对苏云金芽孢杆菌 (Bacillus thuringiensis) 杀虫活性的影响. 农药学学报, 2003, 5 (4): 75~79

[90] 魏雪生, 陈颖, 但汉斌. 苏云金杆菌 15A3 对小菜蛾和甜菜夜蛾的田间防效试验. 天津农学院学报, 2005, 12 (2): 36~38

[91] 吴刚, 尤民生, 赵士熙. 小菜蛾抗性稳定性及抗性治理对策研究. 农药学学报, 2001, 3 (1): 83~86

[92] 吴刚, 赵士熙, 尤民生. 田间菜蛾绒茧蜂对有机磷敏感性监测及毒理机制分析. 植物保护学报, 2002, 29 (2): 168~172

[93] 吴刚, 赵士熙, 尤民生. 小菜蛾和绒茧蜂乙酰胆碱酯酶对甲胺磷和甲基异柳磷敏感性监测. 农药学学报, 2000, 2 (4): 49~53

[94] 吴红波, 张永春. 昆虫对 Bt 毒素抗性监测和治理策略研究进展. 贵州农业科学, 2005, 33 (3): 93~95

[95] 吴洪生, 刘怀阿, 陈佳宏. 苏云金杆菌 S88 菌株对小菜蛾的防效. 哈尔滨师范大学自然科学学报, 2001, 17 (6): 90~92

[96] 吴洪生, 刘怀阿, 赵南海. 苏云金杆菌 H3136 菌株防治菜青虫、小菜蛾试验. 云南农业大学学报, 2002, 17 (3): 239~240

[97] 吴洪生, 许钟明, 张卫. 苏云金杆菌 H3136 菌株与化学农药防治小菜蛾比较试验. 上海交通大学

学报，2002，20（4）：348～351

[98] 吴梅香，尤民生，郭莹．小菜蛾绒茧蜂的寄生效能．福建农业大学学报，1997，26（4）：432～434

[99] 吴梅香，尤民生．福州郊区小菜蛾天敌种类调查．华东昆虫学报，2002，11（1）：25～28

[100] 冼继东，张敏玲，庞雄飞．生物因子对小菜蛾种群的联合作用模拟．华南农业大学学报，1997，18（1）：1～5

[101] 徐建祥，吴进才，程遐年等．岛弯尾姬蜂的寄主搜索行为．江苏农业研究，2001，22（2）：33～38

[102] 徐健，王洪珍，苏建坤．生物农药锐星对蔬菜害虫的毒效作用．安徽农业科学，2001，29（2）：223～224

[103] 许文耀．添加物提高 Bt 制剂杀灭小菜蛾的速效性．中国蔬菜，2004，1：36～37

[104] 杨峰山，张友军，张文吉等．苏云金杆菌对抗性及敏感小菜蛾的拒食活性．农药学学报，2004，6（3）：77～80

[105] 杨自文，谢天健，钟连胜等．BtMP‐342 菌剂对棉铃虫和小菜蛾的防治效果．中国生物防治，2000，16（4）：163～165

[106] 应薛养，林明，潘兴杰．BtA 天霸防治小菜蛾与菜青虫试验．农药，2000，39（12）：27～28

[107] 余德亿，占志雄，汤葆莎等．小菜蛾对 Bt 的抗性及其治理．昆虫天敌，1999，21（3）：21～27

[108] 喻子牛．苏云金芽孢杆菌研究和开发的最新动态．中国生物防治，1995，11（2）：96～97

[109] 袁哲明，刘树生，孟小林．小菜蛾病原微生物研究进展．中国生物防治，1999，15（2）：85～89

[110] 岳书奎，王志英，黄玉清．Bt 生物增效剂研究．东北农业大学学报，1996，24（4）：46～49

[111] 张纯胄，陈永兵，林定鹏．生物农药菜喜＋Bt 防治小菜蛾田间药效试验．上海农业科技．2004，4：89～90

[112] 张敏玲，韩诗畴，李丽英等．小菜蛾蛹寄生蜂颈双缘姬蜂的生物学、生态学特性研究．昆虫天敌，1998，20（1）：2～8

[113] 张敏玲，庞雄飞．赤眼蜂防治小菜蛾的问题．生态科学，1995，（2）：84～87

[114] 张敏玲．菜田常用杀虫剂对拟澳洲赤眼蜂的影响．昆虫天敌，1997，19（1）：11～14

[115] 张敏玲．拟澳洲赤眼蜂对小菜蛾卵的适应能力．昆虫天敌，1996，18（3）121～123

[116] 赵德，慕卫，张明亮等．印楝素与三种杀虫剂对小菜蛾的联合毒力作用．山东农业大学学报（自然科学版），2005，36（1）：123～125

[117] 赵敬钊，刘凤想，陈文华．三突花蛛的生活史及其对棉虫控制的初步研究．动物学报，1980，26（3）：255～261

[118] 赵奎军，张丽坤，宋捷等．应用斯氏线虫防治 8 种鳞翅目、鞘翅目昆虫的研究．植物保护学报，1996，23（1）：20～24

[119] 钟平生，梁广文，曾玲等．生态控制配套措施对小菜蛾种群的控制研究．江西农业大学学报，2005，（27）：417～421

[120] 周琼，梁广文．小菜蛾的天敌类群及其利用现状．昆虫天敌，2001，23（1）：35～43

[121] Alam M M. Diamondback moth and its natual enemies in Yamaica and some other Caribbean Islands. In：Talekar N S（ed.）. Diamondback Moth and other Crucier Pests. Proceedings of the Second International Workshop. Taiwan China：Asian Vegetable Research and Development Center，1992. 233～243

[122] Belen M R, Antonio S S. Management of diamondback moth with Cotesia plutellae：Prospects in the Philippines. In：Talekar N S（ed.）Diamondback moth and other crucier pests. Proceedings of the Second International Workshop. Taiwan China：Asian Vegetable Research and Development Cen-

ter. 1992. 279～286

[123] Biever K D, Chauvin R L, Reed G L, et al. Seasonal occurrence and abundance of lepidoperous pests and associated parasitoids on collards in the northwestern United States. Journal of Entomological Science, 1992, 27 (1): 5～18

[124] Chelliah S, Srinivasan K. Biological and management of diamondback moth in India. In: Talekar N S and Criggs T D (eds.). Diamondback moth management. Proceedings of the First International Workshop. Taiwan China: Asian Vegetable Research and Development Center. 1986. 63～76

[125] Chen C S, Chien C C, Chow K C, et al. Mass production and field liberation of a larval parasite (*Apanteles plutella*) of the diamondback moth. Journal Agricultural Research. 1974, 23: 48～59

[126] Chua T H, Ooi P A C. Evaluation of three parasites in the biological control of diamondback moth in the Cameron Highlands, Malasia. In: Talekar N S and T D Criggs (eds.). Diamondback moth management. Proceedings of the First International Workshop. Taiwan China: Asian Vegetable Research and Development Center. 1986. 173～184

[127] Cooksey K E. Nerve blocking effect of *Bacillus thuringiensis* protein. J. Invert. Pathol. 1969, 13: 481～482

[128] Crickmore N, Zeigler D R, Feitelson J, et al. Revision of the nomenclature for the *Bacillus thuringiensis* cry gene. Microbiol. Mol. Biol. Rev. 1998, 62 (3): 807～813

[129] Farrar J R, Ridgway R L. Feeding behavior of gypsy moth (Lepidoptera: Lymantriidae) larvae on artificial diet containing *Bacillus thringensis*. Environ. Entomol. , 1995, 24 (3): 755～761

[130] Ferré J, Escriche B, Bel Y, et al. . Biochemistry and genetics of insect resistance to Bacillus thuringiensis. Annu. Rev. Entomol. , 2002, 47: 501～533

[131] Ferre J M. Resistance in *Plutella xylostella* to *Bacillus thuringensis* crystal proteins can be generated by a change in a membrane receptor, In: Yamamoto T (ed). The First International Conference On Bt (Abstract and Booklet). Oxford: University of Oxford Press, 1991

[132] Ferre J M, Real D, VanRie J, et al. Resistance to the *Bacillus thuringiensis* bioinsecticide in a field population of *Plutella xylostella* is due to a change in a midgut membrance receptor. Proceeding of the National Academy of Sciences of the USA , 1991, 88: 5 119～5 123

[133] Fitton M, Walker A. Hymenoperous parasitoids associated with diamondback moth: the taxonomic dilemma. In: Talekar N S (ed.) Diamondback moth and other crucier pests. Proceedings of the Second International Workshop. Taiwan China: Asian Vegetable Research and Development Center. 1992. 225～232

[134] French R A, White J H. The diamondback outbreak of 1958. Plant pathol. , 1960, 9: 77～84

[135] Goodwin S. Changes in numbers in the parasitoid complex associated with the diamondback moth, *Plutella xylostella* (L.) (Lepidoptera), in Victoria. Aust. J. Zool, 1979, 27: 981～989

[136] Gould F, Anderson A, Landis D, et al. Feeding behavior and growth of Heliothis virescens larvae on diets containing *Bacillus thuringiensis* formulations or endotoxins. Entomol Exp Appl , 1991, 58: 199～210

[137] Hartcout D G. Distribution of immature stages of the diamondback moth *Plutella maculipennis* (Curt.) (Lepidoptera: Plutellidae). On cabage. Can Ent. , 1960, 92: 517～521

[138] Hartcout D G. Population dynamics of the diamondback moth in southern Onatario. In: Talekar N S and Criggs T D (eds.). Diamondback moth management. Proceedings of the First International Workshop. Taiwan China: Asian Vegetable Research and Development Center. 1986. 3～15

［139］Harten A V. The influence of parasitoids on the mortality of pest in horticultural crops in the Cape Verde islands. J. Appl. Ent. , 1991, 14: 521～525

［140］Heckel D G. The complex genetic basis of resistance to *Bacillus thuringiensis* toxins in insects. Bio. Sci. Technol. 1994, 4: 405～417

［141］Herbert D A, Harper J D. Food consumption by Heliothis zea (Lepidoptera Noctuidae) larvae intoxicated with a β- exotoxin of *Bacillus thuringiensis*. J Econ Entomol, 1987, 80: 593～596

［142］Hofte H, Whiteley H R. Insecticidal crystal proteins of *Bacillus thuringiensis*. Microbiol. Rev. 1989, 53: 242～255

［143］Hu G Y, Mitchell E R, Okine J S . Diamondback moth (Lepidoptera: Plutellidae) on cabbage influence of initial immigration sites on a population distribution, density and larval parasitism. J. Entomol. Sci. , 1997, 32: 1, 56～71

［144］Idris A B, Grafius E . Nectar - collecting behavior of Diadegma insulare (Hymenopera: Ichneumonidae), a parasitoid of diamondback moth (Lepidopera: Plutellidae) . Environ. Entomol. , 1997, 26 (1): 114～120

［145］Iga M . The seasonal prevalence of occurrence and the life tables of the diamondback moth , *Plutella xylostella* (L.) (Lepidoptera: Yponomeutidae) . Jpn. J. Appl. Entomol. Zool. 1985, 29: 119～125

［146］Joshi F L, Sharma J C. New record of brconod, Apanteles plutellae Kurdjov Parasitising the larvae of *Plutella xylostella* (L.) and *Trichoplusia ni* Hb. In Rajasthan. Indian J. Entomol. , 1974, 36: 160

［147］Kadir H A. Potential of several baculoviruses for the control of diamondback moth and Crocidolomia binotalis on cabbage. In: Talekar N S (ed.) Diamondback moth and other crucier pests. Proceedings of the Second International Workshop. Taiwan China: Asian Vegetable Research and Development Center. 1992, 185～192

［148］Kao S S, Tzeng C C. Toxocity of insecticides to *Cotesia plutellae*, a parasitoid of diamondback moth. In: Talekar N S (ed.) Diamondback moth and other crucier pests. Proceedings of the Second International Workshop. Taiwan China: Asian Vegetable Research and Development Center. 1992, 287～296

［149］Keinmeesuke P, Vattanatangum A, Sarnthoy O, et al. Life table of diomandback moth and its egg parasite *Trichogrammatoidea bactrae* in Thailand. In: Talekar N S (ed.) . Diamondback moth and other crucier pests. Proceedings of the second international workshop. Taiwan China: Asian Vegetable Research and Development. 1992. 309～315

［150］Kelsey J M . *Entomophthora sphaerosperm* and *Plutella maculipennis* (Curtis) control. N. Z. Entomol. , 1965, 36: 47～49

［151］Kfir R . Origin of the diamondback moth (Lepidoptera: Plutellidae) . Annals of Entomological Society of America , 1998, 91: 164～167

［152］Kfir R . Parasitoids of *Plutella xylostella* (Lepidoptera: Plutellidae) in South Africa: an annotated list (Abstact) . Entomophaga, 1997, 42 (4): 517～523

［153］Klemm U, Guo M F, Lai L F, et al. Selection of effective species or Strains of Trichogramma egg parasitoids of diamondback moth. In: Talekar N S (ed.) . Diamondback moth and other crucier pests. Proceedings of the second international workshop. Taiwan China: Asian Vegetable Research and Development Center. 1992. 317～323

[154] Lim G S. Biological control of diamondback moth management. In: Talekar N S and Criggs T D (eds.). Diamondback moth management. Proceedings of the First International Workshop. Taiwan China: Asian Vegetable Research and Development Center. 1986, 159~171

[155] Lim G S. Integated pest management of diamondback moth: practical realities. In: Talekar N S (ed.). Diamondback moth and other crucier pests. Proceedings of the Second International Workshop. Taiwan China: Asian Vegetable Research and Development. 1992, 565~576

[156] Lima M L L, Harten A. Biologiacal control of crop pests in Cape Verde. Current situation and future programmes. Pevista investigacao Agraria, Cento de Estudos, 1985, (1): 3~12

[157] Lioyd D C. Host selection by hymenopterous parasites of diamondback moth, *Plutella maculipennis* Curtis. Proc. Roy Soc Lon, 1940, 128: 451~458

[158] Martinez - Castillo M, Leyva J L, Cibrian - Tovar J, et al. Parasitoid diversity and impact on population of the diamondback moth *Plutella xylostella* (L.) on Brassica crops in central Mexico. Bio Control, 2002, 47 (1): 23~31

[159] Masson L, Mazza A, Brousseau R, et al. Kinetics of Bacillus thuringiensis toxin binding with brush border membrane vesicles from susceptible and resistant larvae of *Plutella xylostella*. J Biol Chem. 1995, 19; 270 (20): 11 887~11 896

[160] McCully J E, Arcuiza M D. Seasonal variation in population of the principal insects causing contaminaton in processing broccoli and cauliflower in central Mexico. In: Talekar N S (ed.). Diamondback moth and other crucier pests. Proceedings of the second international workshop. Taiwan China: Asian Vegetable Research and Development. 1992, 51~56

[161] McGaughey W H. Insect resistance to the biological insecticide *Bacillus thuringiensis*. Science, 1985, 229: 193~195

[162] Morallo - Rejesus B, Antonio S S. Mamagement of diamondback moth with *Cotesia plutellae* Prospects in the Philipines. In: Talekar N S (ed.). Diamondback moth and other crucier pests. Proceedings of the second international workshop. Taiwan China: Asian Vegetable Research and Development Center. 1992, 279~286

[163] Morallo-Rejesus B, Inocencio E L, Malabanan - Manipol J, et al. Technology transfer of Cotesia - based IPM for diamondback moth on lowland elevation crucifers in Luzon. Philippine Entomologist, 2000, 14: 1, 73~87

[164] Mushtaque M, Mohyuddin A I. *Cotesia plutellae* Kurdj. (Braconidae : Hymenoptera), an effective parasite of diamondback moth, in Pakistan (Abstract). Pakist. J. Zool., 1987, 19: 341~348

[165] Mushtaque M. Some studies on *Tetrastichus sokolowskii* Kurd. (Eulophidae, Hymenoptera), aparasitoid of diamondback moth, in Pakistan (Abstract). Pakist. J. Zool., 1990, 22 (1): 37~43

[166] Mustata G. Role of parasitoid complex in limiting the population of diamondback moth in Moldavia, Romania. In: Talekar N S (ed.). Diamondback moth and other crucier pests. Proceedings of the Second International Workshop. Taiwan China: Asian Vegetable Research and Development Center. 1992, 203~211

[167] Noda T, Miyai S, Yamada S, et al. Larval and pupal parasitoids of diamondback moth, *Plutella xylostella* (L.) in cabage fields in Morika, Japan. J. Appl. Ent. Zool, 1996, 40: 164~167

[168] Okada T. Parasites of the Seasonal changes in population diamondback moth, *Plutella xylostella*

(L.)（Lepidoptera：Yponomeutidae）：Species and seasonal changes of parasitism in cabage field. Japan. J. Appl. Ent. Zool, 1989, 33：17~23

[169] Okine J S, Mitchell E R, Hu G Y. Loe temperature effect on viability of *Diadegma insulare*（Hymenopera：Ichmeumonidae）pupae and effect of this parasitoid on ffeding rate of diamondback moth larval（Lepidopera：Plutellidae）. Florida Entomologist, 1996, 79（4）：503~509

[170] Ooi P A C. Hyperparasites of *Apanteles plutella* Kurdjov（Hymenopera：Braconidae）in Cameron Highlands, Malaysia. Malaysia Agic. J., 1979, 52：114~128

[171] Ooi P A C. iamondback moth in Malaysia. In：Talekar N S and Criggs T D（eds.）. Diamondback moth management. Proceedings of the Frst International Workshop. Taiwan China：Asian Vegetable Research and Development Center. 1986, 25~34

[172] Ooi P A C. Role of parastoids in managing diamondback moth in the Cameron Highlands, Malasia. In：Talekar N S（ed.）. Diamondback moth and other crucier pests. Proceedings of the second international workshop. Taiwan China：Asian Vegetable Research and Development Center. 1992. 255~262

[173] Pak G A. Inundative release of Trichogramma for the control of cruciferous Lepidoptera：preintroductory selection of an effective parasitoid. In：Talekar N S（ed.）. Diamondback moth and other crucier pests. Proceedings of the Second International Workshop. Taiwan China：Asian Vegetable Research and Development Center. 1992, 297~308

[174] Parvathi C, Rajanna K M, Belavadi V V. Natural predators of diamondback moth on cabbage in Hill Zone of Karnataka. Insect Environ., 2002, 8：1, 6~7

[175] Poelking A. Impact and release of *Diadegma semiclausum* for the control of diamondback moth in the Philippines. In：Talekar N. S.（ed.）Diamondback moth and other crucier pests. Proceedings of the Second International Workshop. Taiwan China：Asian Vegetable Research and Development Center. 1992, 271~278

[176] Rowell B, Jeerakan A, Wimol S. Crucifer seed crop pests, parasires, and the potential for IPM in Northern Thailand. In：Talekar N S（ed.）. Diamondback moth and other crucier pests. Proceedings of the second international workshop. Taiwan China：Asian Vegetable Research and Development Center. 1992, 551~561

[177] Shelton A M, Wyman J A. Insecticides resistance of diamondback moth in North America. In：Talekar N S（ed.）. Diamondback moth and other crucier pests. Proceedings of the Second International Workshop. Taiwan China：Asian Vegetable Research and Development Center. 1992, 447~454

[178] Srinivasan K. Development and adoption of integrated pest management for major pests of cabbage using Indian Mustard as a trap crop. In：Talekar N S（ed.）. Diamondback moth and other crucier pests. Proceedings of the Second International Workshop. Taiwan China：Asian Vegetable Research and Development Center. 1992, 511~521

[179] Stone T B, Sims S R, Marrone P G. Selection of tobacco budworm for resistance to a genetically engineered pseudomonas flurescens containing the δ - endotoxin of *Bacillus thuringiensis* Subsp. Kurstabi. J. Invertebr. Pathol., 1989, 53：228~234

[180] Tabashnik B E, Cushing N L, Finson N., et al. Field development of resistance to *Bacillus thuringiensis* in diamondback moth（Lepidoptera：*Plutella xylostella*）. J. Econ. Entomol. 1990, 83：1 671~1 676

[181] Talekar N S. Biological control of diamondback moth in Taiwan—a review. Plant Protec. B.,

1996，38：167～189

[182] Talekar N S, Shelton A M. Biology, ecology, and management of the diamondback moth. Ann. Rev. Entomol. , 1993, 38：275～301

[183] Talekar N S, Yang J C, Lee S T. Introduction of Diadegma semiclausum to control diamondback moth in Taiwan. In：Talekar N S (ed.) . Diamondback moth and other crucier pests. Proceedings of the Second International Workshop. Taiwan China：Asian Vegetable Research and Development Center. 1992, 511～521

[184] Talekar N S, Hu W J. Character of parasitism of *Plutella xylostella* (Lep. Plutella) by *Oomyzus sokolowskii* (Hym. Eulophidae) . Entomophaga：1996, 41 (1)：45～52

[185] Thomson W R . A catalogue of the parasites and predators of insects pests. Section 1, Part8. London：1940, 386～523

[186] Uemastsu H, Yamashita T, Sakanoshita A . Parasitoids of the diamondback moth, *Plutella xylostella* (L.) and their seasonal incidence in Miyazaki district, in the southern part of Japan. Proceeding of the Associateion for Plant Protection of Kyushu, 1987, 33：136～138

[187] VanRie J, McGaughey W H, Johnson D E, et al. Mechanism of insect resistance to the microbial insecticide *Bacillus thuringiensis*. Science, 1990, 247：72～74

[188] Waage J, Cherry A . Quantifying the impact of parasitoids on diamondback moth. In：Talekar N S (ed.) . Diamondback moth and other crucier pests. Proceedings of the Second International Workshop. Taiwan China：Asian Vegetable Research and Development Center. 1992, 245～253

[189] Wakisaka S, Tsukuda R, Nakasuji F. Effects of natural enemies, rainfall, temperature and host plants on survival and reprodution of diamondback moth. In：Talekar N S (ed.) . Diamondback moth and other crucier pests. Proceedings of the Second International Workshop. Taiwan China：Asian Vegetable Research and Development Center. 1992, 15～26

[190] Waterhouse D F. Biological control of diamondback moth in the Pacific. In：Talekar N S (ed.) . Diamondback moth and other crucier pests. Proceedings of the Second International Workshop. Taiwan China：Asian Vegetable Research and Development Center. 1992, 213～224

[191] Yadav D N, Anand J, Devi P K. *Trichogramma chilinis* (Hymenopera：Trichogrammatidae) on *Plutella xylostella* (Leidopera：Plutellidae) in Gujarat (Abstact) . Indian J. Agric. Sci. , 2001, 71 (1)：69～70

[192] Yamada H, Yamaguchi T. Notes on the parasites and predators attacking the diamondback moth, *Plutella xylostella* (L.) . Jpn. J. Appl. Entomol. Zool. , 1985, 29：170～173

第七章 小菜蛾的化学防治

第一节 防治小菜蛾的主要杀虫剂

一、防治小菜蛾的杀虫剂单剂种类

虽然目前有多种多样防治小菜蛾的方法,但药剂防治作为一种重要的手段有着不可替代的作用,越来越多的农药被应用到小菜蛾的防治上。表7-1列出了截至2006年11月在中国登记的防治小菜蛾的杀虫剂单剂。

表7-1 防治小菜蛾的主要杀虫剂单剂

类 别	有效成分	英文通用名称	主 要 剂 型	推荐用量(有效成分)
有机磷类	丙溴磷	profenofos	20%、40%、50%乳油	480~600g/hm²
	毒死蜱	chlorpyrifos	21%乳油	157.5~210g/hm²
	伏杀硫磷	phosalone	35%乳油	690~990g/hm²
拟除虫菊酯类	高效氯氰菊酯	beta-cypermethrin	4.5%乳油	22.5~33.75g/hm²
	高效氯氟氰菊酯	lambda-cyhalothrin	2.5%乳油	15~30g/hm²
	氯菊酯	permethrin	10%乳油	10~25mg/kg
	顺式氯氰菊酯	alpha-cypermethrin	10%乳油	7.5~15g/hm²
	溴氟菊酯	brofluthrinate	10%乳油	50~100mg/kg
	甲氰菊酯	fenpropathrin	20%乳油	75~180g/hm²
	溴氰菊酯	deltamethrin	2.5%乳油	15~18.75g/hm²
生物农药	阿维菌素	abamectin	0.5%、0.9%、1.8%乳油	6~9g/hm²
	富表甲氨基阿维菌素	metlyamineavermectin	0.5%乳油	3~4.5g/hm²
	甲氨基阿维菌素苯甲酸盐	emamectin benzoate	0.2%、0.5%、1%乳油	1.5~3g/hm²
	依维菌素	ivermectin	0.5%乳油	3~4.5g/hm²
	小菜蛾颗粒体病毒	plutella xylostella granulosis virus(PXGV)	40亿PIB/g可湿性粉剂	制剂,2 250~3 000g/hm²
	苏云金杆菌	*Bacillus thuringiensis*	8 000IU/mg,16 000IU/mg 可湿性粉剂,水分散粒剂	制剂,750~1 125g/hm² 制剂1 500~2 250g/hm²
	多杀霉素(菜喜)	spinosad	2.5%悬浮剂	12.5~25g/hm²

（续）

类 别	有效成分	英文通用名称	主 要 剂 型	推荐用量(有效成分)
昆虫生长调节剂类	氟虫腈(锐劲特)	fipronil	5%悬浮剂	$12.5\sim25g/hm^2$
	虫螨腈(除尽)	chlorfenapyr	10%悬浮剂	$50\sim75g/hm^2$
	氟啶脲	chlorfluazuron	5%乳油	$60\sim75g/hm^2$
	氟铃脲	hexaflumuron	5%乳油	$30\sim45g/hm^2$
	丁醚脲	diafenthiuron	50%悬浮剂	$375\sim750g/hm^2$
	除虫脲	diflubenzuron	25%可湿性粉剂	$120\sim150g/hm^2$
	杀铃脲(杀虫脲)	triflumuron	5%、20%乳油	$37.5\sim90g/hm^2$
沙蚕毒素类	杀虫单	monosultap	20%水乳剂	$300\sim375g/hm^2$
	杀螟丹	cartap	98%可溶性粉剂	$441\sim735g/hm^2$
氨基甲酸酯类	灭多威(快灵)	methomyl	20%可湿性粉剂	$210\sim300g/hm^2$
	茚虫威(安打)	indoxacarb	30%水分散粒剂、15%悬浮剂	$22.5\sim40.5g/hm^2$
植物性杀虫剂	印楝素	azadirachtin	0.32%、0.5%、0.7%乳油	$9.375\sim11.25g/hm^2$

注：根据中国农药电子手册(V2.2.25)整理。

从表 7-1 中可以看出：①防治小菜蛾的杀虫剂单剂较多，这为防治小菜蛾时轮换用药提供了方便；②由于我国明令禁止高毒农药在蔬菜上使用，所以在我国登记的防治小菜蛾的杀虫剂中只有中、低毒农药，并没有高毒农药品种；③剂型多种多样，其中以乳油、可湿性粉剂和悬浮剂为主；④阿维菌素、高效氯氰菊酯和苏云金杆菌受到农药厂家和菜农的青睐，但制剂种类多，并被冠以不同的商品名，容易造成使用混乱；⑤生物农药、植物源农药得到广泛的应用。

在国外，使用杀虫剂同样是防治小菜蛾的重要手段，其中阿维菌素和苏云金杆菌等得到了广泛应用，对颗粒体病毒和性信息素的研究也较为深入，利用几丁质合成抑制剂等昆虫生长调节剂以及真菌防治小菜蛾也有报道。近年来，我国逐渐加大农业投入力度，耕作水平不断提高，在农药使用品种上已与先进国家相当。我国巨大的农药市场吸引了世界各国的农药生产企业和经销商，他们纷纷以进口、联合办厂以及原料加工等形式在我国生产和销售各种先进的农药，这种现象在小菜蛾的防治药剂上体现得尤为明显。

二、防治小菜蛾的主要杀虫剂单剂简介*

（一）阿维菌素

1. 英文名称　agrimec, avermectin B1

2. 别名　mixture of avermectin b1a and avermectin b1b, affirm, agri - mek, avermectin, avermectin B1, avid, zephyr

3. 产品名称　齐螨素、杀虫素、白螨净、阿巴丁、齐墩螨素、虫螨光、螨虫素、齐螨素等

4. 化学名称　2，6-双脱氧-4-O-（2，6-双脱氧-3-O-甲基-α-L-阿拉伯糖基）

5. 分子结构

＊　根据中国农药电子手册（V2.2.25）整理。

R=Me or Et

6. 分子式　$C_{48}H_{72}O_{14}$（B_1a），$C_{47}H_{70}O_{14}$（B_1b）

7. 分子量　（873.09），（859.06）

8. 作用特点　它是一种大环内酯双糖类化合物。是从土壤微生物中分离的天然产物，对昆虫和螨类具有触杀和胃毒作用并有微弱的熏蒸作用，无内吸作用。但它对叶片有很强的渗透作用，可杀死表皮下的害虫，且残效期长。它不杀卵。其作用机制与一般杀虫剂不同的是它干扰神经生理活动，刺激释放 γ-氨基丁酸，而 γ-氨基丁酸对节肢动物的神经传导有抑制作用，螨类和昆虫与药剂接触后即出现麻痹症状，不活动不取食，2～4d 后死亡。因不引起昆虫迅速脱水，所以它的致死作用较慢。对捕食性和寄生性天敌虽有直接杀伤作用，但因植物表面残留少，对益虫的损伤小。

9. 毒性　大鼠急性经口 LD_{50} 为 10mg/kg，急性经皮 LD_{50}＞2 000mg/kg（兔），对皮肤无刺激作用，对眼睛有轻度刺激。对蜜蜂高毒，对鸟类低毒，对野鸭急性经口 LD_{50} 为 84.6mg/kg，对北美鹑急性经口＞2 000mg/kg；对虹鳟鱼 LC_{50} 为 3.2μg/L（96h），对蓝鳃太阳鱼为 9.6μg/L，对粉虾为 1.6μg/L，对蓝蟹为 153μg/L。

10. 制剂种类　0.15％阿维菌素乳油，0.2％阿维菌素乳油，0.5％阿维菌素可湿性粉剂，0.9％阿维菌素乳油，1％阿维菌素乳油，1.8％阿维菌素乳油。

（二）甲氨基阿维菌素苯甲酸盐

1. 英文名称　emamectin benzoate

2. 别名　epi‐methylaminoavermectin b1

3. 产品名称　埃玛菌素、甲氨基阿维菌素

4. 化学名称　4′-表-甲氨基-4′-脱氧阿维菌素苯甲酸盐

5. 分子结构

6. **分子式** $C_{49}H_{75}NO_{13}$，$C_{48}H_{73}NO_{13}$

7. **分子量** （886.13），（872.11）

8. **作用特点** 本品高效、广谱、残效期长，为优良的杀虫杀螨剂，其作用机理为阻碍害虫运动神经信息传递而使身体麻痹死亡。作用方式以胃毒为主，兼有触杀作用，对作物无内吸性能，但能有效渗入施用作物表皮组织，因而具有较长残效期。对防治棉铃虫等鳞翅目害虫、螨类、鞘翅目及同翅目害虫有极高活性，且不与其他农药品种产生交叉，在土壤中易降解无残留，不污染环境，在常规剂量范围内对有益昆虫及天敌、人、畜安全，可与大部分农药混用。

9. **毒性** 大鼠急性经口毒性 LD_{50} 为 92.6mg/kg 体重（雌）和 126mg/kg 体重（雄）。本品无致畸、致癌、致突变作用。

10. **制剂种类** 0.2%甲氨基阿维菌素苯甲酸盐乳油，0.5%甲氨基阿维菌素苯甲酸盐乳油，1%甲氨基阿维菌素苯甲酸盐乳油，0.5%甲氨基阿维菌素苯甲酸盐微乳剂。

（三）锐劲特

1. **英文名称** regent，MB46030

2. **别名** 氟虫腈，5-氨基-1-（2，6-二氯-4-三氟甲苯基）-4-三氟甲基亚磺酰基吡唑-3-腈，5-amino-1-［2，6-dichloro-4-（trifluoromethyl）phenyl］-4-［（trifluoromethyl）sulfinyl］-1H-pyrazole-3-carbonitrile

3. **产品名称** 锐劲特

4. **化学名称** （±）-5-氨基-1-（2，6-二氯-α，α，α-三氟-对-甲苯基）-4-三氟甲基亚硫酰基吡唑-3-腈

5. **分子结构**

6. **分子式** $C_{12}H_4Cl_2F_6N_4OS$

7. **分子量** 437.15

8. **作用特点** 主要用在水稻、甘蔗、马铃薯等农作物上，动物保健方面主要用于杀灭猫和狗身上的跳蚤和虱等寄生虫。由于该杀虫剂结构新颖独特、活性高、对多种害虫具有优异的防治效果，尤其是对半翅目、鳞翅目、缨翅目、鞘翅目害虫以及对环戊二烯类、菊酯类和氨基甲酸酯类杀虫剂已产生抗性的害虫都显示出极高的敏感性。氟虫腈是一个极活泼的分子，每公顷只需要 40~100g 有效成分便可以控制刺吸式和咀嚼口器害虫。

9. **毒性** 大鼠急性经口 LD_{50} 为 100mg/kg，急性经皮 LD_{50}＞2 000mg/kg。野鸭急性经口 LD_{50}＞2 150mg/kg，对日本鲤鱼 LC_{50} 为 0.34mg/L（96h）。原药对鱼类和蜜蜂毒性较高，使用时应慎重。

10. **制剂种类** 80%氟虫腈水分散粒剂，50g/L 氟虫腈悬浮剂，4g/L 氟虫腈超低容量剂，50g/L 氟虫腈悬浮种衣剂，0.008%威灭杀蚁饵剂。

（四）氟铃脲

1. 英文名称　hexaflumuron

2. 别名　伏虫灵，盖虫散

3. 产品名称　果蔬保，稳胜

4. 化学名称　1-［3，5-二氯-4-（1，1，2，2-四氟乙氧基）苯基］-3-（2，6-二氟苯甲酰基）脲

5. 分子结构

6. 分子式　$C_{16}H_8Cl_2F_6N_2O_3$

7. 分子量　461.1

8. 作用特点　本品是苯甲酰基类杀虫杀螨剂，主要是抑制昆虫几丁质的合成，阻碍昆虫正常蜕皮生长，以胃毒作用为主，兼有触杀和拒食作用。对绝大多数动物和人类无毒害作用，且能被微生物所分解，成为当前调节剂类农药的主要品种。杀虫谱广，可有效防治棉花、蔬菜、果树、林木等作物上的多种害虫。

9. 毒性　大鼠急性经口 $LD_{50}>5\,000mg/kg$，急性经皮 $LD_{50}>5\,000mg/kg$，大鼠急性吸入 $LC_{50}>2.5mg/L$（4h）；对鸟低毒，野鸭急性经口 $LD_{50}>2\,000mg/kg$；对蜜蜂低毒，LD_{50}（经口，接触）$>0.1mg/$蜂；对虹鳟鱼 $LC_{50}>$该药在水中最大溶解度。本品无致畸、致癌、致突变作用。

10. 制剂种类　97%氟铃脲原约，5%氟铃脲乳油，10%氟铃脲乳油。

（五）茚虫威

1. 英文名称　indoxacarb，ammate vatar

2. 别名　ammate（全垒打），avatar（安打），安美

3. 产品名称　avatar（安打）

4. 化学名称 7-氯-2，3，4a，5-四氢-2-［甲氧基羰基（4-三氟甲氧基苯基）氨基甲酰基］茚并［1，2-e］［1，3，4-］噁二嗪-4a-羧酸甲酯

5. 分子结构

6. 分子式　$C_{22}H_{17}ClF_3N_{30}$

7. 分子量 527.84

8. 作用特点 在美国、澳大利亚、中国等作为"降低风险产品"（Reduced - risk-product）登记注册，是目前绿色杀虫剂最新品种，对人类和家禽无毒。主要是阻断害虫神经细胞中的钠通道，导致靶标害虫协调差、麻痹，最终死亡。药剂通过触杀和摄食进入虫体，害虫的行为迅速变化，致使害虫迅速终止摄食，从而极好地保护了靶标作物。试验表明与其他杀虫剂无交互抗性。

9. 毒性 大鼠急性经口毒性 $LD_{50}>50\ 100mg/kg$，急性经皮 $LD_{50}>2\ 000mg/kg$（兔）；鹌鹑、野鸭急性经口 $LD_{50}>2\ 250mg/kg$，虹鳟鱼 $LC_{50}>0.5mg/L$（96h）。

10. 制剂种类 30％茚虫威水分散粒剂，70.3％茚虫威母粉，150g/L茚虫威悬浮剂，0.045％茚虫威杀蚁饵粒，150g/L安打悬浮剂。

（六）丁醚脲

1. 英文名称 diafenthiuron

2. 别名 thiourea，1 - tert - Butyl - 3 - (2，6 - diisopropyl - 4 - phenoxyphenyl) thiourea

3. 产品名称 宝路，杀螨脲

4. 化学名称 1-特丁基-3-（2，6-二异丙基-4-苯氧基苯基）硫脲

5. 分子结构

6. 分子式 $C_{23}H_{32}N_2OS$

7. 分子量 384.58

8. 作用特点 是一种新型杀虫、杀螨剂，广泛用于棉花、果树、蔬菜和茶树上。该药是一种选择性杀虫剂，具有内吸和熏蒸作用，可以控制蚜虫的敏感品系及对氨基甲酸酯、有机磷和拟除虫菊酯类产生抗性的蚜虫，大叶蝉和椰粉虱等，还可以控制小菜蛾、菜粉蝶和夜蛾为害。该药可以和大多数杀虫剂和杀菌剂混用。

9. 毒性 大鼠急性经口 LD_{50} 为 $2\ 068mg/kg$，急性经皮 $LD_{50}>2\ 000mg/kg$；对蜜蜂经口 LD_{50} 为 $2.1\mu g/$蜂（48h），$1.5\mu g/$蜂（接触），在田间无大危害。北美鹑和野鸭急性经口 $LD_{50}>1\ 500mg/kg$，$LC_{50}>1\ 500mg/kg$（8d 膳食）；鲤鱼 LC_{50} 为 $0.003\ 8mg/L$（96h），虹鳟鱼 LC_{50} 为 $0.000\ 7mg/L$（96h），蓝鳃太阳鱼 LC_{50} 为 $0.001\ 3mg/L$（96h）。

10. 制剂种类 500g/L丁醚脲悬浮剂，50％丁醚脲可湿性粉剂，25％丁醚脲乳油。

（七）虫螨腈

1. 英文名称 chlorfenapyr

2. 别名 4 - Bromo - 2 - (4 - chlorophenyl) - 1 - (ethoxymethyl) - 5 - (trifluorom-ethyl) - 1H - pyrrol - 3 - carbonitrile

3. 产品名称 除尽，溴虫腈

4. 化学名称 4-溴基-2-（4-氯苯基）-1-（乙氧基甲基）-5-（三氟甲基）吡咯-3-腈

5. 分子结构

6. 分子式　$C_{15}H_{11}BrClF_3N_2O$

7. 分子量　407.62

8. 作用特点　该产品为新型吡咯类杀虫、杀螨剂。对多种害虫具有胃毒和触杀作用，对作物安全，防治小菜蛾具有防效高、持效期较长、用药量低等优点。

9. 毒性　大鼠急性经口毒性 LD_{50} 为 626mg/kg，急性经皮 LD_{50} ＞2 000mg/kg，对蜜蜂经口毒性 LD_{50} 为 0.20μg/蜂，对蚯蚓毒性 LD_{50} 为 22mg/kg，对鹌鹑毒性 LD_{50} 为 34mg/kg，对野鸭毒性 LD_{50} 为 10mg/kg，对翻车鱼毒性 LC_{50} 为 11.6μg/L（96h）；对虹鳟鱼 LC_{50} 为 7.44μg/L（96h），对水蚤 LC_{50} 为 6.11μg/L（96h）。

10. 制剂种类　100g/L虫螨腈悬浮剂。

三、用于防治小菜蛾的复配制剂

近年来，越来越多的复配制剂被用于防治小菜蛾。表7-2列出了截至2006年11月

表7-2　防治小菜蛾的复配制剂

有效成分1	有效成分2	配比〔有效成分（1∶2）〕		推荐用量（有效成分，g/hm²）	兼治害虫名称
阿维菌素	高效氯氰菊酯	0.2	0.8	7.5～15	菜青虫、红蜘蛛、梨木虱、美洲斑潜蝇
		0.3	1.5	13.5～18.9	
		0.2	2.8	13.5～27	
	氯氰菊酯	0.1	2	15.75～22.05	菜青虫
	高效氯氟氰菊酯	0.2	0.8	7.5～12	菜青虫、红蜘蛛
		0.3	1.7	7.5～10.5	
		0.3	1.5	8.1～13.5	
	甲氰菊酯	0.1	2.7	29.4～42	红蜘蛛
		0.1	5	30.6～45.9	
		0.1	2.4	18.75～26.25	
	联苯菊酯	0.3	3	24.75～39.6	—
	苏云金杆菌	0.1	100 亿活芽孢/g	750～1 125	甜菜夜蛾
	辛硫磷	0.2	19.8	90～150	棉铃虫
		0.1	14.9	112.5～168.75	
	毒死蜱	0.2	14.8	90～135	二化螟、稻纵卷叶螟、柑橘红蜘蛛
		0.1	14.9	45～56.25	
		0.1	9.9	112.5～150	
	灭多威	0.15	12	72.9～109.35	—
		0.15	7.85	48～72	
	灭幼脲	0.3	29.7	135～180	甜菜夜蛾
	机油	0.2	24.3	110.25～147	柑橘红蜘蛛
	杀虫单	0.2	19.8	60～120	二化螟、美洲斑潜蝇
	吡虫啉	0.45	1	8.7～17.4	蚜虫、红蜘蛛
	马拉硫磷	0.12	35.8	270～405	—
	敌敌畏	0.3	39.7	300～360	美洲斑潜蝇、菜青虫

（续）

有效成分1	有效成分2	配比［有效成分（1:2）］		推荐用量（有效成分, g/hm²）	兼治害虫名称
苏云金杆菌	高效氯氰菊酯	2	0.5	15～18.75	—
	小菜蛾颗粒体病毒	制剂，100亿活芽孢/g	制剂，30亿PIB/g	600～1 200	
	杀虫单	1	45	276～345	二化螟
	灭多威	2	9	49.5～99	棉铃虫
辛硫磷	氰戊菊酯	15	5	240～360	棉铃虫、桃小食心虫
	高效氯氟氰菊酯	25	1	156～234	棉铃虫
	氯氰菊酯	18.5	1.5	150～225	棉铃虫、菜青虫、食心虫
	氟铃脲	18	2	90～150	棉铃虫
毒死蜱	机油	20	20	180～240	
	马拉硫磷	15	25	240～360	
	氯氰菊酯	13.5	1.5	168.75～202.5	美洲斑潜蝇
	氟铃脲	8.5	1.5	90～120	
高效氯氰菊酯	马拉硫磷	2	18	150～300	小绿叶蝉、菜青虫
	杀虫单	3	22	262.5～300	美洲斑潜蝇、甜菜夜蛾
	三唑磷	1	14	180～225	菜青虫、棉铃虫
氰戊菊酯	鱼藤酮	4	3.5	42.4～84.4	菜青虫
氯氰菊酯	丙溴磷	2	20	99～165	棉铃虫
甲氰菊酯	乙酰甲胺磷	2	28	315～405	—

注：根据《中国农药电子手册（V2.2.25）》整理。

在我国登记的防治小菜蛾的主要复配制剂。在小菜蛾的防治中，复配农药得到了广泛的应用。一般而言，农药复配的目的有下列几点：增效作用，延缓抗药性，兼治作用，省工、降低成本等。针对小菜蛾的杀虫剂复配，主要目的是增效作用以及延缓抗药性。从这些药剂的有效成分看（表7-2），运用最多的依然是阿维菌素、高效氯氰菊酯和苏云金杆菌，这几种药剂由于对小菜蛾的作用机理不同，复配后增效作用比较明显，而且不易产生抗药性，因而得到许多厂家的青睐。

四、《农药合理使用准则》中防治小菜蛾的药剂

为指导科学、合理、安全使用农药，农业部发布了《农药合理使用准则》（一）至（七）国家标准。包括183种农药（有效成分），在20种作物上377项科学、合理使用标准。每项标准均经过了两年两点残留试验，根据取得的大量残留数据而制定的。在每项标准中，对每一种农药（剂型）防治每一种作物的病虫草害规定施药量（浓度）、施药次数、施药方法、安全间隔期、最高残留限量参照值以及施药注意事项等。其中，用于防治小菜蛾的药剂见表7-3。

由于制定农药合理使用准则需要大量的人力、物力和财力，因此，到目前为止，只有部分农药列入了《农药合理使用准则》中，防治小菜蛾的药剂也不例外。随着研究的深入，将制定越来越多的农药合理使用准则，同时，已制定的准则内容也会有所变化。值得注意的是，《农药合理使用准则》中规定的最高残留限量参考值（MRL）是我国的标准，对出口的蔬菜应以接收地的标准为准，相应的调整用药策略。

表7-3 《农药合理使用准则》中防治小菜蛾的药剂

农药名称	其他名称	制剂	667m² 用药量或稀释倍数	施药方法	每季作物最多使用次数	最后一次施药距收获的天数（安全间隔期）	实施要点说明	最高残留限量参考值（mg/kg）
顺式氰戊菊酯（esfenvalerate）	来福灵	5%乳油	10～20ml	喷雾	3	3		2
氯氟氰菊酯（cyhalothrin）	功夫	2.5%乳油	25～50ml	喷雾	3	7		3
氯氰菊酯（cypermethrin）	安绿宝灭百可	10%乳油	25～35ml	喷雾	3	小白菜2 大白菜5	适用于南方小白菜和北方大白菜	1
		25%乳油	10～14ml	喷雾	3	3		1
顺式氯氰菊酯（alpha - cypermethrin）	快杀敌	10%乳油	5～10ml	喷雾	3	3		1
溴氰菊酯（deltamethrin）	敌杀死	2.5%乳油	20～40ml	喷雾	3	2	适用于南方青菜和北方大白菜	0.2
甲氰菊酯（fenpropa - thrin）	灭扫利	20%乳油	25～30ml	喷雾	3	3	不能与碱性物质混用	0.5
氰戊菊酯（fenvalerate）	速灭杀丁	20%乳油	15～40ml	喷雾	3	12		1
伏虫隆（tefluben - zuron）	农梦特	5%乳油	45～60ml	喷雾	2	10	避免污染水栖生物生栖地	0.5
阿维菌素（abamectin）	害极灭爱福丁	1.8%乳油	33～50ml	喷雾	1	7		0.05
毒死蜱（chlorpyrifos）	乐斯本	48%乳油	50～75ml	喷雾	3	3		1
定虫隆（chlorfluazuron）	抑太保	5%乳油	40～80ml	喷雾	3	7		0.5
氟虫腈（fipronil）	锐劲特	5%悬浮剂	16.7～33.3ml	喷雾	3	3		0.05（澳大利亚）

第二节 杀虫剂对小菜蛾的室内毒力测定方法

杀虫剂对小菜蛾的室内毒力测定主要目的有，比较不同农药的毒力大小、计算复配制剂的共毒系数、小菜蛾抗药性监测等。为了获得毒力测定的准确结果，必须具有标准化饲养的小菜蛾、严格的环境条件、标准化的测定方法以及正确的计算方法。

一、小菜蛾的饲养方法

小菜蛾的饲养方法有许多种，归结起来包括天然饲料、人工饲料和半人工饲料。以下介绍几种较为成功的小菜蛾饲养方法。

（一）蛭石萝卜苗法（陈之浩等，1990；刘传秀等，1993）

1. **萝卜苗培养**　将萝卜种子漂洗干净浸泡 6～7h 再冲洗滤干，用 75％百菌清 500 倍稀释液浸泡 40min 进行消毒，再用清水冲洗干净，滤干进行种子催芽；蛭石和铝盒用 120℃高温消毒 8h，将蛭石装入铝盒内 3～3.5cm 厚（约 150g），然后用配制好的营养液（硝酸钾 0.7g、硫酸镁 0.25g、氯化钠 0.08g、过磷酸钙 1g 或硫酸钙和磷酸氢二钙各 0.25g、三氯化铁 0.008g、水 1 000ml）淋蛭石至全部湿透（每铝盒约 370ml），把已催芽的萝卜种子均匀地铺撒在蛭石上，每铝盒播种 15～18g（约合干萝卜种子 6～8g）。置于光源条件好的室内加营养液保湿，让其自然生长。

2. **饲养管理**　待萝卜苗长到 4cm 左右时移入放有小菜蛾蛹的成虫饲养笼内，供羽化的成虫产卵，用 10％蜜糖液棉花球供成虫补充营养，视产卵情况更换萝卜苗。将取出的载卵萝卜苗放在幼虫饲养架上，每天保持 16h 光照，8h 黑暗，待萝卜苗快被幼虫吃光时，用靠接法更换新鲜萝卜苗。

用萝卜苗大量饲养小菜蛾的技术已在世界各地得到了广泛的应用（Koshihara and Yamada，1976；Liu et al.，1984）。

（二）结球甘蓝繁育法（陈宗麒等，2001）

1. **寄主植物的准备**　准备繁育结球甘蓝苗的适合土壤或消毒土壤，用塑料盘或小块地作苗床，制作播种打孔模具或直接撒结球甘蓝种，定期浇水，约 1 周内，种子发芽，1 周后浇尿素液（3g/L）；幼苗长至 6～8 片叶，把结球甘蓝幼苗移入直径 15cm 的塑料钵或瓦钵，每天浇尿素液（3g/L）；移栽后 6 周，结球甘蓝苗长成约 10～12 片叶时即可提供室内饲养小菜蛾幼虫。

2. **产卵箔的准备**　采摘约 65g 无病、未喷过农药的结球甘蓝叶片，用捣碎机加水 100mL 捣碎，制成结球甘蓝叶汁液。将结球甘蓝叶汁液装入三角瓶内，放入高压灭菌锅加温灭菌（120℃）20min，冷却后用过滤筛滤去结球甘蓝叶片残渣，制成诱蛾汁液。将锡箔纸轻揉或规则折叠后展平，浸入诱蛾汁液中 10～20min 后取出晾干，剪成 2cm×10cm 锡箔纸条制成产卵箔纸。

3. **小菜蛾卵的收集**　选用 3～4L 的透明塑料大口瓶，瓶盖剪成十字开口用于固定 2～4 条产卵箔纸（根据小菜蛾成虫数量而定），瓶的侧面开窗便于投放小菜蛾成虫，在瓶内放入蘸足 10％蜂蜜液的棉花球（配制时加橙黄色色素用于诱集小菜蛾成虫取食蜜液）作为小菜蛾成虫的补充营养，隔天更换。

在瓶内投放小菜蛾成虫 100～200 头，盖上黑布让其产卵 24h 后换取产卵箔纸，将附卵的产卵箔纸浸入 10％的福尔马林液内消毒 15min，然后用缓流清水冲洗，晾干箔纸备用。

4. **小菜蛾的繁育**　将附有大量卵的箔纸直接放在新鲜长势良好的结球甘蓝叶片上，新孵幼虫便在菜叶上取食，大量繁殖的小菜蛾即可供实验研究用。

（三）人工饲料法（陈宗麒等，2001）

1. 人工饲料配方（4.54L 的配比用量） 混合物 A：干酪素 126g，蔗糖 135g，粗麦芽胚 175g；混合物 B：纤维素 25g，甲基对苯 5.4g，山梨酸钾 4g，韦氏盐 36g；混合物 C：抗坏血酸 14g，金霉素 4g，丙基五倍子酸盐 0.8g，复合维生素 36g，亚麻油 26mL，45％KOH9mL，40％福尔马林 3mL；琼脂和水：琼脂 906g，蒸馏水 3 000mL。

2. 配制方法 混合物 A、B、C 配制：分别称量各成分后，充分搅拌混匀配制成混合物 A、B、C；琼脂液制备：将琼脂在不锈钢容器中充分溶于 2 600mL 蒸馏水，搅拌煮沸融化后即可；在混合物 A 容器中加入制备好的琼脂液，放置几秒后，用搅拌器搅拌 30min 使其混匀，接着加入混合物 B，同上操作。所得混合物加入 200mL 的水和 200mL 的冰块，降温到 60℃后，加入混合物 C，在搅拌器中混合 1min，即配制完成小菜蛾人工饲料。

（四）半合成人工饲料法

1. 陈宗麒等（2001）的配制方法 人工饲料的配方见表 7-4。按 Hsiao and Hou 配方的配制时，将 α-纤维素、结球甘蓝叶粉（结球甘蓝叶在 60℃干燥 24h，用搅拌器搅碎，100 目网筛滤）、加热过的麦芽充分混匀，加入溶解的胆固醇、肌醇充分搅拌。蔗糖、干酪素、甲基对苯、韦氏盐加入到制备的琼脂溶液中，所得溶液与前面所得的混合物混合搅拌均匀，再加入金霉素、抗坏血酸、肌醇、氯化胆碱、KOH、甲醛水和维生素 B，均匀搅拌 1～2min，即制得小菜蛾半合成人工饲料混合物。

表7-4 两种半合成人工饲料配方

（陈宗麒等，2001）

成 分	每 100g 饲料配比的用量（g）	
	Biever and Boldt 配方	Hsiao and Hou 配方
干酪素，不含维生素	3.500	3.500
α-纤维素	0.500	0.500
韦氏盐	1.000	1.000
蔗糖	3.500	3.500
麦芽	3.000	3.000
甲基对苯	0.150	0.150
氯化胆碱	0.100	0.100
抗坏血酸	0.400	0.400
金霉素	0.015	0.015
结球甘蓝叶粉	1.250	3.000
胆固醇	—	0.250
肌醇	—	0.018
琼脂	2.250	2.250
蒸馏水	84.00mL	84.00mL
KOH（4mol/L）	0.50	0.50
甲醛水	0.05	0.05
维生素 B 溶液	1.00	1.00
亚麻油		0.65

2. 莫美华等（1999）的配制方法

（1）主要成分制备

①菜叶粉：于田间采集菜心叶片洗净，晒干后置 60℃ 烘箱中烘烤，干燥后用植物组织粉碎机磨成粉，过 80 目筛，装于广口瓶中备用。

②麦芽粉：市售麦粒发芽后，60℃ 烘箱中烘烤，干燥后用植物组织粉碎机磨成粉，过 80 目筛，装于广口瓶中备用。

③韦氏盐（mg）：$CaCO_3$ 210，$CuSO_4 \cdot 5H_2O$ 0.39，$Fe_3(PO_4)_2 \cdot H_2O$ 14.7，$MnSO_4$ 0.2，$MgSO_4$ 90，$K_2AlSO_4 \cdot H_2O$ 0.09，KCl 120，KH_2PO_4 310，KI 0.05，$NaCl$ 105，NaF 0.57，$Ca_3(PO_4)_2$ 149 等混合研成粉末，过 80 目筛，装于广口瓶中备用。

④维生素混合液（mg）：烟酸 100；泛酸钙 100；核黄素 50；盐酸硫胺素 25；叶酸 25；盐酸吡哆醇 25；生物素 2；维生素 B_{12} 0.2；蒸馏水 100mL。

⑤防腐剂：尼泊金。

（2）饲料配制方法（各成分含量见表 7-5）。

①蔗糖溶解于 20mL 水中，再加入尼泊金、氯化胆碱、维生素混合液、氢氧化钾，充分搅拌使其溶解。

②称取麦芽粉、干酪素、藻粉、胆固醇、韦氏混合盐，充分搅拌，倒入上述混合液中。

③琼脂加入剩余的 64mL 水中，煮熔，沸腾后倒入混合物中，充分搅拌，蒸 15min，取出冷却至 60℃，加入抗坏血酸，拌匀，趁热分装于饲养器中（果冻杯），待其充分冷凝后置于冰箱内（4℃）贮藏待用。

表 7-5　小菜蛾半合成人工饲料优化配方各组分含量
(莫美华等，1999)

饲料成分	含量	饲料成分	含量
菜叶粉	5.0g	抗坏血酸	0.4g
麦芽粉	5.0g	氯化胆碱（10%）	1.0ml
干酪素	3.0g	韦氏盐	1.0g
蔗糖	3.5g	氢氧化钾（4mol/L）	0.5ml
藻粉	0.75g	琼脂	2.0g
胆固醇	0.5g	尼泊金	0.15g
维生素混合液	1.0ml	蒸馏水	84ml

（3）小菜蛾的饲养方法

①幼虫：饲养用的器皿为果冻杯（$d=2cm$，$h=2.5cm$），杯口用保鲜膜封口，用橡皮筋扎紧，保鲜膜上用昆虫针均匀扎孔，孔间距为 1cm 左右，待器皿壁上和饲料表面的水汽消失后，接入经消毒的卵。小杯接卵 10 粒，大杯接卵 100 粒，幼虫孵出后即取出着卵薄膜。老熟幼虫在保鲜膜上或果冻杯壁上化蛹，及时收取。

②成虫和集卵：羽化的成虫放入养虫笼中（30cm×20cm×15cm），笼中用图钉钉上蘸有 10% 蜜糖液的棉球，在笼内挂一装有菜心叶片的薄膜袋，袋上插有小孔，让成虫在袋上产卵，每天更换薄膜袋以收集卵。

③饲养条件：在人工气候箱中饲养，温度为 24～26℃，相对湿度 60%～70%。

二、小菜蛾毒力测定的标准化

在毒力测定中，小菜蛾的死亡率不但受到杀虫剂，同时还受到环境条件、昆虫本身的用药历史背景和生理状态以及处理方法等条件的影响。毒力测定所得资料不仅是为了自己实验目的服务，还应具有广泛的可比性和通用性，因此，毒力测定的标准化显得非常重要。

（一）对小菜蛾试虫的要求

在杀虫剂对小菜蛾的毒力测定中，大多数情况下具有两种目的：一种是进行毒力比较，一种是进行抗性监测。对于第一种情况，挑选对药剂的耐力一致、生活力强、龄期一致和未被天敌寄生的小菜蛾，使之达到试虫群体质量均匀性的要求即可，通常的做法是采集田间的小菜蛾，饲养一代或几代后，取龄期、个体一致的小菜蛾作为试虫（Chen et al.，1986）；第二种情况则对试虫的要求较高，一般需要两种品系的试虫，一种是敏感品系，一种是抗性品系。敏感品系较难获得，须经过长年室内饲养（韩招久等，1998），有时也可从田间采集相对敏感品系，并将其进一步纯化。抗性品系大多情况下是从田间直接采集，于室内饲养一代后取得。田间试虫由于受气候、生态环境、季节性和用药背景的限制，测得的结果往往可比性较差。因此，在采集田间试虫时，应掌握害虫的发生时期、试虫生活力、被天敌寄生状况和用药情况，尽量挑选对药剂的耐力一致、生活力强、龄期一致和未被天敌寄生的试虫，使之达到试虫群体质量均匀性的要求。为了提高测定结果的准确性，还应从试虫的发生世代、虫态、龄期和日龄以及体重等方面加以控制。

（二）对环境条件的要求

环境条件对毒力测定结果有显著的影响。在测定中，影响比较明显的条件是温度、湿度、光照、营养、容器和密度。

1. 温度　小菜蛾的活动、代谢、呼吸、取食都在一定适宜温度范围内。对大多数杀虫剂而言，在高剂量下，温度越高，中毒死亡时间越短，毒力越高。少数药剂在低温下表现毒力高，这就是负温度效应现象，后者被称为具有负温度系数的杀虫剂，如拟除虫菊酯类农药。在毒力测定前，把昆虫先放入一个温度中适应一段时间，这个温度称为前处理温度，这一温度的影响比饲养的温度有时更为显著。在多数情况下，室内饲养的小菜蛾不需迁移到这一温度下存放，而田间采集的小菜蛾，如有条件，应尽量移到这一适宜的温度下饲养存放一定时间再进行测定。处理时温度对杀虫剂毒力的影响随昆虫行为、药剂的理化性质和处理方法等不同而异，因这一时间短促，应尽量使其与前处理温度一致。处理后的温度对毒力测定结果影响最大，这一时间内的温度条件影响到药剂的穿透、代谢解毒和中毒死亡的速度。对于毒力测定中温度的要求，要根据实验目的加以控制，只有在相同情况下进行测定其结果才有重复性和与其他药剂的可比性。对小菜蛾而言，多数研究采用的温度是 25～28℃。

2. 湿度　湿度对杀虫剂毒力测定有一定的影响，但对不同昆虫和药剂影响的程度不同。在小菜蛾的毒力测定中，70%～80%是经常被采用的湿度，而更多的毒力测定研究中并未强调湿度的具体数值。

3. 光照　毒力测定应在无直射光的条件下进行，在实际测定中，因测定时间较短，光照对毒力影响不大，但对个别易发生光解的药剂也是有影响的。在小菜蛾的毒力测定中，强调的多数是测定前后饲养时的光照，通常为 16L：8D 或 14L：10D。

4. 营养和饲喂　实验室内饲养昆虫，其营养条件差异不大，但殷向东等（1994）的研究表明，供试蔬菜的生长期对测试结果有明显的影响。而从田间采集的试虫往往对药剂的敏感性差异较大，这主要是（除了用药因素外）同一试虫在不同寄主上为害时，其营养条件会有很大的区别，因此，对药剂的敏感性就会不一致。除了测定前试虫的营养状况影响毒力外，处理后试虫的饥饿对药剂的毒力也有很大的影响，一般规律是饥饿可增加昆虫的敏感性。因此，小菜蛾处理后，应及时饲喂，其饲喂条件应尽量与处理前一致。

5. 容器与密度 毒力测定选用的容器除清洁外，大小应合适，且具有通气性。在小菜蛾毒力测定时，直径 9cm 的培养皿是较常用的容器，通常在培养皿内放入湿棉球或湿滤纸以保持湿度。

毒力测定中环境因素的影响是至关重要的，若这些因素不标准化，所得的测定结果就不是药剂单因子的反应，而是多因子共同作用的效果。

（三）对杀虫剂的要求

供毒力测定的药剂应是标准品（化学纯），其工业品或制剂中含杂质或助剂，会影响毒力测定结果。若确难获得标准品，也应尽量选取用含量＞90％的工业品，最好不用商品制剂。

因采用毒力测定的方法不同，有时也需要将原药加工成制剂。如胃毒毒力，需用粉剂制备夹毒叶片，或作喷粉处理都要用粉剂，这可用医用滑石粉作填料，以丙酮为媒溶剂，用浸润法加工。需要喷雾或浸渍法处理时，要将药剂配成乳油，多用吐温类乳化剂和溶解度大、毒副作用小的有机溶剂（如二甲苯）配制（慕立义等，1994）。

三、标准化毒力测定的方法

（一）浸渍法

将没有接触过任何药剂的甘蓝叶片在配制好的药液中浸泡一定的时间，通常为 10s，有些时间更长或更短，取出晾干后放入塑料杯中，每杯接入二龄、三龄或四龄小菜蛾幼虫 10～20 头，杯口用纱布封口。置于 25℃恒温条件下，24h、48h 或 72h 甚至更长时间后检查死亡率，每处理重复 3 次，并设清水对照。若对照死亡率大于 20％，试验须重做；若对照死亡率小于 20％，用 Abbort 公式校正处理组死亡率，求出毒力回归方程并计算 LC_{50} 值（刘新和尤民生，2000；张国洲等，2000；倪玉萍，2002；张纯胄等，2003）。

有些浸渍法是将小菜蛾与菜叶分别浸入药液中一定时间，而后再将小菜蛾放在叶片上，其他过程同上（王小艺和黄炳球，1999；王延锋，2001），而另一种浸渍法是将待测药剂稀释成 7～8 个不同浓度，挑选 2～3mg/头四龄幼虫在不同浓度药液中浸渍 5～10s，并设清水处理对照，每浓度处理 60 头幼虫，处理后以新鲜菜叶饲养，置于人工气候室内，24～48h 后统计死亡虫数。

（二）点滴法

点滴法是联合国粮农组织（FAO，1979）推荐的小菜蛾抗药性标准测定方法。具体方法是用丙酮将待测药剂稀释 5～7 个浓度，挑选 2～3mg/头的四龄幼虫，经二氧化碳气体轻度麻醉后用微量注射器将 $0.5\mu L$ 的待测药液点滴在试虫背面。每浓度处理 60 头幼虫，处理后以新鲜菜叶饲养，置于人工气候室内，24～48h 后统计死亡虫数。

（三）药膜法

取一定规格的容器，用微量注射器注入一定量的药液，摇匀后接入小菜蛾幼虫，用湿纱布盖好瓶口保湿，置于室温下饲养，隔一定时间后观察死亡情况（吴青君，2002）。

（四）喷雾法

试验前，挑选小菜蛾大小一致的二至三龄幼虫，并将其接到甘蓝或其他十字花科蔬菜植株上。将待测药剂稀释成5～7个不同浓度，并设清水处理对照。用Potter喷雾塔将一定量的药液喷至植株和虫体表面，每个处理3～4次重复，每处理虫数30～60头。置于人工气候室内，24～48h后统计死亡虫数（王小艺和黄炳球，1999；李云寿和罗万春，1997）。

各种方法各有其优点和缺点，Tabashnk et al.（1987）比较了点滴法和叶片浸渍法的区别，认为叶片浸渍法操作较为简便，较接近田间实际情况，同时对照组的死亡率较低。喷雾法的特点是比较方便易行，也比较接近田间实际情况，为了使昆虫个体间所受的药量相同，要求喷雾均匀。

四、杀虫剂毒力的表示方法与计算

（一）单剂表示方法

常用的杀虫剂对小菜蛾的毒力表示方式为致死中量（median lethal dose），即杀死小菜蛾群体半数个体所需的剂量，常以LD_{50}表示；或致死中浓度（median lethal concentration），即杀死小菜蛾群体半数个体所需的药剂浓度，以LC_{50}表示。

目前国内外多采用几率值分析法求LD_{50}和LC_{50}。其中最为常用的是采用最小二乘法，求得各药剂对小菜蛾的毒力回归式。毒力回归式可用$y=a+bx$来表示。其中y为死亡几率值，x为药剂浓度对数，a为截距，b是回归直线的斜率。a、b可按下面公式求得

$$a = \frac{\sum x^2 \sum y - \sum x \sum xy}{N \sum x^2 - (\sum x)^2}, \quad b = \frac{N \sum xy - \sum x \sum y}{N \sum x^2 - (\sum x)^2}$$

其中：N为所测定的浓度数，y为死亡几率值，x为药剂浓度对数。求出直线回归方程$y=a+bx$后，取$y=5$时所对应的x值即为该药剂的LC_{50}的对数数值，取反对数后即得LC_{50}。

随着统计技术和计算机技术的发展，多种统计软件可快速简便地计算出毒力相关参数。

（二）杀虫剂混用联合毒力的测定与表达

防治小菜蛾杀虫剂混用研究中的毒力测定，其具体测定方法与单剂相比并没有特殊性，其目的是判定两种或几种药剂按一定比例混用后对小菜蛾是否表现出增效、相加或拮抗作用。

为判定增效、相加或拮抗作用，需要对测定结果进行计算，根据计算结果得出结论。计算农药联合作用的公式很多，而在计算防治小菜蛾复配制剂的联合作用时，孙云沛（Yun‐pei Sun）公式法被广泛应用。其公式表示如下：

$$毒力指数(TI) = \frac{标准杀虫剂的 LC_{50}}{供试药剂的 LC_{50}} \times 100$$

$$混剂的实际毒力指数(ATI) = \frac{标准杀虫剂的 LC_{50}}{混剂的 LC_{50}} \times 100$$

$$混剂的理论毒力指数（TTI）= A 剂的 TI \times 混剂中 A 的百分含量$$
$$+ B 剂的 TI \times 混剂中 B 的百分含量$$

$$混剂的共毒系数 = \frac{ATI}{TTI} \times 100$$

若混剂的共毒系数接近 100，表示此混剂的作用是类似联合作用；若共毒系数大大地大于100，表示有增效作用；若共毒系数大大地小于 100，则存在着拮抗作用（慕立义，1994）。

第三节　杀虫剂防治小菜蛾田间药效试验方法

国家质量技术监督局 2000 年 5 月 1 日发布了《农药田间药效试验准则（一）》，其中对杀虫剂防治十字花科蔬菜的鳞翅目幼虫的药效试验准则以国标的形式予以发布（GB/T 17980.13～2000）。具体内容如下：

一、范围

本标准规定了杀虫剂防治十字花科蔬菜的鳞翅目幼虫田间药效小区试验方法和基本要求。

本标准适用于杀虫剂防治甘蓝夜蛾（*Mamestra brassicae*）、菜粉蝶（*Pieris rapae*）、大菜粉蝶（*Pieris brassicae*）、小菜蛾（*Plutella xylostella*）等的登记用田间药效小区试验及药效评价。其他田间药效试验参照本标准执行。

二、试验条件

（一）试验对象和作物、品种的选择

试验对象为甘蓝夜蛾、菜粉蝶、大菜粉蝶、小菜蛾等。

试验作物为十字花科蔬菜的甘蓝、菜花、球茎甘蓝、抱子甘蓝等。记录品种名称。

（二）环境条件

田间试验在害虫为害严重且程度一致的作物上进行。如果虫口密度低，可以将害虫接种到供试作物上。记录幼虫的数量和龄期。

所有试验小区的栽培条件（土壤类型、施肥、耕作）须均匀一致，且符合当地科学的农业实践（GAP）。

三、试验设计和安排

（一）药剂

1. 试验药剂　注明药剂的商品名/代号、中文名、通用名、剂型含量和生产厂家。试验药剂处理不少于三个剂量或依据协议（试验委托方与试验承担方签订的试验协议）规定的用药剂量。

2. 对照药剂　对照药剂须是已登记注册并在实践中证明有较好药效的产品。对照药剂的

类型和作用方式应同试验药剂相近并使用当地常用剂量，特殊情况可视试验目的而定。

（二）小区安排

1. 小区排列　试验药剂、对照药剂和空白对照的小区处理采用随机区组排列，特殊情况须加说明。

2. 小区面积和重复　小区面积：15～50m²，重复次数：最少 4 次重复。

（三）施药方法

1. 使用方法　按协议要求及标签说明进行。施药与当地科学的农业实践相适应。

2. 使用器械　选用生产常用器械，记录所使用器械类型和操作条件（操作压力、喷孔口径）的全部资料。施药应保证药量准确、分布均匀。用药量偏差超过±10％要记录。

3. 施药时间和次数　按协议要求及标签说明进行。通常第一次施药应在有足够数量的幼虫时进行（如：每株上 1～3 头三龄前幼虫）。是否施第二次药根据需要而定。记录每次施药的日期及幼虫数，同时记录处理时作物的发育阶段。

4. 使用剂量和容器　按协议要求及标签的剂量施药。通常药剂中有效成分含量表示为 g/hm²。用于喷雾时，同时要记录用药倍数和每公顷的药液用量（L/hm²）。

5. 防治其他病虫害的农药资料要求　如使用其他药剂，应选择对试验药剂和试验对象无影响的药剂，并对所有的小区进行均一处理，而且要求与试验药剂和对照药剂分开使用，使这些药剂的干扰控制在最小程度。记录这类药剂施用的准确数据。

四、调查、记录和测量方法

（一）气象及土壤资料

1. 气象资料　试验期间，应从试验地或最近的气象站获得降雨（降雨类型、日降雨量以 mm 表示）和温度（日平均温度、最高温度和最低温度，以℃表示）的资料。

整个试验期间影响试验结果的恶劣气候因素，如严重干旱、暴雨、冰雹等均须记录。

2. 土壤资料　记录土壤类型、肥力和杂草等土壤覆盖物等资料。

（二）调查方法、时间和次数

1. 调查方法　计数每小区不少于 10 株作物上不同龄期的活幼虫数，调查整个植株。

2. 调查时间和次数　基数调查：处理之前；第二次调查：处理后 1～3d；第三次调查：处理后 7～14d；对作用慢、残效期长的药剂可增加调查次数。

3. 药效计算方法　药效按公式 7-1、7-2 或 7-3 计算

$$虫口减退率（\%）=\frac{施药前虫数-施药后虫数}{施药前虫数}\times100 \qquad 式7-1$$

$$防治效果（\%）=(1-\frac{CK_0\times PT_1}{CK_1\times PT_0})\times100 \qquad 式7-2$$

$$或防治效果（\%）=\frac{PT-CK}{100-CK}\times100 \qquad 式7-3$$

式中：PT_0 为 药剂处理区处理前虫数，

　　　PT_1 为药剂处理区处理后虫数；

　　　CK_0 为 空白对照区药剂处理前虫数；

　　　CK_1 为 空白对照区药剂处理后虫数；

PT 为药剂处理区虫口减退率；

CK 为空白对照区虫口减退率。

（三）对作物的直接影响

观察对作物有无药害，记录药害的类型和程度。此外，也要记录对作物有益的影响（如加速成熟、增加活力等）。

用以下方法记录药害：

1. 如果药害能计数或测量，要用绝对数值表示，株高。

2. 在其他情况下，可按下列两种方法估计药害的程度和频率：

1）按照药害分级方法记录每小区药害情况，以－、＋、＋＋、＋＋＋、＋＋＋＋表示。

药害分级：

－：无药害；

＋：轻度药害，不影响作物正常生长；

＋＋：中度药害，可复原，不会造成作物减产；

＋＋＋：重度药害，影响作物正常生长，对作物产量和质量造成一定程度的损失；

＋＋＋＋：严重药害，作物生长受阻，作物产量和质量损失严重。

2）将药剂处理区与空白对照区比较，评价药害百分率。

同时，要准确描述作物的药害症状（矮化、褪绿、畸形等）。

（四）对其他生物的影响

1. 对其他病虫害的影响　对其他病虫害的任何一种影响均应记录，包括有益和无益的影响。

2. 对其他靶标生物的影响　记录药剂对野生生物和有益昆虫的任何影响。

（五）产品的质量和产量

产品的数量不要求记录，但产品的质量上的任何影响都应记录（如被虫粪污染或是芽的损害）。

五、结果

用邓肯氏新复极差（DMRT）方法对试验数据进行分析，特殊情况用相应的生物统计学方法。写出正式试验报告，并对试验结果加以分析、评价。试验报告应列出原始数据。

第四节　杀虫剂对小菜蛾种群控制的评价方法

一种药剂作用于小菜蛾，不仅使它在短期内死亡，而且会对其寿命、产卵量等产生影响。通过组建种群生命表，计算反映种群特征的各项参数，可以此来评价药剂对小菜蛾的效力。生命表技术已广泛应用于昆虫种群系统的研究之中，目前常见的生命表有三种类型：第一类是以年龄组配的生命表；第二类是以虫期组配的生命表；第三类是以作用因子组配的生命表（尤民生和刘新，1992）。其中，以作用因子组配的生命表以其便于分析昆虫生命表中的各作用因子重要程度而得到越来越广泛的应用。

小菜蛾作为为害十字花科蔬菜的重要害虫已被广泛关注，人们对小菜蛾自然种群生命表的组建已进行了深入的研究。随着杀虫剂的广泛应用，在组建昆虫自然种群生命表的过程中，药剂作为一个作用因子已越来越常见，以生命表技术来评价杀虫剂对害虫的控制作用也被证明是切实可行的方法。

一、药剂作用下的小菜蛾自然种群生命表的组建方法

在组建药剂作用下的昆虫自然种群生命表的过程中，调查方法常采用随机取样，通过统计存活数和死亡数，结合室内饲养，组成生命表中的死亡因子和死亡率。由于药剂造成的昆虫的死亡尸体在田间往往难以直接观察到，因此，仅根据实际调查到的数据进行统计常常造成较大的误差，而许多昆虫世代重叠现象严重，更使得药剂对各龄期的作用难以区分。鉴于此，有些研究以不施药区作为对照，通过计算药剂造成小菜蛾各龄期的死亡数将"药剂"作为一个独立的因子。在组建方法上，有些是采用中值法（王维专等，1992；莫美华和庞雄飞，1999；冼继东和王纪文，1999）。考虑到小菜蛾是一种世代重叠较严重的害虫，有的研究采用 Berryman 的方法组建药剂作用下的小菜蛾自然种群生命表，并分析了生命表中的重要因子对小菜蛾自然种群所起的作用，为小菜蛾的综合治理提供理论依据（刘新等，1998）。

在组建小菜蛾自然种群生命表的过程中，各龄期的致死因子、死亡率以及药剂作用评价成为关键步骤。刘新和尤民生（2003）以下列方法组建生命表中作用因子"药剂"。

设：施药前对照区各龄期的虫口数分别为 a_1、a_2、……a_n；

施药前施药区各龄期的虫口数分别为 b_1、b_2、……b_n。

施药后对照区各龄期的虫口数分别为 a_1'、a_2'、……a_n'；

施药后施药区各龄期的虫口数分别为 b_1'、b_2'……b_n'。

则对照区第一龄施药后的存活率为：

$$p_{ck1} = (a_1'/a_1)$$

施药区施药前后的存活率为：

$$p_{t1} = (b_1'/b_1) \times 100$$

根据 Sun‐Shepard 公式（1987），计算出药剂对第一龄的作用为：

$$c_1 = [(p_{ck1} - p_{t1})/p_{ck1}] \times 100$$

设药剂造成的第一龄虫口减少数为 x_1，

$$x_1 = [b_1 \times c_1/(100 - c_1)] \times 100$$

同理，可算出施药后各龄期的虫口减少数。

由以上数据可组成生命表中各龄死亡因子"药剂"一栏的死亡数。

二、小菜蛾种群趋势指数（I）的计算*

小菜蛾的发育阶段分为卵、一龄、二龄、三龄、四龄、预蛹、蛹和成虫七个发育阶段。鉴于预蛹和蛹都处于丝茧中不活动，为工作方便将预蛹归入蛹中作为一个阶段，共计六个阶段，组成

---

* 引自庞雄飞等（1979，1995）。

生命表中 X 一栏，根据田间调查和室内饲养，分别查清各阶段的死亡数和死亡原因，通过计算，组成死亡数、死亡原因和存活率栏目，性比由室内饲养的蛹羽化后统计而得。

种群趋势指数（I）是指在一定条件下，下一代或下一虫态的数量与上一虫态或虫量的比值。常用 Morris 和 Watt 的方法求得，即：

$$I = S_E S_{L1} S_{L2} \cdots S_{PP} S_P S_A P\ F P_F$$

式中，I 为种群趋势指数；S_E、S_{L1}、S_{L2}、$\cdots$、$S_{PP} S_P S_A$ 分别为卵、各龄幼虫、预蛹、蛹、成虫的存活率；F 为标准产卵量；P_F 为达标准产卵量概率；P 为雌性概率。

庞雄飞和梁广文（1995）提出的以作用因子组建的生命表，其 I 值按下式求得，即：

$$I = S_1 S_2 S_3 \cdots S_i \cdots S_K P\ F P_F$$

式中，S_1，S_2，$S_3 \cdots$，S_i，$\cdots$，S_K 为各作用因子相对应的存活率。

三、控制指数（IPC）的计算方法[*]

种群控制指数（IPC）是对种群数量发展趋势控制的一个指标，以被作用的种群趋势指数（I'）与原有的种群趋势指数的比值表示。即：

$$IPC = \frac{I'}{I}$$

在实验中，常采用各作用因子相对应的存活率来表示其控制作用的大小，即：

$$IPC(S_i) = \frac{1}{S_i}$$

式中，IPC（S_i）为第 i 个作用因子时的控制指数，S_i 为第 i 个作用因子的作用存活率。

四、杀虫剂作用下的小菜蛾自然种群生命表

田间调查和室内辅助实验的结果表明，引起小菜蛾死亡的原因卵期有药剂、不孵、捕食与其他；幼虫期和蛹期有药剂、捕食与其他、病亡、寄生，刘新等（2003）组建了小菜蛾自然种群生命表并列出不同因子的作用程度（表 7-6）。

表 7-6　药剂作用下的小菜蛾自然种群生命表
（刘新等，2003）

龄期	死亡因子	对照区		敌敌畏区	
		存活率	IPC	存活率	IPC
卵	捕食与其他	0.702 8	1.422 9	0.825 3	1.217 7
	药剂	1.000 0	1.000 0	0.766 2	1.305 1
	不孵	0.879 5	1.137 0	0.944 5	1.058 8
一龄	捕食与其他	0.776 6	1.287 7	0.887 4	1.126 9
	药剂	1.000 0	1.000 0	0.704 4	1.419 7
	病亡	0.942 0	1.061 6	0.972 7	1.028 1
二龄	捕食与其他	0.730 8	1.368 4	0.854 9	1.169 7
	药剂	1.000 0	1.000 0	0.773 9	1.292 1
	病亡	0.936 3	1.000 0	0.914 5	1.093 5
	寄生	0.919 1	1.000 0	0.990 7	1.009 4

---

[*] 引自庞雄飞等，1979、1995。

（续）

龄期	死亡因子	对 照 区		敌敌畏区	
		存活率	IPC	存活率	IPC
三龄	捕食与其他	0.670	1.492 5	0.840 0	1.190 5
	药剂	1.000 0	1.000 0	0.760 6	1.314 7
	病亡	0.946 0	1.057 1	0.991 7	1.008 4
	寄生	0.936 5	1.067 8	0.971 3	1.029 5
四龄	捕食与其他	0.419 5	2.383 8	0.534 3	1.871 7
	药剂	1.000 0	1.000 0	0.554 4	1.803 9
	寄生	0.805 0	1.241 3	0.922 8	1.083 7
蛹	捕食与其他	0.950 6	1.052 0	0.933 8	1.070 9
	药剂	1.000 0	1.000 0	0.748 2	1.336 5
	寄生	0.636 1	1.572 1	0.929 3	1.076 1
成虫	雌性比例	0.567 3	1.762 7	0.543 5	1.839 9
	标准卵量	235	235	235	235
	达标准卵量概率	0.422 2	2.368 5	0.260 0	3.846 2
种群趋势指数		1.480 4		0.779 6	

在种群系统中，各类作用因子的作用是相辅相成的。多个因子的作用等于其相对应的控制指数的乘积。而每个因子对种群的控制作用是各龄期该因子控制指数的乘积。对照区和敌敌畏处理区各因子的总控制指数见表7-7。在上述因子中，各处理区"病亡"的控制指数接近1，即使没有这个因子，对种群趋势指数的影响不大。对照区的"捕食与其他"及"寄生"的控制指数分别为9.384 3和2.267 1。而在敌敌畏处理区仅为3.811 3和1.218 7，表明施药对天敌产生了较大的杀伤作用。

表7-7 敌敌畏处理区各作用因子对小菜蛾的控制指数

（刘新等，2003）

致死因子	控 制 指 数	
	对照区	敌敌畏区
捕食与其他	9.384 3	3.811 3
药剂	1.000 0	7.588 3
病亡	1.221 0	1.133 7
寄生	2.267 1	1.218 7
不孵	1.137 0	1.058 8

杀虫剂作为控制害虫的有效手段之一已得到广泛的应用，事实上，任何针对小菜蛾的杀虫剂均对小菜蛾自然种群存在着影响，有些杀虫剂对小菜蛾的某个发育阶段（卵、幼虫、成虫等）具有杀伤力（Ho and Goh，1986；Tabashnik et al.，1988），有些杀虫剂还对天敌具有较强毒性（Mani et al.，1984；Kao and Krishnamoorthy，1992）。因此，如何评价杀虫剂的作用显得十分重要。传统的评价方法是以校正死亡率作为指标，能够准确地反映杀虫剂的防治效果，但不能分析杀虫剂对其他作用因子的影响。有些报道已注意到杀虫剂对小菜蛾发育和生活史的影响。昆虫生命表的方法能够较好地评价杀虫剂的综合效果（刘新等2003；冼继东，1999）。

参考文献

[1] 陈之浩，刘传秀，李凤良等．小菜蛾继代繁殖大量饲养方法研究初报．贵州农业科学，1990，(4)：52～53

[2] 陈宗麒，缪森，罗开掯．小菜蛾群体繁殖技术．昆虫知识，2001，38 (1)：68～70

[3] 韩招久，李凤良，李忠英等．小菜蛾对杀虫剂敏感品系的选育．植物保护学报，1998，25 (4)：355～358

[4] 华南农业大学．植物化学保护．北京：农业出版社，1987

[5] 李云寿，罗万春．取食不同寄主植物的小菜蛾对敌百虫和敌敌畏敏感性的变化．昆虫知识，1997，34 (1)：8～11

[6] 刘传秀，韩招久，李凤良等．应用蛭石萝卜苗法室内继代大量繁殖小菜蛾的研究．昆虫知识，1993，(6)：341～344

[7] 刘新，尤民生，吴梅香等．小菜蛾自然种群生命表的组建及其重要因子分析．福建农业大学学报，1998，27 (2)：177～180

[8] 刘新，尤民生．敌敌畏、高效氯氰菊酯及其混剂对小菜蛾的毒力与药效．福建农业大学学报，2000，29 (2)：205～209

[9] 刘新，尤民生．药剂作用下的小菜蛾自然种群生命表的组建与重要因子分析．应用生态学报，2003，14 (8)：1 395～1 397

[10] 莫美华，庞雄飞．利用半合成人工饲料饲养小菜蛾的研究．华南农业大学学报，1999，20 (2)：13～17

[11] 莫美华，庞雄飞．小菜蛾颗粒体病毒对小菜蛾防治作用的评价．生态学报，1999，19 (5)：724～727

[12] 慕立义主编．植物化学保护研究方法．北京：中国农业出版社，1994

[13] 倪珏萍．几种高效杀虫杀螨剂的室内毒力测定．农药，2002，41 (11)：21～23

[14] 潘永振，陈宗麒，缪森．补充营养对小菜蛾寿命及繁殖力的影响．云南农业科技，2000，(4)：17～18，25

[15] 庞雄飞．害虫种群数量控制和防治效果的评价问题，广东农业科学，1979，4：36～40

[16] 庞雄飞，梁广文．害虫种群系统的控制．广州：广东科学技术出版社，1995

[17] 王维专，陈伟平，陶方玲等．小菜蛾种群生命表及药剂作用评价．华南农业大学学报，1992，13 (4)：77～80

[18] 王小艺，黄炳球．茶皂素对几种农药的增效作用测定．华南农业大学学报，1999，20 (2)：32～35

[19] 王延锋．小菜蛾对几种药剂的敏感性测定．牡丹江师范学院学报，2001，(1)：11～13

[20] 吴青君，张文吉，张友军等．小菜蛾对阿维菌素的抗性选育及交互抗性研究．植物保护学报，2002，29 (3)：239～242

[21] 冼继东，王纪文．杀虫剂对小菜蛾种群的控制作用．海南大学学报自然科学版，1999，17 (4)：358～362

[22] 殷向东，戴承镛，张凤平．不同生长期蔬菜叶片 BT 制剂生物测定结果的影响．生物防治通报，1994，10 (2)：69～71

[23] 尤民生，刘新．昆虫生命表的研究进展．见：中国生态学会青年研究会等编．青年生态学者论丛（二）昆虫生态学研究．北京：中国科学技术出版社，1992，149～155

[24] 张纯胄，林定鹏，王诚等．安打对小菜蛾、斜纹夜蛾的毒力及药效试验．华东昆虫学报，2003，12
(1)：101～104

[25] 张国洲，徐汉虹，赵善欢．瑞香狼毒根提取物对四种蔬菜害虫的生物活性．湖北农学院学报，
2000，20 (2)：117～119

[26] Chen J S，Sun C N. Resistance of diamondback moth (Lepidoptera：Plutellidae) to a combination of
fenvalerate and piperonyl butoxide. J. Econom. Entomol.，1986，79 (1)：22～30

[27] Ho S H，Goh P M. Ovicidal action of deltamethrin on *Plutella xylostella* L. J. Singapore Nat.
Acad. Sci.，1986，15：26～27

[28] Kao S S，Tzeng C C. Toxicity of insecticides to *Cotesia plutellae*，a parasitoid of diamondback moth.
In：Talekar N S (ed.)．Management of diamondback moth and other crucifer pests. Proceedings of
the second international workshop. Taiwan China：Asian Vegetable Research and Development Cen-
ter，1992，p 287～296

[29] Koshihara T，Yamada H．A simple mass-rearing technique of the diamond - back moth，*Plutella xy-*
lostella (L.)，on germinating rape seeds. Vegetable and Ornamental Crops Research Station. Jap. J.
Appl. Entomol. Zool.，1976，20 (2)：110～114

[30] Liu M Y，Chen J S，Sun C N．Synergism of pyrethroids by several compounds in larvae of the Dia-
mondback moth (Lepidoptera：Plutellidae)．J. Econom. Entomol.，1984，77 (4)：851～856

[31] Mani M，Krishnamoorthy A．Toxicity of some insecticides to *Apanteles plutellae*，a parasite of the
diamond back moth. Tropical Pest Management．1984，30 (2)：130～132

[32] Tabashnik B E．Model for managing resistance to fenvalerate in the diamondback moth (Lepidoptera：
Plutellidae)．J. Econom. Entomol.，1986，79 (6)：1 447～1 451

[33] Tabashnik B E，Rethwisch M D，Johnson M W. Variation in adult mortality and knockdown caused
by insecticides among populations of diamondback moth (Lepidoptera：Plutellidae)．J. Econom. En-
tomol.，1988，81 (2)：437～441

第八章　小菜蛾的抗药性及其治理

▶ 第一节　小菜蛾抗药性的概况

▶ 第二节　小菜蛾的抗药性机理

▶ 第三节　小菜蛾抗药性的遗传与进化

▶ 第四节　小菜蛾的抗性监测与风险评估

▶ 第五节　小菜蛾抗药性的治理

化学杀虫剂在农业害虫防治中的广泛使用，使害虫在发生过程中得到暂时的控制，为农业生产带来了巨大的收益。但随着化学杀虫剂在生产中的重复和大量使用，许多害虫都对化学杀虫剂产生了不同程度的抗药性。

第一节　小菜蛾抗药性的概况

长期以来，为了克服和防止小菜蛾的为害，人们采用各种各样的方法来控制小菜蛾，依赖杀虫剂的化学防治手段仍然是防治小菜蛾的主要措施。杀虫剂的广泛、大量地使用，使小菜蛾长期处于较高的药剂选择压下，从而使小菜蛾对各种杀虫剂都产生了不同程度的抗药性，以致使许多原来很有效的杀虫剂相继地减弱或丧失了防治效果。

一、小菜蛾抗药性的产生与发展

1953年，Ankersmit（1953）首次报道印度尼西亚爪哇岛的小菜蛾对DDT产生约7倍的抗性，且对毒杀芬也产生抗性。此后，菲律宾、日本、马来西亚、泰国、新加坡、印度、美国夏威夷、澳大利亚等国家和我国台湾也先后报道了小菜蛾的抗药性问题（Hung and Sun，1989）。

1990年，Tabashnik（1990）等首次发现小菜蛾对微生物农药苏云金杆菌（*Bacillus thuringiensis*）产生抗药性。小菜蛾抗药性问题日趋突出和严重，在国际上引起了广大昆虫学和农药学研究者的极大兴趣，尤其在已经发现小菜蛾抗药性问题的国家和地区进行了广泛的抗药性调查研究。

近年来，小菜蛾抗药性的迅猛发展已给蔬菜生产造成严重威胁，小菜蛾的抗药性问题已受到越来越多的专家学者的高度重视。小菜蛾已经对有机磷、有机氯、氨基甲酸酯、拟除虫菊酯、沙蚕毒素以及昆虫生长调节剂、微生物农药Bt等50多种农药产生了不同程度的抗药性，几乎涉及到应用于小菜蛾防治的所有药剂，给化学防治和生物防治带来了很大的困难。从研究报道看，小菜蛾对拟除虫菊酯类杀虫剂的抗药性发展速度最快，其次为氨基甲酸酯类和酰基脲类杀虫剂；小菜蛾对有机磷类和沙蚕毒素杀虫剂产生抗药性的速度相对较慢。

二、小菜蛾抗药性的类型

不同杀虫剂的作用方式和作用机理并不相同，杀虫剂作用方式的差异导致小菜蛾对不同杀虫剂的抗药性呈现出多种不同的表现形式。

根据抗药性机理，可以把小菜蛾对杀虫剂的抗药性划分为穿透抗性、代谢抗性、靶标抗性和行为抗性等 4 种类型：

（1）穿透抗性。害虫通过增加表皮膜和神经膜的厚度或改变它们的结构和化学成分，来降低药剂的穿透性，以减慢或阻滞农药渗入虫体的靶标部位，这种抗药性形式称之为穿透抗性。主要表现为表皮和神经系统穿透性降低两个方面。如小菜蛾幼虫表皮对溴氰菊酯的穿透性降低，引起药效降低，是小菜蛾对溴氰菊酯产生抗性的机理之一。

（2）代谢抗性。害虫长期在杀虫剂的选择压力下，通过增加体内解毒酶活力和提高酶与农药亲和力的方式，加速对体内农药的解毒和代谢作用而产生的抗药性，这种抗性形式称为代谢抗性。与代谢抗性有关的酶主要有多功能氧化酶、酯酶、谷胱甘肽-S-转移酶、脱氯化氢酶等。小菜蛾体内解毒酶活力的提高，加速了小菜蛾对杀虫剂的代谢，从而导致对不同类型的杀虫剂产生了抗药性。

（3）靶标抗性。昆虫体内的杀虫剂作用部位如胆碱酯酶、乙酰胆碱受体、神经膜上的钠离子通道等的改变，导致敏感性降低而获得的抗药性称之为杀虫剂的靶标抗性。有机磷和氨基甲酸酯类神经毒剂的靶标部位是乙酰胆碱酯酶。小菜蛾的乙酰胆碱酯酶敏感性的降低，减少了乙酰胆碱酯酶与农药结合的可能性，从而产生靶标抗性。

（4）行为抗性。害虫在药剂的选择压力下，能改变行为习性，通过减少或避免与杀虫剂接触，逐渐提高其抗药性，这种抗药性类型称之为行为抗性。Hoy and Hall（1993）对小菜蛾的研究发现，影响 Bt 效力发挥的重要因素是害虫取食量的减少，这与小菜蛾对 Bt 处理的寄主的回避行为即行为抗性有关。

根据不同杀虫剂间的相互作用，可以把小菜蛾对杀虫剂的抗药性划分为单一抗性、多抗性、交互抗性、负交互抗性和击倒抗性等 5 种类型：

（1）单一抗性。只表现对起选择作用的药剂的抗药性，称为单一抗性。

（2）多抗性。多抗性是指通过不同的机理，同时对已经使用的多种药剂产生的抗药性。20 世纪 80 年代后，小菜蛾的多抗性已经迅速发展，对有机磷、有机氯、氨基甲酸酯、拟除虫菊酯、沙蚕毒素以及昆虫生长调节剂、微生物农药 Bt 等 50 多种农药产生了不同程度的抗药性。

（3）交互抗性。昆虫对一种药剂发生抗性后往往对其他没有使用过的药剂也发生抗性，即交互抗性。关于小菜蛾对杀虫剂发生交互抗性方面的研究国内外已有较多的报道。

拟除虫菊酯、氨基甲酸酯、有机磷类药剂之间有程度不同的交互抗性。生物制剂

Bt与杀螟丹之间表现交互抗性，各类杀虫剂内部都存在不同程度和形式的交互抗性，拟除虫菊酯类药剂表现比较一致的交互抗性，氰戊菊酯与除氯菊酯以外的拟除虫菊酯类药剂均表现交互抗性，有机磷类药剂的交互抗性则表现为小集团形式，对硫磷与甲基对硫磷之间表现交互抗性，稻丰散与灭多威、丙溴磷、杀螟腈之间表现高度交互抗性，它们与杀螟丹、敌敌畏之间的交互抗性则较弱，酰基脲类几丁质抑制剂定虫隆与农梦特交互抗性显著。

　　小菜蛾对不同种类杀虫剂的交互抗性可归纳如下：①拟除虫菊酯、氨基甲酸酯、有机磷之间表现不同程度的交互抗性；②拟除虫菊酯、氨基甲酸酯、有机磷与酰基脲类昆虫生长调节剂不表现交互抗性；③对拟除虫菊酯、有机磷产生抗性的虫源，对沙蚕毒素类不表现交互抗性。反之，对沙蚕毒素类产生抗性（室内选育品系），而对有机磷、菊酯、氨基甲酸酯没有交互抗性，甚至表现为负交互抗性；④微生物杀虫剂Bt和阿维菌素类杀虫剂与化学农药间无交互抗性；⑤Bt亚种间不存在交互抗性；⑥Bt亚种内的菌株间存在交互抗性。

　　(4) 负交互抗性。与交互抗性相反，对某些药剂有抗性的害虫种群，对另外一种药剂反而敏感性加大，称为负交互抗性。沙蚕毒素类杀虫双、杀螟丹、杀虫环等与氨基甲酸酯类药剂如灭多威、久效威和拟除虫菊酯类药剂表现明显的负交互抗性。

　　(5) 击倒抗性。昆虫通过神经膜钠离子通道敏感度降低而对DDT和拟除虫菊酯的击倒作用所产生的抗性称为击倒抗性。小菜蛾对氯氰菊酯产生高度抗性的重要原因就是神经敏感度的降低而引起击倒抗性的增强。小菜蛾的击倒抗性的增强也是氯氰菊酯和DDT之间产生交互抗性的原因 (Schuler et al. ，1998)。

三、小菜蛾抗药性的药剂种类

　　小菜蛾对杀虫剂的抗性水平，因药剂种类、地区及使用时间、频率、强度等不同而产生较大差异。在小菜蛾常发或多发地区，长时间、连续多次、高剂量使用1种或同类型杀虫剂很容易产生抗性。小菜蛾对6大类杀虫剂的抗性水平趋势是：拟除虫菊酯＞氨基甲酸酯＞酰基脲＞有机磷＞Bt＞沙蚕毒素。小菜蛾对具有抗性的杀虫剂主要有以下几类。

(一) 拟除虫菊酯类

戊菊酯 (valerate)、氰戊菊酯 (fenvalerate)、氯菊酯 (permethrin)、溴氰菊酯 (deltamethrin)、氯氰菊酯 (cypermethrin)、氟氰戊菊酯 (flucythrinate)、顺式氰戊菊酯 (esfenvalerate)、顺式氯氰菊酯 (alpha- cypermethrin)、氟氯氰菊酯 (cyfluthrin)、三氟氯氰菊酯 (lambda-cyhalothrin)、甲氰菊酯 (fenpropathrin)、氟胺氰菊酯 (马扑立克) (tau-fluvalinate)、生物苄呋菊酯 (bioresmethrin)。

(二) 有机磷类

马拉硫磷 (malathion)、对硫磷 (parathrion)、甲基对硫磷 (parathion-methyl)、辛硫磷 (phoxim)、亚胺硫磷 (phosmet)、甲胺磷 (methamidophos)、乙酰甲胺磷 (acephate)、速灭磷 (mevinphos)、苯腈磷 (cyanofenphos)、稻丰散 (phenthoate)、敌敌畏 (dichlorvos)、二嗪农 (diazinon)、毒死蜱 (chlorpyrifos)、杀螟腈 (cyanophos)、

乐果（dimethoate）、杀螟硫磷（fenitrothion）、噁唑磷（isoxathion）、溴苯磷（leptophos）、杀扑磷（速扑杀）（methidathion）、久效磷（monocrotophos）、二溴磷（naled）、伏杀硫磷（phosalone）、磷胺（phosphamidon）、喹硫磷（quinalphos）、三唑磷（triazophos）、敌百虫（trichlorfon）、安硫磷（formothion）。

（三）氨基甲酸酯类

灭多威（methomyl）、甲萘威（西维因）（carbaryl）、克百威（呋喃丹）（carbofuran）、灭害威（aminocarb）、恶虫威（bendiocarb）、硫双威（thiodicarb）。

（四）沙蚕毒素类

杀螟丹（巴丹）（cartap）、杀虫双（dimehypo）。

（五）酰基脲类

抑太保（chlorfluazuron）、卡死克（flufenoxuron）、农梦特（teflubenzuron）、灭幼脲1号（chlorbenzuron）。

（六）有机氯类

滴滴涕（DDT）、六六六（HCH）、毒杀芬（camphechlor）、艾氏剂（aldrin）、狄氏剂（dieldrin）、异狄氏剂（endrin）。

（七）其他

苏云金杆菌（*Bacillus thuringiensis*，Bt）、阿维菌素（abamectin）、鱼藤酮（rotenone）。

四、我国小菜蛾抗药性的发展现状

我国最早对小菜蛾抗药性的报道是在1978年，Sun et al.（1978）报道台湾地区小菜蛾对二嗪磷和灭多威产生抗药性。其后，吴世昌和顾言真（1986）对我国内地小菜蛾的抗药性问题作了首次报道。此后，上海、福建、贵州、湖北、江苏、浙江、广东、北京、黑龙江、云南、湖南、江西、山西、四川等省（直辖市）均有小菜蛾抗药性发展的报道。总体而言，我国小菜蛾的抗药性水平南方比北方高，发展速度南方比北方快。

（一）评价小菜蛾抗药性采用的杀虫剂敏感基线

评价害虫的抗药性水平多数是通过测定抗药性种群的致死中量（LD_{50}）或致死中浓度（LC_{50}）与敏感种群的致死中量（LD_{50}）或致死中浓度（LC_{50}）进行比较而确定的。因而，敏感基线在抗药性研究中具有重要意义。由于敏感种群的差异，导致不同学者采用的敏感种群的杀虫剂敏感基线存在一定的差别。

1. 国内采用的不同类型杀虫剂的敏感基线

表 8-1　小菜蛾对有机磷杀虫剂的药剂敏感基线

药剂名称	毒力回归方程	LC_{50}或LD_{50}	95%置信度	相关系数或χ^2	敏感虫源	资料来源
敌敌畏 (dichlorvos)	$y=5.607\ 1+2.347\ 1x$	0.498 3	—	0.982 3	昆明	张雪燕等，2001
	$y=5.797\ 5+1.565\ 5x$	0.309 4	—	0.990 4	武汉	陈之浩等，1992
	$y=4.53+1.51x$	0.720 0	0.49~1.06	0.45#	江西	唐振华等，1992
	$y=1.4+2.1x$	55.4*	50.1~60.3	1.03#	上海	唐振华等，1992
乙酰甲胺磷 (acephate)	$y=5.071\ 0+2.979\ 3x$	0.946 5	—	0.988 1	昆明	张雪燕等，2001
	$y=4.24+1.37x$	1.270 0	0.89~1.80	0.93#	江西	唐振华等，1992
	$y=3.3+1.2x$	26.40*	22.2~30.4	1.32#	上海	唐振华等，1992

(续)

药剂名称	毒力回归方程	LC$_{50}$或LD$_{50}$	95%置信度	相关系数或χ^2	敏感虫源	资料来源
乐果	$y=4.39+1.41x$	0.95*	0.66~1.38	0.047#	江西	唐振华等, 1992
(dimethoate)	$y=1.2+2.1x$	57.4*	52.4~61.2	1.23#	上海	唐振华等, 1992
马拉硫磷	$y=6.533\,8+1.946\,6x$	0.163\,0	—	0.981\,1	武汉	陈之浩等, 1992
(malathion)	$y=2.50+1.62x$	0.58	0.36~0.89	1.13#	江西	唐振华等, 1992
亚胺硫磷						
(phosmet)	$y=2.219+2.013x$	24.09*	—	0.91	武汉	朱树勋等, 1995
杀螟松						
(fenitrothion)	$y=4.487\,0+1.578\,4x$	2.113\,6	—	0.993\,2	武汉	陈之浩等, 1992

注: * 为致死中浓度（LC$_{50}$），单位为 mg/L；其余为致死中量（LD$_{50}$），单位为 μg/头；# 为 χ^2 值。

表 8-2 小菜蛾对拟除虫菊酯类杀虫剂的药剂敏感基线

药剂名称	毒力回归方程	LC$_{50}$或LD$_{50}$	95%置信度	相关系数或χ^2	敏感虫源	资料来源
	$y=3.81+2.17x$	3.53*	3.08~4.06	—	上海	吴世昌等, 1986
氰戊菊酯	$y=7.857\,9+1.570\,6x$	0.015\,2	—	0.992\,0	昆明	张雪燕等, 1998
(fenvalerate)	$y=3.601+1.122x$	17.66*	—	0.91	武汉	朱树勋等, 1995
	$y=7.59+1.46x$	0.005\,8	0.004~0.008	0.79#	江西	唐振华等, 1992
	$y=3.8+2.1x$	3.8*	3.2~4.4	1.1#	上海	唐振华等, 1992
	$y=8.037\,2+1.665\,9x$	0.014\,7	—	0.998\,6	昆明	张雪燕等, 1998
溴氰菊酯	$y=10.703\,0+2.652\,2x$	0.007\,1	—	0.992\,0	武汉	陈之浩等, 1992
(deltamethrin)	$y=3.02+1.97x$	0.002\,0	0.003\,7~0.007\,4	0.22#	江西	唐振华等, 1992
	$y=2.1+1.8x$	0.45*	0.32~0.72	2.1#	上海	唐振华等, 1992
氯氰菊酯	$y=7.678\,0+1.790\,9x$	0.032\,0	—	0.989\,6	武汉	陈之浩等, 1992
(cypermethrin)	$y=7.295\,1+1.765\,0x$	0.041\,5	—	0.979\,0	昆明	张雪燕等, 1998
	$y=2.6+1.9x$	1.84*	1.06~2.16	2.1#	上海	唐振华等, 1992
氯菊酯	$y=8.007\,7+1.872\,0x$	0.018\,9	—	0.995\,0	武汉	陈之浩等, 1992
(permethrin)	$y=2.99+2.07x$	0.001\,8	0.001\,0~0.002\,6	0.30#	江西	唐振华等, 1992
	$y=3.7+2.0x$	4.76*	3.23~6.24	1.9#	上海	唐振华等, 1992
氟氰戊菊酯						
(flucythrinate)	$y=2.8+1.9x$	1.33*	0.98~1.60	1.6#	上海	唐振华等, 1992

注: * 为致死中浓度（LC$_{50}$），单位为 mg/L；其余为致死中量（LD$_{50}$），单位为 μg/头；# 为 χ^2 值。

表 8-3 小菜蛾对氨基甲酸酯类杀虫剂的药剂敏感基线

药剂名称	毒力回归方程	LC$_{50}$或LD$_{50}$	95%置信度	相关系数或χ^2	敏感虫源	资料来源
灭多威	$y=8.428\,3+3.983\,6x$	0.137\,8	—	0.999\,5	昆明	张雪燕等, 1998
(万灵)						
(methomyl)	$y=1.695\,7+1.573\,7x$	125.80*	—	0.935\,0	武汉	朱树勋等, 1995
甲萘威						
(carbaryl)	$y=4.26+1.42x$	16.59	2.23~4.95	0.54#	江西	唐振华等, 1992

注: * 为致死中浓度（LC$_{50}$），单位为 mg/L；其余为致死中量（LD$_{50}$），单位为 μg/头；# 为 χ^2 值。

表 8-4 小菜蛾对沙蚕毒素类杀虫剂的药剂敏感基线

药剂名称	毒力回归方程	LD$_{50}$（μg/头）	95%置信度	相关系数	敏感虫源	资料来源
杀螟丹	$y=6.572\,5+3.050\,5x$	0.305\,1		0.992\,0	昆明	张雪燕等, 1998
(巴丹)						
(cartap)	$y=5.848\,8+1.473\,3x$	0.265\,4		0.992\,2	武汉	陈之浩等, 1992
杀虫双						
(dimehypo)	$y=4.702\,8+1.680\,4x$	1.502\,7		0.990\,8	武汉	陈之浩等, 1992
杀虫环						
(thiocyclam)	$y=6.878\,5+2.096\,9x$	0.127\,1		0.983\,1	武汉	陈之浩等, 1992

表 8 - 5　小菜蛾对昆虫生长调节剂类杀虫剂的药剂敏感基线

药剂名称	毒力回归方程	LC_{50}（mg/L）	95％置信度	χ^2	敏感虫源	资料来源
卡死克 (flufenoxuron)	$y=5.389+1.08x$	0.437 0	—		武汉	朱树勋等，1995
氟虫脲 (flufenoxuron)	$y=5.671 1+1.696 6x$	0.402 2	—	0.682 6	台湾	王维专等，1993
定虫隆 (chlorfluazuron)	$y=4.842 1+3.976 0x$	1.095 7	—	0.371 4	台湾	王维专等，1993
伏虫隆 (teflubenzuron)	$y=5.926 8+2.045 8x$	0.352 4	—	0.723 7	台湾	王维专等，1993
氟铃脲 (hexaflumuron)	$y=5.755 1+2.647 5x$	0.518 5	—	1.740 2	台湾	王维专等，1993

表 8 - 6　小菜蛾对其他杀虫剂的药剂敏感基线

药剂名称	毒力回归方程	LD_{50}（μg/头）	95％置信度	相关系数或 χ^2	敏感虫源	资料来源
阿维菌素 B_1 (abamectin B_1)	$y=11.605 9+2.569 0x$	0.002 7	—	0.995 5	昆明	张雪燕等，1998
滴滴涕 (DDT)	$y=2.94+1.61x$	8.72	4.90~9.20	0.55#	江西	唐振华等，1992

注：#为 χ^2 值。

2. 国外学者采用的不同杀虫剂的敏感标准

表 8 - 7　英国洛桑小菜蛾敏感品系对不同杀虫剂的敏感性

药剂名称	有 效 成 分	LD_{50}（μg/头） 95％置信度	斜率±S_E	敏感虫源	资料来源
生物苄呋菊酯 (bioresmethrin)	5 - benzyl - 3 - furylmethyl	0.006 (0.005 1~0.006 7)	2.21±0.116		
顺式苄呋菊酯 (cismethrin)	5 - benzyl - 3 - furylmethyl	0.002 (0.001 6~0.004 6)	2.12±0.329		
氰戊菊酯 (fenvalerate)	α - cyano - 3 - phenoxybenzyl	0.000 3 (0.002 6~0.003 3)	4.15±0.471	英国洛桑 Rothamsted	Schuler et al.，1998
溴氰菊酯 (deltamethrin)	α - cyano - 3 - phenoxybenzyl	0.001 (0.000 7~0.001 1)	1.97±0.210		
滴滴涕 (DDT)	—	0.92 (0.64~1.59)	1.75±0.291		

（二）小菜蛾对拟除虫菊酯类杀虫剂的抗药性

小菜蛾对拟除虫菊酯类的抗药性问题，20 世纪 70 年代在东南亚和我国台湾省等地区便开始报道。20 世纪 70 年代末，我国大陆开始使用拟除虫菊酯，80 年代中期开始出现小菜蛾对拟除虫菊酯的抗药性问题。最早发现抗药性的拟除虫菊酯类药剂品种是氰戊菊酯（杀灭菊酯），此后溴氰菊酯、氯氰菊酯、三氟氯氰菊酯、氯菊酯、氟氰戊菊酯等拟除虫菊酯类药剂也出现不同程度的抗药性问题。

1976 年，氰戊菊酯作为第一个菊酯类杀虫剂引入我国台湾省，到 1979 年进行第一次调查时发现田间小菜蛾已经产生了 200 倍以上的抗药性，同时发现小菜蛾对其他 3 种菊酯类杀虫剂如氯菊酯、氯氰菊酯、溴氰菊酯也产生了较低的抗药性（Liu et al.，1981）。

1. 小菜蛾对氰戊菊酯（杀灭菊酯）的抗药性　氰戊菊酯（杀灭菊酯）是我国大陆首

次发现的小菜蛾产生抗药性的拟除虫菊酯类药剂。上海华漕乡从 1981 年开始使用杀灭菊酯，吴世昌和顾言真（1986）同时进行小菜蛾对杀灭菊酯的抗药性监测。20％杀灭菊酯乳油初期每公顷用量为 150～300mL 3～5 次，经抽样检测表现对小菜蛾有很高的活性；1984 年用药次数增至 25～30 次，每公顷用量为 20％杀灭菊酯乳油 450～600mL，其 LC_{50} 增加 10 倍左右，同时田间的同期药效也表现明显下降；1985 年测得 LC_{50} 值高达 667.63mg/L，小菜蛾已经对杀灭菊酯产生严重抗药性（表 8-8）。

表 8-8　小菜蛾对氰戊菊酯（杀灭菊酯）的抗药性发展

（吴世昌和顾言真，1986）

测定时间 （年.月.）	毒力回归方程	LC_{50}（mg/L）	95％置信度	χ^2	抗性倍数
1979.06.	$y=3.81+2.17x$	3.53	3.08～4.06	3.850	1.00
1981.10.	$y=3.798+2.082x$	3.78	3.24～4.40	1.078	1.07
1984.11.	$y=2.273\,3+1.746\,7x$	36.39	28.12～47.10	3.092	10.31
1985.05.	$y=1.698\,4+1.168\,9x$	667.63	461.85～964.94	0.226	189.13

小菜蛾对氰戊菊酯的抗药性问题首次报道后，全国各地都相继开展了对氰戊菊酯的抗药性问题的监测。从相关文献可以发现，全国不同地区小菜蛾对氰戊菊酯的抗药性水平存在较大差异，绝大部分地区小菜蛾对氰戊菊酯的抗药性都达到极高抗水平，主要分布在华南、华东和华中地区，其中云南通海、建水和昆明，上海梅陇，广州天河等地抗药性水平最高，均达到 1 300 倍以上（表 8-9）。

表 8-9　不同地区小菜蛾对氰戊菊酯（杀灭菊酯）的抗药性

虫源地	毒力回归方程	LC_{50} 或 LD_{50}	抗性倍数	测定时间 （年.月.）	资料来源
上海市农业科学院	—	＞189.0*	—	1992	周爱农等，1993
云南通海	—	＞19.875	＞130 7	1997	张雪燕等，1998
云南建水	—	＞19.875	＞130 7	1997	张雪燕等，1998
云南昆明	—	＞19.875	＞130 7	1997	张雪燕等，1998
云南大理	$y=4.843\,9+0.358\,0x$	2.729 5	197.6	1997	张雪燕等，1998
云南曲靖	$y=5.828\,3+0.603\,0x$	0.042 3	2.8	1997	张雪燕等，1998
武汉建和村	$y=0.532+1.233x$	4 197.59*	237.69	1994.04.	朱树勋等，1995
武汉花园村	$y=-3.033+2.375\,6x$	2 407.10*	136.30	1994.06.	朱树勋等，1995
武汉长征村	$y=-4.698+2.644\,3x$	4 651.37*	263.38	1994.07.	朱树勋等，1995
武汉慈惠农场	$y=-2.717\,9+2.439\,2x$	1 459.04*	82.62	1994.08.	朱树勋等，1995
广东供港菜区	—	5 456.23*	79.98	1992	帅应垣等，1994
湖南长沙	$y=a+1.13x$	1 059.69（μg/g 体重）	300.6	1997	向延平等，2001
湖南长沙	$y=a+2.07x$	2 554.12（μg/g 体重）	723.6	2000	向延平等，2001
江苏南京	$y=a+2.22x$	390.13*	74.03	1998.09.	许小龙等，2000
江苏苏州	$y=a+2.48x$	871.28*	165.3	1998.09.	许小龙等，2000
江苏淮安	$y=a+3.62x$	1 708.1*	324.1	1998.09.	许小龙等，2000
江苏连云港	$y=a+2.44x$	858.19*	162.8	1998.09	许小龙等，2000
江西南昌	$y=6.01+0.60x$	0.020 7	3.7	1996	李保同等，1999
江西九江	$y=8.36+1.92x$	0.006 3	1.1	1988	唐振华等，1992
上海梅陇	$y=4.14+1.11x$	12.27	2 102.3	1988	唐振华等，1992
广州天河	—	＞20.83	3 569.2	1988	唐振华等，1992
上海华漕	$y=-1.5+2.0x$	1 536.2*	406.4	1986	唐振华等，1992
上海华漕	$y=-1.1+2.0x$	1 212.4*	320.7	1990	唐振华等，1992

注：*为致死中浓度（LC_{50}），单位为 mg/L；其余为致死中量（LD_{50}），单位为 μg/头；毒力回归方程中的 a 值仅代表未知量，并非定值。

我国不同省份间小菜蛾抗药性存在较大差异，同一省份不同县市的小菜蛾的抗药性也因为不同用药背景而产生较大差异。福建省 9 地（市）的小菜蛾对氰戊菊酯的抗性水平存在一定差异（表 8 - 10）。

表 8 - 10　福建省不同地区小菜蛾对氰戊菊酯（杀灭菊酯）的抗药性差异

（余德亿等，2000）

药剂名称	抗 性 倍 数								
	涧田	同安	永安	永春	龙海	建阳	涵江	福安	晋江
2.5%功夫	112.87	169.56	105.36	121.30	79.32	50.25	115.44	109.65	100.02
20%速灭杀丁	136.30	173.47	137.69	147.89	89.47	68.22	101.20	138.42	98.99

表 8 - 11　不同时间小菜蛾对氰戊菊酯（杀灭菊酯）的抗药性差异

（余德亿等，2000）

药剂名称	抗 性 倍 数				
	1997.5.	1997.9.	1998.5.	1998.9.	1999.5.
2.5%功夫	231.08	157.69	244.21	124.47	151.80
20%氰戊菊酯	222.10	260.70	188.42	155.58	212.22

小菜蛾田间自然种群的抗药性不仅受地理差异的影响，而且也受不同季节的变化产生一定的差异。余德亿等（2000）通过福州涧田菜区小菜蛾对氰戊菊酯（杀灭菊酯）的抗药性连续 3 年的监测，发现小菜蛾对氰戊菊酯（杀灭菊酯）的抗药性随着季节的变化呈现出波浪状变化，但基本维持在同一抗药性等级范围（表 8 - 11）。这种季节性的波浪状变化可能与小菜蛾的种群发生及防治强度的变化有关。

2. **小菜蛾对溴氰菊酯的抗药性**　唐振华等（1986）从 1981 年开始监测上海华漕地区小菜蛾对溴氰菊酯的抗药性，到 1986 年发现小菜蛾对溴氰菊酯的抗性倍数达到 66.5 倍。从表 8 - 12 所列溴氰菊酯对云南、贵州、江西、上海、广东、江苏等 6 省的小菜蛾毒力测定结果表明：云南通海、建水、昆明，上海梅陇，广州天河 5 个菜区的小菜蛾对溴氰菊酯的抗药性达 1 000 倍以上；云南大理、江苏淮安种群对溴氰菊酯表现为 100～200 倍的高抗性，其他菜区的小菜蛾对溴氰菊酯的抗药性水平相对较低。

表 8 - 12　不同地区小菜蛾对溴氰菊酯的抗药性

虫源地	毒力回归方程	LC_{50} 或 LD_{50}	抗性倍数	测定时间（年）	资料来源
云南通海	—	>23.575 0	>1 603	1997	张雪燕等，1998
云南建水	—	>23.575 0	>160 3	1997	张雪燕等，1998
云南昆明	—	>23.575 0	>160 3	1997	张雪燕等，1998
云南大理	$y=4.926\ 9+0.403\ 3x$	1.518 0	103.3	1997	张雪燕等，1998
云南曲靖	$y=6.396\ 9+0.974\ 2x$	0.036 8	2.5	1997	张雪燕等，1998
贵州贵阳	$y=5.728\ 7+0.836\ 2x$	0.134 5	18.94	1991	陈之浩等，1992
贵州遵义	$y=5.365\ 0+0.998\ 2x$	0.430 8	60.68	1991	陈之浩等，1992
贵州安顺	$y=4.489\ 0+0.737\ 1x$	4.936 1	695.23	1991	陈之浩等，1992
贵州都匀	$y=6.460\ 6+1.350\ 3x$	0.082 8	11.66	1991	陈之浩等，1992
贵州铜仁	$y=8.164\ 0+0.970\ 3x$	0.000 5	0.07	1991	陈之浩等，1992
贵州毕节	$y=7.255\ 0+0.795\ 6x$	0.001 5	0.21	1991	陈之浩等，1992

（续）

虫源地	毒力回归方程	LC₅₀或LD₅₀	抗性倍数	测定时间（年）	资料来源
江西南昌	$y=5.76+0.65x$	0.068 7	34.4	1996	李保同等，1999
江西九江	$y=7.40+1.35x$	0.005 8	2.9	1988	唐振华等，1992
上海梅陇	—	>20.83	>10 414	1988	唐振华等，1992
广州天河	—	>20.83	>10 414	1988	唐振华等，1992
上海华漕	$y=a+1.9x$	29.9*	66.5	1986	唐振华等，1992
江苏南京	$y=a+2.22x$	377.78*	120.3	1998	许小龙等，2000
江苏苏州	$y=a+1.05x$	245.09*	78.1	1998	许小龙等，2000
江苏淮安	$y=a+1.55x$	419.56*	133.6	1998	许小龙等，2000
江苏连云港	$y=a+1.78x$	302.30*	96.3	1998	许小龙等，2000

注：* 为致死中浓度（LC₅₀），单位为 mg/L；其余为致死中量（LD₅₀），单位为 μg/头。表中毒力回归方程中的 a 值仅代表未知量，并非定值。

3. 小菜蛾对氯氰菊酯的抗药性　我国小菜蛾对氯氰菊酯的抗药性监测开始于 1981 年。由于氯氰菊酯在蔬菜害虫防治中的广泛使用，小菜蛾的抗药性问题日益突出，90 年代后受到全国各地的普遍关注。从表 8-13 所列，全国不同地区的小菜蛾抗药性水平存在较大差异，云南通海、建水、昆明，江苏苏州、淮安、连云港等地的小菜蛾对氯氰菊酯的抗性在 179～483 倍之间，已达到极高水平抗药性。贵州安顺、上海华漕等地小菜蛾对氯氰菊酯的抗性达高抗水平。云南大理种群对氯氰菊酯的抗性达 36.5 倍，为中度抗性。云南曲靖菜区的小菜蛾对氯氰菊酯仍比较敏感，其抗药性仅有 1.6 倍。

4. 小菜蛾对氯菊酯的抗药性　我国小菜蛾对氯菊酯的抗药性的监测也开始于 1981 年，主要监测地区包括上海、贵州、江西、广州等地。1986 年上海华漕地区小菜蛾对氯菊酯的抗性就达 38.2 倍，属于高抗水平。从表 8-14、表 8-15、表 8-16 可以看出，贵州、江西两省小菜蛾对氯菊酯的抗性水平较低，上海、广州两地小菜蛾对氯菊酯的抗性水平较高。

表 8-13　不同地区小菜蛾对氯氰菊酯的抗药性

虫源地	毒力回归方程	LC₅₀或LD₅₀	抗性倍数	测定时间（年）	资料来源
云南通海	$y=1.839\ 6+2.427\ 2x$	20.048 4	483.1	1997	张雪燕等，1998
云南建水	$y=2.961\ 8+1.834\ 6x$	12.912 1	311.1	1997	张雪燕等，1998
云南昆明	$y=3.649\ 0+1.500\ 3x$	7.952 0	191.6	1997	张雪燕等，1998
云南大理	$y=4.887\ 4+0.622\ 4x$	1.516 5	36.5	1997	张雪燕等，1998
云南曲靖	$y=6.594\ 5+1.395\ 9x$	0.065 7	1.6	1997	张雪燕等，1998
贵州贵阳	$y=6.345\ 8+1.530\ 4x$	0.132 0	4.13	1991	陈之浩等，1992
贵州遵义	$y=5.267\ 7+0.980\ 3x$	0.533 2	16.66	1991	陈之浩等，1992
贵州安顺	$y=4.609\ 8+1.258\ 5x$	2.042 0	63.81	1991	陈之浩等，1992
贵州都匀	$y=7.457\ 8+1.699\ 5x$	0.035 8	1.12	1991	陈之浩等，1992
贵州铜仁	$y=9.656\ 3+1.793\ 4x$	0.002 5	0.08	1991	陈之浩等，1992
贵州毕节	$y=9.097\ 0+1.779\ 9x$	0.005 0	0.16	1991	陈之浩等，1992
江西南昌	$y=5.31+0.54x$	0.260 2	1.1	1996	李保同等，1999
上海华漕	$y=1.9+1.5x$	144.4*	78.5	1986	唐振华等，1992
上海华漕	$y=1.1+1.8x$	139.0*	75.5	1986	唐振华等，1992
江苏南京	$y=a+1.65x$	488.67*	97.7	1998	许小龙等，2000
江苏苏州	$y=a+2.17x$	887.67*	179.5	1998	许小龙等，2000
江苏淮安	$y=a+1.78x$	1 060.20*	212.1	1998	许小龙等，2000
江苏连云港	$y=a+2.36x$	910.13*	182.0	1998	许小龙等，2000

注：* 为致死中浓度（LC₅₀），单位为 mg/L；其余为致死中量（LD₅₀），单位为 μg/头；表中毒力回归方程中的 a 值仅代表未知量，并非定值。

表 8-14 上海地区小菜蛾对氯菊酯的抗药性

（唐振华等，1992）

测定时间	LC$_{50}$（mg/L）	回归式	95％置信限	χ^2	抗性指数
1981	4.76	$y=3.7+2.0x$	3.23～6.24	1.9	1
1986	182.0	$y=2.0+1.3x$	163.5～218.5	1.5	38.2

表 8-15 小菜蛾对氯菊酯的抗性测定

（唐振华等，1992）

虫源地	LD$_{50}$（μg/头）	毒力回归方程	95％置信限	χ^2	抗性指数
江西莲塘	0.001 8	$y=2.99+2.07x$	0.001 0～0.002 6	0.30	1.0
江西九江	0.021 7	$y=6.55+1.28x$	0.014～0.033	0.49	12.1
上海梅陇	0.441 6	$y=5.71+1.06x$	0.25～0.76	1.36	245.3
广州天河	2.76	$y=4.79+1.76x$	1.96～3.56	0.64	1 533.3

表 8-16 氯菊酯对贵州省六个主要菜区小菜蛾的毒力测定结果

（陈之浩等，1992a、b）

虫源地	LD$_{50}$（μg/头）	毒力回归方程	相关系数	抗性倍数
贵 阳	0.143 7	$y=6.185\ 8+1.407\ 5x$	0.989 6	7.60
遵 义	0.092 1	$y=6.669\ 1+1.611\ 8x$	0.983 2	4.87
安 顺	0.216 9	$y=6.547\ 7+2.331\ 6x$	0.977 2	11.48
都 匀	0.010 1	$y=7.438\ 2+1.222\ 1x$	0.964 4	0.53
铜 仁	0.001 7	$y=8.272\ 9+1.185\ 8x$	0.987 9	0.09
毕 节	0.001 4	$y=9.134\ 0+1.447\ 8x$	0.951 0	0.07
武汉敏感	0.018 9	$y=8.227\ 7+1.872\ 0x$	0.995 0	1.00

5. 小菜蛾对其他菊酯类杀虫剂的抗药性　氟氰戊菊酯是蔬菜害虫防治中使用较少的一种拟除虫菊酯类杀虫剂。唐振华等（1992）曾对该药剂的抗药性问题进行监测，结果表明：小菜蛾对氟氰戊菊酯的抗性发展较快，从 1981 年到 1986 年抗药性增长 313.5 倍，1988 年停用拟除虫菊酯类药剂，小菜蛾的抗药性水平有一定程度的下降（表 8-17）。

表 8-17 上海地区小菜蛾对氟氰戊菊酯的抗药性

（唐振华等，1992）

测定时间	LC$_{50}$（mg/L）	毒力回归方程	95％置信限	χ^2	抗性指数
1981	1.33	$y=2.8+1.9x$	0.98～1.60	1.6	1
1986	416.9	$y=1.1+1.5x$	368.8～564.3	1.4	313.5
1990	360.8	$y=1.2+1.5x$	286.2～408.9	1.8	271.3

（三）小菜蛾对有机磷类杀虫剂的抗药性

有机磷类杀虫剂出现于 19 世纪 40 年代初期，其后国内外普遍使用有机磷类杀虫剂进行害虫防治。小菜蛾对有机磷类杀虫剂的抗药性发展相对较慢。在美国，小菜蛾对毒死蜱、甲基对硫磷、马拉硫磷、甲胺磷和二嗪磷等在美国的抗性只发展到 20～27 倍（Yu，1993）。上海地区使用敌敌畏、乐果等防治小菜蛾至少 15 年，乙酰甲胺磷使用也在 10 年以上，小菜蛾对它们的抗性增长 8～30 倍（阎艳春等，1997）。

1. 小菜蛾对敌敌畏的抗药性　敌敌畏是广泛应用于蔬菜害虫防治的有机磷类杀虫剂之一。唐振华等（1992）从 1979 年开始对上海地区敌敌畏的抗药性发展状况进行监测，到 1987 年小菜蛾对敌敌畏的抗药性仅增长 8.1 倍。我国云南、贵州、广东、江西、上海、江苏等各省（市）的小菜蛾对敌敌畏的抗药性水平仍属低抗到中抗水平（表 8-18）。敌敌畏在曲靖、大理和昆明仍比较敏感，在通海和建水为轻度抗性。70 年代就一直使用的敌敌畏，至今尚未在云南省大部分菜区产生明显抗性，说明小菜蛾对敌敌畏的抗性发展比较缓慢（张雪燕和何婕，1998）。陈之浩等（1992 ab）对贵州省贵阳市等 6 个主要菜区小菜蛾种群的毒力测定结果与武汉敏感种群的 LD_{50} 值比较，结果表明：都匀、铜仁、毕节三种群对敌敌畏仍具有很高的敏感性，贵阳、遵义、安顺三种群对敌敌畏形成了 1~3 倍不明显的抗性（表 8-18）。

表 8-18 不同地区小菜蛾对敌敌畏的抗药性

虫源地	毒力回归方程	LD_{50} 或 LC_{50}	抗性倍数	时间（年）	资料来源
云南通海	$y=4.0034+1.8667x$	3.4191	6.9	1997	张雪燕等，1998
云南通海	$y=4.2303+3.0203x$	1.7982	3.6	1999	张雪燕等，2001
云南建水	$y=3.1912+2.2295x$	6.4825	13.0	1997	张雪燕等，1998
云南昆明	$y=4.6687+1.7505x$	1.3978	2.8	1997	张雪燕等，1998
云南昆明	$y=4.4247+3.3824x$	1.4794	3.0	1999	张雪燕等，2001
云南大理	$y=5.0701+2.7377x$	0.8523	1.7	1997	张雪燕等，1998
云南曲靖	$y=5.2665+1.8175x$	0.7134	1.4	1997	张雪燕等，1998
广东供港	—	954.13*	13.95	1993	帅应垣等，1994
广州菜区	—	909.81*	13.30	1993	帅应垣等，1994
贵州贵阳	$y=5.9987+2.1418x$	0.3418	1.10	1991	陈之浩等，1992
贵州遵义	$y=5.7326+2.0966x$	0.4473	1.45	1991	陈之浩等，1992
贵州安顺	$y=5.0995+2.0709x$	0.8988	2.90	1991	陈之浩等，1992
贵州都匀	$y=6.3273+1.7850x$	0.1806	0.58	1991	陈之浩等，1992
贵州铜仁	$y=7.0132+1.4037x$	0.0368	0.12	1991	陈之浩等，1992
贵州毕节	$y=6.9822+1.4845x$	0.0462	0.15	1991	陈之浩等，1992
江西南昌	$y=4.51+0.22x$	158.6*	—	—	李保同等，1999
江西莲塘	$y=3.50+2.25x$	1.72	—	—	唐振华等，1992
上海华漕	$y=1.4+2.1x$	55.4*	1	1979	唐振华等，1992
上海华漕	$y=0.6+1.7x$	450.3*	8.1	1987	唐振华等，1992
江苏南京	$y=a+2.13x$	427.99*	14.46	1998	许小龙等，2000
江苏苏州	$y=a+2.76x$	292.42*	9.88	1998	许小龙等，2000
江苏淮安	$y=a+2.21x$	277.49*	9.38	1998	许小龙等，2000
江苏连云港	$y=a+3.25x$	276.74*	9.35	1998	许小龙等，2000

注：* 为致死中浓度（LC_{50}），单位为 mg/L；其余为致死中量（LD_{50}），单位为 μg/头。

2. 小菜蛾对乙酰甲胺磷的抗药性 唐振华和周成理（1992）从 1979 年开始监测小菜蛾对乙酰甲胺磷的抗药性，1979—1987 年上海地区小菜蛾对乙酰甲胺磷的抗药性发展了 16.6 倍。长沙地区小菜蛾对乙酰甲胺磷的抗药性水平从 1997 年的 12 倍快速发展到 2001 年的 157.1 倍，达到极高抗水平（向延平等，2001）。乙酰甲胺磷对云南昆明等 5 个菜区的小菜蛾毒力测定结果表明，乙酰甲胺磷在通海、建水、昆明表现 30 多倍的中度抗性，在大理和曲靖的抗性为 8 倍左右，属轻度抗性。乙酰甲胺磷在云南菜区已停用 10 多年，但仍在部分菜区测出 30 多倍的中度抗性。农药使用背景调查发现，许多菜农仍在频繁地使用蔬菜上禁用的剧毒农药甲胺磷。甲胺磷和乙酰甲胺磷之间存在着严重的交互抗性（表8-19）（张雪燕和何婕，1998）。

表 8-19 不同地区小菜蛾对乙酰甲胺磷的抗药性

虫源地	毒力回归方程	LD$_{50}$或 LC$_{50}$	抗性倍数	时间（年）	资料来源
云南通海	$y=0.913\,3+2.775\,0x$	29.694 0	31.4	1997	张雪燕等，1998
	$y=1.221\,8+2.520\,2x$	31.563	33.4	1999	张雪燕等，2001
云南建水	$y=2.563\,6+1.606\,3x$	32.866 8	34.7	1997	张雪燕等，1998
云南昆明	$y=1.294\,6+2.531\,0x$	29.115 6	30.8	1997	张雪燕等，1998
	$y=1.492\,8+2.702\,4x$	19.464	20.6	1999	张雪燕等，2001
云南大理	$y=2.916\,2+2.357\,9x$	6.886 4	7.3	1997	张雪燕等，1998
云南曲靖	$y=3.534\,4+1.658\,9x$	7.646 5	8.1	1997	张雪燕等，1998
江西南昌	$y=3.59+0.47x$	947.3	—	—	李保同等，1999
江西莲塘	$y=4.28+1.19x$	1.41	1.1	—	唐振华等，1992
上海华漕	$y=3.3+1.2x$	26.4*	1	1979	唐振华等，1992
	$y=1.0+1.3x$	438.9*	16.6	1987	唐振华等，1992
湖南长沙	$y=2.38+2.95x$	316.25	12.0	1997	陈章发等，1998
湖南长沙	$y=a+1.74x$	4 148.93	157.1	2000	向延平等，2001

注：* 为致死中浓度（LC$_{50}$），单位为 mg/L；其余为致死中量（LD$_{50}$），单位为 μg/头。

3. **小菜蛾对其他有机磷杀虫剂的抗药性** 有机磷杀虫剂除敌敌畏、乙酰甲胺磷外，乐果、马拉硫磷、杀螟松的抗性水平也受到一定的监测。陈之浩等（1992）对贵州省不同菜区小菜蛾对马拉硫磷和杀螟松两种有机磷农药的药剂敏感性进行了测定，将毒力测定结果与武汉敏感种群的 LD$_{50}$ 值比较，结果发现 6 个主要菜区种群对马拉硫磷均形成了不同程度的抗性，其中贵州安顺种群抗性水平最高，毕节种群抗性水平最低，两者相差达 26 倍；铜仁、毕节两个种群对杀螟松仍为敏感，贵阳、遵义、安顺三种群对杀螟松产生了 3～31 倍的抗性，其中安顺种群的抗性水平提高了近 30 倍（表 8-20）。

表 8-20 马拉硫磷、杀螟松对贵州省 6 个主要菜区小菜蛾的毒力测定结果

（陈之浩等，1992）

药剂名称	虫源地	LD$_{50}$（μg/头）	毒力回归方程	抗性倍数	相关系数
马拉硫磷	贵阳	1.413 6	$y=4.872\,8+0.846\,5x$	8.67	0.973 5
	遵义	0.945 4	$y=5.018\,2+0.747\,5x$	5.80	0.965 5
	安顺	4.515 0	$y=4.486\,2+0.784\,9x$	27.70	0.924 1
	都匀	0.470 8	$y=5.195\,7+0.598\,0x$	2.80	0.804 8
	铜仁	1.448 7	$y=4.792\,5+1.288\,7x$	8.89	0.989 1
	毕节	0.018 2 3	$y=5.648\,5+0.877\,2x$	1.12	0.983 8
	武汉敏感	0.163 0	$y=6.533\,8+1.946\,6x$	1.00	0.981 1
杀螟松	贵阳	6.166 0	$y=4.527\,7+0.597\,8x$	2.92	—
	遵义	21.771 5	$y=3.764\,3+0.923\,6x$	10.30	0.993 4
	安顺	65.169 8	$y=3.655\,9+0.740\,9x$	30.83	—
	铜仁	1.530 7	$y=4.704\,4+1.508\,2x$	0.74	0.987 1
	毕节	1.050 9	$y=4.982\,9+0.792\,4x$	0.21	0.957 7
	武汉敏感	2.113 6	$y=4.487\,0+1.578\,4x$	1.00	0.993 2

我国江西、上海地区小菜蛾对乐果的抗药性水平较低，但对马拉硫磷的抗药性水平存在较大差异，江西小菜蛾对马拉硫磷的抗药性水平很低，而上海地区小菜蛾对马拉硫磷的抗药性水平达到中抗水平，广州菜区小菜蛾对马拉硫磷的抗药性水平达到极高抗水平（表 8-21 和表 8-22）。

表 8-21 小菜蛾对乐果、马拉硫磷的抗性测定

（唐振华等，1992）

药剂名称	虫源地	LD$_{50}$（μg/头）	毒力回归方程	95%置信限	χ^2	抗性指数
乐 果	江西莲塘	1.09	$y=4.11+1.81x$	0.81~1.19	1.19	1.1
	江西九江	0.95	$y=4.39+1.41x$	0.66~1.38	0.05	1.0
马拉硫磷	江西莲塘	0.58	$y=2.50+1.62x$	0.36~0.89	1.13	1.0
	江西九江	0.77	$y=4.47+1.57x$	0.66~1.01	0.22	1.3
	上海梅陇	15.91	$y=4.14+0.98x$	8.61~23.21	3.81	27.4
	广州天河	65.87	$y=2.35+1.77x$	44.20~87.54	0.85	113.6

表 8-22 上海县华漕地区小菜蛾对乐果的抗药性

（唐振华等，1992）

药剂名称	时间（年）	LC$_{50}$（mg/L）	毒力回归方程	95%置信限	χ^2	抗性指数
乐 果	1979	57.4	$y=1.2+2.1x$	52.4~61.2	1.23	1.000
	1987	578.9	$y=0.9+1.5x$	528.1~621.8	1.62	10.085

在上海，周爱农和马晓林（1993）测定了小菜蛾对二嗪磷、喹硫磷两种有机磷杀虫剂的药剂敏感性，发现小菜蛾对二嗪磷、喹硫磷已经不太敏感。在武汉和福建，朱树勋等（1995）和余德亿等（2000）分别报道小菜蛾已经对亚胺硫磷产生了151.78~246.38倍的抗性水平。此外，福建菜区小菜蛾对辛硫磷的抗性水平也达78.69~144.87倍（表8-23，表8-24）。

表 8-23 武汉菜区小菜蛾对亚胺硫磷的药剂敏感性

（朱树勋等，1995）

药剂名称	监测地点	时间（年.月.）	毒力回归方程	LC$_{50}$（mg/L）	相关系数	抗性倍数
20%亚胺硫磷	建和村	1994.4.	$y=2.284+0.724x$	5 623.41	0.992	233.43
	花园村	1994.7.	$y=-4.698+2.644\,25x$	4 651.37	0.990	193.08

表 8-24 福建省不同菜区小菜蛾对亚胺硫磷和辛硫磷的抗性水平

（余德亿等，2000）

药剂名称	抗 性 倍 数								
	涧田	同安	永安	永春	龙海	建阳	涵江	福安	晋江
20%亚胺硫磷	193.08	246.38	179.23	238.54	162.42	142.50	166.30	183.66	151.78
40%辛硫磷	100.42	124.63	119.76	144.87	86.31	78.69	96.27	128.20	80.14

（四）小菜蛾对氨基甲酸酯类杀虫剂的抗药性

灭多威是一种在蔬菜生产中应用最为广泛的氨基甲酸酯类杀虫剂，具有多种商品制剂如快灵、万灵等。我国于20世纪90年代初国产化，是防治蔬菜害虫的氨基甲酸酯类杀虫剂代表品种，总体上小菜蛾对该药的抗性发展较快。周爱农和马晓林（1993）测定上海菜区小菜蛾的LC$_{50}$就已经超过480mg/L，相当于4倍抗性水平。1993—1994年，在武汉菜区小菜蛾对灭多威的抗性水平为3~7倍（表8-25），广东供港菜区小菜蛾对灭多威的抗性水平为11.03倍（帅应垣等，1994）。1998—2001年，灭多威在云南通海、建水和昆明表现为52~765倍的高度抗性，在曲靖和大理表现10倍左右的中轻度抗性（表8-26）；在江西南昌菜区小菜蛾对灭多威的LD$_{50}$为136.8μg/头（李保同等，1999），相当抗性水平为 990 倍；在福建菜区小菜蛾对灭多威的抗性水平为 7.62～22.16 倍（表 8 - 27）；在江苏菜区小菜蛾对灭多威的抗性水平均属 20 多倍中抗水平（表 8 - 28）。

表 8 - 25　武汉不同菜区小菜蛾对灭多威的药剂敏感性

（朱树勋等，1995）

监测地点	时间（年.月.）	毒力回归方程	LC$_{50}$（mg/L）	相关系数	抗性倍数
建和村	1993.5.	$y=-0.621\,9+1.915x$	861.588\,7	0.94	6.849
建和村	1994.4.	$y=0.407+1.579x$	809.096	0.971	6.432
慈惠农场	1994.8.	$y=2.967\,9+0.771\,8x$	429.52	0.904	3.414
敏感品系	1994.4.	$y=1.695\,7+1.573\,7x$	125.80	0.935	1.000

表 8 - 26　云南省不同菜区小菜蛾对灭多威的药剂敏感性

（张雪燕和何婕，1998、2001）

虫源地	毒力回归方程	LD$_{50}$（μg/头）	相关系数	抗性倍数
通　海	$y=3.782\,2+0.635\,4x$	80.765\,8	0.989\,8	586.1
通　海	$y=3.028\,9+1.092\,3x$	95.725	—	694.7
建　水	$y=2.245\,2+1.361\,5x$	105.513\,6	0.951\,5	765.7
昆　明	$y=3.846\,7+1.342\,9x$	7.224\,7	0.998\,6	52.4
昆　明	$y=3.489\,8+1.083\,2x$	24.782	—	179.8
大　理	$y=4.673\,4+1.762\,0x$	1.532\,3	0.984\,8	11.1
曲　靖	$y=4.726\,5+2.492\,7x$	1.287\,4	0.985\,4	9.3
室内敏感	$y=8.428\,3+3.983\,6x$	0.137\,8	0.999\,5	1.0

表 8 - 27　福建省不同菜区小菜蛾对灭多威的抗性水平

（余德亿等，2000）

药剂名称	抗 性 倍 数								
	涧田	同安	永安	永春	龙海	建阳	涵江	福安	晋江
灭多威	13.61	22.16	10.74	15.96	8.59	7.62	12.87	12.55	9.65

表 8 - 28　江苏主要菜区小菜蛾对灭多威（20% 快灵）的抗药性

（许小龙等，2000）

虫源地	b 值	LC$_{50}$（mg/L）	抗性倍数	抗性水平
南　京	2.39	355.20	26.1	中等抗性
苏　州	1.49	315.09	23.17	中等抗性
淮　安	2.78	355.14	26.11	中等抗性
连云港	2.39	321.57	23.65	中等抗性
敏感品系	1.88	13.60	—	—

（五）小菜蛾对沙蚕毒素类杀虫剂的抗药性

沙蚕毒素类杀虫剂是 20 世纪 60 年代开发兴起的一种新型有机合成的仿生杀虫剂。在蔬菜害虫防治过程中，较常使用的杀虫剂主要有杀虫双、巴丹（杀螟丹），杀虫丹、杀虫环也有少量使用。

随着沙蚕毒素类杀虫剂在田间的大量使用，有些害虫已对其产生了不同程度的抗药性。在害虫抗药性的诸多问题中，昆虫抗药性的形成与治理对策则是最基本的问题。目前的研究主要集中在小菜蛾对巴丹和杀虫双的抗性监测及抗性遗传上。

1992 年，上海菜区监测发现小菜蛾对杀虫双、巴丹的 LC$_{50}$ 分别超过 400mg/L 和 200mg/L

（周爱农和马晓林，1993），估计为 1～3 倍的抗性水平。陈之浩等（1992 ab）对贵州省主要菜区小菜蛾对沙蚕毒素类杀虫剂的药剂敏感性进行监测，发现贵州省主要菜区小菜蛾对沙蚕毒素类杀虫剂杀虫双、巴丹（杀螟丹）、杀虫环仍处于敏感阶段，尚未产生抗性（表 8-29）。

表 8-29　贵州省主要菜区小菜蛾对沙蚕毒素类杀虫剂的药剂敏感性

（陈之浩等，1992 ab）

药剂名称	虫源地	LD_{50} （μg/头）	毒力回归方程	相关系数	抗性倍数
杀虫双	贵 阳	2.308 7	$y=4.219\ 6+2.155\ 9x$	0.949 7	1.54
	遵 义	2.450 7	$y=4.214\ 4+2.018\ 0x$	0.960 8	1.63
	安 顺	1.638 2	$y=4.568\ 1+2.014\ 7x$	0.972 8	1.09
	都 匀	0.707 9	$y=4.284\ 2+1.894\ 5x$	0.972 4	0.47
	铜 仁	1.136 2	$y=4.932\ 6+1.216\ 5x$	0.904 7	0.76
	毕 节	0.429 9	$y=5.331\ 3+0.903\ 7x$	0.973 8	0.29
	武汉敏感	1.502 7	$y=5.848\ 8+1.680\ 4x$	0.990 8	1.00
巴 丹	贵 阳	0.195 5	$y=6.183\ 1+1.669\ 1x$	0.996 9	0.74
	遵 义	0.689 1	$y=5.271\ 8+1.680\ 8x$	0.991 8	2.60
	安 顺	0.283 7	$y=5.983\ 5+1.797\ 7x$	0.989 3	1.07
	都 匀	0.191 3	$y=6.587\ 9+2.210\ 4x$	0.994 3	0.72
	铜 仁	0.279 7	$y=5.779\ 2+1.408\ 1x$	0.998 3	1.05
	毕 节	0.244 2	$y=5.984\ 8+1.608\ 4x$	0.976 4	0.92
	武汉敏感	0.265 4	$y=5.848\ 8+1.473\ 3x$	0.992 2	1.00
杀虫环	贵 阳	0.214 3	$y=6.445\ 8+2.161\ 4x$	0.958 9	1.69
	遵 义	0.287 9	$y=6.506\ 4+2.785\ 6x$	0.991 0	2.27
	安 顺	0.181 2	$y=6.518\ 1+2.046\ 6x$	0.979 1	1.43
	都 匀	0.218 0	$y=6.426\ 6+2.156\ 4x$	0.987 0	1.72
	铜 仁	0.050 0	$y=6.773\ 2+1.362\ 7x$	0.979 2	0.39
	毕 节	0.117 4	$y=6.660\ 2+1.784\ 2x$	0.976 5	0.92
	武汉敏感	0.127 1	$y=6.878\ 5+2.096\ 9x$	0.983 1	1.00

帅应垣等（1994）报道广东供港菜区小菜蛾对巴丹、杀虫丹的 LC_{50} 分别为 626.68mg/L 和 1 297.57mg/L；广州菜区小菜蛾对巴丹、杀虫丹的 LC_{50} 分别为 511.60mg/L 和 791.47mg/L；两个菜区的抗性水平为 3～7 倍。

1998—2001 年的测定结果表明，云南省昆明、建水、通海菜区小菜蛾对巴丹已产生 10～41 倍的中度抗性，大理和曲靖种群小菜蛾对巴丹的敏感度出现下降（表 8-30）。福建省不同菜区小菜蛾对巴丹也已产生不同程度的中度抗性（表 8-31）。江苏主要菜区小菜蛾种群对杀虫双的抗药性处于 1～3 倍的低度水平（表 8-32）。

表 8-30　云南省主要菜区小菜蛾对巴丹的药剂敏感性

（张雪燕和何婕，1998、2001）

药剂名称	虫源地	毒力回归方程	LD_{50} （μg/头）	相关系数	抗性倍数
巴丹	通 海	$y=3.659\ 0+2.631\ 4x$	3.132 8	0.993 8	10.3
	通 海	$y=3.513\ 7+2.109\ 2x$	5.066 0	—	16.6
	建 水	$y=2.059\ 4+2.674\ 9x$	12.570 0	0.997 0	41.2
	昆 明	$y=3.802\ 0+1.269\ 0x$	8.791 1	0.984 9	28.8
	昆 明	$y=4.081\ 3+1.981\ 1x$	2.909 2	—	9.5
	大 理	$y=5.137\ 8+1.383\ 3x$	0.795 0	0.998 1	2.6
	曲 靖	$y=4.638\ 1+2.535\ 3x$	1.389 1	0.993 4	4.5
	室内敏感	$y=8.428\ 3+3.983\ 6x$	0.137 8	0.999 5	1.0

表8-31　福建省不同菜区小菜蛾对巴丹的抗性

(余德亿等，2000)

药剂名称	抗 性 倍 数								
	涧田	同安	永安	永春	龙海	建阳	涵江	福安	晋江
50%巴丹	10.85	12.55	6.88	8.97	10.21	5.02	9.67	7.60	10.08

表8-32　江苏主要菜区小菜蛾对杀虫双的抗药性

(许小龙等，2000)

药剂名称	虫源地	b 值	LC_{50} (mg/L)	抗性倍数	抗性水平
28.4%杀虫双	南京	1.87	36.49	3.17	DS
	苏州	1.69	56.21	4.87	DS
	淮安	2.81	21.78	1.89	S
	连云港	1.72	35.59	3.09	DS
	敏感品系	2.55	11.50	—	—

表中 S 表示敏感，DS 表示敏感水平下降。

(六) 小菜蛾对昆虫生长调节剂类杀虫剂的抗药性

酰基脲类杀虫剂是20世纪70年代以后发展起来的一类杀虫剂。它与有机磷、氨基甲酸酯、拟除虫菊酯等杀虫剂对害虫的作用机理显著不同，主要通过抑制害虫几丁质合成，阻碍害虫正常生长发育而引起害虫死亡，因此，酰基脲类杀虫剂与有机磷、氨基甲酸酯、拟除虫菊酯等杀虫剂无交互抗性，对防治已经对有机磷、氨基甲酸酯、拟除虫菊酯等杀虫剂产生高抗的小菜蛾具有很好的防治效果 (吴世昌，1992)。

近年来研究取代苯甲基酰脲类杀虫剂的性能、杀虫活性及其作用机制已经取得了显著进展，苯甲基酰脲类杀虫剂也很快地在小菜蛾防治中得到推广应用。在小菜蛾的防治中，苯甲基酰脲类昆虫几丁质合成抑制剂类药剂主要有卡死克 (氟虫脲、氟虫隆)、定虫隆 (抑太保)、伏虫隆 (农梦特)、氟铃脲 (盖虫散)、灭幼脲三号等。然而，由于药剂使用不当，在东南亚及我国台湾、广东、福建、江苏、上海等地出现了小菜蛾对苯甲基酰脲类杀虫剂产生抗药性的现象。

1987年起，台湾大量使用昆虫生长调节剂防治小菜蛾，在田间仅使用一年半 (相当于小菜蛾30个世代)，即产生上千倍的抗药性 (Cheng et al.，1990)。

王维专等 (1993) 报道，深圳菜区1989年开始使用定虫隆防治小菜蛾，由于其防治效果显著，使用安全，一些菜场每茬菜用药2～3次，种植叶菜的田块1年用药不少于10次，并用定虫隆防治甜菜夜蛾、斜纹夜蛾等害虫，小菜蛾抗药性迅速产生。康记菜场1990年4月开始使用定虫隆，同年8月中旬发现其对小菜蛾的药效显著下降。根据药效试验结果，1989年4月最高药效99.6%，1990年6月为88.5%，1991年8月下降为39.6%。因此，以台湾敏感品系为对照，就广州天河区、深圳康记菜场小菜蛾对定虫隆的抗性进行了两年的监测，结果如表8-33。由于用药不当，在测试的菜场，定虫隆使用不到5个月，小菜蛾即已产生抗药性 (抗性倍数14.99)。1年后迅速提高到70.89倍。广州菜区由于仅有少数农户使用定虫隆，1年用药不超过3次，故在广州，小菜蛾对定虫隆未产生抗药性 (抗性倍数分别为1.91和2.77)。

表 8 - 33　广州、深圳菜区小菜蛾对酰基脲类杀虫剂的抗药性

（王维专等，1993）

药剂名称	时间（年.月.）	地区	毒力回归方程	LC$_{50}$（mg/L）	χ^2	抗性倍数
定虫隆 （抑太保）	1990.11.	台湾品系	$y=4.842\,1+3.976\,0x$	1.095\,7	0.371\,4	—
		广州天河	$y=4.656\,6+1.073\,0x$	2.088\,8	0.926\,5	1.91
		深圳康记	$y=3.973\,0+0.844\,9x$	16.428\,3	0.546\,2	14.99
	1991.12.	台湾品系	$y=5.936\,6+2.676\,2x$	0.446\,7	1.342\,5	—
		广州天河	$y=4.780\,2+2.362\,0x$	1.238\,9	1.726\,8	2.77
		深圳康记	$y=0.479\,4+3.012\,0x$	31.665\,6	0.027\,8	70.89
氟虫脲 （卡死克）	1991.12.	台湾品系	$y=5.671\,1+1.696\,6x$	0.402\,2	0.682\,6	—
		广州天河	$y=4.951\,6+1.532\,4x$	1.075\,4	0.723\,4	2.67
		深圳康记	$y=3.835\,2+1.129\,9x$	10.737\,7	0.546\,5	26.70
伏虫隆 （农梦特）	1991.12.	台湾品系	$y=5.926\,8+2.045\,8x$	0.352\,4	0.723\,7	—
		广州天河	$y=5.175\,6+2.831\,6x$	0.866\,9	2.346\,5	2.46
		深圳康记	$y=4.171\,6+1.133\,1x$	5.383\,1	1.211\,0	15.28

　　由于深圳菜区自 1989 年开始大量使用定虫隆，小菜蛾对其产生抗药性，根据表 8 - 33 的结果，深圳菜区小菜蛾对卡死克（氟虫脲、氟虫隆）、伏虫隆（农梦特）、氟铃脲（盖虫散）等几种药剂也均产生不同程度的交互抗性，其中对氟虫脲抗性较强，对氟铃脲抗性较弱。广州菜区小菜蛾对以上药剂均未产生抗药性（王维专等，1993）。1994 年，广州供港菜区小菜蛾对卡死克（氟虫脲、氟虫隆）出现较强抗性，抗性倍数达 30.26 倍（帅应垣等，1994）。

　　武汉地区 1988 年开始推广使用卡死克，1993 年秋季卡死克每公顷用量由有效成分 15g 逐年增加到 33.75～37.5g。用药次数由 1～2 次增加到 3～4 次，施药周期由 15～20d 减为 10d 左右。对长江村、花园村、慈惠农场 3 个点的监测结果表明，小菜蛾对卡死克已表现抗性，防效下降率为 10%～20%（朱树勋等，1995）。以建和村为例，小菜蛾对卡死克的抗性已由 1991 年的 3 倍增加到 1994 年的 12～13 倍，长江村和慈惠农场两个监测点则更高，分别为 13.3 倍和 14.076 倍（表 8 - 34）。

表 8 - 34　武汉主要菜区小菜蛾对卡死克的抗药性

（朱树勋等，1995）

药剂名称	监测地点	时间（年.月.）	毒力回归方程	LC$_{50}$（mg/L）	相关系数	抗性倍数
卡死克 （氟虫脲）	建和村	1991.1.	$y=4.702+1.706\,3x$	1.496	0.98	3.423
	建和村	1992.10.	$y=4.625+0.724\,1x$	3.293	0.93	7.535
	建和村	1994.4.	$y=4.455+0.727x$	5.616	0.89	12.851
	长江村	1993.6.	$y=4.665+0.443x$	5.813	0.92	13.302
	慈惠农场	1994.8.	$y=4.139\,7+1.090\,5x$	6.151	0.89	14.076
	敏感品系	1993.1.	$y=5.389+1.08x$	0.437	0.94	1.000

　　福建省不同菜区小菜蛾对抑太保、卡死克也产生了不同程度的抗药性，多数菜区小菜蛾的抗性处于低抗到中抗水平（表 8 - 35），抗性随着季节的变化，呈现波浪状变化，但变幅较小，基本维持在同一抗性级别范围（余德亿等，2000）。

表 8 - 35　福建省不同菜区小菜蛾对抑太保、卡死克的抗药性

(余德亿等，2000)

药剂名称	抗 性 倍 数								
	涧田	同安	永安	永春	龙海	建阳	涵江	福安	晋江
5%抑太保 (定虫隆)	10.32	26.88	6.15	7.46	20.38	5.68	12.45	7.56	12.25
5%卡死克 (氟虫脲)	14.08	35.71	12.01	22.99	30.06	8.05	33.42	13.32	20.08

顾中言等（2001）报道了江苏省小菜蛾对昆虫生长调节剂的抗药性测定结果，与敏感品系比较，南京、苏州、淮安和连云港地区的小菜蛾对宝路（杀螨隆）的抗性水平分别为 2.0、3.3、1.4 和 3.3 倍；对氟铃脲（盖虫散）的抗性水平分别为 3.3、9.8、5.8 和 6.4 倍；对抑太保的抗性水平分别为 4.2、5.0、4.9 和 7.8 倍，表明江苏省 4 个地区的小菜蛾对这些低毒农药的敏感性已经下降，或表现为低水平抗药性。

1987 年，据泰国非官方报道认为苯甲酰基脲类杀虫剂在泰国引进使用 2～3 年后，小菜蛾已经产生了明显的抗药性（Perng，1987）。台湾于 1987 年引入苯甲酰基脲类杀虫剂，在使用初期，田间小菜蛾对定虫隆和伏虫隆的 LC_{50} 值均低于 10mg/kg，而 6 个月后再次测定，发现不同地区小菜蛾种群对伏虫隆的耐药性都有所提高，其中路竹地区的种群已表现 31 倍抗性，对定虫隆的敏感性也从 1988 年 3 月的 3.8mg/kg 上升到同年 12 月的 924mg/kg，抗性比增加了 243 倍，到 1989 年末，对伏虫隆的抗性水平则高达 7 621 倍（Cheng et al.，1990）。

马来西亚小菜蛾的苯甲酰基脲类杀虫剂抗性问题也比较突出，1988 年卡麦隆（Cameron）高地和某些低地种群对定虫隆和伏虫隆的抗性比分别高于 1 000 和 3 000 倍。2 年后，因抗性水平太高而被建议在当地停止使用该类杀虫剂（吴青君等，1998）。

Suenaga and Tanaka（1992）于 1989—1991 年监测了日本小菜蛾对苯甲酰基脲类杀虫剂的抗药性现状，结果显示，对定虫隆的比值从 1989 年 4 月的 11.8mg/kg 上升到 1991 年 11 月的 329mg/kg，对伏虫隆的比值也从 1990 年 4 月的 23.9mg/kg 上升到 1991 年的 69.4mg/kg。

许多研究证实，苯甲酰基脲类杀虫剂与常规化学农药无交互抗性，苯甲酰基脲类杀虫剂不同品种之间是否存在交互抗性，却因种群、地域等的差别而异。如深圳地区小菜蛾对定虫隆产生 70.9 倍抗性后，对很少使用或未曾使用过的氟虫脲、伏虫隆、伏铃脲也分别产生 26.7、15.3 和 5.8 倍抗性（王维专等，1993）；吴世昌和顾言真（1997）也证实苯甲酰基脲类杀虫剂不同品种之间存在有交互抗性。但是，Perng 研究结果却是抗性品系对其他种类苯甲基酰脲类杀虫剂无交互抗性。因此，在害虫防治中要注意这种现象，合理选择化学杀虫剂（吴青君等，1998）。

（七）小菜蛾对生物农药的抗药性

1. 小菜蛾对杀虫农用抗生素——阿维菌素的抗药性　1979 年，日本北里大学大村智等和美国 Merck 公司合作开发了一种 16 元大环内酯抗生素阿维菌素。该药对动物寄生虫及多种农业害虫有很高的活性，其中阿维菌素 B_1 活性最强。商品名称有害极灭、齐螨素、齐墩螨素、阿维菌素等（向延平等，2001；沈寅初和杨慧心，1994）。阿维菌素用于小菜

蛾的防治具很好的效果，在生产上得到大量应用。20世纪90年代后期以阿维菌素为有效成分的杀虫剂被广泛用于十字花科蔬菜害虫的防治。

1992年，周爱农和马晓林（1993）对上海菜区小菜蛾对阿维菌素的药剂敏感性进行测定，明确上海菜区小菜蛾对阿维菌素比较敏感。帅应垣等（1994）报道，1992年广东深圳菜区和广州菜区小菜蛾均对刚引进的阿维菌素已经产生7.43～8.10倍的抗性水平。

表8-36　云南主要菜区小菜蛾对阿维菌素的抗药性

（张雪燕和何婕，1998、2001）

药剂名称	虫源地（时间）	毒力回归方程	LD$_{50}$（μg/头）	相关系数	抗性倍数
	通海（1997）	$y=7.6333+2.4850x$	0.0872	0.9776	32.3
	通海（1999）	$y=6.8983+2.0991x$	0.1246	—	46.1
	建水（1997）	$y=7.7631+1.9718x$	0.0397	0.9703	14.7
	昆明（1997）	$y=7.4498+1.5150x$	0.0242	0.9819	9.0
阿维菌素B$_1$	昆明（1999）	$y=9.6543+2.5855x$	0.0172	—	6.4
	大理（1997）	$y=8.0036+1.3799x$	0.0067	0.9837	2.5
	曲靖（1997）	$y=9.2940+1.6530x$	0.0025	0.9817	0.9
	室内敏感（1997）	$y=11.6059+2.5690x$	0.0027	0.9955	1.0

云南省从1995年开始推广使用阿维菌素，到1997年不到两年的时间里，在云南昆明、建水、通海菜区测出9～32倍的明显抗性。2000年测定结果表明小菜蛾对阿维菌素在通海、建水、昆明、大理分别测出32.3、14.7、9.4和2.5倍的中度至轻度抗性，曲靖种群对阿维菌素表现敏感，其抗性仅有0.9倍（表8-34）。1995年小菜蛾对阿维菌素的室内抗性培育也表明，小菜蛾对该药的抗性潜力很大（张雪燕和何婕，1998，2001）。

从表8-37可以看出，阿维菌素对敏感品系小菜蛾和广州品系小菜蛾的三龄和四龄幼虫的毒力有明显差异。从LC$_{50}$比值看，广州品系小菜蛾三龄幼虫对阿维菌素的抗药性已达2.39倍，四龄幼虫的抗药性为2.86倍（小于5.0倍）；从LC$_{95}$比值看，广州品系小菜蛾三龄幼虫已对阿维菌素产生了4倍以上的抗性，四龄幼虫抗性为7倍以上。从LC$_{95}$比值分析，广州地区小菜蛾已对阿维菌素表现出一定的抗药性（刘宏海和黄彰欣，1999）。

表8-37　阿维菌素对广州地区小菜蛾的毒力及敏感性测定结果

（刘宏海和黄彰欣，1999）

试虫品系	龄期	毒力回归方程	相关系数	LC$_{50}$（95%置信限）	LC$_{95}$（mg/L）	抗性倍数 LC$_{50}$	抗性倍数 LC$_{95}$
敏感品系	三	$y=2.916+1.589x$	0.9927	0.3272±0.0191	3.2604	1.00	1.00
广州品系	三	$y=2.973+1.219x$	0.9894	0.7823±0.0262	13.8348	2.39	4.24
敏感品系	四	$y=2.196+1.760x$	0.9856	0.7051±0.0232	6.0615	1.00	1.00
广州品系	四	$y=2.464+1.279x$	0.9946	2.0189±0.0256	43.0785	2.86	711

Wright et al.（1995）报道，马来西亚卡麦隆地区的4个小菜蛾田间种群对阿维菌素已产生17～195倍抗性，这是小菜蛾田间种群对阿维菌素产生明显抗性的首次报道。

到1999年，福建省不同菜区小菜蛾均对阿维菌素产生了不同程度的抗药性，抗性倍数为8.05～35.71倍（余德亿等，2000）。湖南长沙菜区从1997—2000年小菜蛾对阿维菌素保持较为敏感水平（向延平等，2001）。

2. **小菜蛾对微生物农药——苏云金杆菌（Bt）的抗药性**　苏云金杆菌（*Bacillus*

thuringiensis，简称 Bt）是世界上应用最广泛的一类微生物杀虫剂，因其与环境的相容性，长期以来一直在多种害虫（主要是鳞翅目害虫）的综合治理中扮演重要角色（袁哲明和柏连阳，1999）。20 世纪 80 年代后，转不同 *cry* 基因（杀虫晶体蛋白 Insecticidal crystal protein，简称 ICP，是 Bt 作用的活性成分，编码不同 ICP 的基因称为 *cry* 基因）作物的研究进展加快，使 Bt 应用前景更为广阔（袁哲明和柏连阳，1999）。

但自 Kirsch and Schmutterer（1988）在菲律宾观察到 Bt 田间应用效果降低，Tabashnik et al.（1990）首次报道夏威夷田间小菜蛾对 Bt 产生抗性以来，美国本土、印度尼西亚、马来西亚、菲律宾、日本、南美、中美洲和中国内地及台湾也相继报道小菜蛾对 Bt 的抗药性。

小菜蛾对 Bt 抗性发展较慢，抗性倍数多在 100 倍以下。在美国佛罗里达、日本和泰国的温室与大棚中，Bt 施用频繁，抗性高达 200～1 000 倍。由于初始抗性基因频率甚低，在遗传漂移影响下，室内筛选时小菜蛾对 Bt 抗性发展呈 S 形曲线，且明显快于田间，数代后抗性即达数百至上千倍（Tabashnik et al.，1990，1995）。

小菜蛾在田间条件下，抗性水平的发展与 Bt 的使用有密切关系。在用药程度较高的地区，小菜蛾抗性水平的发展速度明显快于用药程度较低的地区，而未接触过 Bt 的室内种群的抗性水平却基本保持不变（表 8-38）（Tabashnik et al.，1990）。

表 8-38　Bt 对不同小菜蛾种群的毒力测定结果

（Tabashnik et al.，1990）

	时间	虫数	斜率±SE	LC_{50} (95%FL)〔mg (AI) /L〕	对 LC_{50} 的抗性比	LC_{95} (95%FL)〔mg (AI) /L〕	对 LC_{95} 的抗性比
未施药试验室种群							
LAB-P	1986—1987	240	1.24±0.17	1.76 (1.05～2.89)	1.0	37.6 (17.7～126)	1.0
LAB-P	1989	957	1.43±0.11	2.51 (1.89～3.22)	1.4	35.8 (25.7～54.3)	1.0
LAB-L	1986—1987	242	2.13±0.54	2.42 (1.34～3.600)	1.4	14.2 (7.84～69.6)	0.4
LAB-L	1989	240	1.26±0.18	2.57 (1.48～4.28)	1.5	30.3 (15.3～90.3)	0.8
严重施药区种群							
SO	1986—1987	479	1.20±0.11	10.2 (5.70～16.9)	5.8	236 (112～782)	6.3
SO	1989	952	1.12±0.09	24.1 (17.7～32.3)	13.7	707 (422～4 400)	18.8
NO	1989	475	1.38±0.18	63.9 (46.1～89.0)	36.3	998 (518～2 980)	26.5
轻度施药区种群							
WO	1986—1987	240	1.08±0.21	3.67 (1.25～8.81)	2.1	124 (39.0～1 320)	3.3
WO	1989	953	1.60±0.10	6.33 (5.03～7.76)	3.6	68.0 (53.0～91.7)	1.8
PO	1986—1987	238	1.58±0.21	6.72 (4.34～10.5)	3.8	73.3 (38.7～200)	1.9
KH	1986—1987	210	1.44±0.22	6.58 (3.82～11.2)	3.7	91.2 (43.2～322)	2.4
LH	1986—1987	240	1.15±0.13	11.9 (7.16～20.1)	6.8	321 (148～1 020)	8.5
KM	1986—1987	240	1.30±0.19	1.56 (0.89～2.57)	0.9	28.9 (14.1～92.6)	0.8

我国广东省自 1989 年开始大量使用 Bt 防治小菜蛾，取得了一定的成效，但很快在深圳个别菜区发现这类药剂的防效迅速下降，表现抗性现象。深圳菜区于 1989 年开始使用 Bt 防治小菜蛾，1991—1992 年在小菜蛾发生高峰期 1d 施药 1 次，平均 3～5d1 次，周年连续使用，供测试的康记菜场使用 Bt 的浓度开始是 400 倍，很快提高到 250 倍，甚至 50 倍，防治效果逐年下降。根据表 8-39 的结果，深圳菜区小菜蛾对 Bt 的抗性逐年增高，1991 年 12 月，由 1990 年 12 月的 21 倍升至 27 倍，1992 年 3 月升至 35 倍。广州菜区小菜蛾对 Bt 表现

强的耐药性或弱的抗药性，田间防治效果仍未有下降现象（王维专等，1993）。

表 8-39　广州、深圳菜区小菜蛾对 Bt 的抗药性

（王维专等，1993）

时间（年.月.）	地　区	毒力回归方程	LC$_{50}$（mg/L）	抗性倍数	χ^2
1990.12.	台湾品系	$y=-2.912\,0+1.382\,4x$	0.801 0	—	1.738 4
	广州天河	$y=-2.742\,9+1.156\,2x$	7.463 5	9.32	1.612 8
	深圳康记	$y=-5.526\,4+1.492\,6x$	16.923 2	21.13	1.321 1
1991.12.	台湾品系	$y=-3.019\,0+1.388\,0x$	0.898 0	—	0.942 8
	广州天河	$y=-3.453\,5+1.261\,8x$	7.510 2	8.36	0.763 1
	深圳康记	$y=-6.189\,3+1.552\,7x$	24.137 1	26.88	0.911 3
1992.3.	台湾品系	$y=-2.866\,4+1.379\,0x$	0.759 5	—	0.822 5
	广州天河	$y=-2.228\,3+1.086\,0x$	6.787 6	8.94	0.997 8
	深圳康记	$y=-6.538\,5+1.591\,9x$	26.567 3	34.98	2.326 5

帅应垣等（1994）于 1992 年对深圳及东莞部分菜场的小菜蛾进行测试，结果表明（表 8-40），供港菜区小菜蛾对 Bt 已产生了明显的抗药性，且抗性水平明显高于广州菜区小菜蛾。供港菜区小菜蛾对各 Bt 制剂的抗性水平有一定差异。对扬州青虫灵的抗性水平最高，抗性倍数达 30.65 倍，其次是福建 8010 杀虫菌和大宝，抗性倍数分别为 23.10 和 17.97 倍。而广州菜区小菜蛾对上述 3 种 Bt 制剂的抗性倍数分别只有 2.04、1.80 和 1.78 倍，可以说仍未产生显著的抗药性，只是抗药性较敏感品系稍强（帅应垣等，1994）。

表 8-40　广东供港菜区小菜蛾对 Bt 的抗性水平

（帅应垣等，1994）

药剂名称	LC$_{50}$（mg/L）			抗性倍数	
	供港菜区	广州菜区	敏感品系	供港菜区	广州菜区
大宝（Dipel）	50.86	5.05	2.83	17.97	1.78
福建 8010	48.04	3.75	2.08	23.10	1.80
扬州青虫灵	27.89	1.86	0.91	30.65	2.04

1996 年，以叶片残留法测定几种 Bt 制剂对小菜蛾敏感品系和广州品系的毒力，然后根据毒力直线回归方程求出 LC$_{50}$，分析小菜蛾广州品系对几种 Bt 制剂的抗药性及发展趋势。结果表明（表 8-41），小菜蛾广州品系对不同产地 Bt 的敏感性程度明显不同，分别为深圳 Bt（3.82），揭阳 Bt（3.0），湖北 Bt（2.90），福建 Bt（1.44），比值小于 5.0 倍。（刘宏海和黄彰欣，1999）

表 8-41　Bt 对小菜蛾敏感品系和广州品系的毒力测定结果

（刘宏海和黄彰欣，1999）

药剂名称	虫　源	毒力回归方程	相关系数	LC$_{50}$（95% 置信限）（IU/mL）	抗性倍数
福建 Bt	敏感品系	$y=1.174+1.777x$	0.999 8	1 309.8±13.05	
	广州品系	$y=13.255+1.332x$	0.981 2	1 800.4±22.11	1.44
湖北 Bt	敏感品系	$y=1.946+1.601x$	0.998 5	1 316.2±21.23	
	广州品系	$y=1.195+1.595x$	0.998 9	3 803.1±38.77	2.90
深圳 Bt	敏感品系	$y=1.694+1.783x$	0.993 7	1 286.1±23.18	
	广州品系	$y=1.223+1.560x$	0.993 8	4 906.4±36.13	3.82
揭阳 Bt	敏感品系	$y=1.891+1.356x$	0.990 6	1 313.7±11.14	
	广州品系	$y=1.331+1.325x$	0.998 5	3 933.8±33.11	3.00

另据帅应垣等（1994）、冯夏等（1996）报道，广州地区小菜蛾对 Dipel（大宝）的抗药性也只有 1.80 倍，说明小菜蛾广州品系对 Bt 制剂还没有产生明显的抗药性，与深圳、东莞等供港菜区小菜蛾对 Bt 的抗药性（10～20 倍）程度相比还较轻。从表 8-41 中各毒力回归直线方程的斜率值（b）来看，小菜蛾广州品系对几种 Bt 制剂的 b 值比敏感性小菜蛾的 b 值小。由于 b 值代表毒力回归直线方程的坡度，坡度大小表示昆虫对某一药剂的忍受力（抗药性发展速度）大小。因此，如果不注意 Bt 药剂的科学使用，广州地区田间小菜蛾将会产生明显的抗药性，值得引起重视（刘宏海和黄彰欣，1999）。

李建洪等（1998）于 1995 年 9～10 月、1996 年 4～5 月对我国广东、武汉、浙江、河北、北京等地的田间小菜蛾对 Bt 的敏感性进行了监测。试验结果表明，广东省的深圳、东莞和广州菜区的田间小菜蛾对 Bt 标准品 Ca3ab-1991 表现出较明显的抗性，抗性倍数分别为 8.9、6.5、2.1。其他地区的小菜蛾田间种群对 Bt 都较敏感。这是由于深圳、东莞、广东三地 Bt 制剂用量比较大以及特殊的气候条件和管理措施，而其他地区一般不使用或只是零星使用 Bt 防治小菜蛾。抗性小菜蛾种群在不接触 Bt 制剂的条件下，前 3 代抗性急剧下降，之后下降速率较慢，饲养 5 代后小菜蛾的抗性消失。这说明小菜蛾对 Bt 制剂的抗性不稳定，在不接触该种杀虫剂的情况下，经一段时间小菜蛾可恢复到敏感状态。

余德亿等（2000）报道，福建省不同地区小菜蛾对 Bt 已经产生不同程度的抗性，小菜蛾对不同产地 Bt 的敏感性程度有所不同，主要表现在小菜蛾对湖北 Bt 制剂的敏感性明显高于福建 8010 制剂（表 8-42）。

表 8-42　福建省不同地区小菜蛾对 Bt 制剂敏感性的测定结果

（余德亿等，2000）

药剂名称	抗 性 倍 数								
	涧田	同安	永安	永春	龙海	建阳	涵江	福安	晋江
湖北 Bt	6.76	12.13	1.57	6.59	8.37	1.26	8.16	1.91	4.04
福建 8010	9.23	16.87	4.51	7.10	12.82	6.53	10.00	3.56	4.32

（八）小菜蛾对有机氯农药的抗药性

有机氯杀虫剂是 20 世纪 40 年代发展起来的一类杀虫剂。由于该类杀虫剂性质稳定，在水中溶解度很低，在脂肪中溶解度极高，因而易被吸附在分散的颗粒物体上，不易分解，残留时间较长，并能在生物体内积累，长期大量使用造成环境严重污染。我国从 80 年代初期开始停止生产滴滴涕、六六六等有机氯杀虫剂。

表 8-43　小菜蛾对滴滴涕的抗性测定结果

（唐振华等，1992）

药剂名称	虫源地	LD$_{50}$（μg/头）	毒力回归方程	95%置信限	χ^2	抗性指数
滴滴涕（DDT）	江西莲塘	8.16	$y=3.95+1.25x$	5.60～10.50	0.55	1.2
	江西九江	8.72	$y=2.94+1.61x$	4.90～9.20	0.55	1.0
	上海梅陇	>23.83	—	—	—	>3.6
	广州天河	>20.83	—	—	—	>3.1

唐振华等（1992）于 1988 年用点滴法测定了小菜蛾对滴滴涕的抗药性。结果表明，江西莲塘、九江的小菜蛾对滴滴涕仍很敏感，上海梅陇、广州天河的小菜蛾对滴滴涕的抗性是江西莲塘的 3 倍以上。

五、北美及东南亚地区小菜蛾抗药性概况

小菜蛾是十字花科作物上的世界性害虫。近年来，在热带和亚热带地区由于小菜蛾对大多数杀虫剂普遍产生抗药性，十字花科作物的生产受到了严重威胁（Sun et al.，1986）。Georghiou（1981）报道小菜蛾已经在 14 个国家对 36 种杀虫剂产生了抗性。

（一）美洲地区小菜蛾的抗性状况

过去，在北美地区小菜蛾普遍被认为是当地鳞翅目害虫中的一种次要害虫。然而 20世纪 80 年代中期后，许多昆虫学家陆续报道由于无法防治小菜蛾，十字花科生产已经受到严重损失。环境因子可能是小菜蛾防治失败的原因，但小菜蛾对杀虫剂的抗性才是最重要的原因。小菜蛾的抗性以美国南方几个州，特别是佛罗里达、得克萨斯、佐治亚和北卡罗来纳州为最严重；而北方生产地区如纽约和威斯康星州也达到经济危害水平。防治失败可能受到环境因子如气候温暖和降雨量低于正常水平等的影响，但经观察，杀虫剂抗性出现是防治失败可能的原因（Shelton et al.，1992）。

Shelton et al.（1992）利用叶片浸渍法测定了从美国和加拿大采集的小菜蛾抗性种群的抗性状况，结果发现小菜蛾在各群体之间对灭多威显示出的变异最大（表 8 - 44），其次是对氯菊酯（表 8 - 45），而对有机磷的变异最小（表 8 - 46）。

表 8 - 44　小菜蛾幼虫对灭多威的敏感度
(Shelton et al.，1992)

	群 体	地 区	试验代数	LC$_{50}$〔mg(AI)/mL〕	斜率±SE	抗性比
东部	Lochwood	康涅狄格州	F$_4$	0.960	2.32±0.28	9.06
	Derry	新罕布什尔州	F$_3$	3.430	1.51±0.19	32.4
	Litchfield	新罕布什尔州	F$_2$	3.805	1.21±0.21	35.9
	Fairton	新泽西州	F$_4$	4.042	1.87±0.34	38.1
	Albion	纽约州	F$_5$	36.28	0.77±0.15	342
	Davie	纽约州	F$_1$	0.926	3.09±0.57	8.74
	Geneva	纽约州	F$_{98}$	0.106	3.12±0.68	1.0
	Long Island	纽约州	F$_4$	9.419	2.14±0.33	88.9
	Ransomville	纽约州	F$_3$	9.299	1.30±0.19	87.7
	Dover	特华拉州	F$_8$	0.883	1.84±0.19	8.33
中西部	Celeryville	俄亥俄州	F$_3$	1.176	1.46±0.16	11.1
	Fremont	俄亥俄州	F$_9$	0.428	1.19±0.15	4.04
	Simcoo	安大略省（加拿大）	F$_2$	4.500	1.82±0.25	42.4
	Lake Co.	印第安纳州	F$_2$	3.119	1.28±0.15	29.4
	Purdue	印第安纳州	F$_2$	0.389	1.90±0.26	3.67
	Holtz	密执安州	F$_4$	1.580	1.90±0.25	14.9
	Stolz	密执安州	F$_4$	2.905	1.74±0.22	27.4
	Arlington	威斯康星州	F$_3$	0.510	2.48±0.45	4.81
	Funks E. S.	威斯康星州	F$_3$	0.287	0.94±0.44	2.71
	Funks M. S.	威斯康星州	F$_3$	0.217	3.78±0.80	2.05
	Heldings	威斯康星州	F$_2$	0.293	1.84±0.27	2.76
	Poynette	威斯康星州	F$_2$	3.995	1.68±0.21	37.7
太平洋地区	Nakatani	夏威夷群岛	F$_2$	3.462	1.55±0.19	32.7
	Pulehu	夏威夷群岛	F$_{96}$	0.563	3.07±0.56	5.31
	Mt. Vernon	华盛顿州	F$_2$	0.284	3.25±0.72	2.68
	Yakima	华盛顿州	F$_4$	0.424	2.49±0.41	4.00

（续）

群体	地区	试验代数	LC₅₀〔mg(AI)/ml〕	斜率±SE	抗性比
	Belize	加利福尼亚州	F_1	38.39	7.65±85.1	362
	Bixby	俄克拉荷马州	F_2	0.358	2.05±0.33	3.38
西南部	South Donna	得克萨斯州	F_2	5.126	3.49±0.60	48.4
	Tamn	得克萨斯州	F_9	0.544	2.58±0.36	5.13
	Weslaco	得克萨斯州	F_1	2.500	1.87±0.23	23.6
	Zellwood	佛罗里达州	F_1	4.039	2.13±0.36	38.1
南部	Tifton	佐治亚州	F_1	17.96	1.44±0.26	169
	Greenville	北卡罗来纳州	F_1	82.73	1.06±0.26	780
	Painter	弗吉尼亚州	F_5	0.507	1.43±0.17	4.78

表 8-45　小菜蛾幼虫对氯菊酯的敏感度

(Shelton et al.，1992)

群体	地区	试验代数	LC₅₀〔mg(AI)/mL〕	斜率±SE	抗性比
	Lochwood	康涅狄格州	F_2	0.019	1.24±0.20	0.58
	Dover	特拉华州	F_7	0.541	1.66±0.24	16.4
	Derry	新罕布什尔州	F_7	0.709	1.73±0.33	21.5
	Litchfield	新罕布什尔州	F_2	0.452	1.29±0.15	13.7
东部	Fairton	新泽西州	F_3	0.261	2.02±0.24	7.91
	Albion	纽约州	F_4	2.669	2.41±0.59	80.8
	Davie	纽约州	F_1	0.020	0.88±0.15	0.61
	Geneva	纽约州	F_{23}	0.033	1.65±0.35	1.00
	Long Island	纽约州	F_5	0.652	3.70±0.61	19.8
	Ransomville	纽约州	F_2	1.614	1.19±0.20	48.9
	Celeryville	俄亥俄州	F_2	0.940	1.03±0.39	28.5
	Fremont	俄亥俄州	F_1	0.005	0.47±0.12	0.15
	Simcoo	安大略省（加拿大）	F_5	0.546	1.28±0.17	16.5
	Lake Co.	印第安纳州	F_1	2.070	1.18±0.18	62.7
中西部	Purdue	印第安纳州	F_2	0.002	0.88±0.23	0.06
	Arlington	威斯康星州	F_1	0.322	1.59±0.23	9.76
	Funks E. S.	威斯康星州	F_1	0.030	1.61±0.25	0.91
	Funks M. S.	威斯康星州	F_1	0.113	1.40±0.16	3.42
	Heldings	威斯康星州	F_1	0.060	1.74±0.27	1.82
	Poynette	威斯康星州	F_1	0.315	2.18±0.31	9.55
	Santa Cruz	加利福尼亚州	F_4	0.004	0.73±0.17	0.12
太平洋地区	Nakatani	夏威夷群岛	F_8	0.097	2.02±0.26	2.94
	Pulehu	夏威夷群岛	F_{86}	0.033	2.35±0.20	1.00
	Yakima	华盛顿州	F_2	0.013	1.78±0.47	0.39
	Belize	加利福尼亚州	F_2	2.586	2.07±0.41	78.4
	Celaya	新墨西哥州	F_3	0.145	1.44±0.15	4.39
西南部	Bixby	俄克拉荷马州	F_2	0.024	1.30±0.20	0.73
	South Donna	得克萨斯州	F_1	1.168	2.55±0.41	56.6
	Tamn	得克萨斯州	F_9	0.016	1.42±0.21	0.48
	Weslaco	得克萨斯州	F_1	0.495	3.83±0.23	15.0
	Homestead	佛罗里达州	F_1	0.451	1.23±0.14	13.7
	Zellwood	佛罗里达州	F_1	1.162	1.96±0.29	35.2
南部	Tifton	佐治亚州	F_1	2.507	1.03±0.41	75.9
	Greenville	北卡罗来纳州	F_2	1.654	1.23±0.20	50.1
	Painter	弗吉尼亚州	F_5	0.157	1.61±0.18	4.76

表 8 - 46 小菜蛾幼虫对甲胺磷的敏感度

(Shelton et al. , 1992)

	群体地区		试验代数	LC₅₀〔mg(AI)/mL〕	斜率±SE	抗性比
东部	Lochwood	康涅狄格州	F_1	0.150	2.19±0.27	2.68
	Dover	特拉华州	F_3	0.224	2.99±0.84	4.00
	Derry	新罕布什尔州	F_7	0.223	2.26±0.27	3.98
	Litchfield	新罕布什尔州	F_2	0.275	4.68±1.99	4.91
	Fairton	新泽西州	F_4	0.556	3.86±0.56	9.93
	Albion	纽约州	F_6	0.738	2.49±0.31	13.2
	Davie	纽约州	F_1	0.209	2.29±0.27	3.73
	Geneva	纽约州	F_{29}	0.056	2.63±0.41	1.00
	Long Island	纽约州	F_5	0.468	2.44±0.29	8.36
	Ransomville	纽约州	F_3	0.354	2.86±0.36	6.32
中西部	Celeryville	俄亥俄州	F_3	0.203	1.64±0.23	3.63
	Fremont	俄亥俄州	F_2	0.046	2.44±0.43	0.82
	Lake Co.	印第安纳州	F_3	0.131	2.15±0.32	2.34
	Purdue	印第安纳州	F_2	0.102	2.01±0.27	1.82
	Holtz	密执安州	F_6	0.321	2.07±0.23	5.73
	Mt. Clemens	密执安州	F_1	0.049	2.74±0.51	0.88
	Big lake	明尼苏达州	F_2	0.058	2.49±0.46	1.04
	Funks E. S.	威斯康星州	F_1	0.045	2.17±0.41	0.80
	Poynette	威斯康星州	F_1	0.247	2.70±0.62	4.41
太平洋地区	Santa Cruz	加利福尼亚州	F_5	0.560	1.79±0.30	10.0
	Nakatani	夏威夷群岛	F_2	0.920	1.62±0.22	16.4
	Pulehu	夏威夷群岛	F_{86}	0.333	3.38±0.93	5.95
	Yakima	华盛顿州	F_1	0.028	2.75±0.81	0.50
西南部	Celaya	新墨西哥州	F_5	0.657	3.25±0.44	11.7
	Belize	加利福尼亚州	F_1	2.371	2.90±0.29	42.3
	Tamn	得克萨斯州	F_{16}	0.057	2.59±0.48	1.02
	Weslaco	得克萨斯州	F_1	0.199	11.9±125	2.13
南部	Zellwood	佛罗里达州	F_2	0.096	2.21±0.29	2.71
	Tifton	佐治亚州	F_1	0.109	2.78±0.37	1.95
	Painter	弗吉尼亚州	F_5	0.129	2.30±0.30	2.30

　　从表 8 - 44 可以看出，北美洲小菜蛾对灭多威的敏感性表现极大差异，东南部地区的抗性水平相对较高，北卡罗来纳州 Greenville 的种群抗性比最高为 780，接下来是加利福尼亚州 Belizer 的抗性比为 362，纽约州 Albion 的抗性比为 342。按抗性水平分类，11％的种群抗性比＞100，6％在 50～99 之间，29％在 25～49 之间，8％在 10～24 之间，46％＜10。

　　从表 8 - 45 可以看出，北美洲小菜蛾对氯菊酯的抗药性水平也存在较大的地理差异，抗性比低于灭多威，东南部地区的抗性水平相对较高，抗性比最高的种群是纽约州 Albi-on（RR＝80.8），其次是加利福尼亚州 Belizer（RR＝78.4）和佐治亚州 Tifton（RR＝75.9）。如按 RR 水平分类，17％的种群 RR＞50，8％在 25～49 之间，19％在 10～24 之间，56％＜10。

　　从表 8 - 46 可以看出，北美洲小菜蛾对甲胺磷的抗药性水平的地理差异较小，除加利福尼亚州 Belize 地区的抗性水平最高达 42 倍，夏威夷群岛 Nakatani 地区、纽约州的 Albion 地区、新墨西哥州的 Celaya 地区的小菜蛾的抗性分别达 16、13、12 倍外，其余各地小菜蛾对甲胺磷的抗性水平均低于 10 倍，处于较敏感状态。

总而言之，北美洲东南部地区（如 Belize、得克萨斯州、佛罗里达州、佐治亚州和北卡罗来纳州）小菜蛾的抗药性水平最高，但高抗性的分散群体在北部地区也有（如纽约州、新罕布什尔州和威斯康星州）。测出的最高抗性水平是对灭多威，中等抗性是对氯菊酯，而对甲胺磷抗性则最低。从田间防治失败地区采集的群体室内测试结果显示出高水平抗性，尤其是来自 Belize、佛罗里达、佐治亚州、北卡罗来纳和部分纽约州、威斯康星州的种群。在纽约和威斯康星州地区生长期短，邻近地区（如加拿大渥太华）没有越冬小菜蛾，因此在这两个地区可能不会产生高的抗性。但纽约州的研究结果表明，来源于在佛罗里达、佐治亚、马里兰州和北卡罗来纳州生长的移栽甘蓝的小菜蛾同样表现一定的抗药性。

1997 年，美国加利福尼亚州南部小菜蛾大暴发，Shelton et al.（2000）测定了加利福尼亚州南部地区小菜蛾对不同杀虫剂的相对抗性，分析和评价了抗性因子在暴发中所起的作用，认为小菜蛾对当地使用的氯菊酯产生抗性是小菜蛾大爆发的原因之一。

表 8-47　美国加利福尼亚州南部地区小菜蛾对不同杀虫剂的相对抗性

(Shelton et al.，2000)

药剂名称	Bt	灭多威 (methomyl)	氯菊酯 (permethrin)	虫螨腈 (chlorfenapyr)	成功 (spinosad)	Emamectin Benzoate
抗性倍数	1.4～11.1	3.9～7.1	1.3～206.3	1.0～1.7	1.0～12.8	1.0～13.0

（二）东亚地区小菜蛾的抗性状况

在东南亚地区，由于小菜蛾对各类杀虫剂的高度抗药性，如有机氯的 DDT、γ-BHC，有机磷的马拉硫磷、二嗪农、甲基对硫磷、敌敌畏、苯腈磷，氨基甲酸酯类的灭多威、克百威，除虫菊酯类的氯菊酯、氯氰菊酯、氰戊菊酯等，小菜蛾已经成为一种难以控制的害虫（Hama，1987）。在日本，除北海道外，其他地区的小菜蛾也出现对苯腈磷、丙硫磷和杀螟磷等有机磷杀虫剂及氨基甲酸酯类的灭多威产生不同程度的抗药性（Hama，1987）。1984 年，随着氰戊菊酯的引进，对氰戊菊酯高度抗性的小菜蛾也相继出现在东南亚地区，并大面积传播（Makino and Horikiri，1985；Hama，1987）。

表 8-48　中国台湾 Peng-hu 和 Ban-chau 地区小菜蛾对不同杀虫剂的敏感性

(Liu et al.，1982)

药剂名称	敏感品系 LC$_{50}$ (mg/mL)	Peng-hu 低抗品系 LC$_{50}$ (mg/mL)	RR	Ban-chau 高抗品系 LC$_{50}$ (mg/mL)	RR
马拉硫磷 (malathion)	0.027 4	15.5	536	>100	>3 650
二嗪农 (diazinon)	0.029 3	1.27	43	12.1	413
甲基对硫磷 (parathion-methyl)	0.004 72	49.6	10 508	>100	>21 000
敌敌畏 (dichlorvos)	0.016 8	0.724	43	5.04	300
苯腈磷 (cyanofenphos)	0.001 96	0.145	74	>100	>50 000
丙硫磷 (tokuthion)	0.000 41	0.164	400	2.4	5 854
甲萘威 (carbaryl)	0.432	10.1	23	>100	>230

（续）

药 剂 名 称	敏感品系	Peng-hu 低抗品系		Ban-chau 高抗品系	
	LC$_{50}$（mg/mL）	LC$_{50}$（mg/mL）	RR	LC$_{50}$（mg/mL）	RR
残杀威（propoxur）	0.338	>15	>44	>100	>300
灭多威（methomyl）	0.050 7	3.51	69	53.2	1 049
氯菊酯（permethrin）	0.000 776	0.003 08	4	0.085	110
氯氰菊酯（cypermethrin）	0.00 104	0.0 218	21	0.931	894
Decamethrin	0.000 2	0.011 1	56	0.447	2 235
氰戊菊酯（fenvalerate）	0.000 382	—	33	1.1	2 880
滴滴涕（DDT）	0.034 8	22.1	635	>100	>2 870
杀螟丹（cartap）	0.025	0.40	16	4.97	199

表 8-49　中国台湾小菜蛾抗性品系对除虫菊酯和 DDT 的敏感性

（Schuler et al.，1998）

药 剂 名 称	品 系			RF
	洛桑敏感品系 Rothamsted		台湾抗性品系 FEN	
	LD$_{50}$（µg/头，95%FL）	斜率±SE	LD$_{50}$（µg/头）	
右旋反式苄呋菊酯 （bioresmethrin）	0.006（0.005 1~0.006 7）	2.21±0.116	约 10	1 700
顺式苄呋菊酯 （cismethrin）	0.002（0.001 6~0.004 6）	2.12±0.329	约 10	5 000
氰戊菊酯（fenvalerate）	0.000 3（0.002 6~0.003 3）	4.15±0.471	100µg（仅 3%个体死亡）	>33 000
溴氰菊酯（deltamethrin）	0.001（0.000 7~0.001 1）	1.97±0.210	10µg（仅 6%个体死亡）	>10 000
滴滴涕（DDT）	0.92（0.64~1.59）	1.75±0.291	10µg（仅 1%个体死亡）	>10

表 8-50　中国台湾和印度尼西亚、日本小菜蛾对不同杀虫剂的抗药性

（Kuwahara et al.，1995）

药 剂 名 称	种群地区	抗性倍数	资料来源
稻丰散（phenthoate）	中国台湾	2.0~16.0	Lee et al.，1979
二嗪农（diazinon）	中国台湾	2.0~16.0	
对硫磷（parathrion）	中国台湾	6.0~6.3	Chang，1975；Cheng，1981
马拉硫磷（malathion）	中国台湾	7.7~9.0	
速灭磷（mevinphos）	中国台湾	7.6~19.4	
甲基对硫磷（parathion-methyl）	中国台湾	>450	Chiang et al.，1993
克百威（carbofuran）	中国台湾	3.9~32.5	Cheng，1981
氯菊酯（permethrin）	中国台湾	14.1~48.5	
氯氰菊酯（cypermethrin）	中国台湾	87.3	Liu et al.，1980；Cheng，1981
氰戊菊酯（fenvalerate）	中国台湾	20.7~75	
氟啶脲（chlorfluazuron）	中国台湾	243	Cheng et al.，1990
	日本	27.9	Suenaga et al.，1992
阿维菌素（abamectin）	中国台湾路竹	32	Cheng et al.，1996
	马来西亚	19~195	Iqbal et al.，1996

表 8-51　泰国小菜蛾对不同类型杀虫剂的抗药性

药 剂 名 称	敏 感 基 线	LD$_{50}$ (mg/L, 95%FL)	抗性倍数
Bt var. *kurstaki*	$y=5+2.011\ (x-1.879\ 7)$	75.6 (56.2～113)	1.8～4.5
抑太保（chlorfluazuron）	$y=5+1.512\ (x-0.380\ 3)$	2.4 (2.0～3.4)	0.9～3.5
农梦特（teflubenzuron）	$y=5+1.847\ (x-0.175\ 8)$	1.5 (1.3～1.8)	2.5～6.1
巴丹（cartap）	$y=5+3.413\ (x-1.438\ 3)$	27.4 (21.0～34.5)	2.3～3.3
杀虫环（thiocyclam）	$y=5+3.884\ (x-1.447\ 6)$	28.0 (23.8～34.6)	1.7～3.2
灭多威（methomyl）	$y=5+2.358\ (x-2.266\ 9)$	185 (166～214)	6.2～16.6
稻丰散（phenthoate）	$y=5+2.070\ (x-0.995\ 4)$	9.9 (9.2～12.2)	1.5～7.4
丙硫磷（prothiofos）	$y=5+1.983\ (x-0.991\ 2)$	9.8 (8.6～12.4)	3.7～25.4
氰戊菊酯（fenvalerate）	$y=5+1.894\ (x-1.770\ 1)$	58.9 (48.0～71.8)	2.5～8.2
氯菊酯（permethrin）	$y=5+1.836\ (x-1.701\ 6)$	50.3 (42.8～62.2)	1.8～2.8

表 8-52　泰国小菜蛾对不同杀虫剂的抗药性

(Kobayashi et al., 1992)

药 剂 名 称	Bang Bua Thong 品系		Bang Kok 品系		敏感品系
	LC$_{50}$ (mg/L)	抗性比	LC$_{50}$ (mg/L)	抗性比	LC$_{50}$ (mg/L)
抑太保 5%EC (chlorfluazuron)	13	130	1.4	14	0.1
灭幼脲 23.5%WP (diflubenzuron)	6 910	28	6 544	26	248
氟铃脲 5%EC (hexaflumron)	1.8	12	—	—	0.15
氟螨脲 25%L (flucycloxurou)	18 945	49 080	—	—	0.39
NK-081 5%EC	160	5 517	206	7 103	0.029
NI-18 2.5%EC	1.2	8	2.0	13	0.16
氰戊菊酯 96.3% Technical (fenvalerate)	190	100	186	98	1.9
氯菊酯 96.4% Technical (permethrin)	122	37	120	36	3.3
醚菊酯 96% Technical (ethofenprop)	421	13	435	13	33
克百威 97.3% Technical (carbofuran)	177	12	219	15	15
灭多威 91% Technical (methomyl)	1 907	1	1 724	9	183
敌敌畏 99% Technical (dichlorvos)	>1 000	—	—	≤1 000	60
甲基毒虫畏 96% Technical (dimethylyinphos)	133	27	147	30	4.9
嘧啶磷 91.5% (pirimiphos methyl)	138	24	89	16	5.7
稻丰散（phenthoate）	88	33	303	112	2.7
丙硫磷 94.1% (prothiophos)	812	677	<1 000	—	1.2
杀螟丹 50%SP (cartap)	113	10	121	11	11
Toarrow-CT 7%WP	3	3	2.9	3	0.97
Dipel 10%WP	18.1	10	—	—	1.77

表 8 - 53   日本小菜蛾对不同杀虫剂的抗药性

(Kobayashi et al.，1992)

药 剂 名 称	Mizobe Kagoshima 品系				敏感品系
	LC$_{50}$（mg/L）	95%FL	斜率	抗性比	LC$_{50}$（mg/L）
抑太保 5%EC (chlorfluazuron)	2.43	1.33～4.43	1.67	24.3	0.1
灭幼脲 23.5%WP (diflubenzuron)	2 285	ND	1.34	9.2	248
氟铃脲 5%EC (hexaflumron)	2.53	1.70～4.06	1.87	16.9	0.15
氟螨脲 25%L (flucycloxurou)	9.53	2.10～44.3	1.35	24.4	0.39
NK - 081 5%EC	0.49	0.17～1.38	1.01	16.9	0.029
NI - 18 2.5%EC	1.06	0.56～2.29	2.97	6.6	0.16

表 8 - 54   印度尼西亚小菜蛾对不同杀虫剂的抗药性

(Syed，1992)

药 剂 名 称	供试种群	虫数	LC$_{50}$（mg/L）	抗性比
氯氰菊酯 (cypermethrin)	敏感品系 (SS)	240	9.43	1.00
	Sungai Palas (CSP)	280	46.81	4.96
	Jalan Kebun (LJK)	280	160.25	16.99
	Karak Highway (LKH)	280	68.12	7.22
甲胺磷 (methamidophos)	敏感品系 (SS)	280	21.95	1.00
	Sungai Palas (CSP)	240	116.35	5.30
	Jalan Kebun (LJK)	320	2 703.50	123.16
	Karak Highway (LKH)	240	6 754.85	307.73
抑太保 (chlorfluazuron)	敏感品系 (SS)	240	0.057	1.00
	Sungai Palas (CSP)	280	0.56	9.82
	Tring Kap (CTK)	280	0.54	9.47
	Kea Farm (CKF)	240	1.62	28.47
	Jalan Kebun (LJK)	200	58.46	1 025.61
	Karak Highway (LKH)	280	16.63	291.75
农梦特 (teflubenzuron)	敏感品系 (SS)	280	0.46	1.00
	Sungai Palas (CSP)	480	6.73	14.63
	Tring Kap (CTK)	240	6.45	14.02
	Kea Farm (CKF)	240	8.22	17.86
	Jalan Kebun (LJK)	480	1 440.00	3 130.43
	Karak Highway (LKH)	200	1 361.14	2 959.00
灭幼脲 (diflubenzuron)	敏感品系 (SS)	200	60.98	1.00
	Tring Kap (CTK)	280	2 171.82	35.61
	Jalan Kebun (LJK)	480	1 907.00	31.27
阿维菌素 (avermectin)	敏感品系 (SS)	240	0.013	1.00
	Tring Kap (CTK)	240	0.024	1.84
	Jalan Kebun (LJK)	280	0.042	3.23
B. thuringiensis var. kurstaki	敏感品系 (SS)	320	0.04μg (AI) /mL	1.00
	Kea Farm (CKF)	280	4.50μg (AI) /mL	112.50
B. thuringiensis var. aizawai	敏感品系 (SS)	320	0.21μg (AI) /mL	1.00
	Kea Farm (CKF)	240	0.70μg (AI) /mL	3.33
滴滴涕 (DDT) *	爪哇岛	—	—	7.00

＊ 资料来源于 Ankersuit (1953)。

第二节　小菜蛾的抗药性机理

昆虫对杀虫剂的中毒，在药物动力学上包括3种不同水平上的作用：穿透表皮组织、在体内组织中的分布、储存和代谢，及对最终靶标的作用（Welling and Paterson，1985）。因此，已公认的抗性机理主要包括生理抗性、代谢抗性和行为抗性。

一、害虫抗药性的机理概述

根据昆虫对杀虫剂的反应，其抗性机理如图8-1所示，可分为3类：①生理抗性；②代谢抗性；③行为抗性。

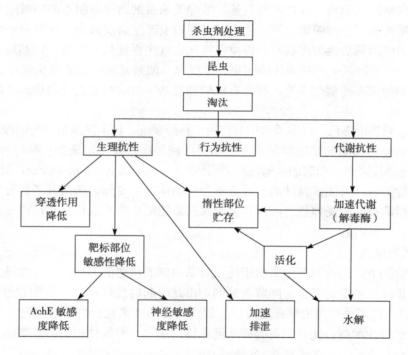

图8-1　昆虫抗药性机理

（赵善欢，1993）

（一）生理抗性

主要包括表皮穿透率降低、分隔作用、脂肪体等惰性部位贮存杀虫剂的能力增强、排泄作用增强以及靶标部位敏感度降低。

1. 表皮穿透率降低　衡量一种杀虫剂的毒力不仅要根据它在作用位点的内在效应，而且还要根据接触、熏蒸或取食后对药剂的吸收能力，药物在昆虫组织中的分散或分布状态，以及药物在这些组织中的代谢和解毒情况等药物动力学参数。影响这些过程反应速率的任何变化都可能减少到达靶标部位的最终毒物量，或者使毒物与靶标作用的亲和力下降，使生物在总体水平上产生了抗药性。

杀虫剂从昆虫表皮进入虫体内而发生作用，这是基本途径。表皮穿透降低主要为昆虫的解毒作用提供更多的机会，减少达到靶标部位的杀虫剂的有效剂量。该因子对各类杀虫剂无专一性（赵善欢，1993）。大量研究结果表明，昆虫在拟除虫菊酯作用下，会出现表皮穿透性变化，主要是穿透速率变慢。这样，昆虫体内的解毒酶就有足够的时间进行解毒，从而使昆虫具有对拟除虫菊酯的抗药性（李显春和王萌长，1997）。

2. 分隔作用和贮存作用　分隔作用是较普遍的一种抗性机理。例如与桃蚜抗性有关的酯酶对有机合成杀虫剂具有高的结合能力，但催化能力很低。因此，其功能是作为氨基甲酸酯、有机磷和拟除虫菊酯类杀虫剂的贮存蛋白（storage protein）（赵善欢，1993）。

3. 靶标部位敏感度降低

（1）靶标酶——乙酰胆碱酯酶（acetylcholinesterase，AchE）敏感度降低。乙酰胆碱酯酶是昆虫中枢神经系统突触中主要神经递质乙酰胆碱的分解酶，同时还是有机磷和氨基甲酸酯类杀虫剂的靶标酶。有机磷和氨基甲酸酯类杀虫剂通过抑制乙酰胆碱酯酶，延长乙酰胆碱在胆碱突触部位的滞留时间，使在胆碱通道上产生高度兴奋，导致神经中毒。一般认为，乙酰胆碱酯酶活性被抑制时，害虫必将死亡（沈晋良和吴益东，1995）。

突触 AchE 可因其氨基酸顺序的变化、重要氨基酸残基间的距离发生变化、组氨基酸残基移位和酶的局部构型改变等，而对有机磷和氨基甲酸酯类杀虫剂的敏感度降低（赵善欢，1993）。

（2）神经敏感度降低。许多杀虫剂都作用于神经系统，但不同杀虫剂的靶标部位往往不同。DDT 和拟除虫菊酯的靶标部位主要是轴突的神经膜，其作用是阻止神经冲动的传导。把由于神经敏感度降低而引起的抗药性称为击倒抗性（knock down resistance，简称 kdr）。

击倒抗性的机理可能涉及钠离子通道本身的结构发生变异、通道分子数目发生变化或单位面积内拟除虫菊酯受体数目减少、神经膜的磷脂组成发生变化和 Ca-ATP 酶抑制作用降低（赵善欢，1993）。

（二）代谢抗性

在多数情况下，抗性的产生是由于昆虫对杀虫剂的代谢能力提高。抗性昆虫可利用各种解毒酶的量或质的变化来迅速降解杀虫剂，由此引起的抗性称之为代谢抗性（metabolic resistance）。代谢杀虫剂的解毒酯酶，一般使有毒的外来化合物经过氧化、还原或水解后其产物的水溶性增高，使它们更容易从昆虫体内排出。与抗性相关的解毒酯酶主要包括酯酶（esterase，EST）、谷胱甘肽-S-转移酶（glutathione-S-transferases，GST）、多功能氧化酶（Multi-function Oxidases，MFO）和 DDT-脱氯化氢酶等。

1. 酯酶　酯酶（esterase，EST）是昆虫体内普遍存在的一类能催化酯键水解的代谢酶，其活性与底物分子的酰基和烷基的变化有关。与昆虫代谢抗性有关的酯酶主要包括羧酸酯酶（carboxylesterase，CarE）、磷酸酯酶。

羧酸酯酶是昆虫体内普遍存在的一种水解酶，对降解带羧酸酯键的化合物有重要作用。羧酸酯酶有广泛的底物专一性和重叠性，不但能催化水解脂族羧酸酯，而且还能催化水解芳香族酯、芳香族胺以及硫酯等，在有机磷杀虫剂的抗性中起着极为重要的作用。

磷酸酯酶也是一种水解酶，主要水解有机磷杀虫剂的磷酸酯键，使有机磷降解成为无毒的代谢物。磷酸酯酶的作用只能造成中等水平的抗性，且在不同抗性品系间存在差异。磷酸酯酶在抗性中所起的作用要比其他解毒酶小得多（李显春和王萌长，1997）。

2. 谷胱甘肽转移酶 谷胱甘肽-S-转移酶（glutathione-S-transferases，GST）是一类催化内源还原谷胱甘肽与包括杀虫剂在内的各种外源化合物共轭作用的胞液酶。共轭物进一步代谢成巯基尿酸并排出体外（Motoyama and Dauterman，1980；唐振华，1992）。

谷胱甘肽-S-转移酶（GST）在杀虫剂的解毒过程中和在昆虫的抗性中起着重要作用，特别是有机磷化合物能被谷胱甘肽-S-转移酶作用而解毒。谷胱甘肽-S-转移酶系可分为谷胱甘肽-S-烷基转移酶、谷胱甘肽-S-芳基转移酶、谷胱甘肽-S-环氧化转移酶、谷胱甘肽-S-烯链转移酶。谷胱甘肽-S-烷基转移酶催化谷胱甘肽-S-转移酶活性提高，是各种昆虫对有机磷产生抗药性的一种重要机制（Dauterman，1983）。

3. 多功能氧化酶 多功能氧化酶（Multi-function Oxidases，MFO）是分布于细胞内质网膜上的一种氧化酶系，它是昆虫产生抗药性的一种重要解毒酶，其主要组分有：细胞色素 P_{450}、细胞色素 P_{450} 还原酶、细胞色素 b_5、细胞色素 b_5 还原酶、磷脂等。

多功能氧化酶（MFO）是杀虫剂解毒代谢的最重要酶系之一，对包括拟除虫菊酯、氨基甲酸酯、有机磷等在内的多种杀虫剂都有不同水平的解毒代谢作用（Nakatsuguawa and Morelli，1976）。多功能氧化酶的解毒作用是多方面的，主要包括脱烷基作用、羟基化作用、硫醚氧化作用和环氧化作用等。

多功能氧化酶中起中心作用的是细胞色素 P_{450}，它是与氧分子和底物结合的酶，决定着整个系统的底物专一性，它参与氧的活化。在反应中结合半分子氧形成水，另半分子氧使底物氧化而生成产物。因此，细胞色素 P_{450} 也被称为单加氧酶。细胞色素 P_{450} 不但能降解氨基甲酸酯，而且还能对拟除虫菊酯、有机磷、DDT、几丁质合成抑制剂苯酰基苯脲类化合物、保幼激素及其他杀虫剂进行解毒。

由于细胞色素 P_{450} 存在多种形式，而对底物又缺乏专一性，因此，细胞色素 P_{450} 可作用于一种杀虫剂的化学结构的不同的部位，这取决于杀虫剂的分子结构。此外许多杀虫剂可被几种不同的解毒酶作用（赵善欢，1993）。

（三）行为抗性

行为抗性是杀虫剂选择压可以选择行为的有利性，即能使昆虫减少或避免与杀虫剂接触的行为（赵善欢，1993）。这种行为改变主要是指害虫在药剂的选择压力之下，对那些有利于害虫生存的行为得以保存和发展，从而使害虫群体中具有这些行为的个体增多（李显春和王萌长，1997）。

二、小菜蛾抗药性机理的研究方法

（一）表皮穿透作用测定

在害虫抗药性机制研究中发现，害虫对药剂的表皮穿透率差异与害虫对药剂的抗性水平有很大的关系。昆虫表皮穿透性研究是毒理学和抗药性机制研究的主要内容之一。目前国内外测定杀虫剂在昆虫体壁上的穿透性的方法主要采用标记药剂示踪法和气相色谱分析法两种（慕立义，1994）。

标记杀虫剂示踪法：参照毒力测定结果，根据 LD_{50} 值计算出药剂浓度，用丙酮将标记杀虫剂配成所需浓度。选择大小一致的小菜蛾，用 $1\mu L$ 微量注射器将标记杀虫剂点滴于幼虫的胸部背面，每头点滴 1μL，每 10 头为 1 组。点滴后置于室温下，每隔一定时间分别用丙酮淋洗，每头用 5mL，将 10 头小菜蛾冲洗下的丙酮液分别置于 5 个闪烁瓶内，测定放射强度，以 2μL 点滴药液的放射强度为标准，计算回收率和穿透率。

气相色谱法：选择大小一致的小菜蛾，以 LD_50 的剂量用点滴法处理试虫。点滴后置于室温下，每隔一定时间分别用丙酮淋洗，每头用 5mL，将 5 头小菜蛾冲洗下的丙酮液置于浓缩管中，用氮气吹蒸浓缩，待各处理均剩 0.1mL 时，用 10μL 微量进样器吸取药注入气相色谱进行测定分析。标准样品的进样量应与淋洗液的进样量相同。以标准品的峰高为 100％ 的剂量，用测得的各处理的峰高计算回收率和穿透率。

（二）抗药性相关酶活性的测定

1. 乙酰胆碱酯酶活性测定　参照 Ellman et al.（1961）的方法。

酶液制备：取 4～6mg/头的小菜蛾幼虫 30 头，加 2mL 0.1mol/L 磷酸盐缓冲液（pH7.4）在冰浴中匀浆，4℃、10 000g* 离心 15min。

酶活性测定方法（陈之浩等，1992）：取上清液 0.5mL 加 2.2mL 缓冲液和 0.5mL10^{-3}mol/L ATCH，在 27℃ 温浴 30min，加 0.3mL 1 000mg/L 毒扁豆碱和 0.5mL4×10^{-3}mol/LDTNB，在 412nm 处测 OD 值。对照组以 0.5mL 缓冲液代替酶液加 0.3mL 1 000mg/L 毒扁豆碱、2.2mL 缓冲液和 0.5mL 10^{-3}mol/L ATCH 在 27℃ 温浴 30min，加 0.5mL 4×10^{-3}mol/L DTNB，在 412nm 处测 OD 值。根据标准曲线方程，求每头小菜蛾匀浆组织 30min 水解 ATCH 的毫摩尔数表示酶活性。

动力学性质测定：用 Lineweaver-Burk 作图法求 K_m 和 V_{max}。测定敏感的 AchE 动力时，底物浓度不应超过 $1.0×10^{-3}$mol/L，以免产生抑制作用。

乙酰胆碱酯酶的抑制作用的测定：

（1）抑制中浓度（I_{50}）的测定：用 Gorun et al.（1978）改进法，以 ATCH 为底物，反应总体积为 200μL，底物浓度为 $1.0×10^{-3}$mol/L，内含 50μL 酶液和 100μL 缓冲液，反应混合液于 25℃ 保温 15min，然后加入 1.80mL 的 0.01mol/L 的 DTNB，立即在 412nm 处测定 OD 值，用热灭活后酶液作对照。以酶的残余活力对数对抑制剂浓度作图，求出 I_{50} 值（唐振华等，1992）。

（2）双分子速度常数（K_i）的测定：参照 Aldridge（1950）方法，将酶液与抑制剂在 25℃ 保温，按一定时间间隔取出一定量保温混合液，加入底物溶液中测定残余酶活力，根据 Krysan and Chadwick（1962）的方法求 K_i 值。

2. 羧酸酯酶活性测定　参照 Asperen（1962）方法，将 4～6mg/头的小菜蛾幼虫 20 头加 8mL 0.04mol/L（pH7.0）的磷酸盐缓冲液在冰浴中匀浆，然后 4℃、5 000g 离心 15min，上清液稀释 40 倍。底物为 $3×10^{-4}$mol/L α-醋酸萘酯。显色液为 5％ 十二烷基硫酸钠与 1％ 固蓝 B 盐的混合液（5∶2）。5mL 底物加 1mL 酶稀释液在 27℃ 水浴中反应

---

* 粒体在离心时，所受的相对离心力作 g 表示，也就是粒体在地球重力场下重量的倍数。g 与离心机转速的关系如下：

g（相对离心力）＝1.119×10^{-5}n^2r

n：离心机的转速

r：粒体离中心的距离

30min，加显色液 1mL 摇匀，30min 后过滤。过滤液在 600nm 处测 OD 值。根据标准曲线求每头小菜蛾幼虫匀浆组织 1h 水解 α-醋酸萘酯的毫摩尔数表示酶活性。以 β-醋酸萘酯为底物时，在 550nm 处测 OD 值。

3．多功能氧化酶活性测定

（1）细胞色素 P_{450} 含量测定

微粒体蛋白制备：参照 Kalkarni et al.（1975）、陈言群等（1994）的方法。

取 2～3mg 重的小菜蛾四龄幼虫，在 0.2mol/L pH6.8 Tris-HCl 缓冲液中（含 0.1mol/L HCl，20％甘油，0.1mmol/L EDTA，0.1mmol/L 巯基乙醇），按每毫升 20 头幼虫比例匀浆，在 2℃下，10 000g 离心 15min，上清液即为微粒体蛋白粗提液。将上清液再在 2℃下，10 000g 离心 1h，取沉淀用 0.5mol/L pH7.5 $KH_2PO_4 - K_2HPO_4$ 缓冲液（含 1mmol/L EDTA，0.1mmol/L 巯基乙醇，20％甘油）重新悬浮为 10 头/ml 浓度，即为微粒体蛋白样品。

P_{450} 含量测定：参照 Omura 和 Sato（1964）、陈言群等（1994）方法，根据 $OD_{450\sim490}$ 差光谱大小，计算 P_{450} 含量。

（2）环氧化酶活性测定　参照 Yao 等（1988）气相色谱法。

酶液制备：取小菜蛾四龄幼虫 20 头（2～3mg/头）加 10mL 缓冲液匀浆，匀浆液于 1 000g 离心 10min，离心上清液为酶液。整个操作在 0℃进行。

酶活性测定：取 1.5mL 缓冲液加 0.75mg NADPH 和 0.5mgNADH，再加 0.5mL 酶液混匀于 34℃温育 5min，加入 0.1mL 含 5nmol 的艾氏剂的乙二醇独甲醚作启动反应，10min 后加 4mL 馏程 60～90℃石油醚提取。对照不加 NADPH 和 NADH。提取的石油醚液加适量的无水硫酸钠充分干燥后，进入气相色谱仪检测。以艾氏剂降解为狄氏剂的量作为酶活性。

气谱条件：ECD 检测器；毛细管柱，柱长 25m，柱温 235℃；进样口温度 250℃；检测器温度为 300℃；气流 9.62mL/min。

（3）O-脱甲基活力测定

酶源制备：取 40 头小菜蛾四龄幼虫置于 4mL、0.05mol/L、pH7.4 的 Tris-HCl 缓冲液，在冰浴中匀浆，匀浆液先以 4 000 r/min 离心 10min，除去大碎片，上悬液再以 10 000r/min 于 4℃离心 30min，上清液作酶源。

离体降解活力测定（适用于 ^{14}C 标记杀虫剂）：参照唐振华（1980）的方法，反应体系总体积为 3.0mL，内含 0.10mL 酶液，2.90mL 0.05mol/L 的 pH 7.4Tris-HCl 缓冲液。混合液置于 37℃水浴保温 30min，然后以 1.0mL 2％三氯乙酸终止反应。用 4mL 氯仿分两次抽提，得氯仿相及水相。分别吸 1mL 测定放射性，并作 1 次重复（周程爱等，1993）。

4．谷胱甘肽-S-转移酶活性测定

酶液提取：将小菜蛾幼虫于磷酸缓冲液中匀浆，匀浆液在 4℃、4 000r/min 离心 15min，弃沉淀，取上清液于 4℃，10 000r/min 离心 15min，取上清液作酶源（吴刚等，2000）。

GSTs 活力测定：参照 Oppenoorth 等（1979）的方法。以 CDNB 为底物，反应液总体积为 2.3mL，内含 2mmol/L EDTA，GSH 终浓度为 5mmol/L，1min 内于 340nm 测定 D 值。

GSH 质量摩尔浓度的测定：参照 Bluter 等（1963）的方法。将幼虫于蛋白质沉淀液中匀浆（沉淀液成分为 1.67g 偏磷酸，0.2g 乙二胺四乙酸，30g NaCl 溶于 100 mL 蒸馏水中），匀浆液于 4 000 r/min 离心 15min，取适量上清液作 GSH 质量摩尔浓度测定。反应液总体积为 2.2mL，其中加入 0.5mL 0.4g/L DTNB，2min 内于 412nm 处测定 D 值。

5. 蛋白质含量测定　参照 Bradford（1979）方法。吸取酶液 0.1mL 于试管，对照管中加入 0.1mL 0.04mol/L pH7.0 PBS，加入考马斯亮蓝 G-250 试剂 5mL，混匀，25℃ 水浴 2min，595nm 比色测定 D 值。重复 3 次，取平均值，根据标准曲线计算出蛋白质含量（μg/头）。

（三）酯酶同工酶电泳

1. 聚丙烯酰胺凝胶电泳

酶源制备：以 0.05mol/L pH6.7 Tris-HCl 缓冲液（含 10% 蔗糖）匀浆。匀浆浓度为 1 头/50μL 和 10 头/5.0mL。

电泳条件：电极缓冲液为 pH8.3 Tris-甘氨酸缓冲液；浓缩胶为 T 3.0%，C3.0%，缓冲液为 pH6.7，Tris-HCl 缓冲液；分离胶为 T 8.0%，C3.0%，缓冲液为 pH8.9，Tris-柠檬酸缓冲液。电压为 350V、电流为 20mA，电泳时间约为 3.5h，温度为 8℃。

凝胶染色：电泳结束后，取出凝胶，放入染色液中。37℃ 染色至酶带显现。

酯酶染色液组成（慕立义，1994）：25 mg α-醋酸萘酯、25mg β-醋酸萘酯、50mg 固蓝 RR、4mL 丙酮、96mL 0.1mol/L pH 7.0 磷酸缓冲液。

酸性磷酸酯酶染色液：50mg α-萘酚磷酸钠、100mg 固蓝 B、75mL 0.1mol/L pH4.5 醋酸缓冲液。

碱性磷酸酯酶染色液：50mg α-萘酚磷酸钠、100mg 固蓝 B、100mg 固红 TR、75mL 0.05mol/L pH9.1 Tris-HCl 缓冲液。

2. 淀粉凝胶电泳　参照 Pesteur 等的方法。采用 Tris-Malate-EDTA 缓冲液（1L 缓冲液含 0.1mol Tris、0.1mol 顺丁烯二酐、0.01 mol EDTA 和 0.01mol MgCl₂）。选单个小菜蛾三龄幼虫为 1 个样品，加 7μL 双蒸水磨研，上样，于 0～4℃ 的冰箱中电泳 4～6h，稳压在 200 V。

酯酶的染色方法：将 40 mL 磷酸缓冲液、2mL 2% 的乙酸-α-萘酯、2mL 2% 乙酸-β-萘酯，在烧杯中混匀后倒入染色盒内，室温下置于摇床上 6min，然后加入固蓝 RR 盐 100 mg，继续摇动至酯酶条带清晰后，立即加 5% 乙酸固定，12h 后加脱水液（乙酸：油：水 =1：1：3），24h 后用玻璃纸覆盖于胶的两面，固定在玻璃板上阴干，保存。

（四）增效剂试验

所用的增效剂均为某种（或某些）解毒酶的特异性抑制剂，主要是增效醚（氧化胡椒基丁醚）（piperonyl butoxide，简称 PB 或 PBO）为多功能氧化酶的抑制剂；脱叶磷（s，s，s-phosphorothioate，简称 TBPT 或 DEF）为非特异性酯酶的抑制剂；磷酸三苯酯（triphenyl phosphate，简称 TPP）为羧酸酯酶的抑制剂；1，1-二对氯苯基乙醇（DMC）为 DDT-脱氯化氢酶的抑制剂；顺丁烯二乙酯（DEM）为谷胱甘肽转移酶的抑制剂。

1. 增效剂对抗性小菜蛾的增效作用测定　用丙酮将待测增效剂配制成一定浓度（以不引起小菜蛾任何死亡为度），用微量点滴器点滴 0.5μL 的增效剂丙酮溶液于幼虫前胸背板，1h 后进行杀虫剂的毒力测定。参照 Brindiey（1977）的方法求增效比（SR）和增效

差（SD）。

2. 增效剂对抗性小菜蛾抗性相关酶活性的抑制作用测定

处理方法一：取新鲜无农药污染的甘蓝叶片于增效剂丙酮溶液中浸 10s，室内晾干，接上大小一致的三龄幼虫（2～3mg/头）20 头，以蒸馏水处理的叶片为对照，处理 24h 后测定酶活力。

处理方法二：用丙酮将待测增效剂配制成一定浓度（以不引起小菜蛾任何死亡为度），用微量点滴器点滴 0.5μL 的增效剂丙酮溶液于幼虫前胸背板，1h 后进行酶活力的测定。

三、小菜蛾的抗性机理

小菜蛾对有机类杀虫剂的抗药性与其体内乙酰胆碱酯酶（AchE）、羧酸酯酶（CarE）、多功能氧化酶（MFO）及谷胱甘肽-S-转移酶（GST）等的活性有密切关系。因此，对小菜蛾抗性的生理学研究也就主要集中在酶学研究上，以探讨其抗性机制。

（一）小菜蛾对拟除虫菊酯类杀虫剂的抗性机理

1. 表皮穿透作用的降低　对杀虫剂的暴露，包括行为改变以避免与杀虫剂接触，及表皮穿透的减少。溴氰菊酯对抗性品系小菜蛾幼虫表皮的穿透性降低，因而药效也降低，这是抗药性机理之一。Noppun 等（1989）测定了敏感和抗性小菜蛾表皮对 S-[14C]-氰戊菊酯的穿透作用，结果表明抗性小菜蛾对 S-[14C]-氰戊菊酯的穿透作用明显低于敏感品系，从而说明表皮穿透作用的降低是小菜蛾对氰戊菊酯产生抗药性的机理。

2. 解毒酶活性的增强　在多数情况下，抗性的产生是由于昆虫对杀虫剂的代谢能力提高。代谢杀虫剂的解毒酯酶，一般使有毒的外来化合物经过氧化、还原或水解后，其产物的水溶性增高，使它们更容易从昆虫体内排出。解毒酯酶包括细胞色素 P_{450} 氧化酶系、水解酶（酯酶）及谷胱甘肽-S-转移酶。以下是对它们在小菜蛾抗性发展中所起的作用的研究。

（1）多功能氧化酶。Openoorth 和 Welling（1976）指出，在昆虫对拟除虫菊酯和氨基甲酸酯类杀虫剂的抗药性发展过程中，昆虫体内微粒体多功能氧化酶（MFO），被认为是最重要的作用机制。Liu 等（1984）、Chen 和 Sun（1986）通过增效剂研究结果推断，MFO 在小菜蛾抗药性发展中发挥重要作用。Yao 等（1989）利用艾氏剂环氧化酶的离体试验证实，我国台湾地区的小菜蛾幼虫对杀灭菊酯的抗药性和艾氏剂环氧化酶之间有重要关系。

P_{450} 是多功能氧化酶（MFO）酶系中的重要组分，而 Wolf 等（1979）在研究中指出，艾氏剂环氧化酶被证实为与 P_{450} 相关的极为重要的单氧化酶活性的指标。对室内长期饲养的小菜蛾敏感品系和田间采集的广谱高抗种群（对 DDVP、杀螟腈、溴氰菊酯、氰戊菊酯、灭多威、久效威分别产生了几十倍到上千倍的抗性水平）体内的艾氏剂环氧化酶及 P_{450} 的比较研究发现，艾氏剂环氧化酶在感性和抗性小菜蛾间存在着量及质的差异，抗性种群的艾氏剂环氧化酶的 V_{max} 和 K_m 值分别为感性品系的 5.4 倍和 6.5 倍，抗性种群的 P_{450} 的含量是感性品系的 1.1～1.3 倍（表 8-55、表 8-56），证明艾氏剂环氧化酶在量上及质上的差异，及 P_{450} 含量的提高，是导致小菜蛾抗性发生与发展的重要机制之一，而且质的差异较之量的差异，可能起着更为重要的作用（陈言群等，1994）。

表 8 - 55　抗性与感性品系小菜蛾的艾氏剂环氧化酶活性的比较

（陈言群等，1994）

小菜蛾品系	SD V_{max} [mol/ (L·min·mg 蛋白)]		SD K_m (mol/L)	
	微粒体蛋白	R/S	微粒体蛋白粗提液	R/S
抗性品系	6.67×10^{-9}	5.4	1.43×10^{-4}	6.5
敏感品系	1.23×10^{-9}	—	2.19×10^{-5}	

表 8 - 56　抗性与感性品系小菜蛾的 P_{450} 含量的比较

（陈言群等，1994）

小菜蛾品系	SD P_{450} 含量 [mol/ (L·min·mg 蛋白)]			
	微粒体蛋白	R/S	微粒体蛋白粗提液	R/S
抗性品系	0.157 2	1.340	0.036 1	1.107
敏感品系	0.117 2		0.032 6	

不同增效剂对小菜蛾杀虫剂增效作用结果表明（表 8 - 57），用低剂量 TBPT（0.208 28μg/头）处理小菜蛾时，对马拉硫磷增效 59.6 倍，而对溴氰菊酯无增效作用。把剂量增至 2.082 8 μg/头后，可使溴氰菊酯和氯菊酯分别增效 429.3 倍和 115.9 倍。用 2.082 8μg/头的 PB 处理小菜蛾时，对马拉硫磷和溴氰菊酯分别增效 10.2 倍和 561.6 倍。用 0.208 28μg/头的 PB 处理小菜蛾时，对溴氰菊酯和氯菊酯分别增效 5 倍和 12.9 倍。PB 和 DMC 处理后对 DDT 均无增效作用。DMC 对马拉硫磷增效 2.3 倍，而对拟除虫菊酯无增效作用。结果表明，小菜蛾对有机磷和拟除虫菊酯的抗性与 MFO 和酯酶有关，且 MFO 的作用似乎大于酯酶，对有机磷的抗性还与 GST 有关（唐振华和周成理，1992）。

表 8 - 57　各种增效剂对小菜蛾杀虫剂的增效作用比较

（唐振华等，1992）

药剂名称	LD_{50}（μg/头）	增效比	药剂名称	LD_{50}（μg/头）	增效比
溴氰菊酯	>20.828	—	p, p'-DDT	>20.828	—
＋TBPT（0.208 28μg/头）	>20.828	1.0	＋PB（2.082 8μg/头）	>20.828	1.0
＋TBPT（2.082 8μg/头）	0.048 5	429.3	＋DMC（0.208 28μg/头）	>20.828	1.0
＋PB（0.208 28μg/头）	4.16	5.0	马拉硫磷	15.908 2	
＋PB（2.082 8μg/头）	0.037 12	561.6	＋TBPT（0.208 28μg/头）	0.266 9	59.6
＋DEM（2.08μg/头）	>20.83	1.0	＋PB（2.082 8μg/头）	1.557 8	10.2
氯菊酯	0.441 6		＋PB（0.208 28 μg/头）	11.23	1.4
＋TBPT（2.082 8μg/头）	0.003 8	115.9	＋DEM（2.08 μg/头）	6.83	2.3
＋DEM（2.08μg/头）	0.405	1.0	＋TPP（0.5μg/头）	0.49	32.0
＋PB（2.082 8μg/头）	0.034	12.9			

小菜蛾抗性品系与敏感品系的艾氏剂环氧化酶活性存在明显差异，用溴氰菊酯选育的抗性小菜蛾品系的 MFO 活性明显高于敏感品系，小菜蛾对溴氰菊酯的抗性形成与 MFO 环氧化活性上升密切相关（刘传秀等，1995）。李凤良等（2000）通过对小菜蛾抗性品系、敏感品系及其杂交后代 F_1、F_2、BC 的 MFO 环氧化活性的测定，进一步肯定了 MFO 活性增强是小菜蛾对溴氰菊酯形成抗性的重要机制。而且 MFO 环氧化活性大小与抗药性遗

传因子有关（表 8-58）。

表 8-58 亲本和杂交后代 MFO 环氧化活性与毒力测定结果

(李凤良等，2000)

亲本、杂交后代	MFO 环氧化活性 [pmol/(min·mg 蛋白)]	活性比值	毒力回归方程	LD$_{50}$（μg/头）	抗性比
S	0.094 5±0.015 3	1.000 0	$y=7.306\ 4+1.380\ 5x$	0.021 3±0.001 8	1.000 0
R	0.183 3±0.013 7	1.939 7	$y=2.876\ 3+1.047\ 1x$	106.712 4±51.540	5 010.0
S×R F$_1$	0.142 5±0.007 1	1.507 9	$y=6.047\ 2+1.377\ 5x$	0.173 7±0.011 6	8.154 9
R×S F$_1$	0.140 9±0.000 6	1.498 9	$y=6.146\ 1+1.658\ 2x$	0.203 6±0.012 0	9.558 7
F$_2$	0.117 0±0.010 2	1.238 1	$y=5.391\ 3+1.277\ 1x$	0.493 9±0.029 0	23.189 8
BC	0.114 7±0.009 3	1.213 8	$y=6.168\ 6+1.351\ 3x$	0.136 5±0.008 0	6.408 5

为了进一步证实小菜蛾对拟除虫菊酯的抗性与 MFO 活力增高有重要关系，PB 的增效作用主要是由于 PB 抑制了 MFO 活力所致。周成理等（1993）以^{14}C-氰戊菊酯为底物，测定了上海种群（R）和江西种群（S）的代谢活力，并对 TBPT 和 PB 的抑制作用作了进一步研究。测定结果表明，在离体情况下，抗性小菜蛾代谢^{14}C-氰戊菊酯的速度是敏感小菜蛾的 2.1 倍。在抗性和敏感种群中，TBPT 对^{14}C-氰戊菊酯的代谢稍有抑制，约 20%，而 PB 的抑制作用则十分强烈，分别抑制 65% 和 55%。这与活体增效测定是一致的。这些结果进一步证实了 MFO 活性增强是小菜蛾对拟除虫菊酯抗性的主要机理之一。

Hung 和 Sun（1989）比较了小菜蛾敏感品系和抗氰戊菊酯品系微粒体单加氧酶活性差异，发现微粒体单加氧酶活性与小菜蛾抗氰戊菊酯的程度呈正相关，说明微粒体单加氧酶活性升高是小菜蛾对氰戊菊酯产生抗性的重要机制（表 8-59）。

表 8-59 对氰戊菊酯不同抗性程度的小菜蛾微粒体单加氧酶活性差异

(Hung and Sun，1989)

品系 Strain	抗性水平	酶活性（Mean±SE）			
		MROD	EROD	ECOD	AE
敏感种群 (susceptible)	—	26.0±1.3 (1.0)	5.9±1.8 (1.0)	0.29±0.03 (4.0)	84.1±5.2 (1.0)
田间种群 (Mixed-field)	284	103.1±16.5 (4.0)	12.3±3.5 (2.1)	0.62±0.08 (2.1)	137.3±13.2 (1.6)
PBO 筛选种群 (PBO-selected)	3 600	148.5±10.6 (5.7)	19.4±2.4 (3.3)	1.80±0.17 (6.2)	148.8±12.4 (1.8)
氰戊菊酯筛选种群 (Fenvalerate-selected)	>11 000	365.0±7.7 (14.0)	28.4±4.7 (4.8)	5.17±0.55 (17.8)	146.7±4.7 (1.7)
氰戊菊酯/PBO 筛选种群 (Fenvalerate/PBO-selected)	>11 000	409.0±12.7 (15.7)	26.8±3.6 (4.5)	2.58±0.17 (8.9)	168.5±4.9 (2.0)

注：MROD：甲氧基卤灵-O-脱乙基酶（Methoxyresorufin-O-deethylase），pmol/（min·mg 蛋白）；EROD：乙氧基卤灵-O-脱乙基酶（Ethoxyresorufin-O-deethylase），pmol/（min·mg 蛋白）；ECOD：乙氧基香豆素-O-脱乙基酶（Ethoxy-coumarin-O-deethylase），nmol/（min·mg 蛋白）；AE：艾氏剂环氧化酶（Aldrin epoxidase），pmol/（min·mg 蛋白）。

拟除虫菊酯类药剂抗药性是多机制的。Yu（1993）发现，小菜蛾种群对拟除虫菊酯类药剂抗药性频率和程度，与微粒体氧化酶系的 O-脱甲基化酶的活性显著相关，拟除虫菊酯类药剂抗性基因是不完全隐性的，位于常染色体上，无性连锁现象。在拟除虫菊酯类药剂中，氯菊酯抗药性水平一般比其他拟除虫菊酯类药剂低，抗性回复速度比其他拟除虫菊酯类药剂快，酯酶水解作用与氯菊酯抗性只有一定的关系，TPP、TBPT只对氯菊酯有增效作用，小菜蛾对氯菊酯无行为抗性（王旭等，1997）。

（2）酯酶及同工酶。酯酶指的是能水解羧酸酯键和膦酸酯键的水解酶，在有机磷和拟除虫菊酯杀虫剂的代谢中，起着重要作用。郑旗志等发现，小菜蛾抗性品系的中肠碱性膦酸酯酶的活性比敏感品系的高。

在小菜蛾对溴氰菊酯抗性机理的研究中，刘传秀等（1995）测定了抗溴氰菊酯小菜蛾品系和敏感品系羧酸酯酶、乙酰胆碱酯酶及多功能氧化酶环氧化活性，结果发现，在淘汰选育抗性过程中，溴氰菊酯的选择压力几乎没有影响到小菜蛾抗性品系的羧酸酯酶和乙酰胆碱酯酶活性，表明小菜蛾对溴氰菊酯的抗性形成与羧酸酯酶和乙酰胆碱酯酶无关；但抗性品系的多功能氧化酶活性比敏感品系几乎高1倍，说明该抗性的形成与多功能氧化酶活性明显上升有密切关系。

通过酯酶同工酶的聚丙烯酰胺凝胶电泳试验，由敏感品系和抗溴氰菊酯品系的酯酶同工酶电泳模式酶谱及透射扫描曲线图（图8-2）可见，抗性品系和敏感品系的酯酶同工酶谱明显地分为3组，酶带数量相同，各相应酶带的迁移率接近。差别在于抗性品系的E_7、E_8两条酶带的染色强度明显高于敏感品系的E_7、E_8，同工酶带染色强弱是其活性的表现，说明抗性品系的E_7、E_8活性明显高于敏感品系的E_7、E_8。这可能是汰选过程中溴氰菊酯的选择压力作用的结果，因此认为小菜蛾对溴氰菊酯的抗性可能与E_7、E_8活性明显上升有关（刘传秀等，1995）。

通过离体酯酶活力测定和聚丙烯酰胺凝胶电泳认为，膦酸酯酶在小菜蛾的抗药性中不起重要作用。不同地方的抗性种群的基因频率有所不同，在供试的敏感品系（SS）、敏感品系（FS）、广州抗性品系（GZ）、深圳抗性品系（SZ）、阳山抗性品系（YS）5个品系的Est-1基因型中共有6个等

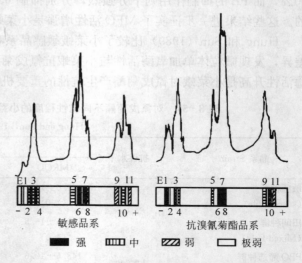

图8-2 小菜蛾敏感品系和抗溴氰菊酯品系酯酶同工酶电泳模式酶谱及透射扫描曲线
（刘传秀等，1995）

基因和21种基因型，基因频率如表8-60，敏感品系（SS）以基因型AA为主，（FS）是以基因型BB为主，而抗性品系（GZ）有18种基因型，（SZ）有5种基因型，（YS）有8种基因型。高频率的等位基因A和B出现在敏感品系中，随着抗性水平的提高，等位基因C的频率则相对增高。同时，基因型的种类也增多（表8-61）。这表明小菜蛾酯酶同工酶基因的多态性的提高可能是小菜蛾对多种杀虫剂迅速产生抗性的原因，也是小菜蛾对生态环境适应的结果（谢力和彭统序，1996）。

表 8 - 60 小菜蛾 Est - 1 位点的基因型频率

(谢力等，1996)

基因型	基 因 型 频 率				
	GZ	SZ	YS	FS	SS
AA	11	0	0	6	15
AB	1	0	1	0	1
AC	8	0	2	0	7
AD	4	0	1	0	0
AE	2	0	0	0	0
AF	0	0	0	0	0
BB	11	6	6	10	3
BC	11	0	0	3	2
BD	17	0	0	4	2
BE	6	0	0	1	0
BF	0	0	0	0	0
CC	6	0	4	0	0
CD	4	2	2	1	0
CE	7	8	0	0	0
CF	1	0	0	0	0
DD	3	0	2	1	0
DE	0	2	0	3	0
DF	0	0	0	0	0
EE	4	2	2	1	0
EF	1	1	0	0	0
FF	3	0	0	0	0

注：GZ. 广州抗性品系；SZ. 深圳抗性品系；YS. 阳山抗性品系；FS，SS. 供试的敏感品系。

表 8 - 61 小菜蛾 Est - 1 位点的基因频率

(谢力等，1996)

品系	样品数	基 因 频 率					
		A	B	C	D	E	F
GZ	73	0.181 4	0.279 4	0.210 8	0.161 8	0.127 5	0.039 2
SZ	15	0	0	0.333 3	0.133 3	0.500 0	0.033 8
YS	20	0.100 0	0.325 0	0.300 0	0.175 0	0.100 0	0
FS	30	0.200 0	0.466 7	0.066 7	0.166 7	0.100 0	0
SS	30	0.633 3	0.183 3	0.150 0	0.033 3	0	0

注：GZ. 广州抗性品系；SZ. 深圳抗性品系；YS. 阳山抗性品系；FS，SS. 供试的敏感品系。

3. 靶标部位敏感性降低 杀虫剂致死效应的靶标部位是某个关键性的蛋白分子。小菜蛾对氯氰菊酯产生高度抗性的重要原因就是神经敏感度的降低而引起击倒抗性的增强。小菜蛾的击倒抗性的增强也是氯氰菊酯和 DDT 之间产生交互抗性的原因（Schuler et al.，1998），拟除虫菊酯和 DDT 均能抑制钠离子通道。

（二）对有机磷杀虫剂的抗性机制

小菜蛾对有机磷杀虫剂的抗性机制包括酯酶、谷胱甘肽酶的解毒能力的增强和乙酰胆碱酯酶敏感度的降低（Kao and Sun，1991）。穿透率降低也是小菜蛾对有机磷杀虫剂稻丰散的主要抗性机制之一（Virapong，1988）。

1. 表皮穿透率降低 Virapong（1988）报道，^{14}C - 甲氧基稻丰散在小菜蛾抗稻丰散品系（OSS - R 和 OKR - R）虫体的表皮进入率低，放射活性总量小，排泄比率高；而在敏感品系（OSS 和 OKR）中则正相反，但在体外代谢率方面抗稻丰散品系和感稻丰散品系没有显著差异。试验昆虫代谢产生的 ^{14}C 量极少，因而它不是代谢的主要产物，这些研究结果说明，稻丰散穿透率降低是小菜蛾的主要抗性机制之一。

2. 靶标敏感性的降低　有机磷杀虫剂的作用机制主要表现在能抑制昆虫体内神经组织中的乙酰胆碱酯酶的活性，从而破坏正常的神经传导，引起昆虫死亡。Sun et al. (1986) 报道了乙酰胆碱酯酶的不敏感性是有机磷杀虫剂的共同抗性机制，并开展了害虫抗药性的快速测定方法研究。Tang et al. (1988) 用 FAO 推荐的点滴法测定了小菜蛾对马拉硫磷和西维因的抗药性，并对抗性和敏感小菜蛾幼虫的胆碱酯酶（ChE）的动力学性质、抑制作用进行了研究. 证实了 AchE 敏感度降低是小菜蛾对有机磷和氨基甲酸酯产生抗性的主要机制之一。

唐振华和周成理（1992）通过对马拉硫磷和西维因抗性小菜蛾抗性机理的研究发现，抗性小菜蛾幼虫 AchE 对乙酰胆碱（Ach）、丙酰胆碱（prTch）和丁酰胆碱（BuTch）的活性分别是敏感品系幼虫的 0.3、0.7、9.9 倍。毒扁豆碱、西维因、对氧磷、敌敌畏和残杀威对抗性幼虫 AchE 的抑制中浓度 I_{50} 分别是敏感幼虫的 333.3、66.7、17.2、12.5 和 10.0 倍。对氧磷、敌敌畏、残杀威和西维因对抗性幼虫的双分子速率常数 K_i 分别是敏感幼虫的 126.4、86.5、32.9 和 12.3 倍。从而再次证明，AchE 敏感性下降是小菜蛾对有机磷和氨基甲酸酯杀虫剂产生抗性的一种主要作用机制。

3. 解毒酶活性的增强

（1）酯酶及同工酶。昆虫体内含有丰富的酯酶，主要参与有机磷类杀虫剂解毒代谢的酶系有羧酸酯酶、膦酸酯酶、谷胱甘肽酶和多功能氧化酶。

Doichuanngam and Thornhill (1989)、Maa (1990) 报道，羧酸酯酶在小菜蛾对马拉硫磷的抗性中起着重要作用。唐振华等（1992）利用增效剂的增效作用证明，小菜蛾对有机磷的抗性与酯酶有关。在抗性小菜蛾幼虫中，酯酶抑制剂（TBPT）对马拉硫磷增效 59.6 倍；羧酸酯酶抑制剂（TPP）对马拉硫磷增效 32.0 倍（表 8-57）。离体研究表明抗性和敏感品系小菜蛾幼虫的 α-NA 和 β-NA 酯酶活性和 V_{max} 都没有明显的差异。对氧磷对抗性和敏感品系小菜蛾幼虫酯酶抑制作用都很强，而 TBPT 和 TPP 都很低。抗性品系小菜蛾幼虫的 α-NA 酯酶的 K_m 值是敏感品系的 1.75 倍（表 8-62、表 8-63），而 β-NA 酯酶的 K_m 无明显的品系差异。R 和 S 幼虫的膦酸酯酶活性都很低，而且无品系差异。推断小菜蛾对马拉硫磷的抗性也许与一般的非专一性酯酶活性关系不大，而与高度专一的马拉硫磷羧酸酯酶活性增高有关（唐振华，1993ab）。李向东和唐振华（1994）进一步研究证明，抗性和敏感小菜蛾幼虫都存在马拉硫磷羧酸酯酶，抗性品系的酶活力是敏感品系的 1.43 倍。

表 8-62　抑制剂对抗性小菜蛾和敏感小菜蛾酯酶的抑制作用

（唐振华和周成理，1993）

抑制剂	I_{50} （mol/L）	
	抗性小菜蛾	敏感小菜蛾
对氧磷	1.0×10^{-9}	1.0×10^{-9}
TBPT	$>1.0 \times 10^{-4}$	$>1.0 \times 10^{-4}$
TPP	$>1.0 \times 10^{-4}$	$>1.0 \times 10^{-4}$

Maa（1990）用聚丙烯酰胺凝胶电泳法从小菜蛾中分离出 13 种可溶性酯酶，发现 Est-8 和 Est-9 对对硫磷的抑制表现出较高的活性，同时 Est-8 在抗性品系中有较高的频率。Maa（1990）发现 Est-8 与小菜蛾幼虫畸形生长有密切关系，Est-9 频率的增加与小菜蛾对马拉硫磷的抗药性提高有明显关系。

表 8-63　抗性小菜蛾和敏感小菜蛾酯酶 V_{max} 和 K_m

（唐振华和周成理，1993）

底　物	V_{max}或 K_m		相对倍数（R/S）
	抗性小菜蛾	敏感小菜蛾	
V_{max} [nmol/（min・mg 蛋白）]			
α-NA	350	310	0.89
β-NA	460	440	0.96
K_m（mol/L）			
α-NA	$5.34×10^{-5}$	$9.52×10^{-5}$	1.75
β-NA	$11.0×10^{-5}$	$8.90×10^{-9}$	0.81

（2）谷胱甘肽酶。谷胱甘肽-S-转移酶（GST）是有机磷类杀虫剂的一种解毒酶，其活性在抗性品系中较高。小菜蛾二龄幼虫的敏感性随 GST 活性的增加而降低，此现象可能与解毒酶活性的提高密切相关，且对田间防治小菜蛾用药剂量及其所能杀死的不同龄期小菜蛾幼虫影响很大。

唐振华和周成理（1991）研究发现，小菜蛾的抗性品系中以 1，2-二氯-4-硝基苯（DCNB）和 1-氯-2，4-二硝基苯（CDNB）为底物的 GST 活性约是敏感品系的 2 倍，对 DCNB、CDNB 和 V_{max} 值也都比敏感品系约高 2 倍，但是抗性品系和敏感品系中的 GST 无质的差异。因此认为，GST 活性提高是小菜蛾抗性的一个重要机制。通过增效剂顺丁烯二乙酯（DEM）的增效作用也证明上海地区小菜蛾对有机磷杀虫剂的抗性与 GST 有关（唐振华等，1992）。

Chiang 和 Sun（1993）成功地从小菜蛾幼虫体内分离出 3 种谷胱甘肽-S-转移酶，分别标记为 GST-1、GST-2、GST-3，三种同工酶在抗性品系和敏感品系中同时存在，但在含量上存在明显差异。敏感品系中 GST-2 占优势，而抗性品系中 GST-3 含量高。

Ku 等（1994）从抗农梦特小菜蛾幼虫体内提纯了第四种同工酶 GST-4。GST-4 在生化和毒理性质上与 GST-3 相似，但比 GST-3 对 1，2-二氯-4 硝基苯和一些有机磷，如对硫磷、甲基对硫磷、对氧磷显示了更强的底物优越性。

小菜蛾幼虫体内有 3 种谷胱甘肽转移酶的同工酶 GST-1、GST-2、GST-3，3 种酶在小菜蛾对有机磷农药的抗性品系、敏感品系间的比例不同，敏感品系 GST-2 相对多，抗性品系 GST-3 相对多，三种同工酶都只和具芳香基的对硫磷、甲基对硫磷结合，而且再没有其他的谷胱甘肽-S-转移酶的同工酶能够加强对有机磷农药的解毒作用，这可能是甲基对硫磷抗性品系只与有限的药剂有交互抗性的原因之一（王旭等，1997）。

（3）多功能氧化酶。唐振华等（1992）通过测定不同增效剂对上海小菜蛾种群的增效作用（表 8-57），用低剂量 TBPT（0.208 28 μg/头）处理小菜蛾时，对马拉硫磷增效 59.6 倍，用 2.082 8 μg/头的 PB 处理小菜蛾时，对马拉硫磷增效 10.2 倍，DMC 对马拉硫磷增效 2.3 倍，表明小菜蛾对有机磷的抗性与 MFO 和酯酶有关，且 MFO 的作用似乎大于酯酶。

（三）对氨基甲酸酯类杀虫剂的抗性机制

小菜蛾对氨基甲酸酯类杀虫剂的抗性机制主要是多功能氧化酶活性的提高和乙酰胆碱酯酶敏感性的降低。

Virapong（1988）测定了小菜蛾抗性品系和田间种群成虫头部 AchE 活性，在残杀威抑制时，抑制率分别为 50.97% 和 43.96%；有对氧磷抑制时，抑制率分别为 63.78% 和 35.87%，抗性品系 AchE 较敏感品系不敏感。唐振华等（1992）通过对马拉硫磷和西维因抗性小菜蛾抗性机理的研究发现，抗性小菜蛾幼虫 AchE 对乙酰胆碱（Ach）、丙酰胆碱（PrTch）和丁酰胆碱（BuTch）的活性分别是敏感品系幼虫的 0.3、0.7、9.9 倍。毒扁豆碱、西维因、对氧磷、敌敌畏和残杀威对抗性幼虫 AchE 的抑制中浓度 I_{50} 分别是敏感幼虫的 333.3、66.7、17.2、12.5 和 10.0 倍。对氧磷、敌敌畏、残杀威和西维因对抗性幼虫的双分子速率常数 K_i 分别是敏感幼虫的 126.4、86.5、32.9 和 12.3 倍。由此可见，AchE 敏感性下降是小菜蛾对有机磷和氨基甲酸酯杀虫剂产生抗性的一种主要作用机制。

一般氨基甲酸酯类药剂对小菜蛾敏感品系的药效较差，原因是小菜蛾多功能氧化酶能够比较快地降解氨基甲酸酯类杀虫剂。小菜蛾抗氨基甲酸酯类药剂的多功能氧化酶基因不是隐性的。呋喃丹田间抗药性发展速度慢且比较低是因为敏感品系的 MFO 不容易降解呋喃丹，增效剂 PB 和 PE 在敏感品系中对呋喃丹没有增效作用，在抗性品系中则对呋喃丹有增效作用。说明在抗性小菜蛾品系体内诱发了能够降解呋喃丹的特定 MFO 酶系（王旭等，1997）。

（四）对沙蚕毒素类杀虫剂的抗性机制

小菜蛾对沙蚕毒素类杀虫剂的抗药性水平相对较低，抗性研究主要集中在杀虫双和杀螟丹两种药剂。相关研究报道对其主要抗性机制认为，多功能氧化酶环氧化活性提高是小菜蛾对杀虫双、杀螟丹产生抗性的机制之一；小菜蛾对杀虫双和杀螟丹的抗性与羧酸酯酶活性和乙酰胆碱酯酶活性无关。此外，部分非特异性酯酶同工酶活性的变化可能与小菜蛾对杀虫双和杀螟丹的抗性有关。

点滴法处理筛选的抗杀虫双和抗杀螟丹两个小菜蛾抗性品系，通过用聚丙烯酰胺凝胶电泳法（PAGE）与敏感品系进行比较，发现两个小菜蛾抗性品系均能产生 E_9、E_{13} 和 E_{14} 3 个特异性酯酶带，抗性品系产生的 E_6、E_7 和 E_{10} 3 个非特异性酯酶的活性明显高于敏感品系。因此认为，小菜蛾对杀虫双和杀螟丹产生抗性与 E_9、E_{13} 和 E_{14} 3 个特异性酯酶同工酶的形成有关，与 E_6、E_7 和 E_{10} 3 个非特异性酯酶的活性变化也有关（陈之浩等，1993，1994abcd）。两个抗性品系的小菜蛾以 α - NA 为底物的羧酸酯酶活性与敏感品系比较有一定的提高，但差异不显著。羧酸酯酶是水解含有羧酸酯基化合物的酶类，但在杀虫双、杀螟丹的结构中均没有羧酸酯基，这说明羧酸酯酶在抗性形成中没有重要的作用。用酸度法和比色法测定两个抗性品系的小菜蛾乙酰胆碱酯酶活性与敏感品系比较，两个抗性品系的乙酰胆碱酯酶活性均明显降低，差异显著。但已知沙蚕毒素药剂，如杀螟丹是占领乙酰胆碱受体，是否可使乙酰胆碱酯酶的活性下降，值得进一步研究（陈之浩等，1993）。

王旭等（1997）报道，杀螟丹的抗性品系与敏感品系杂交的 F_1 代表现比父母代更强的对杀螟丹的抗药性，研究发现 F_1 代的酯酶活性更高、同工酶更多，可能是广谱性的酯酶通过水解疏酯键增强了对杀螟丹的忍受能力。

通过测定室内选育的敏感品系、抗杀虫双品系亲本及杂交后代 F_1、自交后代 F_2、回交后代 BC 的多功能氧化酶环氧化活性、乙酰胆碱酯酶活性和羧酸酯酶活性，结果表明，亲本和杂交后代的多功能氧化酶环氧化活性与杀虫双的抗性水平呈正相关（表8-64）；乙酰胆碱酯酶活性比敏感品系低（表8-65）；羧酸酯酶活性与敏感品系无明显差异（表8-66）。可以认为，杀虫双的选择压力没有对羧酸酯酶起激活作用，因而抗性品系、敏感品系及杂交后代之间的活性没有明显的不同，这进一步证明了小菜蛾对杀虫双的抗性形成与羧酸酯酶无关（李凤良等，1998）。

表8-64 杀虫双抗性小菜蛾亲本和杂交后代幼虫多功能氧化酶活性

（李凤良等，1998）

亲本及杂交后代	酶活性 [pmol/（min·mg 蛋白）]	比值	亲本及杂交后代	酶活性 [pmol/（min·mg 蛋白）]	比值
S	0.095±0.015	1.00	反交 F_1	0.131±0.018	1.38
R	0.154±0.010	1.62	F_2	0.102±0.009	1.07
正交 F_1	0.132±0.019	1.39	BC	0.096±0.009	1.01

表8-65 杀虫双抗性小菜蛾亲本和杂交后代幼虫乙酰胆碱酯酶活性

（李凤良等，1998）

亲本及杂交后代	酶活性 [mmol/（头·30min）]	比值	亲本及杂交后代	酶活性 [mmol/（头·30min）]	比值
S	$8.717×10^{-6}$	1.00	反交 F_1	$2.596×10^{-6}$	0.30
R	$6.667×10^{-6}$	0.77	F_2	$2.256×10^{-6}$	0.26
正交 F_1	$7.470×10^{-6}$	0.86	BC	$1.802×10^{-6}$	0.21

表8-66 杀虫双抗性小菜蛾亲本和杂交后代幼虫羧酸酯酶活性

（李凤良等，1998）

亲本及杂交后代	酶活性 [mmol/（头·30min）]	比值	亲本及杂交后代	酶活性 [mmol/（头·30min）]	比值
S	$3.394×10^{-4}$	1.00	反交 F_1	$3.377×10^{-4}$	1.00
R	$4.659×10^{-4}$	1.37	F_2	$2.402×10^{-4}$	0.71
正交 F_1	$4.232×10^{-4}$	1.25	BC	$2.488×10^{-4}$	0.73

将 PB 和 SV_1 等两种增效剂分别对抗性小菜蛾虫体进行前处理，再测定杀虫双和杀螟丹对两个抗性品系的增效作用，PB 100mg/L、200mg/L 和 500mg/L 对抗杀虫双品系的增效比（SR 值）分别为 6.23、6.28 和 4.16；增效差（SD 值）分别为 15.61、23.83 和 21.53，可见 PB 200 mg/L 的增效最显著。PB 200mg/L 对抗杀螟丹品系的 SR 值为 4.85，SD 值为 4.93，增效显著。SV_1 对抗杀虫双品系和抗杀螟丹品系的增效均不显著。PB 具有抑制抗杀虫双品系和抗杀螟丹品系体内多功能氧化酶（MFO）的氧化作用，增效作用显著，表明该两个品系的抗性主要是由于 MFO 的作用（陈之浩等，1993）。

陈之浩等（1994 abcd）对小菜蛾抗杀虫双、抗杀螟丹品系和敏感品系的多功能氧化酶环氧化活性的测定结果表明，抗杀虫双品系小菜蛾多功能氧化酶环氧化活性略高于敏感品系，但不显著；抗杀螟丹品系则显著高于敏感品系。这说明，多功能氧化酶环氧化活性在小菜蛾不同抗性品系间存在差异。多功能氧化酶环氧化活性提高是小菜蛾对杀螟丹产生抗性的机制之一。

通过对亲代和杂交后代艾氏剂环氧化酶活性的比较，发现小菜蛾抗杀螟丹品系各杂交后代的酶活性表现出明显的规律性，说明多功能氧化酶的环氧化活性提高与小菜蛾对杀虫双和杀螟丹的抗性密切相关（程罗根等，1998）。利用室内选育 119 代的抗杀虫双、抗杀螟丹小菜蛾品系和敏感品系，研究了各杂交世代小菜蛾对杀虫双和杀螟丹的敏感性。通过反复回交建立小菜蛾对杀虫双和杀螟丹抗性的近等基因系，测定了各杂交世代和近等基因系的多功能氧化酶环氧化活性。结果表明，抗性品系和抗性近等基因系多功能氧化酶环氧化活性比敏感品系高，杀虫双、杀螟丹抗性品系和杀虫双、杀螟丹抗性近等基因系分别是敏感品系的 1.62、1.83、1.56 和 1.97 倍，因此，多功能氧化酶环氧化活性提高与小菜蛾对杀虫双和杀螟丹抗性有关（程罗根等，1999）。

（五）对昆虫生长调节剂类杀虫剂的抗性机制

苯甲酰基脲类杀虫剂是小菜蛾防治过程中应用最多的昆虫生长调节剂类杀虫剂。小菜蛾对苯甲酰基脲类杀虫剂的抗性机制主要为代谢机制，它与解毒酶系中的多功能氧化酶、羧酸酯酶和谷胱甘肽转移酶密切相关，与表皮穿透性的降低也有一定的关系。

考虑到抑太保分子结构中含有芳基酰胺结构，而广泛存在于昆虫体内的酰胺酶则被认为可能参与带有这类结构的某些农药的水解作用，在昆虫对具有此类结构的杀虫剂抗性中可能起着重要作用（张宗炳，1982）。因此，吴刚和宫田正（1998）通过对小菜蛾体内酰胺酶的研究，并分析比较对抑太保抗性及敏感品系小菜蛾体内酰胺酶的活性差异，对小菜蛾的抑太保抗性机制提供生理生化方面的解释。结果发现，抗性小菜蛾酰胺酶活性明显高于敏感品系。由于抑太保与灭幼脲均属苯甲酰类杀虫剂，分子结构极为相似，因此认为，小菜蛾体内酰胺酶对抑太保的降解作用，可能是导致其对抑太保产生抗性的重要机制（表 8 - 67）。

表 8 - 67　对抑太保抗性和敏感小菜蛾酰胺酶活性差异的比较

（吴刚和宫田正，1998）

昆虫品系	酶活性〔μmol/（g・min）〕	差异显著性检验（$P < 0.05$）
敏感品系 OSS	0.110 8±0.018 4	e
敏感品系 BKN	0.132 7±0.086 4	de
敏感品系 TLN	0.134 6±0.021 3	de
抑太保抗性品系 BKS	0.290 8±0.051 1	abc
抑太保抗性品系 TLS	0.308 3±0.142 8	ab
抗性品系 ATABRON	0.311 0±0.119 5	a
抗性品系 NOMOT	0.242 5±0.016 3	abcde
抗性品系 HIOKO	0.295 4±0.068 3	abc
抗性品系 CAKOSHIMA	0.291 7±0.085 7	abc

增效醚 PBO 是微粒体氧化酶的抑制剂，可以完成恢复小菜蛾对抑太保的敏感性（表 8 - 68），抗性品系的艾氏剂环氧化酶和芳香基羟化酶活性也明显高于敏感品系（表 8 - 69），因此可以认为，微粒体氧化酶是小菜蛾对抑太保产生抗性的主要原因（Perng et al.，1988；1989）。

表 8-68 不同增效剂对抗农梦特小菜蛾的增效作用

(Perng et al.，1988)

处 理	虫数	LC$_{50}$ (95%FL) (μg/mL)	斜率±SE	SR
单剂	320	1.05 (0.94~1.17)	3.87±0.49	
+PB	378	0.12 (0.098~0.14)	2.12±0.29	8.8
+MGK264	315	0.33 (0.28~0.40)	2.49±0.03	3.2
+carbary1	315	1.08 (0.75~10.83)	1.15±0.27	1.0
+TBPT	320	1.28 (0.52~33.1)	0.84±0.32	0.8

表 8-69 艾氏剂环氧化酶芳香基羟化酶活性在不同抗性小菜蛾中的差异

(Perng et al.，1988)

品 系	艾氏剂环氧化酶 [pmol/ (min·mg 蛋白)]	芳香基羟化酶 [pmol/ (min·mg 蛋白)]
敏感品系	32.6±5.3	28.1±1.5
田间品系	84.1±6.7	46.7±5.8
FS 抗性品系	161±16.3	220±10.5
MD 抗性品系	103±15.2	151±7.0

酰基脲类几丁质抑制剂与拟除虫菊酯类药剂无交互抗性。因此，酰基脲类几丁质抑制剂定虫隆、农梦特抗性品系与拟除虫菊酯类药剂的抗性品系具有不同的 MFO 酶系 (Ismail and Wright，1991)。

（六）对微生物农药 Bt 的抗性机制

详见第六章第四节。

（七）对抗生素农药阿维菌素的抗性机制

比较阿维菌素敏感（ABM-S）和抗性（ABM-R）种群小菜蛾的羧酸酯酶（CarE）、谷胱甘肽-S-转移酶（GST）和多功能氧化酶（MFO）O-脱甲基活力，除一至二龄外，抗性种群的 CarE 活性显著高于敏感种群，显著性随幼虫龄期的增长而增大，抗性种群四龄末期幼虫的 CarE 比活性为敏感种群的 2.25 倍。动力学研究表明，可能是低龄幼虫中酶分子的变构起主要作用，而随着虫龄增长，酶分子数量的增加对抗性的作用逐渐增大。从酯酶同工酶等电聚焦电泳得出抗性种群的 E$_7$、E$_{13}$ 和 E$_{15}$ 同工酶活性显著提高是导致抗性种群酯酶活性提高的主要原因。敏感和抗性种群 GST 的活性差异在一至二龄期最大，为 2.09 倍，随幼虫龄期的增大而降低，四龄幼虫期的 GST 无种群差异。未检测到多功能氧化酶的 O-脱甲基活性的种群差异（吴青君等，2001）。

用叶片药膜法测定阿维菌素抗性小菜蛾品系对增效醚（PB）和磷酸三苯酯（TPP）的增效作用。结果发现，PB 和 TPP 对阿维菌素分别增效 8.2 和 5.5 倍，说明小菜蛾对阿维菌素的抗性可能与多功能氧化酶（MFO）和羧酸酯酶（CarE）有关（梁沛等，2001）。

四、寄主植物对小菜蛾药剂敏感性及相关酶活性的影响

害虫抗药性的产生是一种动态的和涉及生物化学、生理学、遗传学及生态学等多方面的现象，害虫抗药性的产生不可避免地受到许多因素的影响，其中包括植物次生物质的作用。现代研究表明，植物次生物质可诱导激活或抑制害虫体内相关解毒酶系，从而导致害虫药剂敏感性发生变化（Brattsten et al.，1998；Lindroth，1991）。

（一）寄主植物对小菜蛾药剂敏感性的影响

1. 取食不同寄主植物的小菜蛾对定虫隆的敏感性变化　取食不同寄主植物的小菜蛾三龄幼虫对定虫隆的敏感性存在差异，以取食萝卜的小菜蛾三龄幼虫对定虫隆最为敏感，而甘蓝、菜心、豆瓣菜和白菜次之，取食花椰菜的小菜蛾幼虫对定虫隆的敏感性最低（表8-70）。取食这6种不同寄主植物的小菜蛾三龄幼虫对定虫隆的敏感性高低顺序依次为：萝卜＞甘蓝＞菜心＞豆瓣菜＞白菜＞花椰菜。

表8-70　取食不同寄主植物的小菜蛾三龄幼虫对定虫隆的敏感性

（李云寿等，1996 abcd）

寄主植物	直线回归方程	相关系数	$LC_{50}\pm SE$ (96h) (mg/L)	比值
萝 卜	$y=3.294\,1+0.870\,8x$	0.989 5	90.99 ± 1.36	1.0
甘 蓝	$y=3.134\,8+0.891\,8x$	0.968 5	123.45 ± 1.35	1.4
菜 心	$y=2.617\,0+1.039\,1x$	0.996 4	196.49 ± 1.29	2.2
豆瓣菜	$y=2.758\,2+0.951\,1x$	0.998 0	227.54 ± 1.34	2.5
白 菜	$y=2.333\,6+1.172\,0x$	0.992 3	229.30 ± 1.26	2.5
花椰菜	$y=2.927\,5+0.842\,2x$	0.993 6	288.95 ± 1.38	3.2

用萝卜、甘蓝、菜心、白菜、豆瓣菜和花椰菜饲养的小菜蛾，统一用菜心饲养至下一代后进行生物测定，小菜蛾幼虫对定虫隆敏感性发生变化，对定虫隆的LC_{50}值，没有明显的差异，不同寄主植物使小菜蛾对定虫隆的敏感性差异消失。

2. 取食不同寄主植物的小菜蛾对溴氰菊酯和氯氰菊酯的敏感性　取食不同寄主植物的小菜蛾三龄幼虫对溴氰菊酯敏感性测定结果如表8-71。在取食6种不同植物的小菜蛾三龄幼虫中，以取食萝卜的最为敏感，取食花椰菜的敏感性最低。取食6种不同寄主植物的小菜蛾三龄幼虫对溴氰菊酯的敏感性高低依次为：萝卜＞甘蓝＞菜心＞白菜＞豆瓣菜＞花椰菜。

表8-71　取食不同寄主植物的小菜蛾三龄幼虫对溴氰菊酯的敏感性

（李云寿等，1996 abcd）

寄主植物	直线回归方程	相关系数	$LC_{50}\pm SE$ (24h) (mg/L)	比值
萝 卜	$y=0.710\,6+2.249\,9x$	0.944 3	80.63 ± 1.15	1.0
甘 蓝	$y=-1.485\,2+2.811\,3x$	0.916 5	202.69 ± 1.10	2.5
菜 心	$y=-1.717\,3+2.761\,7x$	0.985 7	270.59 ± 1.10	3.4
白 菜	$y=-1.630\,1+2.688\,9x$	0.985 5	292.23 ± 1.12	3.6
豆瓣菜	$y=-2.575\,4+3.016\,5x$	0.881 2	324.58 ± 1.12	4.0
花椰菜	$y=-4.364\,1+3.246\,8x$	0.987 7	765.78 ± 1.13	9.5

取食不同寄主植物的小菜蛾三龄幼虫中，对氯氰菊酯敏感性大小顺序为：萝卜＞甘蓝＞菜心＞白菜＞豆瓣菜＞花椰菜（表8-72）。取食萝卜的小菜蛾三龄幼虫最为敏感，其LC_{50}值为153.59 mg/L，取食花椰菜的最不敏感，测得的LC_{50}值为1 150.54 mg/L，为前者的7.5倍。48h、72h和96h后的结果依然表现出这种规律。

表8-72　取食不同寄主植物的小菜蛾三龄幼虫对氯氰菊酯的敏感性

（李云寿等，1996 abcd）

寄主植物	直线回归方程	相关系数	$LC_{50}\pm SE$ (24h) (mg/L)	比值
萝 卜	$y=0.791\,8+2.649\,1x$	0.959 0	153.59 ± 1.11	1.0
甘 蓝	$y=1.690\,5+1.368\,8x$	0.991 4	261.70 ± 1.24	1.7
菜 心	$y=-1.863\,1+2.727\,0x$	0.992 6	328.64 ± 1.10	2.1
白 菜	$y=-1.983\,3+2.685\,6x$	0.983 6	398.36 ± 1.11	2.6
豆瓣菜	$y=-6.281\,3+4.113\,5x$	0.992 9	552.72 ± 1.15	3.6
花椰菜	$y=-4.651\,3+3.153\,1x$	0.943 7	$1\,150.54\pm1.19$	7.5

用萝卜、甘蓝、菜心、白菜、豆瓣菜和花椰菜饲养的小菜蛾，统一用菜心饲养至下一代后进行生物测定，发现小菜蛾对溴氰菊酯和氯氰菊酯显著的敏感性差异消失。

（二）不同寄主植物对小菜蛾抗性相关酶活性的影响

为了证明寄主植物对小菜蛾体内抗性相关酶活性的诱导作用，探明不同寄主植物影响小菜蛾药剂敏感性的内在原因，李云寿等（1996c d e）、高希武等（1996）开展了不同寄主植物对小菜蛾体内艾氏剂环氧化酶、乙酰胆碱酯酶、羧酸酯酶活性影响的研究，为在生产实际中和根据不同寄主植物上小菜蛾对药剂的敏感性差异，做到适时、安全和经济用药，结合轮作或间作等农业技术操作，减少用药量及缓解小菜蛾抗药性迅速发展等提供了理论依据。

1. 不同寄主植物对多功能氧化酶活性的影响　取食不同寄主植物的小菜蛾四龄幼虫，其艾氏剂环氧化酶的活性见表8-73。从表中可以看出，取食花椰菜的小菜蛾四龄幼虫艾氏剂环氧化酶的活性最高，而取食萝卜的最低。对于取食6种不同寄主植物的小菜蛾四龄幼虫，其艾氏剂环氧化酶的活性大小顺序为：花椰菜＞豆瓣菜＞白菜＞菜心＞甘蓝＞萝卜，经Duncan差异显著性测验结果表明，取食萝卜的小菜蛾四龄幼虫艾氏剂环氧化酶活性与取食豆瓣菜的小菜蛾四龄幼虫差异显著；取食花椰菜的小菜蛾四龄幼虫与取食其他5种寄主植物的小菜蛾四龄幼虫艾氏剂环氧化酶活性差异极显著，说明不同寄主植物可影响小菜蛾体内艾氏剂环氧化酶的活性。

表8-73　取食不同寄主植物的小菜蛾四龄幼虫对艾氏剂环氧化酶活性比较

（李云寿等，1996 abcd）

寄主植物	艾氏剂环氧化酶活性 [×10⁻⁸μmol/ (L・min・mg蛋白)]	比值	Duncan 显著性测验 0.05	0.01
萝 卜	0.90±0.07	1.0	a	A
甘 蓝	1.13±0.08	1.3	ab	A
菜 心	1.25±0.10	1.4	ab	A
白 菜	1.35±0.32	1.5	ab	A
豆瓣菜	1.56±0.14	1.8	b	A
花椰菜	2.48±0.59	2.8	c	B

2. 不同寄主植物对乙酰胆碱酯酶的影响　取食不同寄主植物的小菜蛾四龄幼虫体内乙酰胆碱酯酶活性高低顺序为：甘蓝＞豆瓣菜＞白菜＞花椰菜＞菜心＞萝卜。但经Duncan差异显著性测验结果表明，取食不同寄主植物的小菜蛾四龄幼虫乙酰胆碱酯酶的活性差异不显著。因此，取食不同寄主植物对小菜蛾四龄幼虫体内的乙酰胆碱酯酶活性没有显著影响（表8-74）。

表8-74　取食不同寄主植物的小菜蛾四龄幼虫乙酰胆碱酯酶活性比较

（李云寿等，1996 abcd）

寄主植物	乙酰胆碱酯酶活性 [×10⁻⁸μmol/ (L・min・mg蛋白)]	比值	Duncan 显著性测验 0.05	0.01
萝 卜	20.29±1.86	1.00	a	A
菜 心	20.66±0.96	1.02	a	A
花椰菜	20.67±2.43	1.02	a	A
白 菜	20.73±0.32	1.02	a	A
豆瓣菜	21.87±0.21	1.08	a	A
甘 蓝	22.15±1.29	1.09	a	A

3. 不同寄主植物对小菜蛾羧酸酯酶活性的影响　取食6种不同十字花科蔬菜的小菜

蛾各龄幼虫的 α-NA 和 β-NA 羧酸酯酶活性明显不同，其中，以取食花椰菜的小菜蛾幼虫的活性最高，而取食萝卜的最低。取食不同寄主植物的小菜蛾幼虫 α-NA 和 β-NA 羧酸酯酶活性高低顺序为：花椰菜＞豆瓣菜＞白菜＞菜心＞甘蓝＞萝卜。

取食不同寄主植物的小菜蛾一龄末幼虫，其 α-NA 羧酸酯酶活性，除了甘蓝和菜心之间无显著或极显著的差异之外，其余的寄主植物之间都有显著和极显著的差异。而对于 β-NA 羧酸酯酶的活性，取食甘蓝、萝卜与菜心的小菜蛾一龄末幼虫之间无极显著的差异，其余各寄主植物之间有极显著的差异（表 8-75）。

表 8-75　取食不同寄主植物的小菜蛾一龄幼虫羧酸酯酶活性

（李云寿等，1996 abcd）

寄主植物	α-NA 羧酸酯酶		比值	β-NA 羧酸酯酶		比值
	活性 [μmol/ (L·min·mg 蛋白)]			活性 [μmol/ (L·min·mg 蛋白)]		
萝　卜	52±2.3	aA	1.0	68±1.5	aA	1.0
甘　蓝	88±3.2	bB	1.7	87±4.0	abA	1.3
菜　心	96±5.1	bB	1.8	96±5.1	bA	1.4
白　菜	122±6.2	cC	2.3	135±7.1	cB	2.0
豆瓣菜	170±2.9	dD	3.3	229±18.5	dC	3.4
花椰菜	368±23.6	eE	7.1	379±18.6	eD	5.6

注：引自李云寿等（1996 abcd）。

取食不同寄主植物的小菜蛾二龄幼虫，其 α-NA 和 β-NA 羧酸酯酶的活性，在甘蓝与菜心之间无极显著的差异，而其余各寄主植物之间均有极显著的差异（表 8-76）。

表 8-76　取食不同寄主植物的小菜蛾二龄幼虫羧酸酯酶活性

（李云寿等，1996 abcd）

寄主植物	α-NA 羧酸酯酶		比值	β-NA 羧酸酯酶		比值
	活性 [μmol/ (L·min·mg 蛋白)]			活性 [μmol/ (L·min·mg 蛋白)]		
萝　卜	65±0.6	aA	1.0	67±20	aA	1.0
甘　蓝	106±4.2	bB	1.6	100±2.0	bB	1.5
菜　心	114±2.1	bB	1.8	116±6.7	cB	1.7
白　菜	160±6.2	cC	2.5	145±14.3	dC	2.2
豆瓣菜	186±2.1	dD	2.9	204±4.7	eD	3.0
花椰菜	368±23.6	eE	5.7	323±18.1	fE	4.8

取食不同寄主植物的小菜蛾三龄幼虫，其 α-NA 羧酸酯酶的活性在各寄主植物之间均有极显著的差异，而 β-NA 羧酸酯酶的活性，在甘蓝与菜心之间无极显著的差异（表 8-77）。到了四龄幼虫，不论是 α-NA 和 β-NA 羧酸酯酶的活性，在各寄主植物之间均有极显著的差异（表 8-78）。

表 8-77　取食不同寄主植物的小菜蛾三龄幼虫羧酸酯酶活性

（李云寿等，1996 abcd）

寄主植物	α-NA 羧酸酯酶		比值	β-NA 羧酸酯酶		比值
	活性 [μmol/ (L·min·mg 蛋白)]			活性 [μmol/ (L·min·mg 蛋白)]		
萝　卜	61±0.6	aA	1.0	70±1.0	aA	1.0
甘　蓝	126±1.0	bB	2.1	133±1.5	bB	1.9
菜　心	136±0.7	cC	2.2	135±5.8	bB	1.9
白　菜	180±1.5	dD	3.0	177±1.0	cC	2.5
豆瓣菜	255±3.8	eE	4.2	244±1.0	dD	3.5
花椰菜	365±4.7	fF	6.0	435±6.0	eE	6.2

表 8 - 78 取食不同寄主植物的小菜蛾四龄幼虫羧酸酯酶活性

(李云寿等, 1996 abcd)

寄主植物	α - NA 羧酸酯酶			β - NA 羧酸酯酶		
	活性 [μmol/ (L·min·mg 蛋白)]		比值	活性 [μmol/ (L·min·mg 蛋白)]		比值
萝 卜	59±0.6	aA	1.0	58±0.6	aA	1.0
甘 蓝	117±3.1	bB	2.0	135±5.5	bB	2.3
菜 心	139±0.6	cC	2.4	147±1.0	cC	2.5
白 菜	174±1.5	dD	2.9	183±3.0	dD	3.2
豆瓣菜	256±2.5	eE	4.3	249±1.0	eE	4.3
花椰菜	340±2.6	fF	5.8	334±0.6	fF	5.8

高希武等 (1996) 对厦门小菜蛾羧酸酯酶的研究也表明, 小菜蛾羧酸酯酶活性受寄主植物的影响, 取食甘蓝的小菜蛾羧酸酯酶活性明显高于取食油菜的种群。

(三) 不同寄主植物对小菜蛾酯酶同工酶的影响

李云寿等 (1997) 用聚丙烯酰胺凝胶电泳对取食花椰菜、豆瓣菜、白菜、菜心、甘蓝和萝卜等 6 种不同寄主植物的小菜蛾酯酶同工酶进行了研究。取食不同寄主植物的小菜蛾四龄幼虫之间, 其酯酶谱有明显差异。对敌敌畏和毒扁豆碱抑制所得的酯酶图谱分析结果同样表明, 不同寄主植物对小菜蛾的酯酶同工酶有影响作用, 使得取食不同寄主植物的小菜蛾幼虫对药剂的敏感性不同。

五、小菜蛾对不同类型杀虫剂的抗性及交互抗性特征

充分地认识小菜蛾对不同杀虫剂的抗药性和交互抗性, 才能有效地选择适当的杀虫剂进行小菜蛾的防治, 以延缓和避免抗药性的产生, 从而通过杀虫剂的轮换使用等方式减少不同杀虫剂间的交互抗性, 以进行小菜蛾的抗性治理。小菜蛾对不同类型杀虫剂的抗性及交互抗性特征如表 8 - 79。

表 8 - 79 小菜蛾对不同类型杀虫剂的抗性及交互抗性特征

(Cheng et al. , 1996)

抗性特征	有机磷杀虫剂	甲萘威、灭多威、残杀威	克百威	拟除虫菊酯	昆虫生长调节剂	杀螟丹	Bt
抗性稳定性	稳定至不稳定	稳定	不稳定	不稳定	不稳定	稳定	不稳定
抗性幅度	中等	高	高	高	高	中等	中等
抗性相关机制	多因子	单因子	单因子	单因子	单因子	单因子	单因子
有关生化实质	乙酰胆碱酯酶、谷胱甘肽 - S - 转移酶、羧酸酯酶、酯酶	固有的多功能氧化酶	克威百诱导的多功能氧化酶	拟除虫菊酯诱导的多功能氧化酶	昆虫生长调节剂诱导的多功能氧化酶	广谱性酯酶	中肠上皮细胞受体的变化
实际增效剂	TDP	增效醚 (PB)	增效醚 (PB)	增效醚 (PB)	增效醚 (PB)	—	—
遗传表达	半显性性状 (intermediate)	显性性状 (dominant)	半显性性状 (intermediate)	半显性性状 (intermediate)	隐性性状 (recessive)	附加型 (additive, proposed)	

（续）

抗性特征	有机磷杀虫剂	甲萘威、灭多威、残杀威	克百威	拟除虫菊酯	昆虫生长调节剂	杀螟丹	Bt
田间应用评价	由于抗性不稳定性，有机磷杀虫剂可用于药剂轮换使用	不推荐使用	不推荐用于生长周期短的十字花科蔬菜，偶尔用于生长初期，可以减少农药残留	极力推荐使用于小菜蛾及其他十字花科蔬菜害虫的防治	可用于镶嵌式或交替式喷雾治理	推荐在降雨量较少的季节进行轮换使用	推荐轮换使用，特别是在收获前期极安全

注：TDP：2 - (3，5 - dichlorophenyl) - 2 - (2，2，2 - trichloroethyl) oxirane。

第三节　小菜蛾抗药性的遗传与进化

昆虫抗药性是一种进化现象，是昆虫种群内部遗传结构在杀虫剂选择作用下持续变化的外在表现（Dobzhansky，1951）。昆虫的抗药性是由选择形成的，由药剂选择而增长的抗药能力是可以遗传的。1941 年，Dickson 率先对昆虫的抗药性作遗传分析，指出美国加利福尼亚州的红蚧（*Aonifiella aureantii*）对氢氰酸的抗性是性连锁，呈不完全显性。1951 年，Harrison 研究家蝇对 DDT 的击倒抗性结果表明，抗性遗传的方式符合孟德尔学说。因此，人们认识到昆虫对杀虫剂的抗性是一种可遗传的性状，有其自身的遗传规律。

昆虫对药剂产生抗性的生化机理主要包括靶标敏感性的下降、解毒代谢能力的增强和穿透率的下降等。这些生化特征，大多数是以典型的孟德尔规律遗传的，遗传基因是决定昆虫抗性与敏感的分子基础。但在某些情况下，抗性可有相当独特的遗传和生化特点，例如核外遗传组分（extranuclear genetic elements）。昆虫控制抗性的遗传信息均贮藏于DNA 分子中，一个片段的 DNA 序列决定某一抗性遗传特性。现已知道昆虫的抗性受到多种基因的控制，与抗性有关的基因主要包括结构基因、调节基因和操纵基因。

抗性的遗传方式是通过基因组合来表达。生物的基因组合又称基因型，表现的遗传性状称为表现型，它是基因型在外界环境作用下的具体表现。在自然界中，抗性昆虫大多没有任何外部特征，都需要通过 LD - p 线来测定才能知道它们抗性的稳定性或程度，但需要抗、感两种纯合品系作为依据。

Georghiou（1981）把抗性遗传表现分为完全显性、不完全显性、半显性、不完全隐性、完全隐性 5 种类型。若抗性与敏感品系杂交 F_1 代的抗性程度与抗性亲本一致的称为完全显性，与敏感亲本一致的称为完全隐性，抗性与抗性亲本和敏感亲本的对数平均值相等称为中间型或半显性，程度介于中间型与完全显性之间的称为不完全显性，介于中间型与完全隐性之间的称为不完全隐性。这种分类方式当前已为大众所接受。

Stone（1968）提出用显性度（D 值）来表示基因型，并建立了 Falconer 公式，计算方法如下：

$$D=\frac{2LC_{50}（RS）-LC_{50}（RR）-LC_{50}（SS）}{LC_{50}（RR）-LC_{50}（SS）}$$

该公式把 Georghiou 的定义数量化。用 D 值来表示抗性基因型，5 种基因型的 D 值是：$D=1$ 为完全显性；$D=-1$ 为完全隐性；$D=0$ 为半显性；$0>D>-1$ 为不完全隐性；$1>D>0$ 为不完全显性。

昆虫抗性遗传的研究方法主要有：①剂量对数—死亡率几率值曲线法；②遗传标记品系分析法。对于大多数农业害虫来说，由于目前没有遗传标记品系，只能采用剂量对数—死亡率几率值曲线法进行分析。而这种方法是间接和推理的，因而具有一定的局限性。采用这种方法进行抗性遗传研究时，要求抗性品系和敏感品系的 LD-p 线要尽量拉开，不能有重叠，否则，得出的结果无法分析或导致错误结论。但是，在实际研究中抗性品系和敏感品系 LD-p 线有时会发生重叠，即使在抗性为单基因遗传的情况下，也往往需要通过重复回交法来解决这个问题，它能确定抗性为单基因还是多基因遗传，但不能灵敏地区分出次要基因。

抗性遗传方式的试验测定，通过设立下列群体杂交组合：①正交 F_1：S ♀×R ♂；反交 F_1：R ♀×S ♂；②F_2：R ♀×S ♂（反交）F_1 代自交获自交第二代；③回交（BC）：用正交 F_1 的处女雌成虫与 S 的雄成虫杂交或反交 F_1 的处女雌成虫与 R 的雄成虫杂交，获回交后代。

分别测定亲本（R、S）、F_1 代、F_2 代和回交后代（BC）的四龄幼虫对杀虫剂的剂量对数—死亡率几率值线。根据正、反杂交后代（F_1）对杀虫剂表现的抗性水平及抗性选育过程中的羽化雌、雄成虫比例确定抗性是否为伴性遗传。根据 Stone（1968）报道的 Falconer 公式计算 F_1 的显性度：

$$D=\frac{2\times LD_{50}(RS)-LD_{50}(RR)-LD_{50}(SS)}{LD_{50}(RR)-LD_{50}(SS)}$$

式中：LD_{50} 为对数值，$-1\leqslant D\leqslant 1$。

由 D 值所在的范围确定抗性遗传的显隐性程度，$D=1$ 为完全显性，$D=-1$ 为完全隐性，$D=0$ 为半显性。

按 Tsukamoto（1963）介绍的方法，初步分析抗性遗传方式。如果小菜蛾对杀虫剂（如杀螟丹）的抗性为单基因遗传，则回交后代的 LD-p 线在死亡率 50% 处，F_2 代在死亡率 25% 或 75% 处出现明显平坡。若不出现平坡，表明抗性为两个或两个以上基因控制（程罗根等，1999）。

参照 Stone（1968）、Georghiou 等（1965）介绍的统计方法分析 F_1 代的显性程度，并对遗传假设通过卡方（χ^2）测验进行适合性检验，以判明单基因或多基因遗传。

根据孟德尔关于一对等位基因的遗传规律，可以按照下列公式计算 BC 和 F_2 代在某剂量下的期望死亡率（Georghiou et al.，1965）：

$$E(BC)=(W_1 或 W_3)\times 0.5+W_2\times 0.5$$
$$E(F_2)=W_1\times 0.25+W_2\times 0.25+W_3\times 0.25$$

式中：$E(BC)$、$E(F_2)$ 分别为 BC、F_2 代在某剂量下的期望死亡率；W_1、W_2、W_3 分别表示 S、F_1、R 在相应剂量下的实际死亡率（由毒力回归线求得）。

然后用下列公式计算对应于某个剂量的 χ^2 值（Sokal et al.，1981）：

$$\chi^2=(F_1-Pn)^2/Pqn$$

式中：F_1 为在某剂量下的实际死亡虫数，P 为期望死亡率，$q=1-P$，n 为此剂量总的供试虫数。

最后，对 BC 和 F_2 的一系列期望值和观察值进行适合性检验，如果 $\sum \chi^2 > \chi^2_{0.05}(df = n-1)$，说明结果与期望不适合，即抗性不是单基因遗传；反之，则说明结果与期望相符，即抗性为单基因遗传（程罗根等，1998）。

一、小菜蛾对沙蚕毒素类杀虫剂的抗性遗传

1. 小菜蛾对杀螟丹的抗性遗传　敏感品系 S 和抗性品系 R 之间的正交 F_1 和反交 F_1 对杀螟丹的 LD_{50} 值分别为 8.930μg/头和 8.106 μg/头，抗性水平介于 R 和 S 之间且偏向抗性品系，同时根据 Stone（1968）公式计算得 $D = 0.411\,6$，介于 0～1 之间，充分说明小菜蛾对杀螟丹抗性的主效基因为不完全显性（表 8-80）。

表 8-80　小菜蛾抗性品系与敏感品系及其杂交后代对杀螟丹的敏感性

（程罗根等，1999）

品　系	LD_{50}（μg/头）	LD-p 线	χ^2	95% 置信区限	抗性比
敏感（S）	0.718 9±0.032 6	$y=5.229\,3+1.600x$	0.227 1	0.625 8～0.825 9	1.000 0
抗性（R）	25.524 0±1.839 6	$y=2.107\,1+2.056x$	0.266 2	23.394 3～27.847 6	35.503 4
正交（F_1）	8.930 2±0.170 1	$y=3.340\,9+1.745x$	0.166 2	7.910 3～10.081 5	12.422 0
反交（F_1）	8.106 4±1.038 1	$y=3.499\,5+1.651x$	0.205 7	7.100 8～9.254 4	11.276 1
F_2	1.559 2±0.279 3	$y=4.828\,4+0.890x$	0.153 6	1.289 9～1.884 7	2.168 8
回交（BC）	1.055±0.055 1	$y=4.972\,5+1.168x$	0.410 7	0.890 8～1.251 7	1.468 5

回交 F_1-BC 的 LD-p 线在死亡率 50% 处没有出现拐点。F_2 的 LD-p 线在死亡率 25% 或 75% 处也没有出现拐点的迹象，并且单因子遗传的假设也被试验结果的适合性检验（χ^2）结果排除。因此，可以确定抗性不是单基因遗传。小菜蛾对杀螟丹的抗性不是单基因遗传而是多基因遗传，主要基因为不完全显性（图 8-3、图 8-4）。

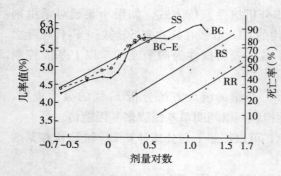

图 8-3　亲代及 F_1 和回交后代的 LD-p 线

SS. 敏感品系　RR. 抗性品系　RS. R♀×S♂F_1

BC. S♀×R♂→F_1♀×S　BC-E. BC 的期望曲线

（程罗根等，1999）

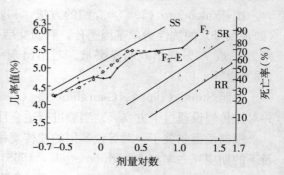

图 8-4　亲代及 F_1 和 F_2 代的 LD-p 线

SS. 敏感品系　RR. 抗性品系　F_2. R♀×S♂后代自交

SR. S♀×R♂F_1　F_2-E. F_2 的期望曲线

（程罗根等，1999）

2. 小菜蛾对杀虫双的抗性遗传　敏感品系 S 和抗性品系 R 之间的正交 F_1 和反交 F_1 对杀虫双 3 次测定的 LD_{50} 平均值分别为 22.163μg/头、16.089μg/头。经显著性差异测验，当 $P=0.05$ 时，正、反交 F_1 对杀虫双表现的抗性水平无显著差异。用杀虫双淘汰选育 R 过程中，蛹羽化为成虫的雌、雄比例几乎稳定在 1∶1。因此，小菜蛾对杀虫双的抗性遗

传不属伴性遗传，而是常染色体遗传。

将正、反交 F_1 对杀虫双的 3 次毒力测定的虫数、死亡虫数合并计算，得出：

正交 F_1 的 LD_{50} 值为 20.986 μg/头，毒力回归式 $y=3.544+1.101x$；

反交 F_1 的 LD_{50} 值为 15.928 μg/头，毒力回归式 $y=3.714+1.070x$。

经显性度计算，正、反交 F_1 的显性度（D）值分别为 0.39、0.28，两者均介于 0～1 之间，同时由图 8-5、图 8-6 可见反交、正交 F_1 的 LD-p 线都偏向 R 一方。结果表明，小菜蛾对杀虫双抗性的主效基因为不完全显性。

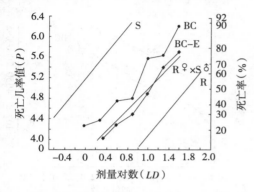

图 8-5　BC 和 R♀×S♂ 的 LD-p 线

S. 敏感品系　R. 抗性品系　BC. 回交

BC-E. BC 的期望曲线

（李凤良等，1998）

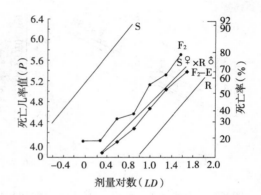

图 8-6　F_2 和 S♀×R♂ 的 LD-p 线

S. 敏感品系　R. 抗性品系　F_2-E. F_2 的期望曲线

（李凤良等，1998）

按 Tsukamoto（1963）介绍的抗性遗传分析方法，假设小菜蛾对杀虫双的抗性遗传为单基因遗传，则 BC 的 LD-p 线在死亡率 50% 处，F_2 的 LD-p 线在死亡率 25% 或 75% 处，出现明显的平坡，而实际测得的 BC 的 LD-p 线在死亡率 50% 处，F_2 的 LD-p 线在死亡率 25% 和 75% 处，均未出现明显的平坡，而且两者的 LD-p 线和各自的期望曲线有较大差异（图 8-5、图 8-6）。因此，初步断定小菜蛾对杀虫双的抗性不是单基因遗传。进一步的适合性检验（χ^2）测验结果（$\sum \chi^2_{(BC)} = 52.033 > \chi^2_{0.05}$, $df = 6$；$\sum \chi^2_{(F_2)} = 34.603 > \chi^2_{0.05}$, $df = 6$）表明，小菜蛾对杀虫双的抗性不是单基因遗传而是多基因遗传。

二、小菜蛾对拟除虫菊酯类杀虫剂的抗性遗传

1. 小菜蛾对溴氰菊酯的抗性遗传　正交 F_1 对溴氰菊酯的 LD_{50} 平均值为 0.172 9 μg/头，反交 F_1 的 LD_{50} 平均值为 0.216 5 μg/头，两者相差 0.043 6 μg/头。经显著性检验，结果表明，正、反杂交 F_1 对溴氰菊酯的抗性水平无显著差异。用溴氰菊酯淘汰选育抗性品系过程中，蛹羽化雌、雄成虫的比例保持在 1：1 左右。因此，可以判定小菜蛾对溴氰菊酯的抗性遗传与虫体性别无关，属常染色体遗传（李凤良等，2000）。

将正、反杂交 F_1 对溴氰菊酯的毒力测定的所测虫数、死亡虫数合并计算，得出：

正交 F_1 的 LD_{50} 平均值为 0.173 7 μg/头，毒力回归式（SR）$y=6.047 2+1.377 5x$；

反交 F_1 的 LD_{50} 平均值为 0.203 6 μg/头，毒力回归式（RS）$y=6.146 1+1.658 2x$。

利用正、反交 F_1 对溴氰菊酯的毒力测定的 LD_{50} 平均值，由 F_1 显性度（D）值计算公式计算得到正交、反交 F_1 的 D 值分别为-0.5084 和-0.4556，两者均位于$-1\sim0$ 区间。表明小菜蛾对溴氰菊酯的主效基因表现不完全隐性遗传效应。根据 Tsukamoto 抗性遗传分析方法，实际测得 F_2 的 LD-p 线在死亡率 25% 处，75% 处及 BC 的 LD-p 线在死亡率 50% 处都没有出现明显的平坡，而且 F_2 和 BC 的 LD-p 线与各自的期望曲线存在较大差异（图 8-7、图 8-8）。说明小菜蛾对溴氰菊酯的抗性不是单基因遗传。单基因遗传假设的适合性检验表明，小菜蛾对溴氰菊酯的抗性不是单基因遗传而是多基因遗传。

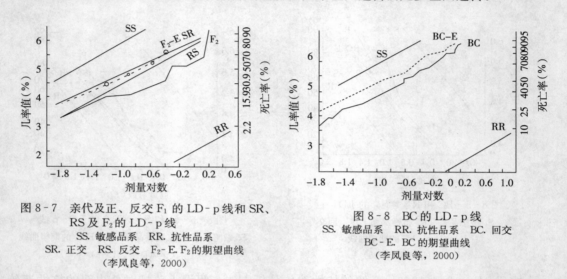

图 8-7 亲代及正、反交 F_1 的 LD-p 线和 SR、
RS 及 F_2 的 LD-p 线
SS. 敏感品系 RR. 抗性品系
SR. 正交 RS. 反交 F_2-E. F_2 的期望曲线
（李凤良等，2000）

图 8-8 BC 的 LD-p 线
SS. 敏感品系 RR. 抗性品系 BC. 回交
BC-E. BC 的期望曲线
（李凤良等，2000）

2. 小菜蛾对氰戊菊酯的抗性遗传 通过对敏感品系和抗性品系的 F_1，F_2 和 B_1 代（回交代）对氰戊菊酯敏感性进行测定发现，由任一杂交方法得出的 F_1 代的 LD-p 线与敏感品系的 LD-p 线均相近。从而可以推断，小菜蛾对氰戊菊酯的抗性是由隐性基因控制的（图 8-9），F_1 代的 LD-p 线的向右出现微小偏差，可能是由于存在多种由不同优势程度的抗性机制造成的（Motoyama et al.，1992）。

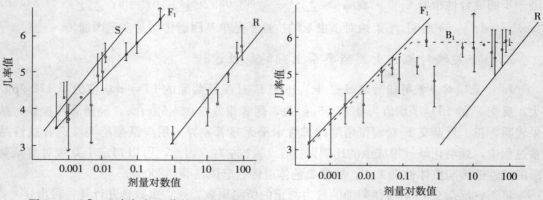

图 8-9 S♀×R♂杂交 F_1 代的 LD-p 线
S. 敏感品系 R. 抗性品系
（Motoyama et al.，1992）

图 8-10 F_1（S♀×R♂）×R♀回交代的 LD-p 线
S. 敏感品系 R. 抗性品系
（Motoyama et al.，1992）

回交代 B_1 和 F_2 的 LD‐p 线未显示在图中，可以证明小菜蛾对氰戊菊酯的抗性遗传是很复杂的（图 8‐10），起码不是单因素控制的。这个结果可能归结于小菜蛾的三种抗性机制或者对氰戊菊酯抗性的不稳定性。

三、小菜蛾对阿维菌素的抗性遗传

阿维菌素对小菜蛾抗性品系和敏感品系杂交及回交后代的毒力如表 8‐81，以 90.1 倍的抗性品系与同源的敏感品系杂交，F_1 代只有 2.3～2.9 倍的抗性，F_2 代有 2.5～4.8 倍的抗性，F_1 与抗性亲本回交代有 2.7～5.9 倍的抗性，F_1 与敏感亲本回交代有 1.9～2.2 倍的抗性，抗性基因频率显著下降。

从阿维菌素对 RS 与 SR 种群的毒力比较来看，RS 与 SR 的 LC_{50} 差异不显著，而且 95％置信限基本重合。另外，各随机抽取 400～450 头幼虫检验，性比近似保持在 1∶1，

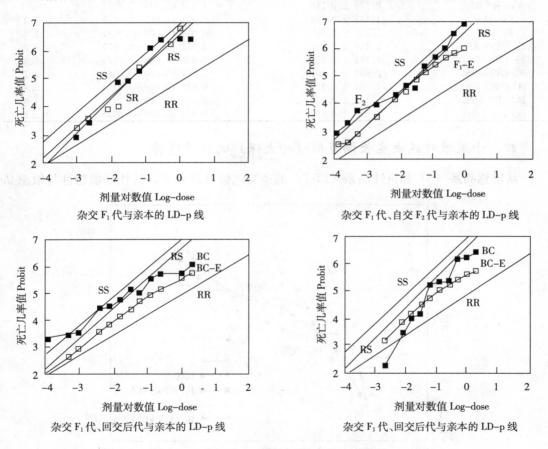

图 8‐11　抗阿维菌素小菜蛾杂交和回交后代的 LD‐p 线

SS. 敏感品系　　RR. 抗性品系　　RS. R♀×S♂　　SR. S♀×R♂　　F_2. SR×SR

F_2‐E. SR×SR 期望值线　　BC（图 C）. RR♀×RS♂　　BC‐E（图 C）. RR♀×RS♂期望值线

BC（图 D）. SR♀×RR♂　　BC‐E（图 D）. SR♀×RR♂期望值线

（李腾武等，1999）

说明小菜蛾对阿维菌素的抗性是常染色体遗传。由阿维菌素的毒力测定结果（表 8-81），求得正交显性度 $D=-0.64$，反交显性度 $D=-0.52$，二者均为 $-1<D<0$，说明小菜蛾对阿维菌素的抗性为不完全隐性遗传。另外，由图 8-11 看出，RS 与 SR 的 LD-p 线均靠近 SS，进一步说明抗性为不完全隐性。由图 8-11 不难看出，BC 和 F_2 种群实测的 LD-p 线与期望曲线差异较大，而且发现 BC 代的 LD-p 线在死亡率 50% 处没有明显的平台，F_2 代的 LD-p 线在死亡率 25% 或 75% 处也没有明显的平台。进一步进行适合性 χ^2 检验不符合单基因遗传假设，从而证明抗性可能为多基因遗传（李腾武等，1999）。

表 8-81　阿维菌素对小菜蛾各品系的毒力

（李腾武等，1999）

品　系	斜率（$b\pm$ SE）	LC_{50}（95%置信区间）	抗性比
XH-S（SS）	1.176 ± 0.161	0.015（0.009～0.022）	1
AV-R（RR）	0.724 ± 0.145	1.352（0.549～2.326）	90.1
F_1（RS）	1.148 ± 0.118	0.034（0.015～0.065）	2.3
F_1（SR）	1.505 ± 0.203	0.044（0.029～0.061）	2.9
F_2（RS×RS）	1.169 ± 0.137	0.072（0.049～0.103）	4.8
F_2（SR×SR）	1.136 ± 0.142	0.038（0.022～0.056）	2.5
BC（RR×RS）	0.687 ± 0.091	0.041（0.020～0.056）	2.7
BC（SR×RR）	1.227 ± 0.124	0.088（0.056～0.132）	5.9
BC（RS×SS）	1.109 ± 0.127	0.029（0.017～0.044）	1.9
BC（SS×SR）	1.358 ± 0.171	0.033（0.017～0.055）	2.2

四、小菜蛾对昆虫生长调节剂（抑太保）的抗性遗传

从敏感品系（S）和抗性品系（BBT）的杂交试验可以看出，F_1 代的敏感性与敏感品

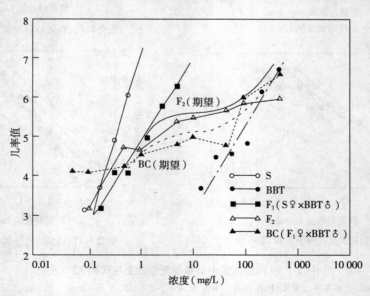

图 8-12　小菜蛾敏感、抗性品系及其杂交后代对抑太保的 LD-p 线

SS. 敏感品系　BBT. 抗性品系

（Kobayashi et al.，1992）

系（S）一致。此外，从显性度 $D= -1$ 来看，小菜蛾对昆虫生长调节剂的抗性遗传方式是完全隐性的。不管是正交还是反交，任何一个 F_1 代对抑太保的药剂敏感性并没有差异。因此可以证明，小菜蛾对昆虫生长调节剂的抗性与性别无关。同样，从 F_2 和回交后代的 LD - p 线（图 8 - 12）可以看出，小菜蛾对昆虫生长调节剂的抗性遗传属于单基因遗传（Kobayashi et al.，1992）。

第四节 小菜蛾的抗性监测与风险评估

害虫抗药性的产生是影响杀虫剂的安全有效使用的最严重问题之一。在抗药性发展初期，人们往往难以觉察，直到药剂防治效果下降时才发现。而开展抗性监测可以尽早了解害虫对药剂的抗性和药剂对害虫的防治效果。有效的抗性监测可以降低农药的用量，增加化学防治和生物防治的协调能力，抗性监测还可以用来评价为克服和延缓害虫抗药性的发生发展所采取的治理措施的效果。

一、小菜蛾的品系筛选

（一）小菜蛾敏感品系的选育

采集用药水平低的地区的田间小菜蛾种群为亲本材料进行继代饲养。根据普通遗传学原理，通过雌雄成虫单独配对，使其子代对杀虫药剂的敏感性状发生分离，用药剂的区分剂量测定其四龄幼虫，选择敏感性高的作为下一代虫种，继续单配选育（韩招久等，1998）。

（二）小菜蛾抗性品系的选育

1. 点滴处理法 为保证选育过程中每头被选幼虫和每代被选幼虫受药体积均匀一致，采用点滴处理法。即将四龄幼虫（2～3mg/头）先经 CO_2 轻度麻醉后，以药剂的 LD_{50} 相应浓度用微量进样器把 $0.5\mu L$ 药液分别点到幼虫胸部背面。每代处理幼虫 2 000 头以上，约淘汰 70%，将存活化蛹的个体作为下一代虫种，逐代用药剂淘汰选择。每隔 5 代测定 1 次 LD_{50} 值，再用此 LD_{50} 的相应浓度处理下 5 代试虫。

2. 叶片浸渍饲喂法 采用叶片浸渍饲喂法。用 0.01% TritonX - 100 水溶液将药剂（一般可用商品制剂）配成适当浓度的药液，将甘蓝叶在药液中浸渍 10s 取出晾干，放入直径 6cm 的培养皿中，接入小菜蛾四龄幼虫（体重 2～3mg），每培养皿 10 头，每隔 2d 更换新鲜未经药液处理的甘蓝叶，直到化蛹。每代处理幼虫 2 000～4 000 头，约淘汰 80%，将存活的个体作为下一代虫种，逐代用药剂淘汰选择。每 3～5 代用点滴法测 1 次 LD_{50} 值。

二、小菜蛾的抗性测定

判断害虫是否产生抗药性，首先必须进行测定与分析，而测定的方法如果不统一，抗性程度难以比较和估价。为此，世界卫生组织（WHO）和联合国粮农组织（FAO）制定了主要卫生害虫和农业害虫的抗药性测定标准方法，以供全球进行抗性监测。

（一）抗药性测定原理

昆虫对杀虫剂的抵抗力分布并非呈常态分布，而是呈有一定偏度的近似常态分布。但经数学上的一系列处理，即把剂量转换成对数，把死亡率转换成几率值后，昆虫的死亡几率值与剂量的浓度对数呈直线关系，这就是剂量对数—死亡几率值线（log dosage - probit line，简称 LD - p 线）。通常用 $y = a + bx$ 表示，y 为死亡几率值，x 为剂量对数。

在进行抗性测定时，一般用从 LD - p 线获得的致死中量（LD_{50}）、或致死中浓度（LC_{50}）、击倒中量（KD_{50}）、击倒中时间（KT_{50}）和致死中时间（LT_{50}）来表示。

测得一个地区种群的半数致死量应与未接触任何杀虫剂的敏感种群或敏感品系相比较才能判断是否产生抗性及其程度。这些敏感种群或敏感品系的 LD_{50} 称为敏感度基数（baseline data），抗性程度通常用抗性指数（resistance factor）来表示：

抗性指数（倍数） = 抗性昆虫的 LD_{50} / 敏感昆虫的 LD_{50}。

（二）小菜蛾药剂敏感性测定方法

详见第七章第二节。

三、小菜蛾抗药性监测

（一）小菜蛾抗药性的分级

害虫抗药性分级标准是根据抗性倍数决定的。抗性倍数是被测害虫群体的致死中量与敏感群体的致死中量的比值，以其比值（即倍数）表示抗性程度。小菜蛾抗药性的分级标准参照家蝇抗药性的分级标准：1～5 倍为无抗性（害虫种群敏感性下降或耐药性增强）；5～10 倍为低水平抗性；10～40 倍为中等水平抗性；40～160 倍为高等水平抗性；160 倍以上为极高水平抗性。

用此抗性分级标准，多年来系统监测我国小菜蛾的抗性发展趋势，已发现小菜蛾对有机磷、有机氯、氨基甲酸酯、拟除虫菊酯、沙蚕毒素以及昆虫生长调节剂、微生物农药Bt 等农药已经产生了不同程度的抗药性。在我国南方，小菜蛾抗性发展迅速，1987—1989 年广东、福建、厦门、上海等省（直辖市）的小菜蛾对溴氰菊酯、氰戊菊酯、杀螟腈和灭多威的抗药性已经达到极高抗水平，对有的药剂高达 1 700 倍以上。

（二）诊断剂量法监测小菜蛾抗药性

为了了解昆虫种群中是否开始出现抗性个体，可用一个单独的"区分剂量"（discriminating dosage）来进行监测。所谓"区分剂量"即为杀死敏感品系 99.9%（从敏感品系的 LD - p 线求得）的剂量。用此剂量处理某一种群，如果死亡率小于 5%，则可认为已有抗性的信号，或用 2 倍的区分剂量重复处理 3 次，如连续有存活个体时，也可认为已有抗性的信号，由于应用区分剂量可诊断群体内是否存在抗性个体，故区分剂量又称诊断剂量（diagnostic dosage）（赵善欢，1993）。

诊断剂量的确定，传统方法以 LD - p 线求得的 LD_{99} 或 $LD_{99.9}$ 作为诊断剂量，如朱树勋等（1995）用诊断剂量法对武汉不同菜区小菜蛾对卡死克、速灭杀丁、亚胺硫磷的抗药性水平进行了监测。也有人广泛测定敏感品系的基线，用它们的 LD_{99} 的平均数或众数的 2倍为诊断剂量（李显春和王荫长，1997）。

由于任何一个具有一定抗性水平的田间害虫种群都不是一个同质的群体，而是由抗性水平不同的异质群体组成，LD - p 线都不可能形成一条直线，而是具有拐点和平坡的曲线。因此，李显春和王荫长（1997）提出：用平坡或拐点判断法来确定诊断剂量，可以免去必需敏感基线的缺憾，其步骤如下：

首先，选择抗性水平分别为低抗、中抗、高抗的田间抗性品系各1～2个，同时测定它们的20～30个梯度浓度的各自死亡率，使死亡率范围在5%～100%，作出其散点图，并连接成曲线。其次，以剂量对数为x，死亡几率值为y，对散点图进行函数拟合，求出各个品系的方程式$y=f(x)$的二阶导数为零的点（$y''=0$）。各品系散点图出现拐点时的死亡率是不同的，死亡率的高低反映了品系内异质群体的组成比例，但拐点所对应的剂量却是相同的，即可由此确定诊断剂量。

（三）小菜蛾抗药性的田间监测方法

当小菜蛾出现抗药性时，首要任务是寻找一种快速有效的方法来检测抗药性，才能了解和掌握田间小菜蛾的实际抗性状况。现有3种不同的技术方法可供田间抗性测试，包括浸叶法、玻璃瓶药膜法、可降解杯药膜法，可降解杯药膜法已经被证明是田间条件下最有用的方法（Plapp et al.，1992）。

小菜蛾田间抗性监测的首要问题是决定采用剂量死亡率测定方法还是用诊断剂量测定方法。剂量死亡率测定方法可以明确田间种群的平均抗性水平，诊断剂量测定方法则可以了解田间种群的抗性个体比例。诊断剂量法在烟青虫抗性研究的早期得到发展和广泛应用，提供了大量有关烟青虫抗性个体比例的信息。Roush和Miller（1986）描述了诊断剂量测定方法的优点，包括简易测定方法和有效的数据处理。Plapp等（1992）采用以下不同方法，分析比较了小菜蛾的田间抗性监测方法。

首先，从田间采集小菜蛾幼虫，选择分属于四种不同化学种类和三种不同作用途径（如钠离子通道途径，胆碱酯酶抑制途径，和γ-氨基丁酸途径）的杀虫剂，如氯菊酯、S-氰戊菊酯、灭多威、甲萘威、甲胺磷、甲基对硫磷和硫丹等，设计一个相当于田间使用比例的剂量，采用浸叶法测定小菜蛾对这些药剂的敏感性。

第二步，确定敏感小菜蛾对杀虫剂的剂量死亡率直线。主要是氯菊酯、硫丹、甲胺磷、灭多威和Bt等。这些工作的主要目的是确定每一种杀虫剂对敏感品系的LC_{90}。这就是诊断剂量法。

第三步，确定检测技术，如可降解杯测定法。这种方法在理论和实践上与浸叶法相似，把不同杀虫剂诊断剂量浓度药液倒入29.6mL可降解塑料杯，不断旋转使药液充分浸润杯内侧，将多余的液体倒出，然后把小菜蛾的幼虫放入杯中，4h后检查结果。

用不同的检测方法对实验室小菜蛾种群进行测试和比较，结果发现每一种方法的结果都是类似的。由于简便和低成本，最后可降解杯法被采用作为抗性监测的方法。

在抗性监测基础上，从被认为产生抗性的田块采集小菜蛾幼虫，将对小菜蛾具有潜在控制作用的药剂进行系列测试，根据试验结果决定采用哪类杀虫剂进行田间防治，这样能够有效地预测一些特定的、有效的杀虫剂，从而达到良好的控制作用。

四、小菜蛾抗药性的风险评估

（一）抗药性遗传力的测定方法

研究抗药性遗传力是为了对抗药性风险进行评估，从而对特定环境条件下害虫对某种药剂产生抗性的可能性进行预测（Keiding，1986）。对受选择性状遗传力进行分析的方法较多，如同胞分析法（Firko and Aayes，1991）和对联分析法（Tabashnik，1992）等。

Tabashnik（1992）对遗传力的分析方法进行了发展，用几率值分析方法估算形成抗性个体耐药能力或耐药性分布的平均数和方差，从而求得现实遗传力值，并用这种新的计算方法分别对小菜蛾、烟芽夜蛾和马铃薯叶甲的抗 Bt 遗传力以及小菜蛾抗甲基乙磷酯（稻丰散）的遗传力进行了评估，并对抗药性发展进行了预测。

现实遗传力（h^2）的估算：参照 Tabashnik（1992）方法。

现实遗传力：$h^2 = R/S$；

被选择种群的选择反应：$R = [\log（终 LD_{50}）- \log（始 LD_{50}）] /n$；

选择差数：$S = i\delta_p$。（i 代表选择强度）

表现型的平均离差：$\delta_p = [1/2（始斜率+终斜率）]^{-1}$。

（二）小菜蛾的抗性选育及抗性稳定性

1. 小菜蛾的抗性选育　室内害虫抗药性选育是研究抗性的重要手段，是进行抗性机理、抗性遗传等研究的基础。有关小菜蛾的室内抗药性选育研究国内外已有较多的报道。

用杀虫双和杀螟丹在实验室以点滴法处理小菜蛾四龄幼虫，以连续继代药剂淘汰选育其抗药性。经过杀虫双选育 35 代的 RS 品系的 LD_{50} 值从 $0.55\mu g/$头上升到 $28.34\mu g/$头，抗性上升 51.53 倍（表 8-83）。敏感品系对杀虫双的敏感度没有降低，F_{36} 代的 LD_{50} 值为 $0.61\mu g/$头，与 F_1 代比，毒力指数仅增加 0.11（陈之浩等，1993）。经杀螟丹选育 35 代的 RP 品系对杀螟丹的敏感度 LD_{50} 值从 $0.24\mu g/$头上升到 $6.21\mu g/$头，抗性上升了 25.88 倍，但比 RS 品系的抗性增长慢。敏感品系对杀螟丹的敏感度没有降低（表 8-84）。

表 8-83　杀虫双对小菜蛾抗性选育结果
（陈之浩等，1993）

选育代数	回归方程式	LD_{50}（95%置信限）（$\mu g/$头）	抗性增长倍数（与 F_0 相比）	相关系数
F_0	$y=5.4234+1.6332x$	0.55（0.65～0.46）	1.0	0.9924
F_5	$y=4.7253+1.7078x$	1.45（1.77～1.19）	2.63	0.9742
F_{10}	$y=4.6172+1.2711x$	2.00（2.47～1.62）	3.63	0.9524
F_{15}	$y=3.3314+1.7473x$	9.02（10.62～7.65）	16.40	0.9973
F_{20}	$y=2.7869+1.8937x$	14.75（17.06～12.75）	26.82	0.9939
F_{25}	$y=2.6381+1.9903x$	15.37（17.72～13.33）	27.94	0.9939
F_{30}	$y=1.5900+2.3736x$	27.33（31.97～23.36）	19.64	0.9989
F_{35}	$y=2.3370+1.6335x$	28.34（32.97～24.36）	51.53	0.9804

表 8-84　杀螟丹对小菜蛾抗性选育结果
（陈之浩等，1993）

选育代数	回归方程式	LD_{50}（95%置信限）（$\mu g/$头）	抗性增长倍数（与 F_0 相比）	相关系数
F_0	$y=6.1321+1.8269x$	0.24（0.33～0.22）	1.0	0.9698
F_5	$y=6.0232+1.8582x$	0.20（0.33～0.24）	1.17	0.9931
F_{10}	$y=5.5260+1.3613x$	0.52（0.61～0.45）	2.17	0.9887
F_{15}	$y=4.6275+1.8378x$	1.59（1.85～1.38）	6.63	0.9879
F_{20}	$y=3.2906+2.3288x$	5.44（6.18～4.79）	22.67	0.9864
F_{25}	$y=3.9098+1.4190x$	5.87（6.97～4.94）	24.46	0.9969
F_{30}	$y=3.5413+1.8792x$	5.97（6.97～5.12）	24.88	0.9821
F_{35}	$y=3.9014+1.3858x$	6.21（7.31～5.27）	25.88	0.9978

从表 8-83、表 8-84 和图 8-13 还可以明显看出，在药剂选育初期抗性发展极缓慢，从 F_{16} 代以后抗性上升较快，用杀螟丹处理从 F_{20} 代以后、杀虫双从 F_{30} 代以后抗性增长缓慢趋于稳定状况，其抗药性的形成发展均呈 S 形（陈之浩等，1993）。

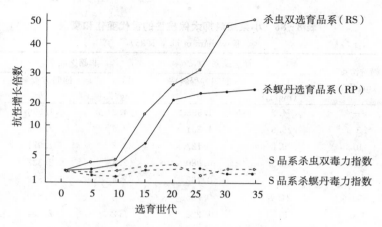

图 8-13　杀虫双和杀螟丹汰选小菜蛾抗药性增长图
（陈之浩等，1993）

刘传秀等（1995）用溴氰菊酯在实验室以点滴法处理小菜蛾四龄幼虫，以连续继代药剂淘汰选育其抗药性。经过 65 代选育，该小菜蛾种群对溴氰菊酯的敏感度显著下降，即 LD_{50} 值由 F_0 代的 $0.083\mu g$/头上升至 F_{65} 代的 $96.573\mu g$/头，抗性增长 1 163 倍，形成了高抗溴氰菊酯品系（R 品系）；在选育的 65 代中，F_0 代至 F_{25} 代之间抗性倍数增长幅度较小，F_{25} 代至 F_{50} 代之间抗性倍数增长幅度较大。F_{50} 代至 F_{65} 代之间抗性倍数大幅度增长（表 8-85）。

表 8-85　溴氰菊酯对小菜蛾抗性选育结果

（刘传秀等，1995）

选育代数	回归方程式	LD_{50}（95%置信限）（μg/头）	抗性增长倍数（与 F_0 相比）	相关系数
F_0	$y=6.462+1.351x$	0.083（0.11～0.06）	1.00	0.983 4
F_5	$y=5.631+0.715x$	0.131（0.20～0.09）	1.58	0.996 2
F_{10}	$y=5.362+0.994x$	0.432（0.64～0.29）	5.20	0.953 4
F_{15}	$y=4.793+1.288x$	1.447（2.38～0.88）	17.48	0.989 0
F_{20}	$y=4.541+0.800x$	3.745（10.20～1.37）	45.12	0.993 2
F_{25}	$y=4.489+0.737x$	4.936（31.94～0.76）	59.47	0.992 8
F_{30}	$y=4.095+0.885x$	10.546（21.12～5.26）	127.06	0.988 2
F_{35}	$y=3.996+0.883x$	13.711（24.02～7.82）	165.19	0.981 2
F_{40}	$y=4.836+0.876x$	21.315（33.72～13.47）	256.81	0.952 3
F_{45}	$y=3.419+1.094x$	27.810（42.78～18.07）	335.06	0.994 6
F_{50}	$y=3.106+1.239x$	33.795（46.99～24.30）	407.17	0.967 9
F_{55}	$y=3.260+1.023x$	50.254（73.19～34.50）	605.47	0.982 9
F_{60}	$y=3.015+1.099x$	63.900（104.60～39.03）	769.88	0.972 3
F_{65}	$y=2.033+1.495x$	96.573（204.40～45.62）	1 163.53	0.924 6

用抑太保继代筛选小菜蛾抗性品系，每世代用药剂处理几百头幼虫，筛选药剂浓度从

3mg/L 增加到 200mg/L，筛选 11 代后停止使用药剂。经过 11 代选育，该小菜蛾种群对抑太保的敏感度显著下降，抗性增长 79 倍。在选育的 11 代中，F_0 代至 F_5 代之间抗性倍数增长幅度较小，F_5 代至 F_{11} 代之间抗性倍数增长幅度较大（Kuwahara et al.，1995），如表 8-86。

表 8-86　小菜蛾对抑太保抗性的世代变化和衰退

(Kuwahara et al.，1995)

世代	筛选浓度 (mg/L)	筛选品系		非筛选品系		抗性比
		LC_{50} (mg/L)	回归方程斜率 b	LC_{50} (mg/L)	回归方程斜率 b	
F_0	—	4.2	1.998	4.2	1.998	
F_1	3	5.6	1.221	3.6	2.422	1.6
F_2	10	6.8	1.127	3.2	1.971	2.1
F_3	30	10.9	0.980	2.4	2.337	4.5
F_4	30	15.1	0.762	2.4	1.899	6.5
F_5	50	24.9	0.765	4.9	1.860	5.1
F_6	100	155	1.222	3.2	2.434	48.4
F_7	100	124	0.983	2.2	2.572	56.4
F_8	200	205	1.171	2.6	2.094	78.8
F_9	200	154	11.253	3.0	1.898	51.3
F_{10}	200	226	1.099	2.9	1.953	77.9
F_{11}	200	207	1.275	3.0	2.381	79.0
F_{12}	0	—	—	—	—	—
F_{13}	0	85.7	1.021	2.3	2.398	37.3
F_{14}	0	—	—	—	—	—
F_{15}	0	48.3	0.767	3.1	2.212	15.6
F_{16}	0	—	—	—	—	—
F_{17}	0	6.3	1.445	2.6	2.493	2.4

　　为探讨小菜蛾对抗生素杀虫剂的抗性形成过程，何婕等（2000）、张雪燕等（2001）通过室内选育，获得对阿维菌素 B_1 的高抗品系，用阿维菌素 B_1 对小菜蛾敏感种群在室内进行抗性品系选育，经过 25 代连续汰选，获得抗性种群 Lab-R。小菜蛾对阿维菌素 B_1 抗性发展表现从第一代到第四代，抗性指数仅增长 2 倍多，第五代出现突增，LD_{50} 值上升到 0.037 4μg/头，抗性指数为 12.9，第六代抗性指数继续急速增至 27.8 倍。从第八代到第十二代，LD_{50} 值上升速度变缓，抗性指数在 30.1～34.3 之间波动。从第十二代以后，LD_{50} 值又开始急速上升。到第二十五代，LD_{50} 值已升到 0.291 9μg/头，与选育前相比，抗性提高 100.7 倍。同步饲养的敏感品系对阿维菌 B_1 的 LD_{50} 值在 0.002 1～0.003 11μg/头之间波动，敏感性基本无变化（表 8-87，图 8-14）。

　　2. 抗性稳定性　小菜蛾在药剂选择压力下产生的抗性有些是稳定的，有些是不稳定的。朱树勋等（1999）将具较高抗药性的小菜蛾田间种群经室内无药剂压力条件下连续饲养，其抗性逐渐下降，20 代后丧失对氰戊菊酯和亚胺硫磷的抗性，但对灭多威的抗性衰退相对较为缓慢。陈之浩等（1995）研究发现，停止药剂汰选后经过 5 代，小菜蛾对杀虫双和杀螟丹的抗性由原来的 178 倍和 87 倍分别下降到 57 倍和 16 倍。

表 8-87 小菜蛾对阿维菌素 B_1 抗性品系 (Lab-R) 的选育

(张雪燕等, 2001)

代别	汰选浓度 (mg/L)	死亡率 (%)	回归方程式	LD_{50} (95%置信限) (μg/头)	抗性增长倍数 (与F_0相比)	相关系数
F_0	0.018	78.9	$y=10.2999+2.0864x$	0.0029 (0.0024~0.0035)	1.0	0.9941
F_1	0.018	86.2				
F_2	0.036	85.7	$y=9.0859+1.9214x$	0.0075 (0.0062~0.0090)	2.6	0.9889
F_3	0.009	72.7				
F_4	0.009	91.1	$y=9.8590+2.1903x$	0.0060 (0.0048~0.0075)	2.1	0.9856
F_5	0.009	79.1	$y=8.6255+2.5411x$	0.0374 (0.0299~0.0469)	12.9	0.9991
F_6	0.009	81.4	$y=7.1568+1.9717x$	0.0806 (0.0660~0.09760)	27.8	0.9946
F_7	0.009	63.2				
F_8	0.18	73.0	$y=7.0583+1.9642x$	0.0896 (0.0732~0.1096)	30.9	0.9902
F_9	0.27	79.1				
F_{10}	0.36	89.9	$y=7.1894+2.0686x$	0.0874 (0.0739~0.1034)	30.1	0.9971
F_{11}	0.36	83.4				
F_{12}	0.36	77.0	$y=6.8226+1.8196x$	0.0996 (0.0817~0.1214)	34.3	0.9899
F_{13}	0.72	86.7				
F_{14}	0.72	78.9				
F_{15}	0.72	79.4	$y=6.5575+1.8955x$	0.1508 (0.1227~0.1853)	52.0	0.9973
F_{16}	0.72	92.5				
F_{17}	0.72	55.9				
F_{18}	1.08	67.6	$y=6.3412+1.9907x$	0.2120 (0.1691~0.2658)	73.1	0.9934
F_{19}	1.44	70.0				
F_{20}	1.80	89.9				
F_{21}	—	—				
F_{22}	1.44	93.8				
F_{23}	—	—				
F_{24}	1.44	70.0				
F_{25}	1.44	57.5	$y=6.5098+2.8236x$	0.1919 (0.2434~0.2658)	100.7	0.9933

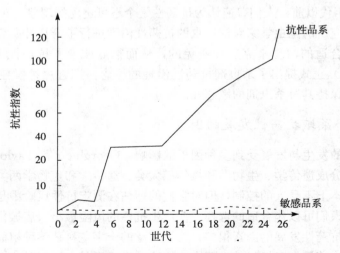

图 8-14 小菜蛾对阿维菌素的抗性及敏感性发展趋势

(何婕等, 2000)

Tang et al.（1997）研究报道，在无 Bt 选择压力下，经过 3 代饲养，小菜蛾对 Bt 的抗性水平从初始的＞1 500 倍降低到约 300 倍，而后虽继续在无药剂压力下饲养，其对 Bt（Kurstaki）的抗性稳定在 300 倍。Maruyama 等（1999）研究发现，在 Bt 的选择压力下，随着选择压力的增加，小菜蛾对 Bt 制剂产生较高的抗性，当抗 Bt 小菜蛾品系在无 Bt 选择压力情况下，其抗性水平可维持 20 代，20 代以后抗性水平逐渐下降。Shirai 等（1998）研究发现，小菜蛾抗 Bt 品系与敏感品系相比表现出卵孵化率低、发育历期长、幼虫和蛹的存活率低、成虫寿命短、繁殖力低等生物特征，于是认为小菜蛾抗性品系的这种生长发育及繁殖不利性可能就是小菜蛾抗性迅速回复的原因。

Tang 等（1990）的研究结果表明，抗马拉硫磷淡色库蚊纯合子和杂合子在无杀虫剂时表现出繁殖不利性；吴益东等（1996）的研究结果表明，棉铃虫对氰戊菊酯抗性品系存在繁殖不利性。因此可以认为，抗性害虫在无药剂情况下表现出的生长发育或繁殖不利性是抗性不稳定的一个重要因素。小菜蛾在无杀虫剂选择压力下所表现出的抗性不稳定是抗性治理中采用杀虫剂的暂时停用或轮用不具交互抗性杀虫剂这一措施的重要理论依据（何玉仙等，2001）。

吴刚等（2001 ab）对小菜蛾抗性稳定性的研究结果表明，福州地区田间小菜蛾已对甲胺磷、水胺硫磷、克百威和氰戊菊酯产生高抗性，对 Bt 和氟啶脲尚未产生明显抗性。脱离选择压力 3 代后，小菜蛾的抗性水平迅速下降，其中灭多威和克百威的抗性衰退比分别为 1.64 和 1.37，而对甲胺磷、敌敌畏、氰戊菊酯的抗性衰退比则高达 2.97～5.83。脱离选择压力 7 代后，小菜蛾对甲胺磷和灭多威的 LC_{50} 及抗性衰退比与脱离选择压力 3 代后的值相近。而对水胺硫磷的抗性水平已接近敏感种群。这表明，不同类型杀虫剂抗性衰退的模式不同。

第五节　小菜蛾抗药性的治理

20 世纪 70 年代以前，人们普遍认为抗药性是个不可避免的现象。20 世纪 70 年代初，津巴布韦棉花研究所的昆虫学家对棉铃虫的抗药性治理进行了开拓性研究，发现棉铃虫的抗性是可以通过合适的治理来克服和避免的，从而彻底改变了抗药性不可避免的观点。Georghiou（1977）正式提出了杀虫剂抗药性治理的概念，把害虫种群控制在为害的经济阈值以内，同时保持其对杀虫剂的敏感性。

一、影响小菜蛾抗药性发展的因素

害虫抗药性的发生与发展受到多种因子的影响。Georghiou 和 Taylor（1977）把影响抗性变化的因子分成遗传学、生物学和操作三大类。遗传学和生物学两类因子是生物本身固有的特性，基本上不受人的控制，但对它们的评估在测定抗性风险中是很重要的。操作因子是人为的，人们可以作合适的选择，使产生抗性的风险最小（唐振华，1993）。

影响小菜蛾抗药性发展的因素很多，除了广泛的十字花科蔬菜种植面积、农药的频繁使用外，还包括小菜蛾自身极强的生殖力、快速的世代更替、很长的生长季节等（Sun et al.，1978；Yamada et al.，1978）。农药使用不当往往是加速抗药性发展的重要原因。

影响小菜蛾抗药性的遗传学因子主要包括抗性等位基因的频率、数目、显隐性、抗性基因的适合度等。其中每个因子都会影响抗性的选择速度，特别是抗性基因的起始频率，频率越高，抗性发展越快，同时还影响到药剂选择后的群体数量。

影响小菜蛾抗药性的生物学因子主要包括生物学、生态学和行为学等几个方面，如世代数、生殖方式、迁移扩散能力和行为改变以避免与杀虫剂接触等。其中世代数和繁殖能力特别重要，小菜蛾的迅速繁殖能大量产生抗性后代。

影响小菜蛾抗药性的操作因子主要包括药剂的种类、剂型、残效、早期使用药剂的历史，以及施药技术，如剂量大小、防治指标、防治时期、次数以及用药方式等等。多靶标的药剂不易诱发抗药性，几种不同作用机理的药剂混配使用，进行多靶标治理，也能达到同样的效果，用药时期与害虫生物学特性有关，虫龄增加，自然耐药性提高，因而防治高龄幼虫，容易导致防治失败，在低龄幼虫期用药，对抗性小菜蛾也容易防治。

二、小菜蛾抗药性治理的途径

害虫本身的生物学和行为习性、药剂的特性、抗性的遗传规律、环境的因素以及人为的防治因素和社会因素等多个方面都对害虫的抗性治理产生重要影响，害虫抗性治理是个非常复杂的系统工程。自从害虫或害螨的抗性出现后，降低选择压力一直被认为是延缓或避免抗性发展的最可靠方法。

20世纪70年代至80年代初，为了治理抗性的发展，国外学者通过理论模型模拟，从化学防治角度提出了一些抗性治理的策略，Georghiou（1983）从化学防治的角度把抗性治理策略分为适度治理（management by moderation）、饱和治理（management by saturation）和复合作用治理（management by multiple attack）三类。适度治理的出发点是通过降低药剂的选择压力来保持害虫的敏感性，充分利用种群中有价值的敏感资源。适度治理策略的核心是通过降低田间药剂用量来降低敏感纯合子个体的死亡率，使抗性基因成为显性，因种群中保持有足够的纯合子个体，同样也可以延缓抗药性的发展（李显春和王荫长，1997）。饱和治理也就是通常所说的高杀死策略。这种方法利用高剂量杀虫剂有效地杀死抗性害虫个体，或者以低剂量杀虫剂加增效剂达到这一压制抗性发展的目标，从而创造利于敏感性害虫个体迁入的条件，最终克服抗性。复合作用治理就是利用杀虫剂对生物的多位点作用机制，使杀虫剂的靶标不易产生抗性。具体做法主要是杀虫剂的混用、轮用以及施药空间上的棋盘式田间间隔布置等。多路进攻策略是目前在抗性治理中应用最多的方法，其优点是简明易懂，易于推广。

小菜蛾的抗性治理应从生态系统总体出发，根据小菜蛾和环境之间的相互关系，因地制宜地协调应用各项措施。杀虫剂作为外部因子作用于生态系统，人为地影响着生态系统的动态平衡，它的正确使用与否直接影响着抗性发展。所以抗性治理的重要策略是各项措施的协调应用。

1. 掌握害虫发生规律　害虫生长阶段、生长环境不同，对药剂的耐受性程度也不同。因此，掌握目标害虫发生规律对于有效控制害虫、缓解害虫抗药性产生具有重要意义。

2. 建立和完善抗性监测与风险评估体系　杀虫剂的大量不合理使用是引起害虫抗药性的主要原因。在抗药性发展初期，人们往往难以觉察，直到药剂防治效果下降时才发现。而开展田间药剂敏感性监测可以尽早了解害虫对药剂的敏感性和药剂对害虫的防治效果。有效的抗性监测可以降低农药的用量，增加化防和生防的协调能力（Tabashnik，1992）。同时，抗性监测还可以用来评价为克服和延缓害虫抗药性的发生发展所采取的治理措施的效果（高希武等，1989）。

抗性风险评价是对一定环境中使用农药引起抗性的可能性进行预测。当一种新杀虫剂被推荐用于防治小菜蛾时，首先需要进行抗性风险评价，当评价表明抗性有可能发展时，就应该进行抗性检测，抗性一旦被检测出来，就需要进行抗性监测。因此，小菜蛾的抗性检测、监测和危险性评价系统的建立和完善，实际上为制定小菜蛾抗性治理策略、延缓或避免小菜蛾抗性发展提供科学依据（何玉仙等，2001）。

3. 加强新型杀虫剂的研究开发与应用推广　在对小菜蛾的抗性治理中，化学防治仍占有重要地位。但面对环境、食品安全等各方面的压力，化学药剂应优先选用高效安全的品种，并严格控制使用次数，在综合防治体系中注意与其他防治方法协调使用，做到各取所长，优势互补。然而随着化学农药的大量使用，小菜蛾已经对越来越多的杀虫剂产生了抗性。

小菜蛾对一种新药剂的应用初期表现出的抗性是很弱的，新药剂可有效地杀死抗性小菜蛾个体，控制对其他杀虫剂的抗性发展；也可替代已产生较高抗性的杀虫剂，降低田间选择压力，延缓抗性的进一步发展。然而新型杀虫剂的研制和开发速度远远低于害虫产生抗性的速度。因此，在小菜蛾抗药性治理中，在加强新型杀虫剂的研究开发速度的同时，应当采取措施延长现有杀虫剂品种的使用寿命和恢复老品种的使用价值，这对小菜蛾抗药性的治理具有非常重要的意义。

4. 综合治理措施　详见第九章。

参 考 文 献

[1] 陈言群，杨帆，孙耘芹. 艾氏剂环氧化酶及细胞色素 P‐450 对小菜蛾抗药性发展的影响. 昆虫学报，1994，37（3）：280～285

[2] 陈章发，周程爱. 长沙地区小菜蛾田间种群抗性初查. 湖南农业科学，1998，（5）：42～43

[3] 陈之浩，刘传秀，李凤良等. 小菜蛾继代繁殖大量饲养方法研究初报. 贵州农业科学，1990，（4）：52～53

[4] 陈之浩，刘传秀，李凤良等. 贵州主要菜区小菜蛾抗药性调查. 贵州农业科学，1992a，（2）：15～19

[5] 陈之浩，刘传秀，李凤良等. 小菜蛾幼虫乙酰胆碱酯酶和羧酸酯酶的活性与抗药性关系研究. 贵州农业科学，1992b，（3）：1～3

[6] 陈之浩，刘传秀，李凤良等. 杀虫双和杀螟丹选育对小菜蛾抗药性的形成及其抗性机制. 昆虫学报，1993，36（4）：409～418

[7] 陈之浩，刘传秀，李凤良等. 抗杀虫双小菜蛾和抗杀螟丹小菜蛾酯酶同工酶的研究. 昆虫知识，1994a，31（1）：36～37

[8] 陈之浩，刘传秀，李凤良等. 抗杀虫双和抗杀螟丹小菜蛾的多功能氧化酶环氧化活性研究初报. 贵州农业科学，1994b，（4）：38～39

[9] 陈之浩，刘传秀，李凤良等．溴氰菊酯抗性小菜蛾酯酶同工酶研究．贵州农业科学，1994c，（5）：46～47

[10] 陈之浩，刘传秀，李凤良等．小菜蛾对杀虫双的抗药性监测、交互抗性测定及药剂防治研究．西南农业学报，1994d，7（3）：68～74

[11] 程罗根，王荫长．小菜蛾的抗药性及其防治策略．世界农业，1996，（10）：32～34

[12] 程罗根，李凤良，王荫长等．小菜蛾对杀螟丹抗药性的生化遗传研究．南京农业大学学报，1998，21（3）：36～40

[13] 程罗根，李凤良．抗杀虫双和抗杀螟丹小菜蛾的等基因系的培育．南京农业大学学报，1999，22（2）：28～31

[14] 程罗根，李凤良，陈之浩等．小菜蛾对杀虫双和杀螟丹抗性与艾氏剂环氧化活性．南京师大学报（自然科学版），1999，22（2）：78～82

[15] 程罗根，李凤良．小菜蛾对杀螟丹抗性遗传的研究．昆虫学报，1999，42（1）：12～18

[16] 程罗根，李凤良，韩招久等．小菜蛾对杀虫双和杀螟丹抗药性遗传的 DNA 随机扩增多态性研究．昆虫学报，2001，44（1）：15～20

[17] 程罗根，李凤良，韩招久等．小菜蛾对杀虫双和杀螟丹抗性的现实遗传力．昆虫学报，2001，44（3）：263～267

[18] 方菊莲，夏大荣，杨荣新．小菜蛾半人工饲料研究．植物保护学报，1988，15（3）：167～171

[19] 冯夏，陈焕瑜，帅应垣等．广东小菜蛾对苏云金杆菌的抗性研究．昆虫学报，1996，39（3）：238～245

[20] 高希武，郑炳宗，梁同庭等．杀虫剂混用或加增效剂对瓜-棉蚜增效作用及机制的研究．植物保护学报，1989，16（4）：273～278

[21] 高希武，郑炳宗，陈仲兵．小菜蛾羧酸酯酶性质的研究．南京农业大学学报，1996，19（增刊）：122～126

[22] 顾中言，许小龙，韩丽娟．江苏部分地区小菜蛾对常规农药的抗药性．江苏农业学报，2001，17（1）：34～38

[23] 韩招久，李凤良，李忠英等．小菜蛾对杀虫剂敏感品系的选育．植物保护学报，1998，25（4）：355～358

[24] 何婕，张雪燕．小菜蛾对阿维菌素的抗性形成规律．西南农业学报，2000，13（2）：67～70

[25] 何玉仙，杨秀娟，翁启勇．小菜蛾抗药性研究及其治理．江西农业大学学报，2001，23（3）：320～324

[26] 柯礼道，方菊莲．应用发芽菜籽大量饲养小菜蛾．昆虫知识，1981，18（5）：233

[27] 李保同，汤丽梅，赵凤霞等．南昌地区小菜蛾抗药性监测及其应用研究．江西农业大学学报，1999，21（1）：29～32

[28] 李凤良，程罗根，韩招久等．小菜蛾对杀虫双的抗性遗传研究．植物保护学报，1998，25（4）：345～350

[29] 李凤良，程罗根，韩招久等．小菜蛾对溴氰菊酯的抗性遗传分析．西南农业学报，2000，13（4）：62～66

[30] 李建洪，伍建宏，喻子牛等．小菜蛾对苏云金芽孢杆菌的抗药性研究．华中农业大学学报，1998，17（3）：214～217

[31] 李腾武，高希武，郑炳宗等．小菜蛾对阿维菌素的抗性遗传分析及交互抗性研究．植物保护，1999，25（6）：12～14

[32] 李显春，王荫长．农业害虫抗药性问答．北京：中国农业出版社，1997

[33] 李向东，唐振华．马拉硫磷羧酸酯酶在小菜蛾抗药性中的作用．昆虫学研究集刊（1992—1993），1994，11：1～9

[34] 李云寿，罗万春，慕立义．不同寄主植物对小菜蛾艾氏剂环氧化酶和乙酰胆碱酯酶活性的影响．植物保护学报，1996，23（2）：181～184

[35] 李云寿，罗万春，赵善欢．不同寄主植物对小菜蛾羧酸酯酶活性的影响．山东农业大学学报，1996a，27（2）：147～151

[36] 李云寿，罗万春，赵善欢．取食不同寄主植物的小菜蛾对定虫隆敏感性的变化．农药，1996b，35（2）：13～15

[37] 李云寿，罗万春，赵善欢．取食不同寄主植物的小菜蛾对溴氰菊酯和氯氨菊酯敏感性的变化．山东农业大学，1996c，27（3）：269～274

[38] 李云寿，罗万春，赵善欢．取食不同寄主植物的小菜蛾酯酶同工酶的研究．山东农业大学学报，1997，28（5）：5～8

[39] 梁沛，高希武，郑炳宗等．小菜蛾对阿维菌素的抗性机制及交互抗性研究．农药学学报，2001，3（1）：41～45

[40] 刘传秀，陈之浩，李凤良等．应用蛭石萝卜苗法室内继代大量繁殖小菜蛾的研究．昆虫知识，1993，30（6）：341～344

[41] 刘传秀，李凤良，韩招久等．溴氰菊酯抗性小菜蛾对不同杀虫剂的交互抗性及治理对策．贵州农业科学，1994，（3）：25～29

[42] 刘传秀，李凤良，韩招久等．小菜蛾对溴氰菊酯抗性选育及其机理．植物保护学报，1995，22（4）：367～372

[43] 刘宏海，黄彰欣．广州地区小菜蛾对 Bt 和阿维菌素敏感性的测定．中国蔬菜，1999，（2）：9～12

[44] 慕立义．植物化学保护研究方法，北京：中国农业出版社，1994

[45] 沈晋良，吴益东．棉铃虫抗药性及其治理．北京：中国农业出版社，1995

[46] 沈寅初，杨慧心．杀虫抗性素 Avermectin 的开发及特性．农药译丛刊，1994，16（3）：1～14

[47] 帅应垣，冯夏，陈焕瑜等．广东供港菜区小菜蛾抗药性研究初报．广东农业科学，1994，（4）：31～32

[48] 唐振华．14C-马拉硫磷在抗性和敏感淡色库蚊中的穿透和代谢作用的研究．昆虫学研究集刊，1980，7：83～88

[49] 唐振华，周成理．抗性小菜蛾中的谷胱甘肽-S-转移酶．昆虫学研究集刊，1991，11：1～4

[50] 唐振华，周成理，吴世昌等．上海地区小菜蛾的抗药性及增效剂的作用．植物保护学报，1992a，19（2）：179～185

[51] 唐振华，周成理．抗性小菜蛾的乙酰胆碱酯酶敏感性．昆虫学报，1992b，35（4）：385～392

[52] 唐振华，周成理．解毒酯酶在小菜蛾抗性中的作用．昆虫学报，1993a，36（1）：8～13

[53] 唐振华．昆虫抗药性中的酯酶基因扩增研究进展．昆虫知识，1993b，30（1）：53～56

[54] 唐振华，吴士雄．昆虫抗药性的遗传与进化．上海：上海科学技术文献出版社，2000

[55] 王维专，陈伟平，卢叔勤等．广州、深圳地区小菜蛾对定虫隆、Bt 的抗性监测．植物保护学报，1993，20（3）：273～276

[56] 唐振华．昆虫抗药性及其治理．北京：农业出版社，1993

[57] 王旭，高希武，郑炳宗．小菜蛾抗药性的研究．世界农业，1997，（11）：27～29

[58] 吴刚，宫田正．酰胺酶在小菜蛾对抑太保抗性中的作用．福建农业大学学报，1998，27（1）：92～95

[59] 吴刚，尤民生，赵士熙．抗性和敏感小菜蛾谷胱甘肽-S-转移酶和谷胱甘肽的比较．福建农业大学

学报，2000，29（4）：478～481

[60] 吴刚，尤民生，赵士熙等．小菜蛾抗性稳定性及抗性治理对策研究．农药学学报，2001，3（1）：83～86

[61] 吴刚，尤民生，赵士熙等．苏云金杆菌预处理小菜蛾对有机磷和氨基甲酸酯杀虫剂的增效作用．昆虫学报，2001，44（4）：454～461

[62] 吴青君，姜辉，赵建周等．小菜蛾对苯甲酰基脲类杀虫剂的抗性现状及治理对策．农药科学与管理，1998，（4）：16～18

[63] 吴青君，张文吉，张友军等．解毒酶系在小菜蛾对阿维菌素抗性中的作用．农药学学报，2001，3（3）：23～28

[64] 吴世昌，顾言真．杀灭菊酯对小菜蛾的毒效检测．植物保护，1986，12（3）：19～20

[65] 吴世昌．新农药荟萃．北京：中国农业科技出版社，1992

[66] 吴世昌，顾言真．试论小菜蛾对酰基脲杀虫剂的抗性．上海蔬菜，1997，（1）：32～33

[67] 吴益东，沈晋良．棉铃虫对氰戊菊酯抗性遗传分析．农药学学报，1995，3（3）：23～27

[68] 吴益东，沈晋良，谭福杰．棉铃虫对氰戊菊酯抗性品系和敏感品系的相对适合度．昆虫学报，1996，39（3）：233～237

[69] 向延平，王小平，周程爱等．长沙地区小菜蛾对阿维菌素的敏感性、交互抗性及增效剂的作用．植物保护，2001，27（3）：21～23

[70] 谢力，彭统序．小菜蛾对杀虫药剂抗性的研究Ⅱ．小菜蛾幼虫的酯酶分析．昆虫天敌，1996，18（增刊）：23～29

[71] 许小龙，韩丽娟，顾中言．江苏主要菜区小菜蛾的抗药性．江苏农业科学，2000，（2）：50～52

[72] 许小龙，苏建坤．小菜蛾对菊酯类农药抗性水平及高效农药应用研究．华东昆虫学报，2001，10（2）：86～90

[73] 阎艳春，乔传令，钱传范．小菜蛾抗药性研究的现状及展望．昆虫知识，1997，34（5）：310～314

[74] 余德亿，汤葆莎，占志雄等．福建省小菜蛾田间抗药性测定．福建农业科技，2000，（1）：14～16

[75] 袁哲明，柏连阳．小菜蛾对苏云金杆菌抗性研究进展．湖南农业大学学报，1999，25（6）：505～510

[76] 张雪燕，何婕．云南省主要菜区小菜蛾抗药性研究初报．云南农业科技，1998，（4）：10～13

[77] 张雪燕，何婕．小菜蛾对阿维菌素 B_1 抗药性选育及交互抗性．植物保护学报，2001，28（2）：163～168

[78] 张雪燕，何婕，叶翠玉等．云南小菜蛾对阿维菌素的抗药性监测和药剂防治试验．华中农业大学学报，2001，20（5）：426～430

[79] 张宗炳．昆虫毒理学的新进展，北京：北京大学出版社．1982

[80] 赵善欢．昆虫毒理学．北京：农业出版社，1993

[81] 赵善欢．小菜蛾的抗药性及防治策略（提要）．西北农业大学学报，1996，23（2）：21～24

[82] 郑旗志，顾淑慧，马堪津．小菜蛾幼虫中肠碱性磷酸酯酶生化特性之研究．中华昆虫，1985，（5）：69～77

[83] 周爱农，马晓林．上海菜区四种鳞翅目害虫抗药性比较及用药对策．上海农业学报，1993，9（3）：87～91

[84] 周成理，唐振华，张丽妹．小菜蛾幼虫对拟除虫菊酯类杀虫剂的抗药性与多功能氧化酶的关系．植物保护学报，1993，20（1）：91～95

[85] 周程爱，王小平，陈章发等．长沙地区小菜蛾田间种群抗药性及增效剂的作用．湖南农业大学学报，2000，26（5）：358～362

[86] 朱树勋，司升云，吴世雄．武汉地区小菜蛾田间抗药性监测．植物保护，1995，（2）：29～30

[87] Ankersmit G W. DDT‐resistance in *Plutella maculipennis* (Curtis) (Lepidiptera) in Java . Bulletin of Entomol. Res. , 1953, 44：421～425

[88] Asperen K V. A study of housefly esterase by means of a sensitive coloretric method. J. Ins. Physiol. , 1962, 8：401～416

[89] Bluter E, Olga D, Barbara M K et al. Improved method for the determination of blood glutathion. J. Lab. Chemic. Medic. , 1963, 61：852～888

[90] Bradford M M. A rapid and sensitive method for the quantitation of microgram quantities of protein using the principle of protein dye binding. Anal. Biochem. , 1976 , 72：248～254

[91] Brattsten L B, Holyoke C W Jr, Leeper J R. , et al. Insecticide resistance：challenge to pest management and basic research. Science, 1986, 231：1 255～1 260

[92] Brindiey W A. Synergic differences as an alternate interpretation of carbary-piperonyl butoxide toxicity data. Envion. Entomol. , 1977, 6：885

[93] Chen J S, Sun C N . Resistance of diamondback moth (Lepidoptera：Plutellidae) to a combination of fenvalerate and piperonyl butoxide. J. Econ. Entomol. , 1986, 79：22～30

[94] Cheng E Y. Insecticide resistance study in *Plutella xylostella* L. I. Developing a sampling method for surveying. J. Agric, Res. China, 1981, 30：277～284

[95] Cheng E Y. Insecticide resistance study in *Plutella xylostella* L. Ⅱ. Ageneral survey (1980—1981) . J. Agric. Res. China, 1981, 30：285～293

[96] Cheng E Y, Kao C H, Chiu C S . Insecticide resistance study in *Plutella xylostella* (L.) X. the IGR-resistance and the possible management strategy. J. Agric. Res. , 1990, 39 (3)：208～220

[97] Cheng E Y, Kao C H, Chiu C S . Management of resistant diamondback moth and other crucifer pest in Taiwan. Agric. Res. China, 1996, 15 (1)：89～104

[98] Chiang F M, Sun. C N . Glutathione transferaseisozymes of diamondback moth larvae and their role in the degradation of some organophosphorus insecticides. Pestic. Biochem. Physiol. , 1993, 45：7～14

[99] Dauterman W C. Role of hydroases and glutathiones-transferase in insecticide resistance. In：Georghiou G P and Satio T (eds) Pest Resistance to Pesticides. NewYork：Plenum. 1983, 229～247

[100] Dobzhansky T. Genetics and the origin of species. NewYork：Columbia University Press, 1951, 107～130

[101] Doichuanngam K, Thornhill R A . The role of non‐specific esterases in insecticide resistance to malathion in the diamondback moth *Plutella xylostella*. Comp. Biochem, Physiol. Toxiclo. , 1989, 93：81～86

[102] Ellman G L, Courtney K D, Andres V, et al. . A new and rapid colorimetric determination of acetylcholinesterase activity. Biochem. Pharmacol. , 1961, 7：88～95

[103] FAO. Method for the diamondback Moth (*Plutella maculipennis* L .) . FAO Plant Prot. Bull. , 1979, Vol 27 (2), No. 21：44～46

[104] FAO. Method for larvae of the diamondback moth, *Plutella xylostella* L.. FAO Method, 1980, 21：119

[105] Farrar J R, Ridgway R L . Feeding behavior of gypsy moth (Lepidoptera：Lymantriidae) larvae on artificial diet containing *Bacillus thringiensis*. Environ. Entomol. , 1995, 24 (3)：755～761

[106] Firko M J, Hayes J L . Quantitative analysis of larval resistance to cypermethrin in tobacco bud-

worm (Lepidoptera: Noctuidae) . J. Econ. Entomol. , 1991, 84: 34~40

[107] Georghiou G P, Garber M J . Studies on the inheritance of carbamate-resistance in the housefly (*Musca domestica* L .) . Bull. WHO. , 1965, 32: 181~196

[108] Georghiou G P, Taylor C E . Genetic and biological influences in the evolution of insecticide resistance. J. Econ. Entomol. , 1977, 70: 319~323

[109] Georghiou G P. The occurrence of resistance to pesticides in arthropods. An index of cases reported through 1980. FAO, Rome. 1981

[110] Georghiou G P. Management of resistance in arthropods, In: Georghiou G P and Saito T. (eds) . Pest resistance to pesticides. New York: Plenum , 1983, 769~792

[111] Gorun V, Proinow L, Boltescu V, et al. . Modified ellman procedure for assay of cholinesterase in crudr enzymatic preparations. Analytical Biochem. , 1978, 86: 324~326

[112] Gould F, Anderson A, Landis D, et al. Feeding behavior and growth of Heliothis virescens larvae on diets containing *Bacillus thuringiensis* formulations or endotoxins. Entomol. Exp. Appl. , 1991, 58: 199~210

[113] Hama H . Development of pyrethroid resistance in the diamondback moth, *Plutella xylostella* L. (Lepidoptera: Yponomeutidae) . Appl. Entomol. Zool. , 1987, 22: 166~175

[114] Herbert D A, Harper J D . Food consumption by Heliothis zea (Lepidoptera: Noctuidae) larvae intoxicated with a β - exotoxin of *Bacillus thuringiensis*. J. Econ. Entomol. , 1987, 80: 593~596

[115] Hoy C W, Hall F R . Feed behavior of *Plutella xylostella* and *Leptinotarsa decemlineata* on leaves treated with *Bacillus thuringiensis* and esfenvalerate. Pestic. Sci. , 1993, 38: 335~340

[116] Hung C F, Sun C N . Microsomal monooxygenases in diamondback moth larvae resistant to fenvalerate and piperonyl butoxide. Pestic. Biochem. Physiol. , 1989, 33, 168~175

[117] Iqbal M, Verker R N, Furlong M J, et al. Evidence for resistance to *Bacillus thuringiensis* (Bt) subsp. *Kurstaki* HD-1, *Bt* subsp. *Aizawai* and abamectin in field population of the diamondback moth from Malaysia. Pestic. Sci. , 1996, 48: 89~97

[118] Iqbal M, Wright D J. Evaluation of resistance, cross-resistance and synergism of aberrnectin and teflubenzuron in a multi - resistant field population of *Plutella xylostella* (Lepidoptera: Plutellidae) . Bull. Encomol. Res. , 1997, 87: 481~486

[119] Ismail F, Wright D. J. Cross - resistance between acylurea insect growth regulators in strain of *Plutella xylostella* (L.) (Lepidoptera: Yponomeutidae) from Malaysia. Pestic. Sci. , 1991, 33: 359~370

[120] Kao C H, Sun C N. In *vitro* degradation of some organophosphorus insecticides by susceptible and resistance diamondback moth. Pestic. Biochem. Physiol. , 1991, 41, 132~141

[121] Keiding J. Prediction of resistance risk assessment in pesticide resistance: strategies and tactics for management. National Research council, National Academy of sciences, Washington, D. C. 1986, 279~297

[122] Kirsch K, Schmutterer H. Low efficacy of a *Bacillus thuringiensis* (Brel.) formulation in controlling the diamondback moth, *Plutella xylostella* (L.), in the Philippines. J. Appl. Entomol. , 1988, 105: 249~255

[123] Kobayashi S, Aida S, Kobayashi M . Resistance of diamondback moth to insect growth regulators. In: Talekar N S ed. Management of diamondback moth and other crucifer pests. Taiwan China: Asi-

an Vegetable Research and Development Center, 1992, 383~390

[124] Krysan J L, Chadwick L E. Biomolecular rare constraints for organophosphorus inhibitors fly head cholinesterase. Ent. Exp. And Appl., 1962, 5: 179~186

[125] Ku C C, Chiang F M, Hsin C Y, et al.. Glutathione transferase isozymes involvedin insecticide resistance of diamondback moth larvae. Pestic. Biochem. Physiol., 1994, 50: 191~197

[126] Kulkarni A P, Hodgson E. Microsomal cytochrome P - 450 from the housefly, *Musca domestica*: assay and spectral characterization. Insect Biochem., 1975, (5): 679~696

[127] Kuwahara M, Keinmeesuke P, Sinchaisri N, et al.. Present status of resistance of the diamondback moth, *Plutella xylostella* (L.), to insecticides in Thailand. Jap. J. Appl. Entomol. Zool., 1995, 30 (4): 557~566

[128] Lee S L, Lee W T. Studied on the resistance of diamondback moth, *Pluttella xylostella* to commonly used insecticides. J. Agric. Res. China, 1979, 28: 225~236

[129] Lindroth R L. Host plant alteration of detoxication activity in Papilio glaucus glaucus. Entomol. Exp. Et. Appl., 1989, 50 (1): 29~36

[130] Liu M Y, Chen J S, Sun C N. Synergism of pyrethroids by sereral compounds in larvae of the diamondback moth (Lepidoptera: Plutellidae). J. Econ. Entomol. 1984, 77: 851

[131] Liu M Y, Tzeng Y J, Sun C N. Diamondback moth resistance to severalsynthetic pyrethroids. J. Econ. Entomol., 1981, 74: 393~396

[132] Liu M Y, Tzeng Y J, Sun C N. Insecticide resistance on the diamondback moth. J. Econ. Entomol., 1982, 75: 153~155

[133] Maa C J W. Preliminary characterization of the larval esterases and the iaozymes of diamondback moth *Plutella xylostella* (L.). Bull. Inst. Zool., Acad. Sinica, 1990, 29: 181~194

[134] Martinez-Ramirez A C, Escriche B, Real M D, et al. Inheritance of resistance to *Bacillus thueringiensis* toxin in a field population of diamondback moth (*Plutella xylostella*). Pestic. Sci., 1995, 43: 115~120

[135] Motoyama N, Dauterman W C. Glutathione s - transferases: Their role in the metabolism of organophosphrus insecticides. Rev. Biochem. Toxicol. 1980, 2: 29

[136] Motoyama N, Suganuma T, and Maekoshi Y. Biochemical and physiological characteristics of insecticide resistance in diamondback moth. In: Talekar N S (ed.). Management of diamondback moth and other crucifer pests. Shanhua, Taiwan China: Asian Vegetable Research and Development Center, 1992, 411~418

[137] Nakatsuguawa T, Morelli M A. Microsomal oxidation and insecticide metabolism In: Wilkinson C F (eds.). Insecticide Biochemistry and Physiology. New York: Plenum Press. 1976, 61~107

[138] Noppun V M, Saito T, Mityata T. Cuticular penetration of s - fenvalerate resistant and susceptible strains of diamondback moth *Plutella xylostella* (L.). Pestic. Biochem. Physiol., 1989, 33~83

[139] Omura T, Sato R. The carbon monoxide - binding pigment of liver microsome 1 evidence for its hemoprotein nature. J. Biol. Chem., 1964, 237~239

[140] Opperoorth F J, Welling W. Biochemistry and Physiology of Resistance. In: Wilkinson C F (eds). Insecticide Biochemistry and Physiology, New York: Plenum Press, 1976, 507~551

[141] Opperoorth F J. Localisation of the acetylcholinesterase gene in the housefly *Musca domestica*. Ent. Exp. Appl., 1979, 25: 115

[142] Pasteur N，Georghiou G P. Improved filter paper test for detecting and quantifying increase esterase activity in organophosphate resistant mosquitoes (Diptera：Culicidae)．J. Econ. Entomol.，1989，82：347~353

[143] Pering F S, Sun C N. Susceptibility of diamondback moths (Lepidoptera：Plutellidae) resistant to conventional insecticides to chitin synthesis inhibitors. J. Econ. Entomol.，1987，80：29~31

[144] Pering F S, Yao M C, Hung C F, et al.. Teflubenzuron resistance in Diamondbck moth (Lepidoptea：Plutellidae)．J. Econ. Entomol.，1988，81 (5)：1 277~1 282

[145] Perng F S. A study on teflubenzuron resistance in the diamondback moth，*Plutella xylostella* (L.)．MS Thesis, Taibei：Hsing University, 1987，52

[146] Plapp F W, Magara J J, Edelson J V. Diamondback moth in south Texas：a technique for resistance monitoring in the field. In：Talekar N S (ed.)．Management of diamondback moth and other crucifer pests. Shanhua，Taiwan China：Asian Vegetable Research and Development Center，1992，443~446

[147] Roush R T, Miller G L. Considerations for design of insecticide resistance monitoring programs. J. Econ. Entomol.，1986，79：293~298

[148] Schuler T H, Martinez-Torres D, Thompson A J, et al.. Toxicological，electrophysiological，and molecular characterization of knockdowm resistance to pyrethroid insecticides in the diamondback moth，*plutella xylostella* (L.)．Pestic. Biochem. Physiol.，1998，59：169~182

[149] Schwartz I M, Tabashnik B E, Johnson M W. Behavioral and physiological responses of susceptible and resistance diamondback moth larvae to *Bacillus thuringiensis*. Entomol. Exp. Appl.，1991，61：179~187

[150] Shelton A M, Wyman J A, Cushing N L, et al. Insecticide resistance of diamondback moth (Lepidoptera：Plutellidae) in north America. In：Talekar N S (ed.)．Management of diamondback moth and other crucifer pests. Shanhua，Taiwan China：Asian Vegetable Research and Development Center，1992，447~454

[151] Shirai Y, Tanaka H, Miyasono M, et al. Low intrinsic rate of natural increase in Bt resistance population of diamondback moth，*Plutella xylostella* (L.) (Lepidoptera：Yponomeutidae)．Jap. J. Appl. Entomol. Zool.，1998，42 (2)：59~64

[152] Sokal R R, Rohlf F J. Biometry, 2nd ed. NewYork：Freeman，1981

[153] Stone B F. A formula for determing degree of dominance in case of monofactorial inheritance to chemicals. Bull. WHO.，1968，38：325~326

[154] Suenaga A，Tanaka A. Development of a chitin synthesis inhibitor resistance in the diamondback moth，*Plutella xylostella* (L.) (Lepidoptera：Yponomeutidae)．2. The results of susceptibility tests. Proceedings of the Association for Plant Protection of Kyushu，1992，38：129~131

[155] Sun C N, Chi H, Feng H T, et al.. Diamondbck moth resistance to diazion and methomyl in Taiwan. J. Econ. Entomol.，1978，71 (1)：551~554

[156] Sun C N, Wu T K, Chen J S. Insecticide resistance in diamondback moth. In：Talekar N S, Griggs T D (eds.)．Diamondback moth management. Shanhua，Taiwan China：Asian Vegetable Research and Development Center，1986，359~371

[157] Syed A R. Insecticide resistance in diamondback moth in Malaysia. In：Talekar N S (eds.)．Man-

agement of diamondback moth and other crucifer pests. Taiwan China: Asian Vegetable Research and Development Center, 1992, 437~443

[158] Tabashnik B E. Modeling and evolution of resistance management tactics, In: Tabashnik B E and Roush R T (eds.). Pesticide resistance in arthropods. Hapman and Hall, NewYork and London, 1990. 153~182

[159] Tabashnik B E. Resistance risk assessment: realized heritability of resistance to *Bacillus thuringiensis* in diamonback moth (Lepidoptera: Pultellidae). Tobacco Budworm (Lepidoptera: Noctuidae), and Cololrado Potato Beetle (Coleoptera: chrysomelidae). J. Econ. Entomol., 1992, 85 (5): 1 551~1 559

[160] Tabashnik B E, Finson N, Groeters F R, et al. Reversal of resistance to Bt in *Plutella xylostella*. Proc. Nat. Acad. Sci. USA. 1994, 91: 4 120~4 124

[161] Tabashnik B E, Finson N, Johnson M W, et al. Field development of resistance to *Bacillus thuringiensis* in diamondbck moth (Lepidoptea: Plutellidae), J. Econ. Entomol., 1990, 83 (5): 1 671~1 676

[162] Tabashnik B E, Schwartz J M, Finson N, et al. Inheritance of resistance to *Bacillus thuringiensis* in diamondback moth (Lepidoptera: Plutellidae). J. Econ. Entomol., 1992, 85 (4): 1 046~1 055

[163] Tabashnik B E, Finson N, Johnson M W, et al. Prolonged selection affects stability of resistance to *Bacillus thuringiensis* in diamondback moth (Lepioptera: Plutellidae). J. Econ. Entomol., 1995, 88 (2): 219~224

[164] Tang J D, Gilboa S, Roush R T, et al. Inheritance, stability, and lack-of-fitness costs of field-selected resistance to *Bacillus thuringiensis* in diamondbck moth (Lepidoptea: Plutellidae) from Florida. J. Econ. Entomol., 1997, 90 (3): 732~741

[165] Tang Z H, Gong K Y, You Z P. Present status and counter measures of insecticide resistance in agricultural pests in china. Pestic. sci., 1988, 23: 189~198

[166] Tang Z H, Wood R J, Cammack S L. Acetylcholinesterase activity in organophosphorus and carbamete resistant and susceptible strain of the culex pipiens complex. Pestic. Biochem. Physiol., 1990, 37: 192~199

[167] Tsukamoto M. The log dosage-probit mortality curve in genetic researchs of insect resistant to insecticides. *Botyu-kageku*, 1963, 28: 91~98

[168] Virapong N. ^{14}C 甲氧基稻丰散在小菜蛾抗性和敏感品系中的表皮进入与代谢. 国外农学——植物保护, 1988, (3): 44~48

[169] Welling W, Paterson G D. Toxicodynamics of insecticides. In: Kerdut G A and Gilbert L I (eds.). Comprehensive Insect Physiology, Biochemistry, and Pharmacology, Vol. 12, Insect Control, Pergamon, Oxford, 1985, 603~645

[170] Wolf T, Deml E, Wanders H, et al. Aldrin epoxidation, a highly sensitive indicator specific for cytochrom P-450 dependent mono-oxyenase activities. Drug Metab. Dispos., 1979, 7: 301~305

[171] Wright D J, Iqbal M, Verkerk R. Resistance to *Bacillus thuringiensis* and abamectin in the diamondback moth, *Plutella xylostella*: a major problem for integrated pest management? Mededelingen Faculteit Landbouwkundige en Toegepaste Biologische Wetenschappen, Universiteit Gent, 1995, 60, 3b: 927~933

[172] Yao M C, Hung C F, Sun C N, et al. Fenvalerate resistance and aldrin epoxidation in larvae of dia-

mondback moth. Pestic. Biochem. Physiol. , 1988, 30, 272~278

[173] Yu S J . Inheritance of insecticide resistance and microsomal Oxidases in the diamondback moth (Lepidopetera: Yponomeutidae) . J. Econ. Entomol. , 1993, 86 (3): 680~683

[174] Yu S J, Nguyen S N . Insectticide susceptibility and detoxcation enzyme activities in permethrin-selected diamondback moths. Pestic. Biochem. Physiol. , 1996, 56: 69~77

第九章　小菜蛾综合治理技术的研究与应用

第一节　害虫综合治理概念的起源与发展

不同机构和组织对害虫综合治理（integrated pest management，IPM）的定义不同。国外文献中至少可以找到 64 种不同的版本（Kogan，1998）。这一概念最早是由 Sterm 等（1959）提出的，Sterm 也因提出这一概念而成为了害虫综合治理的奠基者。1967 年联合国粮农组织（FAO）提出"有害生物综合治理（integrated pest management）"的防治策略，并定义为："综合治理是有害生物的一种治理系统，它考虑有害生物的种群动态及相应环境，尽可能协调地运用适当的技术和方法，使有害生物种群保持在经济为害水平之下。"

1972 年美国召开的环境质量保护会议决定，把 IPC（integrated pest control）改为 IPM。从此，IPM 作为有害生物综合治理名词见于各种文献中。1975 年我国把"预防为主，综合防治"作为植物保护工作方针。1979 年美国植物病理学、昆虫学及杂草防治的专家学者组成的国家委员会，对 IPM 进行了解释："综合（integrated）指采用多学科的综合方法，利用植物保护的科学原理把多种策略融合为一体，该系统必须适应整个植物生长和销售系统；有害生物（pest）指危害植物生长的生物，包括昆虫、螨类、细菌、真菌、病毒、线虫、杂草、寄生性种子植物和脊椎动物；治理（management）指采用决策的过程，通过有计划的系统方法把有害生物的数量或为害程度控制在经济允许的水平之下；策略（tactics）包括化学的、生物的、农业的、物理的、遗传以及立法等各种方法。"因此，IPM 可概述为：以整个农田生态系统为对象，从农业生产的全局出发，本着预防为主的指导思想和安全、有效、经济、简易的原则，因地因时制宜，合理运用农业的、化学的、生物的、物理的方法，以及其他有效的生态学手段，把病虫控制在不足造成危害的水平，以达到保护人畜健康和促进农业持续发展的目的（尤民生等，2004c）。

综合治理原则包括以下三个方面：（1）以生态系和农业生态系为理论基础，从生物与生态环境构成一个有机整体出发，特别是从优化农业生态系和农田生物群落出发，控制农业害虫的优势种，兼而控制次要害虫，考虑保护有益生物和人畜的健康；（2）合理配套和运用各种防治措施，以农业防治措施为基础，充分利用各种自然控制因素；（3）将农业害虫的危害控制在经济允许的水平或经济阈值之下，以促进生态系和农业生态系向着有利于人类的方向发展（牟吉元和柳晶莹，1993）。

制定 IPM 策略的基础应建立在充分掌握害虫生态学原则的基础上，这不仅要依赖于准确的预测和监测手段的发展，还取决于防治策略的选择。同时分析种植者和社会其余部分是获益与风险同等重要的，以及种植者是否采纳 IPM 系统，种植者所做出的其他防治措施都可能影响到 IPM 的控制效果。

1995 年 Bellagio 会议，在世界粮农组织、联合国发展计划署、联合国环境计划署和世界银行倡议下建立国际 IPM 创始组织。其目的是在更大范围内的国家和社区开展 IPM，促进以农民为主体在更大范围内实施 IPM，积极参与 IPM。

表 9 - 1　有害生物防治发展历史

(National Research Council，1996)

时　间	发　展　历　程
公元前 1000	使用硫磺作为杀菌剂
324	我国引进蚂蚁（*Acephali amaragina*）防治柑橘鳞翅目幼虫和蛀干甲虫
公元 70	Pliny 根据前 3 个世纪希腊文献对害虫防治方法进行归纳描述
1602	第一次观察到节肢动物寄生蜂
1669	西方国家最早提到采用砷合剂作为杀虫剂
1690	烟草提取物被作为杀虫剂
1752	Linnaeus 提出利用捕食性节肢动物作为害虫防治因子
1821	英国使用硫合剂作为霉菌杀菌剂
1845	Antonio Volla 因成功应用节肢动物捕食者控制害虫，被意大利国家授予艺术技术奖
1858	除虫菊杀虫剂首次在美国施用
1866	Mendel 发表文章提出"遗传因素"的存在
1883	Millardet 发现波尔多混合剂（硫酸铜溶液）杀虫价值
1889	美国引进澳洲瓢虫防治吹绵蚧
1938	*Bacillus thuringiensis*（Bt）首次被作为微生物杀虫剂；发明了第一个有机磷杀虫剂焦磷酸四乙酯（TEPP）
1939	合成 2，4 - D 植物生长调节剂；瑞士开始研发 DDT 杀虫剂
1942	首次将 DDT 引进美国进行实验；引进 2，4 - D 作为除草剂
1943	研发二硫代氨基甲酸盐（或酯）杀菌剂
1944	发展熏蒸剂 1，2 -二氯丙烷（DD）
1945	研发环戊二烯类杀虫剂，氨基甲酸盐类除草剂
1946	瑞典首次发现家蝇对 DDT 产生抗性
1948	微生物农药 *Bacillus popillae* 和 *B. lentimorhus* 在美国注册登记用于防治日本甲虫幼虫
1949	克菌丹（一种用硫醇制的杀真菌剂和杀虫剂）首次合成；第一次合成拟除虫菊酯，丙烯除虫菊（酯）
1953	Waston 和 Crick 发现 DNA 双螺旋结构
1954	释放抗蚜虫苜蓿栽培品种
1958	首次引进莠去津（三嗪）除草剂，百草枯（二吡啶基）除草剂
1959	Stem 等发表害虫治理论文，为 IPM 奠定了基础
1960	Bt "Berliner" 登记注册防治鳞翅目幼虫；Nurenberg 破译基因编码
1962	Carson《寂静的春天》出版
1969	亚利桑那州暂停使用 DDT
1970	美国环境保护署（EPA）成立

（续）

时　间	发　展　历　程
1971	Cohen 和 Boyer 形成重组 DNA 技术
1972	EPA 取消大部分 DDT 使用
1974	EPA 在杀虫剂对皮肤毒性的基础上建立工人田间施药标准
1975	EPA 取消所有艾氏剂、狄氏剂杀虫剂；首次登记病毒农药（防治棉蚜、棉铃虫）、昆虫生长调节剂
1977	首次登记注册棉红铃虫性诱剂
1979	放射性土壤杆菌 *Agrobacterium radiobacter* 登记注册防治冠瘿病
1980	原生动物 *Nosema locustae* 登记注册防治蝗虫
1983	首次转基因植物成功
1986	应用外壳蛋白研究转基因抗病毒植物
1988	Bt "San Diego" 和 Bt "Tenebrionis" 登记注册防治鞘翅目幼虫
1990	真菌 *Gliocaladium virens* 登记注册防治 *Pythium* 和 *Rhizoctonia*（丝核菌）
1994	开始发展一些转基因植物，包括抗病毒转基因南瓜，抗节肢动物棉花，抗除草剂大豆和棉花

从表 9-1 有害生物的防治发展历史可见，IPM 概念的提出是由于第二次世界大战之后化学农药的过度使用和过度依赖所导致的一系列不良后果，包括昆虫和病原菌对化学农药抗性的发展，目标害虫再生猖獗，次要害虫大爆发，农药残留对环境的污染。自 1945年以来，美国的杀虫剂用量增加了 10 倍，害虫为害造成的损失由 7％上升为 13％，经济损失 500 亿美元（李典漠和戈峰，1996）。2005 年，Mohan 和 Gujar（2005）报道，每年小菜蛾大约造成 2.5％作物损失，经济价值估计达 1.6 亿美元。据联合国粮农组织统计，1954—1985 年，抗药性害虫已由 10 种猛增到 432 种，由于较强的抗药性导致防治无效而被迫停产的农药达 60 多种。在 IPM 发展早期阶段，针对当时单纯依赖杀虫剂防治害虫出现的问题，提出化学防治与天敌保护相协调的对策。

后来很多学者指出 IPM 应该以生态学为基础，在保证产量的同时减少化学农药的使用，提高环境安全性。提倡发展中国家的农民采用 IPM，将有利于农业的可持续发展（Montague et al.，1998；Pimental，1997）。

实践证明，实施 IPM 可以在减少化学农药施用的同时维持原有的产量。针对不同作物类型，FAO 发展各种 IPM 控制体系。1998 年在中国开始执行水稻的 IPM 系统，该项目实施代表之一选择湖南宁乡作为示范基地，通过规范化训练的农户 38 240 户。经济评估资料分析表明，受训农户平均每年每 667m² 减少农药用量（有效成分）26.79％～42.16％，每 667m² 节约农药费 5.76～10.98 元，节约施用工费 1.35～1.67 元；受训区平均每年每 667m² 增加粮食产量 73.74kg，受训区水稻病虫损失控制在经济阈值之下（欧爱辉等，1994）。美国紫花苜蓿在 IPM 管理下农药的使用量减少 2％，纯利润增加了 37％（Hoppin et al.，1996），Hruska（1995）报道尼加拉瓜应用 IPM 进行玉米害虫防治，在产量不变的情况下每年降低 70％农药施用；印度尼西亚每年由于稻飞虱的为害造成 75 000hm² 水稻损失，1986 年在 FAO 帮助下开始实施水稻 IPM，从 1987—1990 年 3 年间减少使用化学农药 50％，产量增加约 15％（Montague et al.，1998）。瑞典、丹麦、荷兰等国，从 80 年代中期开始实施 IPM 战略思想，害虫得到有效控制，全国范围内化学农药的总用量减少了 50％～70％，其中美国应用 IPM 面积占整个作物面积的 90％以上，应用作物包括小麦、玉米、大豆、蔬菜、果树，病虫害防治成本比原来下降 30％左右（Pimental，1997)。

　　因此，小菜蛾的综合治理防治措施应建立在充分了解小菜蛾生物生态学基础上，制定生态上合理的、可靠的、有效的、经济的、可操作的、生态环境可接受的防治措施。建立在自然生态系统和整个生产系统基础之上的害虫综合治理（IPM），应该最大程度地使用生物和农业措施，综合应用害虫监测和防治技术，从而减少作物损失（Sarfraz 等，2005)。

第二节　小菜蛾综合治理系统

　　强调以生物因子为基础的 IPM（biointensive IPM）是将生态和经济因素结合到农业生态系统中来制定防治策略，从而有利于减少化学农药的施用，降低对环境的不良影响。与传统的 IPM 相比，强调生物因素的 IPM 更强调保护寄生蜂和捕食天敌生存的生态系统。但同时两者都强调监测害虫种群动态，制定经济阈值以及数据的保留和规划。

　　在建立小菜蛾 IPM 控制体系之前必须对小菜蛾的成灾机理进行系统研究，包括环境因子、寄主植物、化学农药和栽培措施对小菜蛾的生态学影响，在此基础上，组建小菜蛾综合治理系统（图 9-1)。

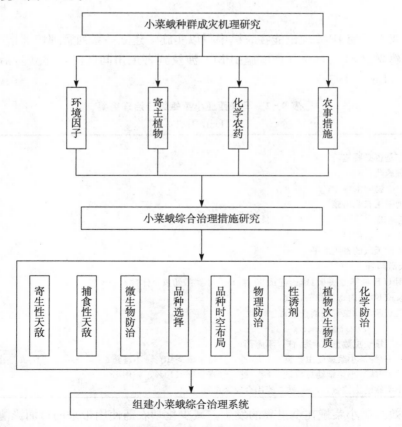

图 9-1　小菜蛾种群成灾机理研究与控制措施的研究

生物防治是小菜蛾 IPM 系统中的一个重要组成部分（Delvare，2004）。结合生物防治将各种控制措施有效合理应用到整个体系中，也是 IPM 成功的关键。应根据小菜蛾发生规律、各个龄期防治策略，综合优化建立防治体系（图 9 - 2）。

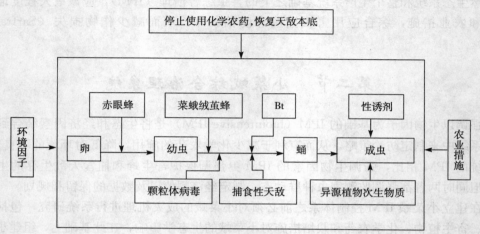

图 9 - 2　小菜蛾综合治理措施流程图

（卿贵华等，2000）

马来西亚为了使 IPM 理论能在农民中得以实施，建立一系列管理培训指南，如表9 -2所示，包括建立 IPM 目标、如何实施 IPM，涉及到害虫田间监测，建立防治阈值，确定防治时间等（Lim，1991）。

表 9 - 2　马来西亚小菜蛾综合治理纲要

（Lim，1991）

目标：
　　1. 确定是否必要施药；
　　2. 合理施药；
　　3. 保护生物防治因子；
　　4. 鼓励采用农业措施
化学防治制定基础
　　1. 小菜蛾经济阈值；
　　2. 寄生性天敌的寄生水平
小菜蛾及其天敌调查
　　1. 采用 U 形抽样方法 0.1hm² 记录 60 株/hm² 小菜蛾幼虫个体数；
　　2. 记录该 60 株内寄生蜂茧总数；
　　3. 对三到四龄幼虫解剖调查被寄生率
防治阈值
　　1. 当小菜蛾幼虫数量＜4 头/株，不施药；
　　2. 当 7 头/株＞小菜蛾幼虫数量＞4 头/株，且寄生率＞40%，不施药；
　　3. 当 7 头/株＞小菜蛾幼虫数量＞4 头/株，且寄生率＜40%，施用 Bt；
　　4. 当小菜蛾幼虫数量＞7 头/株，施用合成杀虫剂

为了有效控制小菜蛾在全世界的发生，减少化学农药使用带来的负面影响，针对小菜蛾综合治理的国际研讨会分别于 1985 年在我国台湾，1991 年在我国台湾，1996 年在马来

西亚，2001 年在澳大利亚，2006 年在北京召开，同时研究对象也由小菜蛾扩展到其他十字花科害虫。

第三节　小菜蛾综合治理关键技术

一、农业防治

（一）蔬菜品种

在植物与害虫的协同进化中，植物产生一些次生物质（比如拒食剂）来抵御植食者的为害，同时一些昆虫也形成解毒机制来适应植物的防御系统。十字花科植物中的硫代葡萄糖苷对很多昆虫具有毒性（Chew，1988），然而却是小菜蛾的主要引诱剂。小菜蛾体内的硫酸酯酶活性加速硫代葡萄糖苷的水解，使有毒物质产生脱硫作用，形成脱硫硫代葡萄糖苷，从而不至于对小菜蛾产生毒性（Ratzka 等，2002）。小菜蛾作为一种寡食性害虫，食料条件是影响小菜蛾种群数量动态的重要因素，小菜蛾的寄主选择与十字花科植物中的芥子油含量有关（Nayar and Thorsteinson，1963；Tabashinik，1985；Reed et al.，1989），寄主叶片的蛋白含量和营养状况对小菜蛾种群的存活率和繁殖力也有显著影响（Wakisaka 等，1991）。不同寄主作物或同一寄主不同时期对小菜蛾成虫均可产生影响，比如甘蓝嫩叶可提高小菜蛾成虫历期，花椰菜上的小菜蛾产卵前期更短，而野生十字花科植物上的小菜蛾历期最长，产卵量也显示出明显差异（Wakisaka 等，1991）。

因此，植物的营养水平直接影响害虫的生长发育，种植抗性品种成为害虫防治中一种经济有效的措施。Hillyer 和 Thorsteinson（1969）鉴定出对小菜蛾有抗性或者敏感的化合物，包括丙烯基异硫氰酸酯（allyl isothiocyanate）、葡桂竹香素（glucocheirolin）、糖芥子素（glucoerucin）、3-丁烯基硫甙（gluconapin）、葡萄糖豆瓣菜素（gluconasturtiin）、gluconringiin、金莲葡糖硫苷（glucotropaeloin）、2-羟基-3-丁烯基硫甙（progoitrin）、白芥子硫苷（sinalbin）和黑芥子硫苷酸钾（sinigrin）。虽然现在已知的不同十字花科蔬菜对小菜蛾的抗性不同，但是越耐害的品种由于其需要特殊的农事操作而越不易种植。因此，这些栽培品种不能得到广泛采用。

从 1988 年起至今，很多学者针对十字花科植物的抗性品种进行研究发现，叶片光滑的抗性品种能明显降低小菜蛾的为害程度（Mora et al.，1988；Ulmer et al.，2002），不同抗性品种不仅影响幼虫存活率，而且影响小菜蛾的迁移速率。抗性品种的差异主要是由于叶片表明蜡质层的差异所引起的（Eigenbrode and Shelton，1991）。

随着分子生物学的发展，转基因植物层出不穷，成为害虫综合治理的一个措施，但是转基因植物对非靶标害虫如传粉昆虫、中性昆虫和天敌的影响等一系列生态安全问题还值得商榷。Shelton 等（2000）调查 Bt 转基因花椰菜对小菜蛾的影响，认为有必要在转基因作物田旁边建立"避难所"以保护敏感品种，从而降低昆虫对植物产生抗性的几率。

（二）品种时空布局

1. 种植时间和植物密度　种植时间和植物密度都会影响小菜蛾田间发生程度。害虫丰盛度与季节有着紧密的联系，Lim（1982）认为小菜蛾幼虫在湿度较大的季节发生程度较低，因此要避免在干燥的季节种植十字花科蔬菜，这样可减少杀虫剂的施用，但应注意病害却往往在湿度大时发生较重。不同品种种植时间的安排也会影响小菜蛾发生量，为了降低小菜蛾种群虫口基数，一些学者采用不同作物种植时间的搭配来阻止小菜蛾迁移。Shankar 等（2005）研究表明，在种植胡荽（*Coriandrum sativum* L.）15d 后种植花椰菜可降低小菜蛾种群；Srinivasan 和 Krishna Moorthy（1991）提出利用印度芥菜［*Brassica juncea*（L.）Czern.］吸引小菜蛾的特性来保护主栽品种。研究发现，每 15 行甘蓝间作2 行芥菜（第一行在小白菜种植前 15d 播种，第二行于 25d 后播种）可以在不施农药的情况下有效抑制小菜蛾种群。芥菜在播种后大约 40d 开始开花，不再产生新叶，为了提高芥菜的持续引诱作用，需要在保护作物的第 25d 播第二次种子（Badenes et al. 2005a），或者在芥菜播种后的第 30d 后播入小白菜或甘蓝（Powar and Lawande，1995）。有关植物密度对小菜蛾的种群影响的研究较少，Badenes 等（2005a）研究认为，高密度甘蓝可明显提高小菜蛾的产卵量。

2. 轮作　轮作可有效切断小菜蛾的食物来源，降低虫口基数，降低下一代小菜蛾虫源。Vu（1988）研究表明，在越南应用十字花科植物与葫芦科和豆科作物轮作，比如，甘蓝—豌豆—芜菁甘蓝、甘蓝—丝瓜、番茄—芜菁甘蓝、或者甘蓝—南瓜/黄瓜可降低小菜蛾为害。Hummel 等（2002）通过 3 年监测了轮作系统（甜玉米—黄瓜—甘蓝—番茄）内的捕食性天敌数量变化，认为通过提高地表植被多样性可加强捕食性天敌的丰盛度。洪都拉斯的农民采用 6 种甚至更多种作物进行轮作的方式，有效减少了小菜蛾等病虫害的发生，一个轮作周期可达到 7 年之久，但是其作用机理至今还不清楚。除了作物品种轮作之外，休耕期与种植期相互交替的轮作方式也越来越受到关注。一些学者认为，适当的休耕不仅有利于恢复土壤肥力，减少化肥的施入，而且有利于促进土壤水分积累，特别是在干旱地区（Eoutley et al.，2006）。Vattanatangum（1988）认为采用轮作方式是减少单食性和寡食性害虫（如小菜蛾）为害的最有效措施。

3. 间作套种　合理间作套种在降低害虫种群数量的同时提高作物产量，成为小菜蛾IPM 重要措施之一（Embuido and Hermana，1981；Shankar et al.，2005）。间作套种对昆虫群落的调节机制主要包括物理屏障、视觉掩盖、气味掩盖、驱避性次生物质作用（Finch and Collier，2000；Hooks and Johnson，2003），从而改变小菜蛾寄主搜索、产卵、停留时间、迁移等行为，同时也影响天敌的寄生和捕食效能。早在 1915 年，俄国科学家发现番茄特殊的挥发性气味对小菜蛾成虫具有驱避作用，甘蓝和番茄混作可降低植食性害虫数量（Vostrikov，1915），此后利用番茄减少小菜蛾对甘蓝的为害在菲律宾和马来西亚得到提倡（Burandayand and Raros，1975）。另外，葱属植物（如大蒜、洋葱）的特殊气味对小菜蛾种群也有抑制作用，因此被采纳为可行的十字花科伴生作物（Guadamuz et al.，1990）。根据 Meena 和 Lal（2002）报道，伴生作物对小菜蛾的影响强度依次为：紫花苜蓿＞大蒜＞番茄＞万寿菊＞芥菜。

很多学者认为间作套种降低害虫种群的主要原因是植被多样性提高了天敌丰富度和丰盛度（Andow，1991；Altieri，1994）。许多假说试图阐述植被多样性对植食性昆虫的抑制作用，比较经典的假说包括"资源集中假说"、"天敌假说"、"适合/非适合降落假说"（Root，1973；Finch and Collier，2000；尤民生等，2004a），然而由于生态环境的复杂性难以进行室内模拟，目前尚无完美的理论充分阐释植被多样性对昆虫群落的调节机制。

另外，一种套种方式是通过伴生作物的引诱作用集中消灭来降低对主要作物的为害。到目前为止，被报道的引诱作物（trap crop）包括印度芥菜［*Brassica juncea*（L.）Czern.］、叶片光滑型羽衣甘蓝（*Brassica oleracea* L. var. *acephala*）、山芥菜（*Barbarea vulgaris*），这些作物可明显诱集小菜蛾种群（Srinivasan 和 Krishna Moorthy，1991；Badenes 等，2005a，2005b；Musser 等，2005）。Badenes 等（2004）指出山芥菜可吸引小菜蛾成虫在此植物上产卵，并且孵化的幼虫不能在此植物上存活。在生产实际中可根据种植要求选择特定的伴生植物。十字花科作物间作套种控制小菜蛾例子见表 9-3。

表 9-3　十字花科作物间作套种控制小菜蛾例子

（Hooks and Johnson，2003）

影响方式	作　　物	伴　生　植　物	国家
吸引作用	油菜（*Brassica* spp.）	芥菜（*B. juncea*）	南非
成虫产卵	甘蓝（*B. oleracea* var. *capitata* L.）	芥菜［*B. juncea*（L.）Czern.］	印度
	花椰菜（*B. oleracea botrytis* cv. Snow Queen）	芥菜（*B. juncea*）	关岛
	甘蓝（*B. oleracea* var. *capitata* L.）	芥菜（*B. juncea*）	美国
	甘蓝（*B. oleracea* var. *capitata* L.）	羽衣甘蓝（*B. oleracea* var. *acephala* L.）	美国
	甘蓝（*B. oleracea* var. *capitata* L.）	芥菜（*B. juncea*）	美国
	甘蓝（*B. oleracea* var. *viridis*）	杂草（weeds）	美国
	甘蓝（cabbage）	番茄（*Lycopersicon esculentum* Mill）	菲律宾
	抱子甘蓝（*B. oleracea gemmifera* L.）	鼠尾草（*Salvia officinalis* L.）、白三叶（*Trifolium repens* L.）、百里香（*Thymus vulgaris* L.）	英国
	白芥（*Sinapis alba*）	红三叶（*Trifolium pratense*）	瑞典
定植	甘蓝（*B. oleracea* var. *capitata* L.）	芥菜［*B. juncea*（L.）Czern］	印度
	B. oleracea var. *viridis*	杂草	美国
寄主搜索	油菜（*Brassica* spp.）	三叶草（*Trifolium subterraneum*）	英国
	甘蓝（cabbage）	番茄（*Lycopersicon esculentum* Mill）	菲律宾
	甘蓝（cabbage）	番茄（*Lycopersicon esculentum* Mill）	美国
	白芥（*Sinapis alba*）	红三叶（*Trifolium pratense*）	瑞典
天敌捕食和寄生	椰菜（broccoli）	花蜜植物	美国
	甘蓝（cabbage）	番茄（*Lycopersicon esculentum* Mill）	美国

4. 保护非作物生境　菜田周围的非作物生境经常被人们所忽视，然而非作物生境为天敌提供了替代食物或寄主，在某些特定生长期成为天敌的"避难所"或过渡生境（Altieri，1994；尤民生等，2004b），如花蜜、花粉等是很多寄生蜂的食物。在化学农药过度使用的情况下，菜田周围生境是天敌的避难所，在作物采收期，也成为天敌的过渡生境，当下一茬作物建立以后，它们又可以重新迁移到菜田。比如，在贝鲁豆蚜每年发生 2～3 个月，非作物生境可成为豆蚜寄生蜂的过渡生境来完成整个生活史（Langer 和 Hance，2004）。

早在 20 世纪 40 年代，南非就提倡在农田边保留杂草以保护寄生蜂和捕食性天敌来防治小菜蛾［*Plutella xylostella*（L.）］（Ullyett，1947）。Lim（1982）认为一些野生开花植物和豆科作物（如豌豆）可为小菜蛾寄生蜂提供重要的食物资源。野生植物 *Malastoma malabathricum*、*Crotalaria* spp. 和 *Cleome rutidosperma* 可明显提高寄生蜂的寿命

（Lim，1991）。在欧洲，"保留条带形杂草地"成为生境治理的一个重要组成部分，杂草可潜在地提高捕食者密度，包括鞘翅目甲虫、半翅目姬蝽、双翅目食蚜蝇和蚤蝇，以及蜘蛛（Hausmmann，1996；Frank，1999）。减少除草频率可明显提高捕食性和寄生性天敌的密度（Horton et al.，2003）。因此，保护非作物生境提高天敌潜能显然是必要的。

二、生物防治

生物防治是小菜蛾 IPM 的重要方法之一，尤其是当田间昆虫种类相对简单，小菜蛾成为主要害虫的时候更为有效（Hamilton et al.，2004）。小菜蛾生物防治的主要因子包括寄生性天敌、捕食性天敌、病毒颗粒、线虫和病原微生物，详见第六章。

应用小菜蛾的各个生物控制因子联合防治，需要进一步明确各个生物因子之间的协同作用，不合理的搭配方式可能导致防治的失败（Furlong and Pell，1996，2000）。比如，小菜蛾的病原微生物是否也会侵染寄生蜂，施用病毒颗粒是否杀伤寄生性天敌，或者是否可利用寄生蜂传播病毒颗粒提高防治效果。

尽可能选择对小菜蛾有抗性而对天敌有吸引作用的作物种类，同时避免过量施用肥料；在监测害虫发生动态的基础上，选择微生物杀虫剂以抑制害虫种群数量，从而达到寄生性天敌可以控制的水平；转基因作物与避难所（refuge）联合使用可以加强害虫的持续控制，因为避难植物可以作为害虫及其天敌储存库。从理论上讲，大多数为害转 Bt 基因作物的害虫会被 Bt 毒素杀死，而存活下来的可以作为避难所中的寄生性天敌的寄主（Sarfraz 等，2005）。

三、物理防治

物理防治方法主要包括改变温度、湿度、光照等环境小气候，灯诱以及黄板诱集等。常见农业操作为翻耕、灌水、晒土、覆盖塑料薄膜、控制杂草等。晒土主要是针对土栖害虫，清园是一种简单而重要的措施，有利于清除田间小菜蛾的替代寄主、杂草寄主以及采收后的残根废叶，从而破坏小菜蛾的过渡寄主。Vattanatangum（1988）报道在泰国可通过清除田间残留菜叶，降低小菜蛾的潜在为害。在越南，通常在播种前进行翻耕，曝晒至少 1 周，不仅可以除掉小菜蛾虫源，同时还可改良土壤理化性质（Vu，1988）。

长期以来，农民认为除草有利于降低植物间营养竞争，然而，Altieri 和 Gilessman（1983）研究发现，在十字花科植物与豆科间作系统中，不除草可提高捕食性天敌的控制潜能。House 和 Stinner（1983）发现，由于免耕法保留了部分杂草，从而提高了天敌物种数和个体数。此外，免耕法还可以防止土壤流失，提高土壤有机质，增加生物产量（Glassner et al.，1999；Swanton et al.，2000），因此在生产实践中可通过保留部分非作物生境，从而保持昆虫群落的稳定性。

灌溉对小菜蛾的产卵影响有不同的报道。Badenes 等（2005）研究认为，灌溉水平的差异不会影响小菜蛾的产卵量，但是水分胁迫可明显降低小菜蛾幼虫存活率。Talekar 等（1985）认为，因为喷射水流可干扰小菜蛾交配和产卵行为，暴雨会淹死小菜蛾幼虫，因此通过调节灌溉喷洒方式可减少小菜蛾为害。Mora（1990）研究表明，灌溉与喷药措施相结合比单独施药或单独灌溉更能降低小菜蛾为害程度，提高蔬菜品质，而且也增加产量。

根据小菜蛾的驱光性，利用黑光灯诱集小菜蛾成虫（Vattanatangum，1988）可有效降低次代虫口基数。McCully 和 Salas Araiza（1991）于 1989—1990 年用黑光灯监测小菜蛾发生动态，研究表明，1990 年 5 月 25 日虫量达到最高峰，并持续 2 周，在 1989 年也出现相同的变化趋势，在 8 月份后没有成虫出现，同时诱捕到的雄虫比雌虫多。不同地区黑光灯对小菜蛾的诱集作用有差异，利用黑光灯诱捕小菜蛾只能作为害虫综合防治的一个辅助措施，在种群发生高峰期可有效诱集成虫，从而减少下代虫口基数。

Lim（1991）报道了利用黄板诱集和其他传统农事操作相结合的方式来防治小菜蛾。与传统控制措施比较，通过黄板诱集可以减少农药使用次数，提高产量，减少为害（Rushtapakornchai et al.，1991）。由于小菜蛾平均每头雌虫产卵可达 80.8 粒/d，使用黄板诱集成虫，从而可以大量减少田间幼虫数量（Bhalla and Dubey，1986）。因此，在产卵前期的黄昏时间利用黄板诱集能有效降低下代虫口基数。

四、化学防治

化学防治在小菜蛾的 IPM 中起到重要作用，详见第七章。由于化学杀虫剂不合理使用导致的问题引起广泛关注，在应用化学防治措施时必须提倡科学合理的农药使用方法（慕立义，1994）。杀虫剂的科学使用是有效降低田间药剂选择压力的重要手段，是建立在对农药特性、剂型特点和小菜蛾的生物学特性以及环境条件的全面了解和科学分析的基础上，通过选定适当的农药和剂型，确定合理的使用方法和施药时期来实现的。合理和科学使用农药防治小菜蛾，不仅能减少用量提高防治效果，而且能减少环境污染，避免对天敌的伤害，延缓小菜蛾抗药性的发展，从而获得社会效益和生态效益。合理和科学地使用杀虫剂主要包括正确选择防治药剂、掌握用药适期、杀虫剂的轮换使用、杀虫剂的混用等方面的内容。

（一）农药的交替轮换使用

农药的交替轮换使用就是选择最佳的药剂配套使用方案，包括药剂的种类和使用时间、次数等，这是有害生物抗药性治理中经常使用的方式。要避免长期连续使用单一药剂。交替轮用必须遵循的原则是不同抗性机理的药剂间交替使用（Chen and Sun，1986）。

（二）混用

这是当前广泛应用的一种方法，虽然存在争议，但如果使用得当，农药混用可以提高药剂对抗性生物的防治效果及延缓抗药性的发展。在农药混用中必须考虑和解决如何避免产生交互抗性和多抗性的问题（Creighton，1975；Liu et al.，1984；周爱农等，1994）。

（三）限制使用

农药的限制使用是针对害虫容易产生抗性的一种或一类药剂或具有潜在抗性风险的品种，根据其抗性水平、防治利弊的综合评价，采取限制其使用时间和次数，甚至采取暂时停止使用的措施，这是有害生物抗性治理中经常使用的方法。

（四）增效剂的使用

增效剂的合理使用可以提高农药的防治效果，减少用药量，降低农药对有害生物的选择压力，延缓有害生物抗药性的发展，还可以减轻环境污染，是一种行之有效的方法

(Liu et al.，1984；罗余平和黄彰欣，1994；陈勇强等，1996)。

（五）掌握药剂使用时间

小菜蛾低龄幼虫抗药性弱，高龄幼虫抗药性明显增强，在小菜蛾低龄幼虫时防治，可降低用药剂量，提高防治效果。防治小菜蛾应在二至三龄幼虫高峰期用药，也可以根据蔬菜对小菜蛾为害的敏感期确定用药适期。

五、存在的问题

小菜蛾的综合防治技术在世界各地取得明显效果，但同时也存在一些亟待解决和提高之处，主要包括以下几个方面：

1. 由于微生物受气候影响较大，作物生长早期的小气候条件不利于病原真菌的发生，一些可侵染真菌病原物通常在作物生长后期才会发生作用，而此时小菜蛾往往已造成严重为害。一些研究表明，可以通过灌溉改变湿度来促进真菌的生长，在干旱气候下，通过调节微气候与接种相结合可提高真菌发病率。生长前期通常小菜蛾种群发生量较低，大部分真菌是通过空气传播的，不依靠虫体之间的接触感染，因此害虫密度对真菌发生程度没有影响。另外，在低密度种群的情况下，可通过性诱剂吸引小菜蛾雄蛾帮助真菌传播。

2. 虽然蜘蛛为小菜蛾的重要捕食性天敌，但是由于种类繁多、食性杂、耐饥饿，如果像寄生蜂一样进行集中放养，很难达到预期防治效果。因此，走产业化的前景不乐观。同时，很多调查表明稳定的生态系统可提高蜘蛛的捕食功能，然而，如何提高生态系统稳定性目前还没有定论。

3. 在小菜蛾的害虫综合治理中，Bt 由于其安全性逐渐取代一些合成化学农药，但是蚜虫、蓟马等一些非鳞翅目害虫问题变得尤为突出，所以应提倡化学防治与非化学手段交互进行，以避免害虫抗性迅速产生。

4. 各个地区由于长期施药水平的差异，导致小菜蛾抗性分化较大，因此，在农药品种选择和使用浓度上不具有同一标准。IPM 措施手段多样，如何组建合理体系，各地区会出现偏差。

小菜蛾 IPM 实施多年以来，取得一些成就。马来西亚于 1987 年实施 IPM，产量增加了 5%～6%，利润提高到 6 倍，减少化学农药使用 7～9 次，并在实施 IPM 地区收获期没有检测到农药残留。在高山地区 54% 的农民加入到 IPM 行动中，85% 的农民迫切期望学到更多 IPM 知识（Lim，1991）。在实施 IPM 过程中也存在一些问题，一些农民虽然参加 IPM 培训，但是他们认为进行田间种群监测——虫口调查比较困难而且耗时（Adalla 等，1989）。在西方国家大部分农民和研究人员多半雇佣一些专业调查人员进行虫情调查。一些学者认为 IPM 技术如果太过于复杂，农民不易接受（Smith，1983）。

近年来，一些科学家根据最大程度降低小菜蛾种群的同时获得最大产量制定小菜蛾综合防治措施系统。Shukla 和 Kumar（2006）制定 IPM 化学防治措施，具体步骤为施用硫丹（endosulfan）（1.25L/hm²）＋氟氯氰菊酯乳油（beta - cyfluthrin）（750mL/hm²）＋印楝素（azadirachtin）（2.0L/hm²）之后，再施用 Bt（1.25kg/hm²）＋除虫脲（diflubenzuron）（200g/hm²）＋硫丹（endosulfan）（1.25L/hm²）。Reddy 和 Guerrero（2000）以信息素监测小菜蛾种群，在此基础上制定综合防治措施，包括释放菜蛾绒茧蜂成虫（*Cotesia plutellae*）（250 000 头/hm²）、捕食性天敌草蛉卵（*Chrysoperla carnea*）（2 500 粒/hm²）、施用植物源杀虫剂印楝素（625mL/hm²）、Bt（500mL/hm²）以及施用合成杀虫剂伏杀硫磷（phosalone）（2.8L/hm²）。结果显示，与非综合防治措施比较，经济利润由原来的 456～462 美元/hm² 提高到 777～810 美元/hm²。总之，应根据当地虫情，因地制宜，建立有利于生态和经济可持续发展，农民易接受的小菜蛾 IPM 系统。

■■■■ 参 考 文 献

[1] 陈勇强，王成球，张宝莹等．苏云金杆菌增效剂Ⅱ号的增效作用研究．天津农业科学，1996，2（1）：24～25

[2] 李典漠，戈峰．害虫综合防治现状、问题及发展趋势．张芝莉等主编．中国有害生物综合治理论文集．北京：中国农业科技出版社，1996，34～37

[3] 罗余平，黄彰欣．马拉硫磷加增效磷对小菜蛾的增效作用及其机理．农药，1994，33（5）：40～41

[4] 牟吉元，柳晶莹．普通昆虫学．北京：农业出版社，1993

[5] 慕立义主编．植物化学保护研究方法．北京：中国农业出版社，1994

[6] 欧爱辉，谭健康，李雪华．水稻有害生物综合防治（IPM）规范化训练．杂交水稻，1994，（增刊）：33～34

[7] 卿贵华，梁广文，黄寿山．叶菜类蔬菜害虫生态控制系统组建及其效益评价．生态科学，2000，19（1）：36～39

[8] 尤民生，刘雨芳，侯有明．农田生物多样性与害虫综合治理．生态学报，2004a，24（1）：117～122

[9] 尤民生，侯有明，刘雨芳等．农田非作物生境调控与害虫综合治理．昆虫学报，2004b，47（2）：260～268

[10] 尤民生，侯有明，杨广．小菜蛾种群系统控制．福州：福建科学技术出版社，2004c

[11] 周爱农，马承铸，马晓林．二嗪磷与 Bt 制剂混配对小菜蛾的共毒作用．上海农业学报，1994，10（2）：75～78

[12] Adalla C B，Hoque M M，Rola A C，et al. Participatory technology development：the case of integrated pest management extension and women project. First Asia - Pacific Conference of Entomology，Chiang Mai，Thailand，Abstract Volume，1989，210

[13] Altieri M A．Biodiversity and pest management in agroecosystems. New York：Haworth Press，1994

[14] Altieri M A，Gliessman S R. Effects of plant diversity on the density and herbivory of the flea beetle，*Phyllotreta cruciferae* Goez，in California collard（*Brassica oleracea*）cropping systems. Crop Protec.，1983，2：497～501

[15] Andow D A．Vegetational diversity and arthropod population response. Annu. Rev. Entomol.，1991，36：561～586

[16] Badenes P F R，Shelton A M，Nault B A．Evaluating trap crops for diamondback moth，*Plutella xylostella*（Lepidoptera：Plutellidae）．J. Econom. Entomol.，2004，97（4）：1 365～1 372

[17] Badenes P F R，Naulit B A，Shelton A M．Manipulating the attractiveness and suitability of hosts for diamondback moth（Lepidoptera：Plutellidae）．J. Econom. Entomol.，2005a，98（3）：836～844

[18] Badenes P F R，Shelton A M，Nault B A．Using yellow rocket as a trap crop for diamondback moth（Lepidoptera：Plutellidae）．J. Econom. Entomol.，2005b，98（3）：884～890

[19] Bhalla O P , Dubey J K . Bionomics of diamondback moth in northwestern Himalaya. In: Talekar N S, and Griggs T D (eds.). Management of diamondback moth and other crucifer pests: Proceedings of the first international workshop. Taiwan China: Asian Vegetable Research and Developement Center, 1986, 55~61

[20] Buranday R P, Raros R S . Effects of cabbage tomato intercropping on the incidence and oviposition of the diamondback moth, *Pulltella xylostella* (L.) . Philipp. Entomologist , 1975, 369~374

[21] Chen J S, Sun C N . Resistance of diamondback moth (Lepidoptera: Plutellidae) to a combination of fenvalerate and piperonyl butoxide. J. Econ. Entomol. , 1986, 79: 22~30

[22] Chew F S . Searching for defensive chemistry in the cruciferae or do glucosinolates always control interactions of Cruciferae with their potential herbivores and symbionts? No! In: Spencer K S (eds.) . Chemical Mediation of Coevolution. San Diego, C A : Academic Press, 1988, 81~112

[23] Creighton C S, McFadden T L . Cabbage caterpillars: efficacy of chlordimeform and *Bacillus thuringiensis* in spray mixtures and comparative efficacy of several chemical and *Bacillus thuringiensis* formulations. J. Econom. Entomol. , 1975, 68 (1): 57~60

[24] Delvare G . The taxonomic status and role of Hymenoptera in biological control of DBM, *Plutella xyllostella* (L.) (Lepidoptera: Plutellidae) . In: Krik A A, Bordat D (eds.) . Improving biocontrol of *Plutella xylostella*. Proceedings of the International Symposium, Montpellier, France, 2004, 17~49

[25] Eigenbrode S D, Shelton A M . Resistance to diamondback moth in brassica: mechanisms and potential for resistant cultivars. In: Talekar N S (ed.) . Management of diamondback moth and other crucifer pests: Proceedings of the Second International Workshop. Taiwan China: Asian Vegetable Research and Developement Center, 1991, 65~73

[26] Embuido A G, Hermana F G. An integrated control of diamondback moth on cabbage. MSAC Res. J. , 1981, 8: 65~78

[27] Eoutley R, Lynch B, Conway M . The effect of sorghum row spacing on fallow cover distribution and soil water accumulation in central Queensland. Australian society of agronomy conferences, In press, 2006

[28] Finch S, Collier R H. Host - plant selection by insects - a theory based on 'appropriate/inappropriate landings' by pest insects of cruciferous plants. Entomol. Exp. Appl. , 2000, 96: 91~102

[29] Frank T. Density of adult hoverflies (Dipt. , Syrphidae) in sown weed strips and adjacent fields. J. Appl. Entomol. , 1999, 123 (6): 351~355

[30] Furlong M J, Pell J K. Interactions between the fungal entomopathogen *Zoopthora radicans* Brefeld (Entomopthorales) and two hymenopteran parasitoids attacking the diamondback moth, *Plutella xylostella* (L.) J. Inverteb. Pathol. 1996, 68: 15~21

[31] Furlong M J, Pell J K . Conflicts between a fungal entomopathogen, *Zoopthora radicans*, and two larval parasitoids of the diamondback moth. J. Inverteb. Pathol. 2000, 76: 85~94

[32] Glassner D, Hettenhaus J, Schechinger T. Corn stover potential: Recasting the corn sweetener industry. In: Janick J (eds.) . Perspectives on New Crops and New Uses. Alexandria, VA: ASHS Press, 1999. 74~82

[33] Guadamuz A, Varela G, Falguni G . Efecto de policultivo (repollo - tomato, repollozanahoria) sobre la incidencia de defoliadores del cultivo de repollo (*Brassica oleracea* var. *superette*) . Memoria del III Congreso Internacional de Manejo Integrado de Plagas. Managua, Nicaragua, 1990

［34］Hamilton A J，Schellhorn N A，Endersby N M，et al. A dynamic binomial sequential sampling plan for *Plutella xylostella* （Lepidoptera：Plutellidae）on broccoli and cauliflower. J. Econom. Entomol.，2004，97：127～135

［35］Hausmmann A . The effects of weed strip‐management on pests and beneficial arthropods in winter wheat fields. Z. Pflanzenkr Pflanzenschutz，1996，103：70～81

［36］Hillyer R J，Thorsteinson A J. The influence of the host plant or males on ovarian development or oviposition in the diamondback moth，*Plutella maculipennis*（Curt. ）. Can. J. Zool. 1969，47：805～816

［37］Hooks C R R，Johnson M W. Impact of agricultural diversification on the insect community of cruciferous crops. Crop Protec. ，2003，22：223～238

［38］Hoppin P，Liroff R A，Miller M M . Reducing relation on pesticides in Great Lakes Basin agriculture. Washington，D. C. ：World Wildlife Fund，1996

［39］Horton D R，Broers D A，Lewis R R，et al. Effects of mowing frequency on densities of natural enemies in three Pacific Northwest pear orchards. Entomol. Exp. Appl. ，2003，106（2）：135～145

［40］House G J，Stinner B R . Arthropods in no‐tillage soybean agroecosystems：Community composition and ecosystem interactions. Environ. Manage. ，1983，7：23～28

［41］Hruska A J. Resource‐poor farmers and integrated pest management：The role of NGOs. Paper presented at the IFPRI workshop "Pest Management，Food security，and the environment：The Future to 2020. " Washington，D. C. 1995

［42］Hummel R L，Walgenbach J F，Hoyt G D，et al. Effects of vegetable production system on epigeal arthropod populations. Agric. Ecosyst. Environ. ，2002，93：177～188

［43］Kogan M. Integrated pest management：historical perspectives and contemporary developments. Ann. Rev. Entomol. ，1998，43：243～270

［44］Langer A and Hance T. Enhancing parasitism of wheat aphids through apparent competition：a tool for biological control. Agric. Ecosyst. Environ. ，2004，102：205～212

［45］Lim G S . Integrated pest management of diamondback moth：practical realities. In：Talekar N S （ed. ）. Proceedings of the Second International Workshop，Taiwan China，Asian Vegetable Research and Development Center，1991，565～576

［46］Lim G S . The biology and effects of parasites on the diamondback moth，*Plutella xylostella*（L. ）. Ph. D. thesis，University of London，1982，317

［47］Liu M Y，Chen J S，Sun C N . Synergism of pyrethroids by several compounds in larvae of the Diamondback moth（Lepidoptera：Plutellidae）. J. Econom. Entomol. ，1984，77（4）：851～856

［48］McCully J E，Salas Araiza M D . Seasonal variation in populations insects causing contamination of the principal in processing broccoli and cauliflower in central Mexico. In：Talekar N S（eds）. Management of Diamondback Moth and other Crucifer Pests：Proceedings of the Second International Workshop. Taiwan China，Asian Vegetable Research and Developement Center，1991，51～56

［49］Meena R K，Lal O P. Effect of intercropping on the incidence of diamondback moth，*Plutella xylostella*（L. ）on cabbage. J. Entomol. res. ，2002，26（2）：141～144

［50］Mohan M，Gujar G T. Local variation in susceptibility of the diamon dback moth，Plutella xylostella（Linnaeus）to insecticides and role of detoxification enzymes. Crop Protec. ，2005，22：495～504

［51］Montague Y，Annu R，David N . Pest management and food production. In：Food，Agriculture and the environment discussion. 1998，25

[52] Mora M, Secaira E, Vamosy M, et al. Variedades de repollo resistentes a *Plutella xylostella* L. Memoria VI. Semana Cientifica. UNAH. Tegucigalpa, D. C. Abstracts, 1988, 50 (2), 113~124

[53] Mora M D. Manejo de la palomilla dorso de diamante (*Plutella xylostella* L.) en el cultivo de repollo (*Brassica oleracea* var. *capitata*) en el Departamento de Francisco Morazán, Honduras. Indeniero Agrónomo thesis. Escuela Agricola Panamericana. Honduras, C. A. 1990, 117

[54] Musser F R, Nault B A, Nyrop J P, et al. Impact of a glossy collard trap crop on diamondback moth adult movement, oviposition, and larval survival. Entomol. Exp. Appl., 2005, 117 (1): 71~81

[55] Nayar J K, Thorsteinson A J. Further investigaion into the chemical basis of insect - host relationship in an oligphagous insect *Plutella maculipennis* (Curtis) (Lepidoptera: Plutellidae). Can. J. Zool., 1963, 41: 923~929

[56] Pimental D. Techniques for reducing pesticide. In: John Wiley, (eds). Economic and environmental benefits. New York. 1997

[57] Powar D B, Lawande K E. Effects of mustards as a trap crop for diamondback moth on cabbage. J. Maharastra Agril. Univ, 1995, 20: 185~186

[58] National Research Council. Ecologically based pest management: New solutions for a new century. Washington, D. C.: National Academy Press, 1996

[59] Ratzka A, Vogel H, Kliebenstein D J, et al. Disarming the mustard oil bomb. Ecology, 2002, 99. (17): 11 223~11 228

[60] Reddy G V, Guerrero A. Behavioral responses of the diamondback moth, *Plutella xylostella*, to green leaf volatiles of *Brassica oleracea* subsp. *capitata*. J. Agric. Food Chem., 2000, 48 (12): 6 025~6 029

[61] Reed D W, Pivnick K A, Underhill E W. Indentificition of chemical oviposition stimulants for diamondback moth, *Plutella xylastella*, present in three species of Brassicaeae. Entomologia Experimentalis et Applicata, 1989, 53: 277~286

[62] Root R B. Organization of a plant - arthropod association in simple and diverse habitats: the fauna of collards (*Brassica oleracea*). Ecol. Monog., 1973, 43: 95~124

[63] Rushtapakornchai W, Vattanatangum A, Saito T. Development and implementation of the yellow sticky trap for diamondback moth control in Thailand. In: Talekar N S (eds.). Management of diamondback moth and other crucifer pests: Proceedings of the Second International Workshop. Taiwan China, Asian Vegetable Research and Development Center, 1991, 523~528

[64] Sarfraz M, Keddie A E, Dosdall L M. Biological control of the diamondback moth, *Plutella xylostella*: A review. Biocontr. Sci. Tech., 2005, 15 (8): 763~789

[65] Shankar U, Bar U K and Raju S V S. Impact of intercropping in cauliflower on diamondback moth, *Plutella xylostella* (L.). Indian J. Plant Protec., 2005, 33 (1): 43~47

[66] Shelton A M, Tang J D, Roush R T, et al. Field tests on managing resistance to Bt - engineered plants. Nature Biotech., 2000, 18 (3): 339~342

[67] Shukla A, Kumar A. Efficacy of some IPM modules against diamondback moth, *Plutella xylostella* (Linn.) infesting cabbage. J. Ent. Res. (New - Delhi), 2006, 30 (1): 39~42

[68] Smith E H. Integrated pest management (IPM) - specific needs of developing countries. Insect Sci. Appl., 1983, 4: 173~177

[69] Srinivasan K, Krishna Moorthy P N. Development and adoption of integrated pest management for major pests of cabbage using indian mustard as a trap crop. In: Talekar N S (eds.). Management of

Diamondback Moth and other Crucifer Pests: Proceedings of the Second International Workshop. Taiwan China: Asian Vegetable Research and Developement Center, 1991, 511~521

[70] Swanton C J, Shrestha A, Chandler K, et al. An economic assessment of weed control strategies in no - till glyphosate - resistant soybean (*Glycine max*). Weed Tech., 2000, 14 (4): 755~763

[71] Tabashinik B E. Deterrence of diamondback moth (Lepidoptera: Plutellidae) oviposition by plant compounds. Environ. Entomol., 1985, 14: 575~578

[72] Talekar N S, Lee S T, Huang S W. Intercropping and modification of irrigation method for the control of diamondback. In: Talekar N T, Griggs T D (eds.). Diamondback moth management: Proc. of the 1st Int. Workshop. Taiwan China: Asian Vegetable Research and Development Center. 1986, 145~155

[73] Ullyett G C. Morality factors in population of *Plutella maculipennis* Curtis (Tineidae, Lep.) and their relation to the problem of control. Entomology memoirs department of agriculture and forestry union of south Africa., 1947, 2: 77~202

[74] Ulmer B, Gillott C, Woods D, et al. Diamondback moth, *Plutella xylostella* (L.) feeding and oviposition preferences on glossy and waxy *Brassica rapa* (L.) lines. Crop Protec., 2002, 21 (4): 327~331

[75] Vattanatangum A. Country review paer: Thailand. Informal Expert Consulation on IPM in Major Vegetable Crops in Asia, RAPA (FAO), Bangkok, 1988, 5

[76] Vostrikov P. Tomatoese as insecticides. The important of solanaceae in the control of pests of agriculture. Novotcherkassk, 1915, 10: 9~12

[77] Vu V M. Country review paper: Vietnam. Informal Expert Consultation on IPM in Major Vegetable Crops in Asia, RAPA (FAO), Bangkok, 1988, 11

[78] Wakisaka S, Tasukuda R, Nakasuji F. Life tables of the diamondback moth, *Plutella xylostella* (L.) (Lepidoptera: Yponomeutidae) and effects of rainfall, temperature and host plants on its survival and reproduction. Japan. J. Appl. Entomol. and Zool., 1991, 37: 115~122

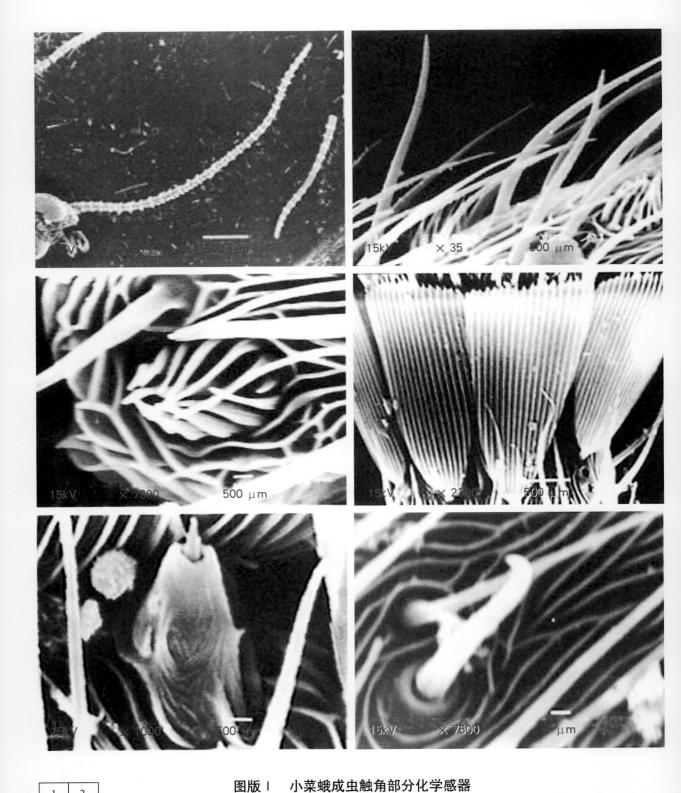

图版 Ⅰ　小菜蛾成虫触角部分化学感器

1.小菜蛾成虫触角　2.毛形感器和刺形感器　3.腔锥感器
4.鳞形感器　5.栓锥感器　6.具弯端感器

（杨广，2001）

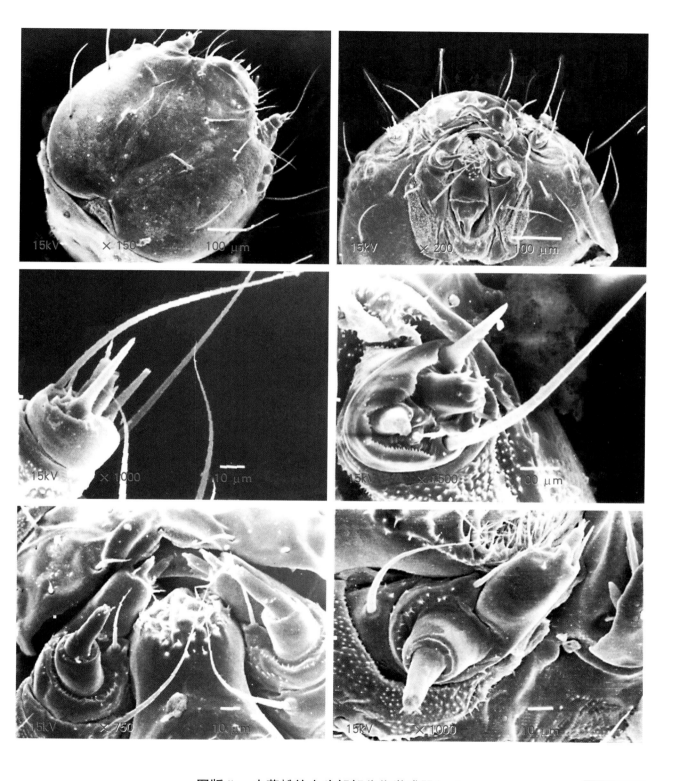

图版Ⅱ　小菜蛾幼虫头部部分化学感器(一)

1．幼虫头部正面观　2．幼虫头部腹面观　3．幼虫触角侧面观

4．幼虫触角正面观　5．幼虫上、下颚　6．幼虫外颚叶和下颚须

(魏辉，2002)

1	2
3	4
5	6

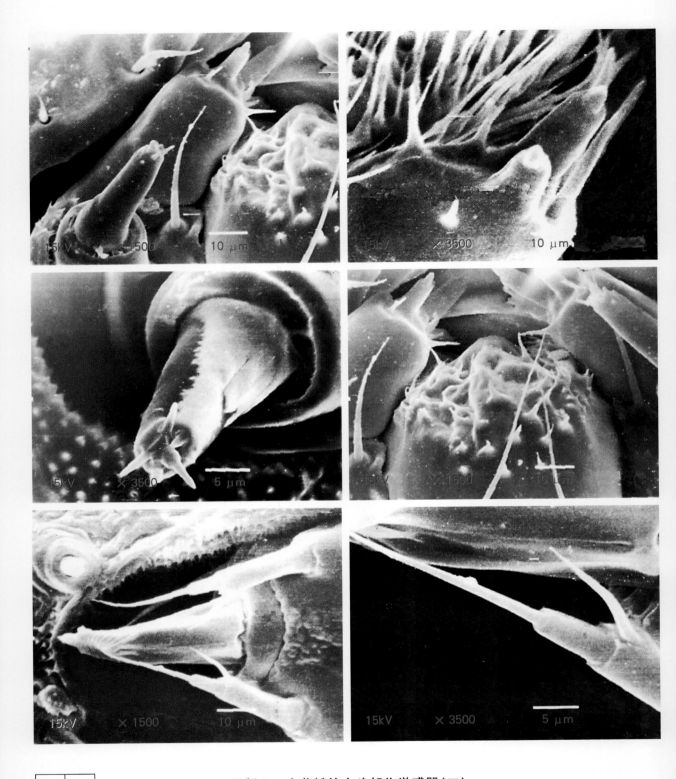

图版 Ⅱ　小菜蛾幼虫头部化学感器(二)

1. 幼虫下颚　2. 幼虫外颚叶　3. 幼虫下颚须

4. 幼虫下颚间感器　5. 幼虫下唇须和吐丝器　6. 幼虫下唇须

(魏辉，2002)

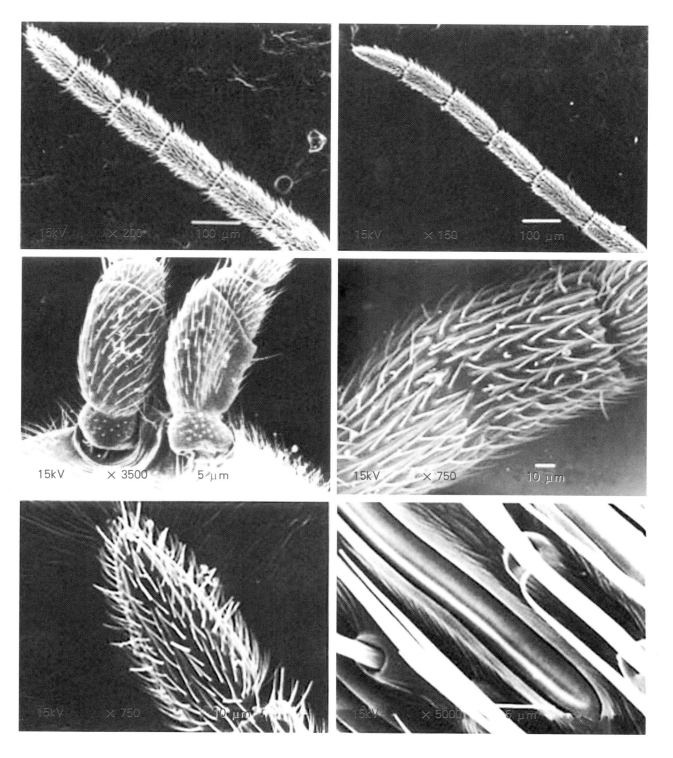

图版Ⅲ 小菜蛾绒茧蜂触角部分化学感器(一)

1.雌蜂末端鞭节 2.雄蜂末端鞭节 3.柄节和梗节

4.一鞭节 5.刺形感器 6.板形感器

(杨广，2001)

1	2
3	4
5	6

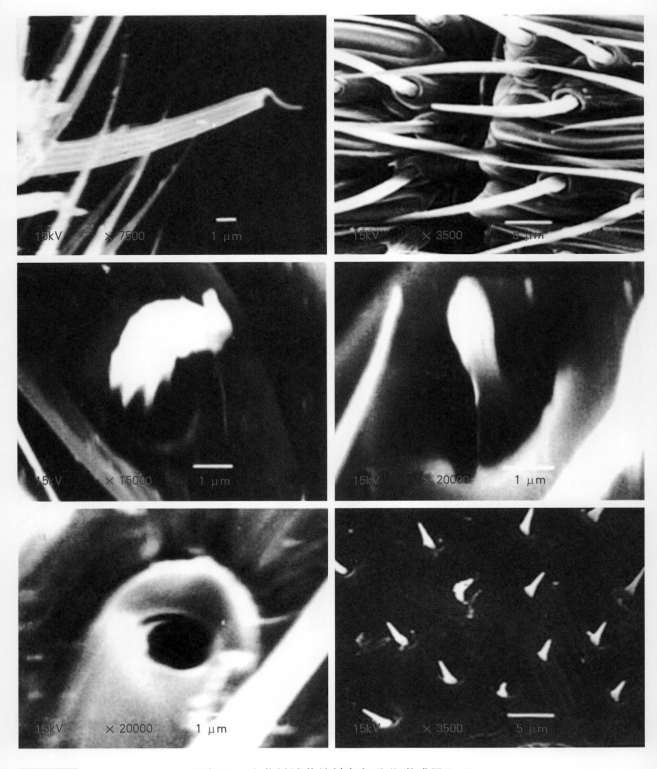

1	2
3	4
5	6

图版Ⅲ 小菜蛾绒茧蜂触角部分化学感器(二)
1.具孔刺形感器 2.栓锥形感器 3.端孔坛形感器
4.坛形感器 5.腔形感器 4.蒲姆氏鬃
(杨广,2001)

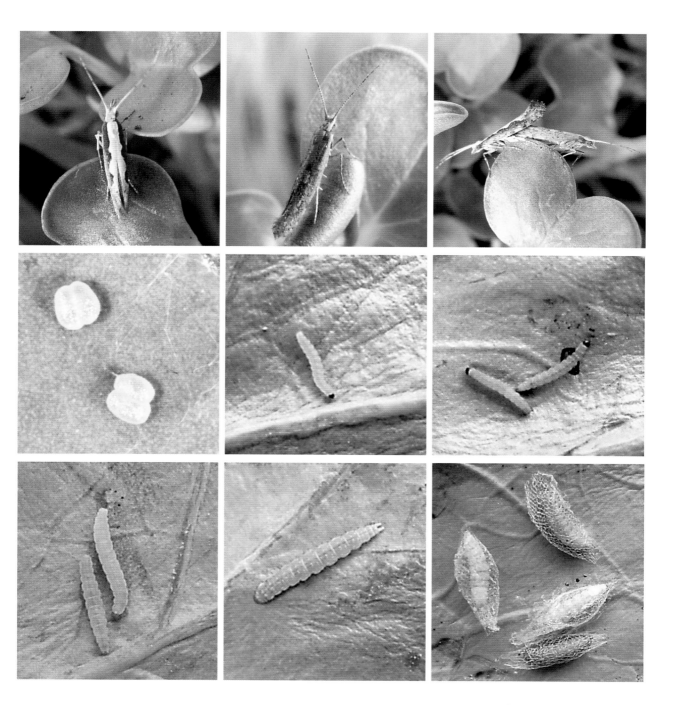

彩版　小菜蛾各发育阶段形态图
1.雄成虫　2.雌成虫　3.雌雄交配　4.卵　5．一龄幼虫　6．二龄幼虫

7.三龄幼虫　　8.四龄幼虫　9.蛹

（魏辉　赵建伟摄）

1	2	3
4	5	6
7	8	9

图书在版编目（CIP）数据

小菜蛾的研究/尤民生，魏辉主编 . —北京：中国农业
出版社，2007.7
国家科学技术学术著作出版基金资助
ISBN 978 - 7 - 109 - 11702 - 0

Ⅰ. 小…　Ⅱ.①尤…②魏…　Ⅲ. 小菜蛾—研究　Ⅳ.
Q969.42

中国版本图书馆 CIP 数据核字（2007）第 083086 号

中国农业出版社出版
（北京市朝阳区农展馆北路 2 号）
（邮政编码 100026）
责任编辑　张洪光
────────────────
中国农业出版社印刷厂印刷　　新华书店北京发行所发行
2007 年 9 月第 1 版　　2007 年 9 月北京第 1 次印刷
────────────────
开本：787mm×1092mm　1/16　印张：17.5　插页：4
字数：396 千字　印数：1～1 500 册
定价：100.00 元
（凡本版图书出现印刷、装订错误，请向出版社发行部调换）